全国高等院校土木与建筑专业十二五创新规划教材

建设工程合同管理

丁晓欣　宿　辉　主　编

清华大学出版社
北　京

内 容 简 介

本书是反映最新工程法律制度和示范文本修订成果的工程合同管理教材。书中分析了国际主流的项目管理模式；说明了项目管理模式和合同管理模式之间的互动关系；介绍了学习工程合同需要具备的合同法律知识和招标投标法律知识。

本书的重点是学习我国现有的主要工程合同范本，按照项目建设流程，分别介绍了监理委托合同、勘察设计合同、施工总承包合同、工程总承包合同。书中还对以菲迪克为代表的国际惯例和标准合同文本进行了概括性的介绍，阐明了工程索赔和争议解决的相关程序。

本书既可以作为土木类院校本科学生的教材，亦可供从事工程合同管理的专业人士参考使用。

图书在版编目(CIP)数据

建设工程合同管理/丁晓欣，宿辉主编. —北京：清华大学出版社，2015(2023.8重印)
(全国高等院校土木与建筑专业十二五创新规划教材)
ISBN 978-7-302-37903-4

Ⅰ．①建… Ⅱ．①丁… ②宿… Ⅲ．①建筑工程—经济合同—管理—高等学校—教材 Ⅳ．①TU723.1

中国版本图书馆 CIP 数据核字(2014)第 204925 号

责任编辑：桑任松
装帧设计：刘孝琼
责任校对：周剑云
责任印制：宋　林

出版发行：清华大学出版社
　　　　　网　　　址：http://www.tup.com.cn, http://www.wqbook.com
　　　　　地　　　址：北京清华大学学研大厦 A 座　　邮　　编：100084
　　　　　社 总 机：010-83470000　　　　　　　邮　　购：010-62786544
　　　　　投稿与读者服务：010-62776969, c-service@tup.tsinghua.edu.cn
　　　　　质量反馈：010-62772015, zhiliang@tup.tsinghua.edu.cn
　　　　　课件下载：http://www.tup.com.cn, 010-62791865
印 装 者：小森印刷霸州有限公司
经　　销：全国新华书店
开　　本：185mm×260mm　　印　张：21.75　　字　数：529 千字
版　　次：2015 年 1 月第 1 版　　　　　　印　次：2023 年 8 月第10次印刷
定　　价：59.00 元

产品编号：055554-02

合约管理工作是现代化项目管理的核心内容。项目参与各方的权利义务关系由各类合同规范和确定，稳定而科学的合同体系设计是项目目标得以实现的保障。随着我国近年来基础设施建设规模的日益扩大、项目的结构形式日趋复杂，对于精确分配项目风险和控制项目目标的要求进一步提高，因此工程合同管理工作越来越受到项目共同体的重视。

有鉴于此，我们编写了这本《建设工程合同管理》教材，本书最大的特点体现在以下几个方面。

第一，本书的体系设计是建立在项目管理模式基础之上的。建设工程合同与其他合同的重要区别体现在：工程合同是与具体项目的管理模式密切联系的。工程实践中的同一问题在不同的项目管理模式和不同的工程合同条件中处理的方式和结果可能是不同的。因此本书十分重视项目管理模式和合同管理模式之间的互动关系，并将这一关系体现在全书的结构设计中。

第二，本书反映了近年来建设工程法律和示范文本修订的最新成果。最近几年，与建设工程相关的法律法规和示范文本陆续颁布实施，对于规范项目各方的交易行为产生了重大影响。本书的工程合同法律制度章节，吸收了合同法系列司法解释的成果；招标投标制度章节反映了《招标投标法实施条例》的相关规定；在合同示范文本的层面，本书介绍了2012 年版《建设工程监理合同(示范文本)》(GF—2012—0202)、2013 年版《建设工程施工合同(示范文本)》(GF—2013—0201)和《建设项目工程总承包合同示范文本(试行)》(GF—2011—0216)的内容，形成了较新的工程合同文本体系。

第三，本书的内容安排为使用者提供了选择空间。本书较为完整地编写了工程合同管理课程体系中的主要部分，包括合同法、招标投标制度和工程合同管理三个模块化内容。使用者可以结合各自专业的课程安排，选择全部或部分使用本教材内容。全部使用本教材进行教学的专业，建议开设 64 学时理论课程；重点讲授合同管理的专业，即另行单独开设"建设工程招投标"和"工程合同法律基础"类课程的专业，建议学时为 40 学时。

本书由吉林建筑大学丁晓欣教授和宿辉副教授编写，由北京建筑大学何佰洲教授主审。其中丁晓欣教授编写第 1、4、8、9、10 章；宿辉编写第 2、3、5、6、7 章。东南大学的李启明教授和成虎教授对于本书的编写提出重要意见和建议，在此一并致谢。

本书既可以作为土木类院校本科学生的教材，亦可供从事工程合同管理的专业人士参考使用。书中难免会出现偏颇谬误之处，望读者不吝指正。

编　者

第1章 绪 论

【学习要点及目标】

◆ 介绍了建设工程合同法律体系，要求从狭义和广义两个方面进行把握。

◆ 掌握学习本门课程的学习任务和方法。

【核心概念】

建设工程合同法律体系、合同管理、合同条件。

【引导案例】

某房地产开发公司准备以传统项目管理模式进行一个项目开发，部分主要设备采取发包人供应方式，部分专业工程由发包人进行专业分包，请为发包人设计合同管理体系。

1.1 建设工程合同法律体系

随着经济全球化趋势的加速演进，国际建设工程项目采购模式与工程合同管理领域发生了巨大的变化，各种全新的项目采购模式与合同条件不断涌现，并且在工程实践中得到了大量的采用。在项目采购模式方面，除了传统的设计招标施工(DBB)采购模式，设计—施工(DB)、设计采购施工(EPC)、建设管理(CM)、项目管理承包(PMC)、建设—运营—转让(BOT)等新的采购模式相继出现。在工程合同领域，FIDIC(国际咨询工程师联合会)、ICE(英国土木工程师学会)、JCT(英国合同审定联合会)、AIA(美国建筑师学会)等国际组织制定的系列标准合同条件也不断地修改、发展和完善，并且在许多工程中得以采用。同这些变化相比，中国的项目采购模式显得较为单调，虽然在建设领域已经广泛地推行了建设监理制、招标投标制、合同管理制和项目法人制等工程建设基本制度，但是这些制度以及相应的制度环境基本上是基于传统的项目采购模式(DBB)，这种局面在一定程度上束缚了我国工程建设行业的合理发展和对外拓展。与此同时，我国的标准工程合同格式比较单一，不能够反映建设合同关系的多样性和灵活性。因此，准确理解项目采购模式的内涵，把握工程合同管理的发展方向，发展和完善我国项目采购模式体系和标准工程合同条件，成为我国建筑业和企业实现"走出去"战略，加快实现与国际接轨步伐，提高国际竞争力的重要课题。

建设工程合同管理是在建设工程项目中对相关合同的策划、订立、履行、变更、索赔和争议解决的管理。合同管理是工程项目管理的核心，在现代工程项目管理的知识体系中有着特殊的地位和作用。质量、进度、成本、安全、信息等管理都是与合同管理密不可分的，合同管理的质量会直接影响到其他项目管理内容的管理质量。合同作为财产流转的法律形式，其产生必然基于财产流转的事实。在市场经济中，财产的流转主要依靠合同。特别是建设工程，项目标的大、履行时间长、涉及主体多，依靠合同来规范和确定彼此的权利义务关系就显得尤为重要。任何一个建设项目的实施，都是通过签订一系列的承发包合同来实现的。通过对承包内容、范围、价款、工期和质量标准等合同条款的制定和履行，业主和承包商可以在合同环境下调控建设项目的运行状态。通过对合同管理目标责任的分解，可以规范项目管理机构的内部职能，紧密围绕合同条款开展项目管理工作。因此，无论是对承包商的管理，还是对项目业主本身的内部管理，合同始终是建设项目管理的核心。

建设工程合同体系可以从狭义和广义两个层面进行考察。从狭义上讲，按照合同客体的标准，依据《合同法》的规定，"建设工程合同是承包人进行工程建设，发包人支付价款的合同。建设工程合同包括工程勘察、设计、施工合同"；从广义上讲，建设工程合同泛指参与工程项目各方之间的合同关系，如图1-1和图1-2所示。

合同管理是工程承包项目管理最重要的一环，它涉及工程技术、经济造价、法律法规、风险预测等多方面知识和技能。自我国加入WTO以来，为了应对世界贸易组织规则给建筑市场带来的前所未有的机遇与挑战，顺应国际工程合同条件和惯例的需要，推行建设领域的合同管理制，有关部门做了大量的工作，从立法到实际操作都日趋完善，基本形成了国家立法、政府立规、行业立制的层次分明、体制完备的合同法律体系以及相关配套制度。

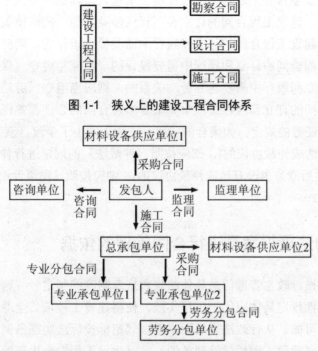

图 1-1 狭义上的建设工程合同体系

图 1-2 广义上的建设工程合同法律关系

1.1.1 完备的法律制度是进行合同管理的基础

国家重视基本建设领域的立法活动。规范建设工程合同，不但需要规范合同本身的法律法规的完善，也需要相关法律体系的完善。目前，我国这方面的立法体系已基本完备。1998 年 3 月 1 日开始实施、经 2011 年 4 月 22 日《全国人民代表大会常务委员会关于修改〈中华人民共和国建筑法〉的决定》修改，自 2011 年 7 月 1 日起施行的《中华人民共和国建筑法》是我国建筑业的根本大法，它的颁布和实施，有利于建立健全有形建筑市场，加强建筑安全生产管理，强化建筑质量管理，规范招投标行为，依法治业，促进建筑业健康有序的发展。《建筑法》是规范我国各类房屋建筑及其附属设施建造和安装活动的重要法律，它的基本精神：一是保证建筑工程质量和安全；二是规范和保障建筑各方主体的权益。与建设工程合同有直接关系的其他法律包括《民法通则》、《合同法》、《招标投标法》、《城乡规划法》、《安全生产法》等。《民法通则》是调整平等主体的公民之间、法人之间、公民与法人之间的财产关系和人身关系的基本法律。合同关系也是一种财产(债)关系，因此，《民法通则》对规范合同关系作出了原则性的规定。《合同法》是规范我国市场经济财产流转关系的基本法，建设工程合同的订立和履行也要遵守其基本规定，在建设工程合同的履行过程中，由于会涉及大量的其他合同，如买卖合同、租赁合同等，也要遵守《合同法》的规定。招标投标是通过竞争择优确定项目某一特定阶段实施人的主要方式，《招标投标法》是规范建筑市场竞争的主要法律，能够有效地实现建筑市场的公开、公平、公正的竞争。有些建设项目必须通过招标投标确定承包人，其他项目国家鼓励通过招标投标确定承包人。另外，建设工程合同的订立和履行还涉及其他一些法律关系，则需要遵守相应法律的规定。在建设工程合同的订立和履行中需要提供担保的，则应当遵守《担保法》的规定。在建设工程合同的订立和履行中需要投保的，则应当遵守《保险法》的规定。在建设工程合同的订立和履行中需要建立劳动关系的，则应当遵守《劳动法》和《劳动合同法》的规定。在合同的订立和履行过程中如果要涉及合同的公证、签证等活动，则应当遵守国家对公证、签证等的规定。如果合同在履行过程中发生了争议，双方订有仲裁协议(或者争议发生后双方达成仲裁协议的)，则应按照《仲裁法》的规定进行仲裁；如果双方没有仲裁协议(争议发生后双方也没有达成仲裁协议的)，则应按照《民事诉讼法》将诉讼作为争议的最终解决方式。

1.1.2 配套的法规规章是进行合同管理的依据

各级政府及建设行政主管部门是具体法规和规章制度的制定者。这些行政法规、部门规章将法律的原则性规定具体应用于工程实践，使得建设工程项目全寿命周期的各个环节都有规可依、有章可循。从行政法规层面来看，《招标投标法实施条例》规范了招投标活动参与方的行为；《建设工程质量管理条例》、《建设工程安全生产管理条例》是保障建设工程质量和建设活动安全的基本依据；《建设项目环境保护管理条例》、《公共机构节能条例》、《民用建筑节能条例》是促进节能减排工作、保证工程项目可持续建设的法律要求。从部门规章、标准文件层面来看，《工程建设项目施工招标投标办法》、《建筑工程施工许可管理办法》、《房屋建筑工程和市政基础设施工程竣工验收暂行规定》、《建设工程价款结算暂行办法》等文件为建设工程从项目采购到竣工验收结算提供了具体的管理办法和操作流程。

1.1.3 标准的合同条件是进行合同管理的载体

我国的建设工程合同示范文本制度肇始于 20 世纪 90 年代，按照国务院办公厅国办发〔1990〕13 号文件《关于在全国逐步推行经济合同示范文本制度请示的通知》的要求，原建设部和原国家工商行政管理局制定了《建设工程施工合同(示范文本)》(GF—1991—0201)；1999 年 12 月，原建设部和原国家工商行政管理局对 1991 年版示范文本进行了修订，发布了《建设工程施工合同(示范文本)》(GF—1999—0201)；2003 年 8 月，原建设部和国家工商行政管理总局编制了《建设工程施工专业分包合同(示范文本)》(GF—2003—0213)和《建设工程施工劳务分包合同(示范文本)》(GF—2003—0214)，与已经颁发的《建设工程施工合同(示范文本)》配套使用。至此，我国初步建立起了较为完善的建设工程合同示范文本体系。目前我国现行的工程合同示范文本如表 1-1 所示。

表 1-1　我国现行工程合同示范文本

序　号	示范范本名称	发布时间
1	《建设工程施工合同(示范文本)》	2013
2	《建设工程委托监理合同(示范文本)》	2012
3	《建设工程勘察合同(示范文本)》(一)	2000
4	《建设工程勘察合同(示范文本)》(二)	2000
5	《建设工程设计合同(示范文本)》(一)	2000
6	《建设工程设计合同(示范文本)》(二)	2000
7	《建设工程施工专业分包合同(示范文本)》	2003
8	《建设工程施工劳务分包合同(示范文本)》	2003

此外，已经发布施行与建设工程相关的示范文本还包括《工程担保合同示范文本》(试行)、《建设工程造价咨询合同(示范文本)》等。2007 年 11 月 1 日，国家发改委、财政部、建设部等九部委联合颁布了第 56 号令，在发布的《标准施工招标文件》中，规定了新的通用合同条款；2011 年住建部联合国家工商行政管理总局发布了《建设项目工程总承包合同示范文本(试行)》(GF—2011—0216)。推行合同示范文本制度，是贯彻执行《合同法》、《建筑法》，加强建设工程合同监督，提高合同履约率，维护建筑市场秩序的一项重要措施。虽然合同的示范文本不属于法律法规，是推荐使用的文本，但由于合同示范文本考虑到了建设工程合同在订立和履行中有可能涉及的各种问题，并给出了较为公正的解决方法，能够有效地减少合同的争议，因此对完善建设工程合同管理制度起到了极大的推动作用。所谓的合同管理制，就是指工程的勘察设计、施工、材料设备采购和工程监理等都必须依法订立合同，依据合同规定履行义务、享受权利的工程管理制度。

1.2　本课程的学习任务和方法

建设工程合同是项目法人单位与建筑企业确认工程承发包关系的主要法律形式，是进行工程施工、监理和验收的主要依据。建设工程合同管理是对与工程建设项目有关的各类合同，从条款的拟定、协商、签署、履行情况等环节入手进行检查和分析，以期通过科学的合同管理工作，实现工程项目"三大控制"(质量控制、工期控制、成本控制)的任务要求，维护当事人的合法权益。具体地说，进行有效的合同管理，是为了让合同涉及的单位树立合同法制观念，严格执行《合同法》和建设工程合同行政法规以及"合同示范文本"制度，严格按照法定程序签订建设工程项目合同，尽量减少或避免违法违规现象，敦促合同签订者严格履行工程建设合同文本中的各项条款，提高工程建设项目合同的履约率。

1.2.1　建设工程合同管理的任务

建设工程合同管理的主要任务，是促进项目法人责任制、招标投标制、工程监理制和合同管理制等制度的实行，并协调好"四制"的关系，规范各种合同的文体和格式，使建筑市场交易活动中各主体之间的行为由合同约束。

1. 保障实现项目目标

合同管理是为建设工程项目总目标和企业总目标服务的，以保证项目总目标和企业总目标的实现，所以合同管理不仅是工程项目管理的一部分，而且是企业管理的一部分。具体地说，合同管理目标包括以下内容。

(1) 保证项目在预定的成本(投资)、预定的工期范围内顺利完成，达到预定的质量和功能要求。

(2) 保证整个工程合同的签订和实施过程符合法律的要求。

(3) 合同争执较少，合同各参与方能互相协调，都感到满意。最终业主不仅按计划获得一个合格的工程，实现投资目的，而且对工程、对承包商、对双方的合作感到满意；而承包商不仅取得了合理的利润，而且赢得了信誉，强化了双方友好合作的关系。

2. 规范建设程序和建设主体

这意味着不但要对工程项目中包括的可行性研究、勘察设计、招标投标、建筑施工、材料设备采购等各种经济活动，都以合同的形式加以确定，而且建筑领域中的第三产业，例如工程咨询公司、工程监理公司、招标代理机构、预结算中心等中介组织，为了促进建筑市场的繁荣和健康发展，也应以合同或委托合同的形式建立双方的法律关系。

我国在建设领域推行项目法人负责制、招标投标制、工程监理制和合同管理制。在这些改革制度中，核心内容是合同管理制度。因为项目法人制是要建立能够独立承担民事责任的主体制度，而市场经济中的民事责任主要是基于合同义务的合同责任。招标投标制实际上要确立一种公平、公正、公开的合同订立制度。工程监理法律关系也是依靠合同来规范业主、承包人、监理单位相互之间的关系。

3. 提高工程建设的管理水平

工程建设管理水平的提高体现在工程质量、进度和投资的三大控制目标上，这三大控制目标的水平主要体现在合同中。在合同中规定三大控制目标后，要求合同当事人在工程管理中细化这些内容，在工程建设过程中严格执行这些规定。同时，如果能够严格按照合同的要求进行管理，工程的质量能够有效地得到保障，进度和投资的控制目标也能够实现。因此，建设工程合同管理能够有效地提高工程建设的管理水平。

4. 避免和克服建筑领域的经济违法和犯罪

建筑领域是我国经济犯罪的高发领域。出现这样的情况主要是由于工程建设中的公开、公正、公平做得不够好。而加强建设工程合同管理能够有效地做到公开、公正、公平。特别是健全重要的建设工程合同的订立方式——招标投标，能够将建筑市场的交易行为置于公开的环境之中，约束权力滥用行为，有效地避免和克服建筑领域的受贿行贿行为。加强建设工程合同履行的管理也有助于政府行政管理部门对合同的监督，避免和克服建筑领域的经济违法和犯罪。

1.2.2 学习本门课程的方法

在建设工程项目管理中，合同管理工作已有很长的历史，但合同管理作为工程项目管理中的一个独立的管理职能时间还不长。人们对合同和合同管理的认识、研究和应用有一个发展过程。学习工程合同管理这门课程，需要树立两种观念、掌握两种方法。

1. 法律至上的观念

合同关系是一种典型的民事法律关系，因此在学习和应用工程合同进行项目管理的过程中，必须树立"法律至上、契约自由"的观念。法律至上，意味着项目参与各方的全部交易行为均须在合法的前提下进行；契约自由，意味着只要在法律允许的范畴内，合同当事人得以自由约定合同的内容和履行的方式。合同应该成为约束项目参与人行为的最高准则，也应该成为全部建设活动的出发点和落脚点。

合同的语言和格式有法律的特点，对工程专业的学生在思维方式，甚至在语言上难以适应。但对专门研究法律的人来说，工程合同又具有工程的特点。它要描述工程管理程序，在语言和风格上符合工程的要求。对于工程管理的学生和工作人员，合同管理的学习对培养他们严谨的思维方式、优化他们的理论和知识体系、提升语言表达能力和工程文件写作能力都有重要的作用。

2. 交叉融合的观念

合同问题具有多种学科交叉的属性，它既是法律问题，又是经营问题，同时也是工程技术和管理问题。由于工程合同在工程中特殊的作用和它本身具有综合性特点，使得本课程对工程管理专业的整个知识体系有决定性的影响，涉及企业管理和工程项目管理的各个方面，与工程造价、进度计划、质量管理、范围管理、信息管理等都有关系。它是工程管理知识体系的接合部，在学习中应注意知识的集成。

3. 理论与实践相结合的方法

由于合同管理注重实务，所以在本书的学习过程中要结合阅读实际工程的招标投标文件、标准的合同文件、相关的法律法规和工程案例，要多阅读实际工程资料，最好能够学会招标投标文件和合同文件的编写，学会合同分析方法。工程管理专业的学生应多读合同文本，在语言、思维和风格上适应工程合同的要求。

合同的解释、合同的管理和索赔重视案例的研究。在国际工程中，许多合同条款的解释和索赔的解决要符合通常大家公认的一些案例，甚至可以直接引用过去典型案例作为合同争执的解决和索赔依据。但对合同争执和索赔事件的处理和解决又要具体问题具体分析，不可盲目照搬以前的案例，或一味凭经验办事。在国际工程中，许多相同或相近的索赔事件，有时处理过程、索赔值的计算方法(公式、依据)不同，则能得到完全不同甚至相悖的解决结果。所以阅读和分析合同管理与索赔案例切不可像看小说一样，只注重事件起因和最终结果，否则会产生误导。应注意它的特点，如工程的法律背景、合同背景、环境、合同

实施和管理过程，合同双方的具体情况、合同双方的索赔(反索赔)策略和其他细节问题(如双方在工程中的沟通程度)等。这些对合同问题的解决都有极大的影响。

4. 重视发展与创新的方法

随着研究和实践的深入，工程合同管理已由过去单纯的经验型管理状态(即主要凭借管理者自身经历和第一手经验开展工作)，逐渐形成自己的理论和方法体系。但总的来说，合同管理学科理论体系尚不完备，应加强合同和合同管理理论的研究和探索。

工程合同、合同管理和索赔的研究和应用是常新的。在工程界，一份新的合同标准文本颁布，一个新的融资模式、承发包模式和管理模式的提出，新的管理理念、理论和方法的应用，都会引起相关合同与合同管理的进步，都需对相关合同和合同管理进行研究。近年来，我国工程中有许多新的融资模式(如 PPP、PFI)、承发包模式(如工程总承包)和管理模式(如项目管理承包、代建制)，这样就出现了相应的合同问题。所以，要关注和跟踪合同管理最新研究成果，注重合同管理理论的发展与创新。

1.2.3　本课程教学目标

吉林建筑大学的"工程合同管理"课程是吉林省优秀课程和吉林省精品课程。本课程主要面向建筑类高校中具有土木工程背景的专业学生开设。其中工程管理专业学生分别开设"建设工程招标与投标"(24 学时)和"工程合同管理"(40 学时)两门课程，同时配合"建设工程招投标与合同模拟"(2 周)课程设计实践环节；非工程管理专业学生开设"建设工程招投标与合同管理"(48 学时)一门课程，并结合该课程在本专业的重要程度决定是否开设实践环节。

"工程合同管理"作为工程管理专业的主干核心课程，是"建设法规"、"工程合同法律制度"等课程的后续课程。本课程的教学目标，是通过对于国内建设工程合同示范文本和国际工程合同惯例的教学，使学生掌握工程合同管理的主要程序、方法和手段；熟悉工程合同管理的主要内容、手段，工程合同体系；了解工程合同管理信息系统；初步具备解决工程合同订立、履行过程中主要问题的基本能力。

案 例 分 析

【案例 1-1】

小张是某施工单位新入职的大学生，人力资源部门主管安排其到招投标与合约管理部熟悉工作。该部门的同事让他协助设计一个工程合同会签单的样表，您觉得样表应该包含哪些内容？

【案例分析】

合同会签单根据工程合同内容和性质的不同，主要应该包括以下内容：合同内容简介、会签发起部门、法律顾问意见(或者单位法务部门意见)、工程部意见、造价部意见、主管领导意见和单位领导意见等。

<h1 style="text-align:center">本 章 小 结</h1>

本章介绍了建设工程合同体系,从狭义上讲,依据《合同法》的规定,"建设工程合同是承包人进行工程建设,发包人支付价款的合同。建设工程合同包括工程勘察、设计、施工合同";从广义上讲,建设工程合同泛指参与工程项目各方之间的合同关系。通过本章的学习,应掌握学习本课程的方法和目标,将学到的知识转化成能力,应用到工程领域。

<h1 style="text-align:center">习　　题</h1>

1. 建设工程合同体系从广义和狭义的角度分别指什么?
2. 结合本章的内容和工程实践,做好工程合同管理工作需要哪些条件?
3. 结合本章内容,试述本课程的学习方法及学习目标。
4. 您认为本课程学习的重点和难点是什么?

第 2 章　建设工程合同总体策划

【学习要点及目标】

◆ 掌握建设工程各参与方在工程合同中的职责和义务，了解施工企业的资质类别和等级，了解业主、承包商的主要合同关系。

◆ 熟知项目采购模式的基本形式，掌握各种模式的优缺点，重点理解 DBB 模式的优缺点、EPC 模式的主要特点、BOT 模式的优缺点。

◆ 掌握传统项目采购模式(DBB)与设计—建造模式(DB)、建设管理模式(CM)的区别。

◆ 熟知工程合同的类型，分为固定总价合同、单价合同、成本加酬金合同，理解不同合同类型的特点，明确不同合同类型中各参与方的职责。

【核心概念】

建设工程合同、项目采购方式、固定总价合同、单价合同、成本加酬金合同。

【引导案例】

　　某市作为国家 15 个副省级城市之一，围绕"生存性、安全性、发展性"三大民生需求，以解决群众"最关心、最直接、最现实"的利益问题为导向，以提高城乡居民"幸福指数"为目标，迫切需要推动一批重点城市基础设施项目工程实施。其中，某水厂项目是解决城市南部新城居民用水的重要设施，但是市政府缺乏建设资金，可以采取何种方式进行该项目建设？

2.1　建设工程参与方及其合同安排

建设工程项目的参与方众多，主要有建设单位、施工总承包单位、专业承包单位、专业分包单位、劳务分包单位、勘察设计单位、监理单位、咨询单位和材料设备供应单位等。在某些大型复杂项目中，参与方可能还包括 BOT/BT 投资方、代建单位、金融机构和担保机构等。不同的主体参与不同的合同并承担不同的职责，各种合同法律关系共同规制和维系项目参与方的行为。由于各个国家法律法规等制度不同，在不同国家相同主体的职责也有可能不同。本章主要介绍我国建设工程各参与方的主要合同关系及安排，这些合同大致可以分为建设工程合同及与建设工程相关的其他合同。

2.1.1　建设工程参与方

1．建设单位

建设单位通常是建设工程项目中享有发包工程的权利并承担给付工程价款义务的合同当事人。这一合同主体在我国工程法律规范及工程实践中有不同的称谓，这些称谓在大多数情形下能够相互包含和替换，在少数特殊语境下则有不同的侧重。例如，在我国的《建筑法》、《合同法》中称为"发包人"；在《建设工程安全生产管理条例》、《建设工程质量管理条例》中称为"建设单位"；在工程实践中习惯称为"甲方"；近年来，随着国际工程惯例在我国建设工程交易活动中的应用，很多人开始使用"业主"这个称号，因为他们拥有根据合同所建设的建筑产品，但是更重要的原因是其拥有与工程建设相关的土地权利，也包括拥有土地上的建筑物的权利；在大多数英语通用国家，建设合同中的业主又被称为"雇主"，这样的称呼可以使我们从另一个角度来看待他们，即作为完成建设工程的承包商的雇主。

建设单位可以是自然人、法人和其他组织，其中法人作为建设单位可以分为企业法人和非企业法人。

2．施工单位

与建设单位相对应，承揽建设工程并获得工程价款的合同当事人称为施工单位。这一合同主体在与发包人相互对应时，称为"承包人"；在工程实践中与甲方对应习惯称为"乙方"；在国际工程惯例中与业主或雇主相对应，称为"承包商"。

承包商得名是因为他签订合同是以完成工作获得报酬为目的的，有时他也被称为总承包商。承包商是工程合同的另一方，也是合同协议中定义的业主之后的另一方。承包商同意完成合同文件所描述的工程，作为回报，业主会按合同支付价款。承包商通常可以以他选择的任一方案组织和完成工程，在总价合同中，除了批准分包商外，业主和设计师不能干涉承包商。承包商是作为建设方面的专家被雇用的，而且总价合同的标准形式也确认工程必须由承包商用自己的方式完成。任何对这一基本规则的违背都必须在合同文件中明确说明。

分包商因为在传统合同安排中为总承包商工作，并接受总承包商的领导而得名。我们会看到在不同的合同安排中，分包商可能是具有自身权利的一个专业承包商。

分包商和业主之间没有合同关系，因此工程师总是需要通过总承包商来处理与分包商有关的问题。遵循同样的次序，分包合同文件必须与主合同文件一致，必须确保所有的分包合同都包含同样的条款，而且要确保它的执行。

(1) 根据我国《建筑业企业资质管理规定》中规定，建筑业企业资质分为施工总承包、专业承包和劳务分包三个序列。

取得施工总承包资质的企业，可以承接施工总承包工程。施工总承包企业可以对所承接的施工总承包工程内各专业工程全部自行施工，也可以将专业工程或劳务作业依法分包给具有相应资质的专业承包企业或劳务分包企业。

取得专业承包资质的企业，可以承接施工总承包企业分包的专业工程和建设单位依法发包的专业工程。专业承包企业可以对所承接的专业工程全部自行施工，也可以将劳务作业依法分包给具有相应资质的劳务分包企业。

取得劳务分包资质的企业，可以承接施工总承包企业或专业承包企业分包的劳务作业。

(2) 施工企业的资质类别和等级。

施工总承包、专业承包、劳务分包三个资质序列，分别按照工程性质和技术特点划分为若干资质类别；各资质类别又按照规定的条件划分为若干资质等级。

根据建设部会同铁道部、交通部、水利部、信息产业部、民航总局等有关部门组织制定并由建设部颁发的《建筑业企业资质等级标准》规定如下。

◆ 施工总承包企业资质序列，划分为房屋建筑工程、公路工程、铁路工程、港口与航道工程、水利水电工程、电力工程、矿山工程、冶炼工程、化工石油工程、市政公用工程、通信工程和机电安装工程等12个资质类别。每个资质类别划分3～4个资质等级，即特级、一级、二级或特级、一级至三级。

◆ 专业承包企业资质序列，划分为地基与基础工程、土石方工程、建筑装修装饰工程、建筑幕墙工程、预拌商品混凝土、混凝土预制构件、园林古建筑工程、钢结构工程、高耸构筑物、电梯安装工程、消防设施工程、建筑防水工程、防腐保温工程、附着升降脚手架、金属门窗工程、预应力工程、起重设备安装工程、机电设备安装工程、爆破与拆除工程、建筑智能化工程、环保工程、电信工程、电子工程、桥梁工程、隧道工程、公路路面工程、公路路基工程、公路交通工程、铁路电务工程、铁路铺轨架梁工程、铁路电气化工程、机场场道工程、机场空管工程及航站楼弱电系统工程、机场目视助航工程、港口与海岸工程、港口装卸设备安装、航道、通航建筑、通航设备安装、水上交通管制、水工建筑物基础处理、水工金属结构制作与安装、水利水电机电设备安装、河湖整治工程、堤防工程、水工大坝、水工隧洞、火电设备安装、送变电工程、核工业、炉窑、冶炼机电设备安装、化工石油设备管道安装、管道工程、无损检测工程、海洋石油、城市轨道交通、城市及道路照明、体育场地设施、特种专业(建筑物纠偏和平移、结构补强、特殊设备的起吊、特种防雷技术等)等 60 个资质类别。每个资质类别分为 1～3 个资质等级或者不分等级。

◆ 劳务分包企业资质序列，划分为木工作业、砌筑作业、抹灰作业、石制作作业、油漆作业、钢筋作业、混凝土作业、脚手架作业、模板作业、焊接作业、水暖电安装、钣金作业、架线作业等 13 个资质类别。每个资质类别分为一级、二级两个资质等级或者不分等级。

3．工程勘察、设计单位

从事建设工程勘察、工程设计活动的企业，应当按照其拥有的注册资本、专业技术人员、技术装备和勘察设计业绩等条件申请资质，经审查合格，取得建设工程勘察、工程设计资质证书后，方可在资质许可的范围内从事建设工程勘察、工程设计活动。

根据《建设工程勘察设计企业资质管理规定》，工程勘察资质分为工程勘察综合资质、工程勘察专业资质、工程勘察劳务资质。

工程勘察综合资质只设甲级；工程勘察专业资质设甲级、乙级，根据工程性质和技术特点，部分专业可以设丙级；工程勘察劳务资质不分等级。

取得工程勘察综合资质的企业，可以承接各专业(海洋工程勘察除外)、各等级工程勘察业务；取得工程勘察专业资质的企业，可以承接相应等级相应专业的工程勘察业务；取得工程勘察劳务资质的企业，可以承接岩土工程治理、工程钻探、凿井等工程勘察劳务业务。

工程设计资质分为工程设计综合资质、工程设计行业资质、工程设计专业资质和工程设计专项资质。

工程设计综合资质只设甲级；工程设计行业资质、工程设计专业资质、工程设计专项资质设甲级、乙级。

根据工程性质和技术特点，个别行业、专业、专项资质可以设丙级，建筑工程专业资质可以设丁级。

取得工程设计综合资质的企业，可以承接各行业、各等级的建设工程设计业务；取得工程设计行业资质的企业，可以承接相应行业相应等级的工程设计业务及本行业范围内同级别的相应专业、专项(设计施工一体化资质除外)工程设计业务；取得工程设计专业资质的企业，可以承接本专业相应等级的专业工程设计业务及同级别的相应专项工程设计业务(设计施工一体化资质除外)；取得工程设计专项资质的企业，可以承接本专项相应等级的专项工程设计业务。

4．工程监理单位

从事建设工程监理活动的企业，应当按照本规定取得工程监理企业资质，并在工程监理企业资质证书许可的范围内从事工程监理活动。

工程监理企业资质分为综合资质、专业资质和事务所资质。其中，专业资质按照工程性质和技术特点划分为若干工程类别。

综合资质、事务所资质不分级别。专业资质分为甲级、乙级，其中，房屋建筑、水利水电、公路和市政公用专业资质可设立丙级。

事务所资质可承担三级建设工程项目的工程监理业务，但是，国家规定必须实行强制监理的工程除外。

工程监理企业可以开展相应类别建设工程的项目管理、技术咨询等业务。

5．材料设备供应单位

供应商的标题初看似乎是清晰明了，意思也显而易见，但是，供应商和分包商的合同区别有时不是很清晰。分包商是指与总包商有直接的合同关系，在现场负责完成一部分工程的承包商；而供应商是指为专门设计提供材料和设备的供应者。

可见，供应商在项目中的利益和权益处于比分包商更低的水平，尤其当供应商提供的产品不是为了"专门设计"的施工，因为这些产品在安装前更容易转变为其他用途。同时，供应商之间的商业交易与分包合同关系是由不同的法律所管辖的。

6．关键点总结

(1) 建筑产品在所有产业中是唯一的，因为它的自然属性与土地的法律关系。

(2) 业主是工程合同的一方，其主要合同义务是支付工程价款，但他在合同中的许多职责都转移给了业主的设计师。

(3) 承包商是工程合同的另一方，其主要义务是履行合同，并对分包商的工程负责。

(4) 供应商不是分包商，他仅为建筑工程供应材料或产品，随着施工方法的变化，供应商的作用愈加重要，因此供应商的定义应该反映这种变化。

(5) 分包商与总承包商签订完成部分工程的合同，然而需要更加精确和全面的定义，如果供应商为了专门的设计完成工作，应当被认为是分包商。

(6) 设计师与业主签订有关工程设计的合同，设计师经常检查工程的进展情况，看是否符合设计；他也为工程准备文件，安排工程合同方案。设计师是业主的代理，也是一个类似的判决者、仲裁人，或业主和承包商之间的调解人。

(7) 设计师通常有专业顾问，负责工程特殊部分的设计，典型的有结构和设备系统(如机械和电气工程)。

(8) 在与传统不同的建筑中，业主可能会雇用建设经理或管理承包商作为其代表对于前者，业主会签订若干个施工合同，后者不是。

(9) 工料测量师是业主的代理，他和设计师一起工作，在设计和施工阶段，处理建筑工程财务和预算方面的事务。需要时他可以准备合同文件，即工程量清单，提供给投标人合同需要的精确的计量和工程的不同子项的工程数量。

2.1.2　建设工程合同体系

根据我国《合同法》第二百六十九条规定："建设工程合同是承包人进行工程建设，发包人支付价款的合同。建设工程合同包括工程勘察、设计、施工合同。"

1. 业主的主要合同关系

业主作为工程(或服务)的买方,是工程的所有者,他可能是政府、企业、其他投资者,或几个企业的组合,或政府与企业的组合(例如合资项目,BOT 项目的业主)。他投资一个项目,通常委派一个代理人(或代表)以业主的身份进行工程项目的经营管理。

业主根据对工程的需求,确定工程项目的整体目标。这个目标是所有相关工程合同的核心。要实现工程总目标,业主必须将建筑工程的勘察、设计、各专业工程施工、设备和材料供应、建设过程的咨询与管理应等工作委托出去,必须与有关单位签订如下各种合同。

(1) 咨询(监理)合同,即业主与咨询(监理)公司签订的合同。咨询(监理)公司负责工程的可行性研究、设计监理、招标和施工阶段监理等某一项或几项工作。

(2) 勘察设计合同,即业主与勘察设计单位签订的合同。勘察设计单位负责工程的地质勘察和技术设计工作。

(3) 供应合同。对由业主负责提供的材料和设备,他必须与有关的材料和设备供应单位签订供应(采购)合同。

(4) 工程施工合同,即业主与工程承包商签订的工程施工合同。一个或几个承包商承包或分别承包土建、机械安装、电器安装、装饰、通信等工程施工。

(5) 贷款合同,即业主与金融机构签订的合同。后者向业主提供资金保证。按照资金来源的不同,可能有贷款合同、合资合同或 BOT 合同等。

2. 承包商的主要合同关系

承包商是工程施工的具体实施者,是工程承包合同的执行者。承包商通过投标接受业主的委托,签订工程承包合同。工程承包合同和承包商是任何建筑工程中都不可缺少的。承包商要完成承包合同的责任,包括由工程量表所确定的工程范围的施工、竣工和保修,为完成这些工程提供劳动力、施工设备、材料,有时也包括技术设计。任何承包商都不可能,也不必具备所有的专业工程的施工能力、材料和设备的生产和供应能力,他同样必须将许多专业工作委托出去。所以承包商常常又有自己复杂的合同关系。

(1) 分包合同。对于一些大的工程,承包商常常必须与其他承包商合作才能完成总包合同责任。承包商把从业主那里承接到的工程中的某些分项工程或工作分包给另一承包商来完成,则与他签订分包合同。

承包商在承包合同下可能订立许多分包合同,而分包商仅完成总承包商的工程,向承包商负责,与业主无合同关系。承包商仍向业主担负全部工程责任,负责工程的管理和所属各分包商工作之间的协调,以及各分包商之间合同责任界面的划分,同时承担协调失误造成损失的责任,向业主承担工程风险。

在投标书中,承包商必须附上拟定的分包商的名单,供业主审查。如果在工程施工中重新委托分包商,必须经过工程师(或业主代表)的批准。

(2) 供应合同。承包商为工程所进行的必要的材料和设备的采购和供应,必须与供应商签订供应合同。

(3) 运输合同。这是承包商为解决材料和设备的运输问题而与运输单位签订的合同。

(4) 加工合同。加工合同即承包商将建筑构配件、特殊构件加工任务委托给加工承揽单位而签订的合同。

(5) 租赁合同。在建筑工程中承包商需要许多施工设备、运输设备、周转材料，当有些设备、周转材料在现场使用率较低，或自己购置需要大量资金投入而自己又不具备这个经济实力时，可以采用租赁方式，与租赁单位签订租赁合同。

(6) 劳务分包合同。劳务分包合同即承包商与劳务分包商之间签订的合同，由劳务分包商向工程提供劳务。

(7) 保险合同。承包商按施工合同要求对工程进行保险，与保险公司签订保险合同。

3. 其他情况

在实际工程中还可能有如下情况。

(1) 设计单位、各供应单位也可能存在各种形式的分包。

(2) 承包商有时也承担工程(或部分工程)的设计(如设计—施工总承包)，则他有时也必须委托设计单位，签订设计合同。

(3) 如果工程付款条件苛刻，要求承包商带资承包，他就必须借款，与金融单位订立借(贷)款合同。

(4) 在许多大工程中，尤其是在业主要求全包的工程中，承包商经常是几个企业的联营体，即联营承包。若干家承包商(最常见的是设备供应商、土建承包商、安装承包商、勘察设计单位) 之间订立联营合同，联合投标，共同承接工程。联营承包已成为许多承包商经营战略之一，国内外工程中都很常见。

2.2　项目采购模式选型与优化

国内建筑业中习惯使用的"发包"一词，在国际建筑业被称为"采购"。本书中所指的"采购"术语，不是泛指材料和设备的采购，而是指建设项目本身的采购。项目采购是从业主角度出发，以项目为标的，通过招标进行"期货"交易。而"承包"从属于采购，服务于采购。采购决定了承包范围，业主采购的范围越大，承包商承担的风险一般就越大，对承包商技术、经济和管理水平的要求也越高。业主为了获得理想的建筑产品或服务就必须进行"采购"，而采购的效果与采购方式的选择密切相关。项目采购方式(Project Procurement Method，PPM)就是指建筑市场买卖双方的交易方式或者业主购买建筑产品或服务所采用的方法。

在英国和英联邦国家(澳大利亚、新加坡等)以及中国香港地区，项目采购模式一般称为"Procurement Method"或者"Procurement System"，这两个名字在含义和使用上没有任何区别，本书所用的"采购模式"即是直接从这两个词翻译过来的。在美国以及受美国建筑业影响比较大的国家，项目采购模式一般称为"Delivery Method"或者"Delivery System"，它们两个在含义和使用上也没有任何区别，如果把它们直接翻译成中文就是"交付方式"。

英国的"Procurement Method (System)"和美国的"Delivery Method (System)"从概念上讲是完全相同的。Procurement 的意思是采购，是从购买方(业主)的角度来讲的。Delivery 的意思是交付，是从供货方(设计者、承包商、咨询管理者等)的角度来讲的。不管从哪个角度来讲，它们的意思都是指交易，所以项目采购模式本质上就是指工程项目的交易模式。

国内目前对项目采购模式的叫法相当混乱，如"承发包模式"、"承包模式"、"采购方式"、"项目交付方式"、"分标方式"、"承发包方式"、"项目实施方式"、"项目管理模式"、"工程建设模式"、"组织实施方式"等。"承发包模式"是国内使用比较多的一种叫法，但是工程项目的交易不仅仅是指承发包，承发包仅仅是指业主和承包商之间的关系，业主与设备、材料供应商之间的关系是一般的货物交易关系，与工程咨询方、项目管理方、设计方之间的关系是委托与被委托的关系。承发包与委托关系有着很大的差异，也与一般的货物交易有着明显的不同。所以，"承发包模式"并不能完全揭示项目采购模式的所有含义。"项目采购模式"直接从英文翻译过来，忠实于原意，容易被理解，而且也容易与国际交流、与国际接轨。

项目采购模式的严格定义是：对建设项目的合同结构、职能范围划分、责任权利、风险等进行确定和分配的方式，其本质上是工程项目的交易方式。从不同的角度来看，它也可以被理解成工程项目的组织方式、管理方式或者实施方式。不同的项目采购模式有着不同的合同结构和合同安排，项目采购模式的变化深刻地决定着工程合同和管理的变化。

2.2.1 项目采购模式的演变和发展

随着全球市场一体化、经济全球化、信息化进程的加快，项目建设和管理理念出现新的变革，这些变革深刻地影响着建筑业的发展，同时也影响着项目采购模式的演变和发展。

1. 项目采购模式的演变

建设项目采购模式经历了由业主自营模式到现代承包模式演变的多个发展阶段，如图 2-1所示。14 世纪前，一般是由业主直接雇用工人进行工程建设。后来，由营造师负责设计和施工，这与当时的社会生产力水平有限和专业化协作程度很低以及工程复杂度不太高的情况相适应。随着社会生产力的发展和建设规模的扩大，近代建设项目由于投资大、结构和技术复杂等原因，产生了设计、施工、供应、管理等专业化分工，即由"合"变"分"，分阶段、分专业的平行承发包模式遂成为主流的采购模式。但随着市场要求的变化，加上信息技术等科技的高速发展，专业分工的进一步整合重新被人们所认同，项目采购模式出现由"分"变"合"的新趋势，逐步演变为 DB 模式、EPC 模式、CM 模式、PM 模式、MC模式以及 BOT 等多种模式并存的局面。

2. 项目采购模式演变的动因

项目采购模式的演变基于以下四个方面的原因促成。

(1) 业主观念变化。

◆ 时间观念增强。世界经济一体化增加了竞争的强度，业主需要在更短的时间内拥有生产或经营设施，从而可以更快地向市场提供产品，因而要求项目工期尽量缩短。

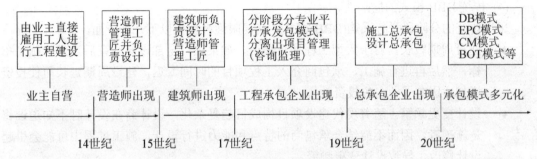

图 2-1　工程项目采购模式的演变

◆ 质量和价值观发生变化。由于工业领域的业主在生产过程中实行了全面质量管理(Total Quality Management，TQM)，他们希望承包方也能采用这种管理，以保证工程的质量。另外，业主意识到项目价值应该是价格、工期和质量等的综合反映，是一个全面的价值度量标准，因而工程价格在价值衡量中的比重降低。

◆ 集成化管理意识增强。提倡各专业、各部门的人员组成项目组联合工作，对项目进行整体统筹化的管理。目前许多大项目都采用联合项目组这种方式，将各个专业的人员组织起来共同办公，极大地提高了工程效率。

◆ 伙伴关系意识增强。业主、承包商和专业工程师更倾向于为了项目的整体成功而合作，而不再是仅仅追求各自的经济利益。人们的观念正从时刻准备索赔向避免索赔转变。有的合同中还规定了多种争端解决方式，尽量避免仲裁或诉讼。

◆ 提供项目一揽子服务需求加大。由于现代建设项目具有规模大、资金需要量大、技术复杂且管理难度高等特点，业主自身项目管理能力和融资能力有限，因而业主越来越重视承包商提供综合服务的能力。

(2) 设计与施工一体化趋势。

◆ 工程项目管理理论的发展。建设项目各阶段都有较成熟的项目管理理论和丰富的实践经验，很多有关的理论和模型都可以被纳入一体化管理的体系中，这使得研究重点集中在设计、施工等阶段的衔接上，项目协调的工作量大大减少。

◆ 工业领域的集成管理趋势。自从 20 世纪 70 年代中期以来，制造业领域提出了一系列新思想、新概念和新方法，例如，并行工程、价值工程、准时生产、精益生产、柔性生产、计算机集成制造(CIMS)等，使制造业得到了快速的发展，同时也为工程领域设计施工一体化提供了可借鉴的丰富经验和理论工具。

◆ 项目管理信息化集成。信息技术的高速发展，软件工程理论和实践的突破，为设计施工一体化提供了坚实的基础，使设计施工一体化要求的高速信息共享和交流成为可能，保障了设计施工一体化的实施效率。

(3) 承包商利润的追求。

承包商单纯的工程施工利润逐渐降低，承包业务逐渐向项目前期的策划和设计阶段延伸，以及向项目建成后的营运阶段拓展，利润重心向产业链前端和后端转移。承包商参与建设项目的时间已逐渐提前到项目的策划、可行性研究或设计阶段，这一承包方式的发展已经成为国际大型承包商提高竞争力和抗风险能力的重要手段。

(4) 传统 DBB 模式的局限性。

采用传统的分阶段平行采购(DBB)模式,其局限性表现在以下几个方面。

◆ 建设周期较长。对于大型工程项目来说,如果项目全部设计结束后才进行施工招标,然后再进行施工,承包商介入工程项目的时间太迟,建设周期延长而使投资增加,影响了业主的投资效率。

◆ 设计变更频繁。随着现代建设项目构成日趋复杂化,设计商在设计时不知道谁将是施工者,因而不能结合承包商的特点和能力进行设计,施工过程中可能会引起设计修改,导致设计变更频繁。

◆ 设计的可施工性较差。设计商有时对施工过程的具体工艺缺乏足够的重视,对施工方法和工艺了解较少,在设计过程中很难从施工方法及实际成本的角度来选择造价尽可能低、不影响使用功能且施工方便的设计方案。

◆ 业主项目总体目标控制困难。业主组织、协调工作量大,业主对项目总体目标的控制有困难,主要是不利于项目投资控制和进度控制。在整个项目实施过程中,业主对项目的投资控制既缺乏系统性、连续性,同时也缺乏足够的深度。

◆ 承包商处于被动地位。承包商"按图施工",基本上处于被动地位,影响其积极性的发挥。

于是在 20 世纪 80 年代,产生了将设计和施工相结合的单方负责方式(Single Resource Responsibility Systems),其中包括设计—建造(Design-Build)总承包模式、一揽子(Package Deal)总承包模式和 EPC (Engineering Procurement Construction)模式等。在一系列的单方负责承包模式中,EPC 模式是承包商所承揽的工作内容最广、责任最大的一种。

虽然 DB 和 EPC 模式可以很好地将设计与施工结合起来,业主的组织协调工作量较少,但建设周期完全取决于项目总承包单位的分包模式,具有很大的不确定性。为了解决工期要求紧、业主要求其自身工作量最小的大型建设项目的采购问题,人们引入了 Fast-Track 模式。在这种情况下,项目的设计过程被分解成若干部分,每一部分施工图设计后面都紧跟着该部分的施工招标。整个项目的施工不再由一家承包商总包,而是被分解成若干个分包,按先后顺序分别进行设计、招标、施工。这样,设计、招标、施工三者充分搭接,施工可以在尽可能早的时间开始,与传统模式相比,缩短了整个项目的建设周期,由此产生了 CM 模式。

2.2.2 项目采购模式的基本形式

目前,国际、国内建筑市场普遍采用的项目采购模式有:传统采购模式(Design-Bid-Build,DBB),设计—建造模式(Design-Build,DB)、建设管理模式(Construction Man-agement,CM)、设计—采购—建设模式(Engineering Procurement Construction,EPC)、项目管理模式(Project Management,PM)、管理承包模式(Management Contracting,MC)、项目融资模式(Build-Operate-Transfer,BOT)和项目伙伴模式(Project Partne-Ring,PPR)等。本节对几种主要的项目采购模式进行分析比较。

1. 设计—招标—建造模式(DBB 模式)

该项目采购模式是传统的、国际上通用的项目管理模式，世界银行、亚洲开发银行贷款项目和采用国际咨询工程师联合会(FIDIC)合同条件的项目均采用这种模式。这种模式最突出的特点是强调工程项目的实施必须按照设计—招标—建造的顺序进行，只有一个阶段结束后，另一个阶段才能开始。采用这种方法时，业主与设计商(建筑师/工程师)签订专业服务合同，建筑师/工程师负责提供项目的设计和合同文件。在设计商的协助下，通过竞争性招标将工程施工任务交给报价和质量都满足要求且/或最具资质的投人(承包商)来完成。在施工阶段，设计专业人员通常担任重要的监督角色，并且是业主与承包商沟通的桥梁。《FIDIC 土木工程施工合同条件》代表的是工程项目建设的传统模式，采用单纯的施工招标发包，在施工合同管理方面，业主与承包商为合同双方当事人，工程师处于特殊的合同管理地位，对工程项目的实施进行监督管理。各方合同关系和协调关系如图 2-2 所示。

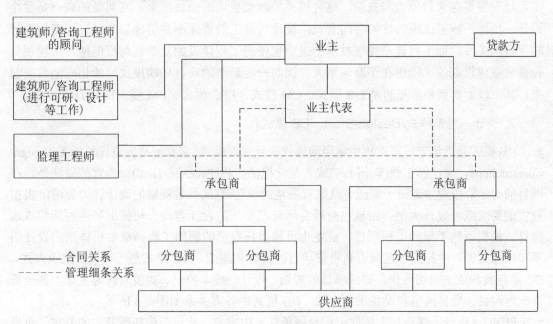

图 2-2　DBB 模式中各方合同关系和协调关系

DBB 模式具有如下优点。

◆ 参与项目的三方即业主、设计商(建筑师/工程师)和承包商在各自合同的约定下，行使自己的权利，并履行自己的义务，因而这种模式可以使三方的权、责、利分配明确，避免相互之间的干扰。

◆ 由于受利益驱使以及市场经济的竞争，业主更愿意寻找信誉良好、技术过硬的设计咨询机构，这样具有一定实力的设计咨询公司应运而生。

◆ 由于该模式长期、广泛地在世界各地采用，因而管理方法成熟，合同各方都对管理程序和内容熟悉。

◆ 业主可自由选择设计咨询人员，对设计要求可进行控制。

◆ 业主可自由选择监理机构实施工程监理。

DBB 模式具有如下缺点。

◆ 该模式在项目管理方面的技术基础是按照线性顺序进行设计、招标、施工的管理，建设周期长，投资或成本容易失控，业主方管理的成本相对较高，设计师与承包商之间协调比较困难。

◆ 由于承包商无法参与设计工作，可能造成设计的"可施工性"差，设计变更频繁，导致设计与施工协调困难，设计商和承包商之间可能发生责任推诿，使业主利益受损。

◆ 按该模式运作的项目周期长，业主管理成本较高，前期投入较大，工程变更时容易引起较多的索赔。

长期以来 DBB 模式在土木建筑工程中得到了广泛的应用。但是随着社会、科技的发展，工程建设变得越来越庞大和复杂，这种模式的缺点也逐渐突显出来。其明显的缺点是整个设计—招标—施工过程的持续时间太长；设计与施工的责任不易明确划分；设计者的设计缺乏可施工性。而工程建设领域技术的进步也使得工程建设的复杂性与日俱增，工程项目投资者在建设期的风险也在不断地增大，因而一些新型的项目采购模式也就相应地发展起来，其中较为典型和常见的是 DB 模式、CM 模式、EPC 模式、PM 模式和 BOT 模式等。

2. 设计—建造模式(Design-Build，DB 模式)

DB 模式是近年来国际工程中常用的现代项目管理模式，它又被称为设计和施工(Design-Construction)、交钥匙工程(Turn-key)或者是一揽子工程(Package Deal)。通常的做法是，在项目的初始阶段业主邀请一家或者几家有资格的承包商(或具备资格的设计咨询公司)，根据业主的要求或者设计大纲，由承包商或会同自己委托的设计咨询公司提出初步设计和成本概算。根据不同类型的工程项目，业主也可能委托自己的顾问工程师准备更详细的设计纲要和招标文件，中标的承包商将负责该项目的设计和施工。DB 模式是一种项目组织方式，DB 承包商和业主密切合作，完成项目的规划、设计、成本控制、进度安排等工作，甚至负责土地购买、项目融资和设备采购安装。DB 模式中各方关系如图 2-3 所示。

FIDIC《设计—建造与交钥匙工程合同条件》中规定，承包商应按照业主的要求，负责工程的设计与实施，包括土木、机械、电气等综合工程以及建筑工程。这类"交钥匙"合同通常包括设计、施工、装置、装修和设备，承包商应向业主提供一套配备完整的设施，且在移交"钥匙"时即可投入运行。这种模式的基本特点是在项目实施过程中保持单一的合同责任，但大部分实际施工任务要以竞争性招标方式分包出去。

DB 模式是业主和某一实体采用单一合同(Single Point Contract)的管理方法，由该实体负责完成项目的设计和施工。一般来说，该实体可以是大型承包商，或者具备项目管理能力的设计咨询公司，或者是专门从事项目管理的公司。这种模式主要有以下两个特点。

◆ 具有高效率性。DB 合同签订以后，承包商就可进行施工图设计，如果承包商本身拥有设计能力，会促使承包商积极提高设计质量，通过合理和精心的设计创造经济效益，往往能够达到事半功倍的效果。如果承包商本身不具备设计能力和资质，就需要委托一家或几家专业的咨询公司来做设计和咨询，承包商进行设计管理和协调，使得设计既符合业主的意图，又有利于工程施工和成本节约，使设计更加合理和实用，避免了设计与施工之间的矛盾。

◆ 责任的单一性。DB 承包商对于项目建设的全过程负有全部的责任，这种责任的单一性避免了工程建设中各方相互矛盾和扯皮，也促使承包商不断地提高自己的管理水平，通过科学的管理创造效益。相对于传统模式来说，承包商拥有了更大的权力，它不仅可以选择分包商和材料供应商，而且还有权选择设计咨询公司，但需要得到业主的认可。这种模式解决了项目机构臃肿、层次重叠、管理人员比例失调的现象。DB 模式的缺点是业主无法参与建筑师/工程师的选择，工程设计可能会受施工者的利益影响等。

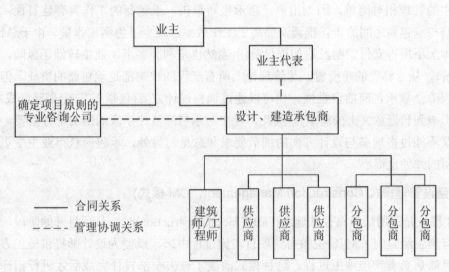

图 2-3　DB 模式中的各方关系

3. 设计—采购—建设模式(Engineering Procurement Construction，EPC 模式)

在 EPC 模式中，Engineering 不仅包括具体的设计工作，而且可能包括整个建设工程的总体策划以及整个建设工程组织管理的策划和具体工作；Procurement 也不是一般意义上的建筑设备、材料采购，而更多的是指专业成套设备、材料的采购；Construction 应译为"建设"，其内容包括施工、安装、试车、技术培训等。

EPC 模式具有以下主要特点。

◆ 业主把工程的设计、采购、施工和开车服务工作全部委托给总承包商负责组织实施，业主只负责整体的、原则的、目标的管理和控制。

◆ 业主可以自行组建管理机构，也可以委托专业项目管理公司代表业主对工程进行整体的、原则的、目标的管理和控制。业主介入具体项目组织实施的程度较低，总承包商更能发挥主观能动性，运用其管理经验，为业主和承包商自身创造更多的效益。

◆ 业主把管理风险转移给总承包商，因而总承包商在经济和工期方面要承担更多的责任和风险，同时承包商也拥有更多的获利机会。

- 业主只与总承包商签订总承包合同。设计、采购、施工的实施可统一策划、统一组织、统一指挥、统一协调和全过程控制。总承包商可以把部分工作委托给分包商完成，分包商的全部工作由总承包商对业主负责。

- EPC 模式还有一个明显的特点，就是合同中没有咨询工程师这个专业监控角色和独立的第三方。

- EPC 模式一般适用于规模较大、工期较长且具有相当技术复杂性的工程，如化工厂、发电厂、石油开发等项目。

EPC 的利弊主要取决于项目的性质，实际上涉及各方利益和关系的平衡，尽管 EPC 给承包商提供了相当大的弹性空间，但同时也给承包商带来了较高的风险。从"利"的角度看，业主的管理相对简单，因为由单一总承包商牵头，承包商的工作具有连贯性，可以防止设计商与承包商之间的责任推诿，提高了工作效率，减少了协调工作量。由于总价固定，业主基本上不用再支付索赔及追加项目费用(当然也是利弊参半，业主转嫁了风险，同时增加了造价)。从"弊"的角度看，尽管理论上所有工程的缺陷都是承包商的责任，但实际上质量的保障全靠承包商的自觉性，他可以通过调整设计方案(包括工艺等)来降低成本(另一方面会影响到长远意义上的质量)。因此，业主对承包商监控手段的落实十分重要，而 EPC 中业主又不能过多地参与设计方面的细节要求和意见。另外，承包商获得业主变更令以及追加费用的弹性也很小。

4. 建设管理模式(Construction Management，CM 模式)

CM 模式是采用快速路径法施工(Fast Track Construction)时，从项目开始阶段，业主就雇用具有施工经验的 CM 单位参与到项目实施过程中来，以便为设计师提供施工方面的建议，并且随后负责管理施工过程。这种模式改变了过去全部设计完成后才进行招标的传统模式，采取分阶段招标，由业主、CM 单位和设计商组成联合小组，共同负责组织和管理工程的规划、设计和施工。CM 单位负责工程的监督、协调及管理工作，在施工阶段定期与承包商交流，对成本、质量和进度进行监督，并预测和监控成本和进度的变化。CM 模式由美国的查尔斯·B. 汤姆逊(Charles B. Thomsen)于 1968 年提出。他认为，该模式中项目的设计过程被看作是一个由业主和设计师共同连续地进行项目决策的过程。这些决策从粗到细，涉及项目各个方面，而某个方面的主要决策一经确定，即可进行这部分工程的施工。

CM 模式又称阶段发包方式，它打破过去那种等待设计图纸全部完成后，才进行招标施工的生产方式，只要完成一部分分项(单项)工程设计后，即可对该分项(单项)工程进行招标施工，由业主与各承包商分别签订每个单项工程合同。阶段发包方式与一般招标发包方式的比较如图 2-4 所示。

根据合同规定的 CM 经理的工作范围和角色，可将 CM 模式分为代理型建设管理("Agency" CM)和风险型建设管理("At Risk" CM)两种方式。

(1) "Agency" CM 方式。在这种方式下，CM 经理是业主的咨询和代理。业主选择代理型 CM 主要是因为其在进度计划和变更方面更具有灵活性。采用这种方式，CM 经理可只提供项目某一阶段的服务，也可以提供全过程服务。无论施工前还是施工后，CM 经理与业主是委托关系，业主与 CM 经理之间的服务合同是以固定费用或比例费用的方式计费。施工任务仍然大都通过竞标来实现，由业主与各承包商签订施工合同。CM 经理为业主提供项目管理，但他与各专业承包商之间没有任何合同关系。因此，对于代理型 CM 经理来说，经济风险最小，但是声誉损失的风险很高。

(2) "At Risk" CM 方式。采用这种形式，CM 经理同时也担任施工总承包商的角色，业主一般要求 CM 经理提出保证最高成本限额(Guaranteed Maximum Price，GMP)。

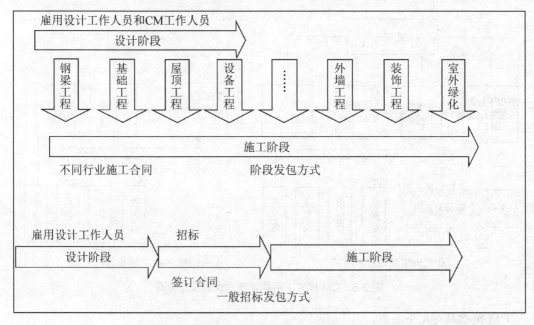

图 2-4　阶段发包方式与一般招标发包方式的比较

保证业主的投资控制，如果最后结算超过 GMP，则由 CM 公司赔偿；如果最后结算低于 GMP，则节约的投资归业主所有，但 CM 经理由于额外承担了保证施工成本风险，因而应该得到节约投资的奖励。有了 GMP 的规定，业主的风险减少了，而 CM 经理的风险则增加了。在风险型 CM 方式中，各方关系基本上介于传统的 DBB 模式与代理型 CM 模式之间，风险型 CM 经理的地位实际上相当于一个总承包商，他与各专业承包商之间有着直接的合同关系，并负责工程以不高于 GMP 的成本竣工，这使得他所关心的问题与代理型 CM 经理有很大的不同，尤其是随着工程成本越接近 GMP 上限，他的风险越大，他对项目最终成本的关注也就越强烈。两种形式的各方关系如图 2-5 所示。

CM 模式具有如下优点。

◆ 建设周期短。这是 CM 模式的最大优点。在组织实施项目时，打破了传统的设计、招标、施工的线性关系，代之以非线性的阶段施工法(Phased Construction)。CM 模式的基本思想就是缩短工程从规划、设计、施工到交付使用的周期，即采用 Fast-Track 方法，设计一部分，招标一部分，施工一部分，实现有条件的"边设计、边施工"。在这种方法中，设计与施工之间的界限不复存在，二者在时间上产生了搭接，从而提高了项目的实施速度，缩短了项目的施工周期。

◆ CM 经理的早期介入。CM 模式改变了传统管理模式中项目各方依靠合同调解的做法，代之以依赖建筑师和(或)工程师、CM 经理和承包商在项目实施中的合作，业主在项目的初期就选定了建筑师和(或)工程师、CM 经理和承包商，由他们组成具有合作精神的项目组，完成项目的投资控制、进度计划与质量控制和设计工作，这种方法被称为项目组法。CM 经理与设计商是相互协调关系，CM 单位可以通过合理化建议来影响设计。

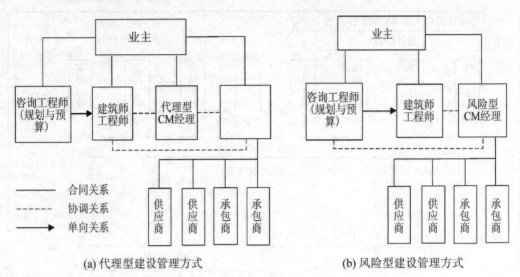

(a) 代理型建设管理方式　　　　　　　(b) 风险型建设管理方式

图 2-5　CM 模式下两种管理方式的各方关系

CM 模式具有如下缺点。

◆ 对 CM 经理的要求较高。CM 经理所在单位的资质和信誉都应该比较高，而且具备高素质的从业人员。

◆ 分项招标容易导致承包费用较高。

CM 模式可以适用于如下情况。

◆ 设计变更可能性较大的工程项目。

◆ 时间因素最为重要的工程项目。

◆ 因总体工作范围和规模不确定而无法准确定价的工程项目。

采用 CM 模式，业主把具体项目管理的事务性工作通过市场化手段委托给有经验的专业公司，不仅可以降低项目建设成本，而且可以集中精力做好公司运营。

CM 模式在美国、加拿大、欧洲和澳大利亚等许多国家，被广泛地应用于大型建筑项目的采购和项目管理，比较有代表性的项目是美国的世界贸易中心和英国诺丁安地平线工厂。CM 模式在 20 世纪 90 年代进入我国之后，也得到了一定程度的应用，例如上海证券大厦建设项目、深圳国际会议中心建设项目等。CM 模式的详细内容参见第 7 章。

5. 项目管理模式(Project Management，PM 模式)

PM 模式是指项目业主聘请一家公司(一般为具备相当实力的工程公司或咨询公司)代表业主进行整个项目过程的管理，这家公司被称为"项目管理承包商"(Project Man-agement Contractor，PMC)。PM 模式中的 PMC 受业主的委托，从项目的策划、定义、设计、施工到竣工投产全过程，为业主提供项目管理服务。选用这种模式管理项目时，业主方面仅需保留很小部分的项目管理力量对一些关键问题进行决策，而绝大部分的项目管理工作都由PMC 来承担。PMC 是由一批对项目建设各个环节具有丰富经验的专门人才组成的团队，它具有对项目从立项到竣工投产进行统筹安排和综合管理的能力，能有效地弥补业主在项目管理知识与经验方面的不足。PMC 作为业主的代表或业主的延伸，帮助业主进行项目前期策划、可行性研究、项目定义、计划、融资方案，以及在设计、采购、施工、试运行等整个实施过程中有效地控制工程质量、进度和费用，保证项目的成功实施，达到项目寿命期的技术和经济指标最优化。PMC 的主要任务是自始至终对业主和项目负责，这可能包括项目任务书的编制、预算控制、法律与行政障碍的排除、土地资金的筹集等，同时使设计者、工料测量师和承包商的工作正确地分阶段进行，在适当的时候引入指定分包商的合同和任何专业建造商的单独合同，以使业主委托的活动得以顺利进行。PM 模式各方关系如图 2-6所示。

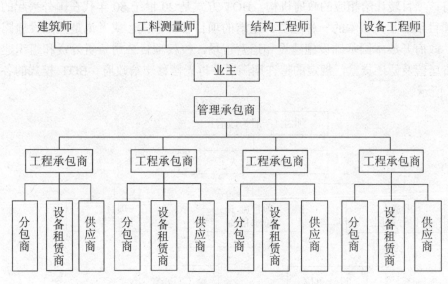

图 2-6　PM 模式的各方关系

采用 PM 模式的项目，通过 PMC 的科学管理，可大规模节约项目投资。

- ◆ 通过项目优化设计以实现项目全寿命期成本最低。PMC 会根据项目所在地的实际条件，运用自身的技术优势，对整个项目进行全方位的技术经济分析与比较，本着功能完善、技术先进、经济合理的原则对整个设计进行优化。
- ◆ 在完成基本设计之后通过一定的合同策略，选用合适的合同方式进行招标。PMC会根据不同工作包的设计深度、技术复杂程度、工期长短、工程量大小等因素综合考虑采取何种合同形式，从整体上为业主节约投资。
- ◆ 通过 PMC 的多项目采购协议及统一的项目采购策略降低投资。多项目采购协议是业主就某种商品(设备、材料)与制造商签订的供货协议。与业主签订该协议的制造商是该项目这种商品(设备、材料)的唯一供应商。业主通过此协议获得价格、日常运行维护等方面的优惠。各个承包商必须按照业主所提供的协议去采购相应的材料、设备。多项目采购协议是 PM 项目采购策略中的一个重要部分。在项目中，要适量地选择商品的类别，以免对承包商限制过多，直接影响积极性。PMC 还应负责促进承包商之间的合作，以符合业主降低项目总投资的目标，包括最优化项目内容和全面符合计划等要求。

◆ PMC 的现金管理及现金流量优化。PMC 可通过其丰富的项目融资和财务管理经验，并结合工程的实际情况，对整个项目的现金流进行优化。PM 模式的详细内容参见第 11 章。

6. 建设—经营移交模式(Build-Operate-Transfer，BOT 模式)

BOT 模式的基本思路是：由项目所在国政府或所属机构为项目的建设和经营提供一种特许权协议，作为项目融资的基础，由本国公司或者外国公司作为项目的投资者和经营者安排融资，承担风险，开发建设项目，并在有限的时间内经营项目获取商业利润，最后根据协议将该项目转让给相应的政府机构。BOT 方式是 20 世纪 80 年代在国外兴起的基础设施建设项目依靠私人资本的一种融资、建造的项目管理方式，或者说是基础设施国有项目民营化。政府开放本国基础设施建设和运营市场，授权项目公司负责筹资和组织建设，建成后负责运营及偿还贷款，规定的特许期满后，再无偿移交给政府。BOT 模式的各方关系如图 2-7 所示。

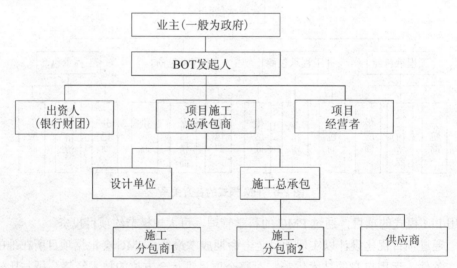

图 2-7　BOT 模式的各方关系图

BOT 模式具有如下优点。

◆ 降低政府财政负担。通过采取民间资本筹措、建设、经营的方式，吸引各种资金参与道路、码头、机场、铁路、桥梁等基础设施项目建设，以便政府集中资金用于其他公共物品的投资。项目融资的所有责任都转移给私人企业，减少了政府主权借债和还本付息的责任。

◆ 政府可以避免大量的项目风险。实行这种方式融资，使政府的投资风险由投资者、贷款者及相关当事人等共同分担，其中投资者承担了绝大部分风险。

◆ 有利于提高项目的运作效率。项目资金投入大、周期长，由于有民间资本参加，贷款机构对项目的审查、监督比政府直接投资方式更加严格。同时，民间资本为了降低风险，获得较多的收益，客观上就更要加强管理，控制造价，这从客观上为项目建设和运营提供了约束机制和有利的外部环境。

◆ BOT 项目通常都由外国的公司来承包，这会给项目所在国带来先进的技术和管理经验，既给本国的承包商带来较多的发展机会，也促进了国际经济的融合。

BOT 模式具有如下缺点。

◆ 公共部门和私人企业合作，往往都需要经过一个长期的调查、了解、谈判和磋商的过程，以致项目前期过长，投标费用过高。

◆ 投资方和贷款人风险过大，没有退路，使融资举步维艰。

◆ 参与项目各方存在某些利益冲突，对融资造成障碍。

◆ 机制不灵活，降低私人企业引进先进技术和管理经验的积极性。

◆ 在特许期内，政府可能会对项目失去控制权。

BOT 模式被认为是代表国际项目融资发展趋势的一种新型结构。BOT 模式不仅得到了发展中国家政府的广泛重视和采纳，一些发达国家政府也考虑或计划采用 BOT 模式来完成政府企业的私有化过程。迄今为止，在发达国家和地区已进行的 BOT 项目中，比较著名的有横贯英法的英吉利海峡海底隧道工程、中国香港东区海底隧道项目、澳大利亚悉尼港海底隧道工程等。20 世纪 80 年代以后，BOT 模式得到了许多发展中国家政府的重视，中国、马来西亚、菲律宾、巴基斯坦、泰国等发展中国家都有成功运用 BOT 模式的项目，如中国广东深圳的沙角火力发电 B 厂、马来西亚的南北高速公路及菲律宾那法塔斯(Novotas)一号发电站等都是成功的案例。BOT 模式主要用于基础设施项目包括发电厂、机场、港口、收费公路、隧道、电信、供水和污水处理设施等，这些项目都是投资较大、建设周期长和可以自己运营获利的项目。

除了以上几种项目采购模式外，还有合伙模式(Partnering)、PC-项目总控模式(Project Controlling，起源于德国 20 世纪 90 年代)、PFI-私人主动融资模式(Private Finance initiative，起源于英国 20 世纪 90 年代)以及新近兴起的 PPP-公私合营模式等(Private Public Partnership)。不同项目采购模式的承包范围如图 2-8 所示。

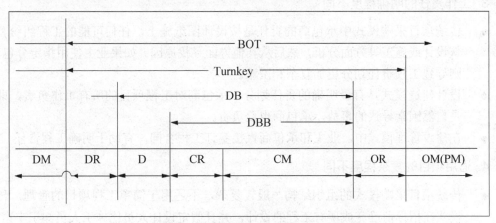

图 2-8 不同项目采购模式的承包范围

2.2.3 不同项目采购模式的区别

本小节主要介绍传统项目采购模式(DBB)与设计—建造模式(DB)、建设管理模式(CM)的区别，主要表现在以下几个方面。

1. 业主介入施工活动的程度不同

◆ 传统项目采购模式中，业主聘用工程师为其提供工程管理咨询，成本工程师、工料测量师或造价工程师等为其提供完善的工程成本管理服务。在国际工程中，建筑师也为业主承担大量的项目管理工作，因此，业主不直接介入施工过程。

◆ 设计建造模式中，业主缺乏为其直接服务的项目管理人员，因此在施工过程中，业主必须承担相应的管理工作。

◆ 建设管理模式中，一般没有施工总承包商，业主与多数承包商直接签订工程合同。虽然 CM 经理协助业主进行工程施工管理，但业主必须适当地介入施工活动。

2. 设计师参与工程管理的程度不同

◆ 传统模式中授予建筑师或工程师极其重要的管理地位，建筑师或工程师在项目的大多数重要决策中起决定性作用，承包商必须服从建筑师或工程师的指令，严格按合同施工。因此，在传统的项目采购方式中，设计师参与管理工作的程度最高。

◆ 设计建造模式中，设计和施工均属于同一公司内部的工作，设计参与管理工作的程度也很高。设计建造承包商通常首先表现为承包商，然后才表现为设计师，在总价合同条件下，设计建造承包商更多地关注成本和进度。设计工作和工程管理工作在一定程度上分离。

◆ 建设管理模式中，设计工作和工程管理工作彻底分离。设计师虽然作为项目管理的一个重要参与方，但工程管理的中心是建设管理承包商，建设管理承包商要求设计人员在适当的时间提供设计文件，配合承包商完成工程建设。

3. 工作责任的明确程度不同

◆ 传统项目采购模式中承包商的责任是按设计图纸施工，任何可能的工程纠纷首先从设计或施工等方面分析，然后从其他方面寻找原因。如果业主使用指定分包商，则导致工程责任划分更加复杂和困难。

◆ 设计建造模式具有最明确的责任划分，承包商对工程项目的所有工作负责，即使是自然因素导致的事故，承包商也要负责。

◆ 在建设管理模式中，业主和承包商直接签订工程合同，有助于明确工程责任。

4. 适用项目的复杂程度不同

◆ 传统项目采购模式的组织结构一般较复杂，不适用于简单工程项目的管理。传统模式在招标前已完成所有工程的设计，并且假定设计人员比施工人员知识丰富。

◆ 设计建造模式的管理职责简明，比较适用于简单的工程项目，也可以适用于较复杂的工程项目。但是，当项目组织非常复杂时，大多数设计建造承包商并不具备相应的协调管理能力。

◆ 对于非常复杂的工程项目，建设管理模式是最合适的。在建设管理模式中，建设管理承包商处于独立地位，与设计或施工均没有利益关系，因此，建设管理承包商更擅长于组织协调。同样，建设管理模式也适合于简单项目。

5. 工程项目建设的进度快慢不同

◆ 由于传统项目采购模式在招标前必须完成设计，因此该模式下的项目进度最慢。为了克服进度缓慢的弊端，传统模式下业主经常争取让可能中标的承包商及早进行开工准备，或者设置大量暂定项目，先于施工图纸进行施工招标，但效果并不理想，时常导致问题发生。

◆ 设计建造模式的工作目标明确，可让设计和施工搭接，可以提前开工。

◆ 建设管理模式的建设进度最快，能保证工程快速施工，高水平地搭接。

6. 工程成本的早期明确程度不同

工程项目的早期成本对大多数业主具有重要意义，但是由于风险因素的影响，导致工程成本具有不确定性。

◆ 传统项目采购模式具有较早的成本明确程度。传统模式中工程量清单是影响成本的直接因素，如果工程量清单存在大量估计内容，则成本的不确定性就大，如果工程量已经固定，则成本的不确定性就小。

◆ 设计建造模式一般采用总价合同，包含了所有工作内容。虽然承包商可能为了解决某些未预料的问题而改变工作内容，但必须对此完全负责。从理论上而言，设计建造模式的工程成本可能较高，但早期成本最明确。

◆ 建设管理模式由一系列合同组成，随着工作的进展，工程成本逐渐明确。因此，工程开始时一般无法明确工程的最终成本，只有工程项目接近完成时才可能最终明确工程成本。

2.2.4　项目采购模式选择的影响因素

每种典型的项目采购模式都可以有它的变体，它们不是固定不变的，而是不断发展变化的。它们的发展变化是工程建设管理对建筑业科技进步的一种客观反映。项目采购模式的发展和变化并不是扬弃和替代的过程，不能简单地认为后来出现的新模式就肯定比原来的模式好，采购模式的发展和变化丰富了人们对工程建设进行组织管理的方式。由于工程项目的特殊性，现实中并不存在一个通用的采购模式，选择工程采购模式的时候必须考虑各种具体因素灵活应用。

在对项目采购模式进行选择时，不能仅仅根据模式本身的优缺点，而是要依据工程项目自身和参与各方的特点来综合考虑。不同建设项目的特点均不相同，应该根据具体情况选择最适宜的模式。影响项目采购模式选择的因素主要有以下三个方面。

1. 工程项目特点

◆ 工程项目的范围。项目的范围包括项目的起始工作、项目范围的界定与确认、项目范围计划和变更的控制。确定了项目范围也就定义了项目的工作边界，明确了项目的目标和主要交付成果。一般而言，DBB 模式和设计建造模式要求项目的范围明确，并且早在设计阶段就已经明确了项目的要求；当工程项目的范围不太清楚，并且范围界定是逐渐明确时，比较适合 CM 模式。

◆ 工程进度。时间是大多数工程中的一个重要约束条件，业主必须决定是否需要快速路径法以缩短建设工期。DBB 模式的建设工期比较长，因为建设过程经划分后，设计与施工阶段在时间上就没有了搭接和调节工期的可能，而快速路径法则减少了这种延迟，使设计和施工可以顺利搭接。

◆ 项目复杂性。工程设计是否标准或复杂也是影响采购模式选择的一个因素。设计建造模式适用于标准设计的工程，当设计较复杂时，DBB 模式比较适用。如果业主还有诸如快速路径等特殊要求时，CM 模式就比较适用。

◆ 合同计价方式。按照工程计价方式的不同，承包商与业主的合同可以采用总价合同、单价合同或成本加酬金合同。DBB 模式、设计建造模式一般均采用总价合同，而 CM 模式则通常采用成本加酬金方式，即 CM 单位向业主收取成本和一定比例的利润，不赚取总包与分包之间的差价，与分包商的合同价格对业主也是公开的。

2. 业主需求

◆ 业主的协调管理。不同的项目采购模式要求业主与承包商签订的合同不同，因此项目系统内部的接口也随之不同，导致业主的组织协调和管理的工作量也有所区别。在设计建造模式下，业主的管理简单，协调工作量少，采用 DBB 模式和平行承发包模式时，业主的协调管理工作量增加。在 CM 模式下，业主的协调管理工作量介于这两者之间。

◆ 投资预算估计。在 DBB 模式和平行承发包模式中，业主在施工招标前，对工程项目的投资总额较为清楚，因此有利于业主对项目投资进行预算和控制。而在设计建造模式下，由于业主和承包商之间只有一份合同，合同价格和条款都不容易准确确定，因此只能参照类似已完工程估算包干。在 CM 模式中，由于施工合同总价要随各分包合同的签订而逐步确定，因而很难在整个工程开始前确定一个总造价。

◆ 价值工程研究。价值工程是降低成本提高经济效益的有效方法，在设计方案确定后，可采用价值工程方法，通过功能分析，对造价高的功能实施重点控制，从而最终降低工程造价，实现建设项目的最佳经济效益和环境效益。如果在工程实践中，业主要求在工程设计中应用价值工程以节省投资，则可以优先选用 CM 模式。

3. 业主偏好

◆ 责任心。由于在设计建造模式下，总承包商承担了工程项目的设计、施工、材料和设备采购等全部工作，对工程进展中遇到的各种问题也由其自己解决，因此，当业主不愿在项目建设过程中参与较多时，可以优先考虑设计建造模式。然而在这种模式下，业主对项目质量控制的难度将有所增加。因此，有些业主宁愿选择其他模式，以利于在设计与施工中的监督与平衡。

◆　业主对设计的控制。业主需要决定在设计阶段愿意多大程度地参与设计以影响设计的最终结果。如果业主希望更富有创造性的或是独特的外观设计，则需要更多地参与设计工作，这样，CM 模式和 DBB 模式就较为合适，但 DBB 模式由于设计与施工的阶段划分，容易造成设计方案与实际施工条件脱节，从而不利于项目的设计优化。在其他模式下，业主对设计控制的难度较大。

◆　业主承担风险的大小。随着工程项目规模的不断扩大，技术越来越复杂，项目风险的影响因素也日益复杂多样。业主是否愿意在工程建设中承担较大的风险也成为影响采购模式选取的重要因素。在设计建造模式下，有些工程项目的任务指标在工程合同中不易明确规定，因此业主和总承包商都有可能承担较大的风险。如果业主不愿承担较大的风险，则可以选用其他模式。

根据以上对影响项目采购模式选取因素的分析，可建立层次分析法的递阶层次结构模型，第一层为目标层，即选择合适的项目采购模式；第二层为指标层，是评价的主指标体系，即影响项目采购模式选取的主要因素；第三层为子指标层，是对第二层指标的细化；第四层为方案层，分别为可供选择的项目采购模式(见图 2-9)，并可利用模糊数学和层次分析法(AHP)，将之运用于实际项目采购模式的优选。

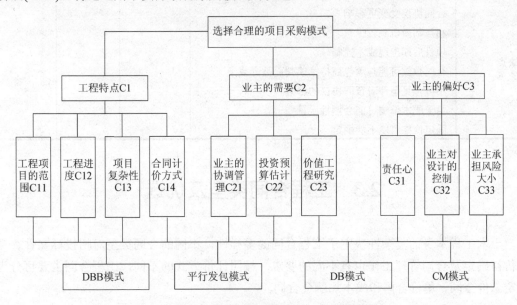

图 2-9　项目采购模式选择的层次结构模型

由于没有完全相同的两个项目，每种采购模式各有自己的优缺点，需要业主根据自己的能力、组织结构、项目特点等来选择合适的采购模式和合同类型。表 2-1 比较了传统采购模式(DBB)、设计—建造模式(DB)、建设管理模式(CM)三种模式的优缺点。

表 2-1   DBB、DB、CM 三种模式的优缺点

	比较内容	DBB 模式	DB 模式	CM 模式
合同类型	固定总价合同	✓	✓	✓
	单价合同	✓		
	成本加酬金合同	✓	✓	✓
优点	法律和合同判例	✓		
	合同成立前的确定性	✓		
	是否允许快速施工法		✓	✓
	最小的业主参与程度	✓	✓	
	通过竞争获得的成本收益	✓		✓
	对独特专门技术与承包商的谈判可能性		✓	✓
	没有变更协议情况下是否允许对新合同条件调整		✓	✓
	单个公司对设计/施工过程的控制		✓	
	施工专门技术与设计结合的可能		✓	
	运用价值工程的机会		✓	✓
	设计不能从施工专门技术获益	✓		
	设计和施工时间最长	✓		
缺点	业主/设计师与承包商的对立关系	✓		
	合同协议受变更影响	✓		
	相互制衡机制较少		✓	
	项目后期出现成本控制		✓	
	合同数额可能与承包商持续谈判而被弄复杂	✓		
	不可预见条件对合同协议的影响	✓		
	由于成本牵制可能会牺牲质量		✓	
	固定价格可能不能确定	✓	✓	✓

2.3   工程合同类型及优选

土木工程本身的复杂性决定了工程合同的多样性，不同的合同类型对招投标文件、合同价格确定及合同管理工作也有不同的要求。按照计价方式的不同，工程合同主要可分为固定总价合同、单价合同和成本加酬金合同。

2.3.1   固定总价合同

固定总价合同(Stipulated-Sum Contracts)是指投标者以固定的总价完成某项工程。这种合同也许是近一百年甚至更长时间内我们最熟悉的合同形式。这种合同形式也许现在仍然是最普遍的合同，至少是使用最多的合同形式，但现在许多大型工程不再签订固定总价合同。由于它应用广泛且形式简单，因此是开始理解和审核工程合同主要类型的最佳合同。

1. 固定总价合同中承包商的职责

1) 以一个固定的总价完成一个完整的工程

在固定总价合同中，承包商最主要的责任是在合同协议规定的工期内完成合同文件要求的工程项目，而承包商最主要的权利是以双方同意的方式、合理的时间，通常是分期付款方式取得合同价款。

固定总价合同中影响承包商责任的一个重要法律观点是：以一个固定的总价完成一个完整的工程。例如，对于传统建筑，承包商会同意为业主以基于图纸和规范(没有现在详细和明确)的固定总额建造一所乡村别墅；社会形成的合同本质、承包商的信誉和通常采用的传统交易和材料足以保证业主能获得合适的建筑并能使用；合同的本质是以固定的总价完成一个完整的建筑，一个符合业主生活质量的带有合适装修、设施、配件、设备、辅助建筑的别墅，尽管在合同文件中可能没有描述上述细节。

固定总价合同的概念仍坚持要求承包商提供和完成合同文件中可以"合理推断出来的、产生预期结果所必需的工作"。"合理推断出来的、产生预期结果所必需的工作"这段话含义丰富，但只能由法庭上案件审理的法律告诉我们。例如，尽管一个两层别墅的设计图纸没有楼梯，技术规范也没有说明，承包商仍有义务安装一个楼梯，以实现"预期结果"——提供一个能适宜居住的两层别墅。在一个固定总价合同中，为了完成整个工程某些不可缺少必需的工作和合理推断的工作，即使没有明确，都属于合同隐藏包含的工作。

2) 承包商应承担的投标风险

业主或被授权的总监理工程师，可以通过签订一份固定总价合同，实际上转移自己所有的风险，让承包商在合同规定的时间内完成工程，并可以供业主使用。与此同时，如果业主想节省投资，必须考虑这样的规定对投标人的影响。投标人可能会更多地考虑他们的风险，计算风险的影响和可能性，并在估价和报价时对每个风险增加费用，这也不是业主明智的选择。

在固定总价合同中，任何明确的风险都可以被孤立、描述和排除。合同应该设置如果发生偶然性事件业主可支付额外费用的合同条款，这样投标人在投标时就不需要考虑偶然性事件、额外工作，报价时可以不考虑风险费用，偶然性事件发生后也能得到补偿，不会产生额外损失。为了达到这样的目的，在固定总价合同中应该规定明确的内容和条款，并且投标人的报价也必须符合合同这样的规定。

3) 工程变更

固定总价合同另外一个影响双方当事人的重要特征是它的固定特性，非常重要的一点就是绝大多数的固定总价合同都包含一个在不影响合同效力时业主可以作出工程变更的条款。如果没有这样明确的条款，固定总价合同就不能作出变更，除非业主和承包商双方同意。有了这样的条款，承包商就必须完成所有的有效变更，这在普通法和有些国家标准合同条款中是一个事实，但变更必须在"合同的总体范围"内，这意味着如果业主可以指示变更，那么变更不能超出合同范围和本质，这是事实，也是法律解释。值得注意的是，尽管所有的标准工程合同文件，在合同有效的前提下都为业主提供了一定的工程变更权利，但是标准合同文件同样要求业主对双方同意的变更支付额外费用。

如果不能达成协议，通常情况下承包商必须完成业主命令的工作，并保留详细的会计记录，使工程价值能得到总监理工程师的认可。最后承包商如果不满意的话，可以提交仲裁或法庭。总体来说，在商谈变更时承包商一般都处在相对较强的地位。

4）施工组织和方法

在固定总价合同中，承包商通常完全控制工程并且有单独的责任去组织和决定分包商，这也从侧面反映出了这种合同的本质。总的来说，承包商可以自己决定施工方法，但一个增长的趋势是由总监理工程师来说明施工的方法和手段。

由判例形成的普通法要求承包商按照通常的交易实践完成工程，以合理的速度完成固定总价合同中业主需要的合适建筑物。但是技术已经超出了传统，普通法变得越来越难适用，因为普通法基于传统，且被成文法否决。现在，总监理工程师必须采用新材料和新的施工方法设计，并尽可能详细和明确，因为没有传统的东西可以依照，所以承包商必须等待总监理工程师告诉他们该干什么，这样承包商就失去了主动权。同时由于工程的复杂性，总监理工程师(和承包商配合)已经修改完善了总价合同来克服原来合同文本的约束，常包括多方案投标、合同现金补贴、工程变更和工程延期等。为了适应现在的需要，固定总价合同的基本本质已经被扭曲，同样承包商的某些基本职责在改革中也不分明或者已丢失。

5）承包商的其他责任

在固定总价合同的标准文本中，承包商有责任保证业主、总监理工程师及他们的代理人和雇员免于因工程履行所导致的所有索赔、损害、损失和开支而造成的损失。这意味着如果它是由承包商、分包商及他们雇用的任何人的全部或部分的疏忽所导致的，业主和总监理工程师，无论在现场还是在其他地方，对建造过程中完成的任何工作不承担责任。

6）承包商的现场项目经理

在合同履行期间承包商应聘请一位全职的经理(和必需的助理)，在现场他将代表承包商。在很大程度上，工程的圆满履行和合理的进度都得依靠他。许多的项目经理拥有一定商业训练和实际经验，随着承担更大规模和更复杂的工程，他们大多是从工长的职位上提升的。

现在的项目经理拥有了不同的背景，他们在工程或施工方面受过专业和技术教育，既有办公室工作的经验，又在现场做过工程估价、成本核算或经理助理，但没有行业师徒关系式的训练，这两种人都有争议和反对，最理想的项目经理是既得到行业训练又有实际经验。

困扰一些承包商的一个问题是从开始施工到竣工一直都有一个好的项目经理，尤其是当许多工作由分包商完成、承包商可能要求该项目经理开始新的项目且工程趋于结尾时，承包商通常换个差一点的项目经理，将好的项目经理换到新的项目上去。但是承包商有责任按照合同要求合理完成工程，包括所有分包商和班组的工作，这些工作承包商必须组织和监督，对业主完全负责。在工程完成到某一阶段(如 75%)时调换项目经理，对工程竣工是有害的。许多合同规定项目经理的任命和免除要得到业主和总监理工程师的认可。

7）承包商的缺陷弥补责任

承包商的一个主要责任是在施工过程中和基本完工后修改有缺陷的工作，即在所谓的保修期内，国际上通常是从基本竣工后的一年内。有这样的事实常未注意到，即一份建造合同没有结束，在一般条款规定的保修期内仍然有效。同样的事实是承包商弥补缺陷的责任也不受保修期的限制；当合同不再有效，业主虽然不能因承包商拒绝修复缺陷而寻求违反合同的损害赔偿，但他随时可按照工程所在地有效的法律管辖提起诉讼赔偿要求，这意味着业主在基本竣工若干年后还能向承包商提出诉讼赔偿要求，并且只要有合理合法的理由，这样的诉讼很可能会成功，只要承包商公司还存在着。

8) 承包商未获得付款后责任

如果承包商没有得到应得的支付，他可以停止施工直到他得到支付，但是绝大多数合同要求承包商在采取这种严重行为前提交一个有明确天数的书面通知。这是承包商按照合同条款应该得到支付的合同基本权利。所以根据标准合同的条件，如果总监理工程师没有及时签发付款证明，承包商可能会停工。如果在一定时间内(通常 30 天)没有获得一个付款证明或付款，承包商在书面通知后可终止合同，并要求支付已完工程及其遭受的损失赔偿。很明显，这是合同意图赋予承包商在这些情况下的行动权利，但不是立即和严重的行动，书面通知将劝说对方去做他们能力范围内应该做的事，如果他们不做，才能采取停止施工的最后行动。

给承包商的付款通常是按月支付的，根据直至当月已完工程的总价值和运到现场的材料，折算成合同总额的一定比例，再扣除以前的付款，这样操作可以避免累积误差。通常情况下，承包商每月不能获得所有应得之款，因为工程合同包含有业主在竣工前扣留一定比例保留金的条款。

2. 固定总价合同中业主的职责

1) 业主的主要职责

在任何标准工程合同中，业主的主要职责是：①提供工程相关资料和现场通道；②按照协议和合同条款支付承包商工程价款。几乎所有的其他事情都是由代表业主的总监理工程师完成的，而业主都是通过总监理工程师签发所有的指令给承包商。但有一些行为只能由业主做出，例如终止合同，但他通常不能单方面终止，需要得到总监理工程师的许可。在标准合同中，业主几乎没有职责，这些职责被赋予了总监理工程师。在有些合同中要求业主购买保险(事实上他可以选择)；但对于一份特定的合同，无论保险是由业主购买还是由承包商购买，它总是由业主直接或间接支付。

2) 工程缺陷弥补

在有些标准合同文件中，业主的权利通常大于自己的义务。例如，如果承包商没有改正不合格工程或者不能持续供应构成工程实体必需的材料或设备，业主有权命令工程停止。如果承包商没有按照合同条款履行义务，业主在取得总监理工程师许可的情况下可以自行修复工程缺陷，并向承包商索取相应的工程款。然而这个规定并没有起到预想的效果，首先，该情况含义并不明确；其次，很难寻找一家新的承包商进驻场地修复缺陷或完成施工；最后，如果承包商有困难，可能是财务上出现问题，这样业主可能很难讨回自己的工程款。尽管如此，业主必须要有续建工程的最终权力；另外一个保护可能是担保公司提供的履约担保，多数合同会提供上述两个保护。另外一种办法是在招标时选择一个实力较强、信誉

较好的承包商。但在固定总价合同中，业主也必须承担一些风险。当然，业主可以选择一个对自己有利的合同条件。

3) 业主终止合同

业主在取得总监理工程师的许可后，有权按照通用条款所列理由终止合同，通常包括承包商破产、承包商坚持拒绝继续执行合同、未能支付分包商或材料供应商款项、持续违反法律、法规、严重地违反法律、法规和严重违反合同条件。不过业主通常要有总监理工程师的书面认可和足够的证据才可以采取这种极端的做法，并且业主必须书面通知承包商。这是业主、总监理工程师和承包商之间的相互关系的一种说明。正如上面所说，总监理工程师是位于施工合同当事人之间的一个仲裁人。在标准合同中业主通常没有单方面的行为权力，因为大多数业主合同行为的权利被授予总监理工程师。我们应该注意，在业主可以终止合同之前，承包商必须正在或者即将违反合同。美国和加拿大的标准合同文本都参考了合同的这种实质违反。当然，在合法且承包商最初同意的情况下，业主有可能拥有更大的个人权力。许多非标准的合同(由或为业主起草的)为业主提供了更多的权力。

如果工程对业主有用，业主通常有权接受一个不符合合同规定的缺陷工程。例如实用的工程或紧急的工程，但此时需要折减合同价款(美国 AIA 文本 A201-1997)。

4) 误期损害赔偿

标准的固定总价合同文本中包含有特殊条款的空间，如果承包商没有按时完工的误期损害赔偿。如果协议中包含这样的条款并且承包商未能及时完工，业主就可以根据总监理工程师的许可和合同条款，有权从应支付给承包商的任何款项中扣除相应的金额，并且可以通过任何其他法律途径要求赔偿损失。一般来说，任何涉及完工和合同工期的"罚款—奖励条款"(Penalty-Bonus Provision)都可能给业主带来其他的责任(权力或义务)。

3. 固定总价合同中总监理工程师的责任

1) 总监理工程师的地位

总监理工程师在固定总价合同中没有任何职责，因为他不是合同的主体，只有合同主体才承担由合同所产生的职责。然而标准工程合同赋予总监理工程师特定的责任并对业主负责。我们可以看到工程合同中总监理工程师的通常地位，一般称其为建筑师、工程师、业主代理。

因为业主的主要义务是支付给承包商，而支付需要总监理工程师的证明，这可被定义为总监理工程师的基本职责。如果总监理工程师雇用被终止，标准合同要求业主取代协议中定义的建筑师。此外总监理工程师作为合同仲裁人和解释者不能偏袒合同中的任何一方。

2) 总监理工程师的解释或指令

总监理工程师所做的解释必须是公正的并与合同文件的意图和合理推断相一致，因为承包商是根据合同文件来编制报价及投标的，而且是工程合同双方达成协议的基础。承包商所做的每一项合同工作必须可以从招标文件中合理地看出或推断出，这样承包商才能在投标报价中计算所有成本。然而总监理工程师可能会根据标准文件的通用条款做出一些少量工程变更，从而影响合同工期与总额，但需与合同文件的意图一致，合同的连贯性是最重要的，但同时会产生解释的问题。

3) 总监理工程师或其代表的现场工作

按照合同要求，总监理工程师通常应访问现场，检查工程的进展，但他(或她)不对工程的合理施工负责，除非法律有明确要求，这是承包商按照合同做好工程的主要义务。然而，如果技术规范要求承包商用一种被证明是有缺陷的特殊方法完成工程，有一些责任很可能属于建筑师，但通常很难划分清楚。这里有一个总监理工程师和承包商的共同责任区域，有缺陷的工程可能是引起争议的原因，需要他们具有解决问题的知识且相互理解。从专业工程的合格律师的角度看，责任划分问题可能是建筑业中的最大问题。

业主可能同意总监理工程师委派常驻现场的全职代表来履行他的职责，此时该代表的授权范围和职责必须在施工合同中明确规定。许多施工合同并没有明确规定双方应该在现场，所以许多日常的事务通常由他们的代表处理。在施工过程中，有总监理工程师的业主还可能会有另外的全职代表在现场，与总监理工程师或其代表一起工作，尤其对于大型的综合商业性工程，每天需要当场作出决定。同样大型工程的总监理工程师通常有一个兼职或全职的代表在现场，来处理合同中规定的日常事务；承包商按照合同规定在现场也应该有项目经理。总监理工程师其他重要的职责是签署工程基本竣工证书和签发最终付款证书。

4. 固定总价合同中分包商的职责

在业主与总承包商签订的主合同中，分包商是没有责任的，因为分包商从来就不是主合同的当事人，分包商是与总承包商签订分包合同的一方，而且分包合同可能是总价合同。在业主与总包商签订的主合同中通常会涉及分包商，因为他们将要完成大部分施工工作，因此业主和总监理工程师都比较关注分包商。尽管总承包商在所有的工作中只对业主负责，而且业主和分包商之间不存在直接关系，但是在主合同的标准文本中要求总承包商给予业主和总监理工程师审批所有分包商的权利，而且标准合同会通过总承包商的分包合同来维护业主和总监理工程师的权益。

每一份分包合同都应该是书面形式的，所有分包工程的投标文件和合同文件都应在形式和内容上反映主合同的要求，并且要符合分包工程的施工要求，至于为什么没有做到这一点，还没有找到很好的原因。同样重要的是每一个分包工程的投标人都应该有主合同招标文件的复印本，便于每个人都能确切地知道投标工程的有关内容。分包商的责任，连同由分包合同以及分包合同中的特殊工程引起的额外责任，都是主合同中总承包商的责任在适当程度上的反映和延伸。

像分包商一样，供应商在主合同中也没有责任，但是同样地，供应商签订的合同在一定程度上受主合同的影响。然而，比起分包合同与主合同的关系，供应合同与主合同的距离更远。在我们提到的标准合同中，相对于分包合同的处理条款，并没有关于处理供应合同的条款，这可能是应该有待改进的一个缺陷。

过去，供应商与分包商是完全不同的，但是今天，工程合同的标准文件并不总是认可供应商的作用：传统分包商的最佳替代者。在工业领域正在发生一种变化，供应商与分包商的区别正在减弱，越来越多的建筑工作都是在施工现场之外完成的，所有的主合同应该

认可那些提供材料或专门设计部件的分包商。

5. 固定总价合同的优缺点

在分析承包商的责任中我们已经认识了固定总价合同的特点，该类合同的基本特点是总价固定或相对不可改变，可以看出现在的标准合同正通过追加条款尽量减弱这些固定的特点，这样业主(通过总监理工程师)就可以进行工程变更而不至于使合同无效。

对于业主来说，固定总价合同的主要优点就是可以评价收到的标书并且选择一个在预算范围内的标书(如果设计团队已经完成预算工作)，可以确定工程开支不会超过规定的总价——合同价格。例如，承包商后来遇到一些不可预料的底层土，这就需要一些额外的成本，比如要炸开硬石或抽干地下水。由于拥有现场的归属权，业主就应该承担这些风险，尽管有时候承包商会按照规定的条款接受这些风险，但这些在施工过程中经常是变化的。如果总监理工程师在设计图纸、技术规范和制定其他文件时能够做好细节工作，而且业主没有变更，那就可能不用变更指令而实施固定总价合同。工程变更除了会产生纠纷之外，对业主来说还会产生较大代价，因为这与固定总价合同的基本特点是相反的，而且业主必须按照能够达成的最好协议去支付变更价款。在建筑业领域，合同变更和索赔通常是承包商获取利润而不是损失的主要理由。然而业主要通过固定总价合同达到对开支的控制，业主和总监理工程师必须向投标人提供足够的设计信息，设计和施工中的细节问题必须在招标前予以解决，在这方面业主的劣势就显露出来了。只有在合同签订之后才能开始施工，而且必须在所有的文件准备好后才能签订合同。整个工程必须先设计好，很少有工程的设计期与施工期一样长、甚至更长。

为了让投标人能在相同的基础上投标(为了相同工程的投标而且便于直接对比)，设计师必须对每一部分工程作出设计决策和技术说明，施工过程中任何一种改变都会产生变更指令，这就存在内在的风险和问题。然而，即使是最细心最认真的总监理工程师都会承认他并不总是能够在第一时间对每一部分工程作出最好的决定，只要不在根本问题上作出变更，变更指令通常都是可取的。但是一旦完成了施工详图和技术说明，它们就成了整个铁板一块的总价合同的一部分，业主或总监理工程师作出变更指令就会像混凝土大坝出现裂缝，如果变更过大或过多就会导致整个工程瘫痪。

因为固定总价合同的本质，业主基本上无法了解承包商的施工技能和经验。在做完设计工作后，业主就只能在未知和沉默状态下等待了，最后当他看到了图纸和规范并且准备进行估价和招标时，投标人也很少有时间和兴趣对设计提出建议，即使他知道他的建议会被接受(总监理工程师可能要求投标人采用多种方式报价，成为多方案投标，但这样通常会让投标人感到厌烦)。

固定总价合同一般会让承包商做一些附属工作，此时承包商对工程施工也不会有创造性的贡献。相反，此种合同类型的承包商仅考虑按设计施工，不会受到创造性的挑战，毫无疑问对业主来说是一个损失。在过去，设计阶段能够获得承包商专业技能的常用方法是通过采用业主要承担风险的成本补偿合同。现在最常用的方法是聘请一位建设经理(Construction Manager)。这种采购方式(CM)的广泛应用正是过去总价合同或成本补偿合同都没有满足需要的印证。然而，一些承包商更喜欢生产商的角色，在总监理工程师的指挥下完成产品的施工。对于承包商，总价合同是有吸引力的，因为他能够在整体上控制整个工程，而且他会以最大的效率施工以获得最大的利润。

固定总价合同有自己的应用范围，它们多适合一些简单的工程，如标准的住宅和商业建筑；能够全面描述和明确规定以提供最多设计信息的工程；现场条件可预见和风险较小的工程。这样的工程容易投标和报价，而且有效率的承包商在总价合同中会得到利润。

6. 固定总价合同的关键点总结

◆ 合同的一般法律原则仅能作为解决具体合同问题的指导，通常在处理特定事件时需要向律师咨询适当的建议和指导。

◆ 固定总价合同有它独特的法律特征，即"用固定的价格完成工程"；合同文件可能不需要对完成工程所需的每一件事都作出明确的说明。

◆ 在固定总价合同中，承包商的主要职责是履行合同并相应得到支付。

◆ 在固定总价合同中，业主的主要职责是提供现场通道以及按照合同对已完工程进行支付。

◆ 总监理工程师的主要责任是按照合同及时签发付款证书和竣工证书；需要时对合同作出解释；按照标准合同规定，监督合同双方的履行情况。

◆ 在固定总价合同中，没有与承包商达成一致，业主不能随意作出工程变更，不论是合同规定的(在标准形式合同中)，还是双方后来达成的协议。

◆ 分包合同应该包含主合同的相关条款。

◆ 在固定总价合同中，承包商比业主承担更大的风险。

◆ 固定总价合同如果允许工程变更，业主就要承担增加成本的风险。

◆ 固定总价合同要求招标前设计工作应差不多全部完成并确定，但业主在设计和施工阶段就不能吸取承包商的知识和技能。

◆ 设计简单和标准化施工的工程最适合采用固定总价合同类型。

2.3.2　单价合同

单价合同(Unit-Price Contracts)在北美最不为人们所熟知，因为它通常被严格用于工程师所设计的土木工程项目，这些工程大多地点遥远、偏僻，不像城市中的新建筑那样能真实看到。但大多数工程建设人员对单价合同并不陌生，至少是固定总价合同中对变更的估价，单价合同的单价是固定的，并且可用于所有或者绝大多数子项。

1. 工程单价

在工程建设中，随着工程类型、位置、风俗和个人喜好的不同，单位也是变化的。在美国并没有官方的建设工程标准计量方法(而英国和加拿大有)。最终公制计量系统的采用或许会促使这种标准的颁布，目前缺乏该标准的主要原因是没有感兴趣的学会或专业机构。

普通的计量单位是工程主要材料在买卖中使用的单位，但在某些建设工程中，例如钢结构和木结构,它并不总是适用于报价工程计量和成本核算的最好单位,尤其是劳动密集型工程。因此,工程计量方法的说明是单价合同必需的组成部分,但有时会被忽略,编写单价表的总监理工程师可能相信他对计量单位的选择、使用和习惯与投标人的理解完全一致,相信可能没有任何误解。除非规定基本的计量规则,否则误解就很容易出现。发布国家计量标准方法的国家,如大多数说英语的国家,通常非强制性地使用这些标准,但为了使有关方完全理解,必须明确指明与标准方法的偏差或对其的补充。

单价是平均价格,即任何工程子项的单价是通过该子项的总费用除以总工程量来计算的。由于每个工程项目的独特性以及影响子项成本的变化条件,一个具体子项的单价会随项目不同而不同。

估价师估算某项单价时,会借鉴过去不同环境下已完工程的该项单价的实践经验。除了不同的项目条件外,单价也受工程量的影响。一般来说,工程量越少,单价就越高。这种互成反比的关系在有些情况下会变得更加突出,如在安装工程中,常常会有一个制定、安排工程计划和学习该具体工程流程的初始人工费用,这种初始人工费用或多或少是固定的,而不论需要完成的工作量多少。因此,如果一个子项工程量小,该子项每单位需要的人工费比例将更大,也就意味着单位成本会更高,这个事实已经被大多数单价合同所认可。

我们需要对北美国家土木工程中常用的单价合同与其他英语通用国家的房屋建筑和土木工程合同做个区别。在英语通用国家,工程量清单(Bill of Quantities,BOQs)常被作为招标和合同文件的一个文件。北美国家土木工程的单价合同常常是以工程子项的近似工程量为基础的,由总监理工程师计算工程量并列入单价表,之所以要签订单价合同,是因为业主虽然知道自己想要什么工程,但他却不知道准确的工程数量,以及因为现场条件无法事先精确估算工程量。尽管如此,由于已经知道工程的性质和近似工程量,业主就没有必要采用成本加酬金的合同形式。在单价合同下完成的工程总是不像房屋建筑那样由数目庞大的不同子项组成;相反,它是由相对较少的不同子项组成的重型工程(Heavy Engineering),但工程量常常很大,例如管道、下水道、道路和水坝等工程。有时大型工程的基础和现场工程会单独采用单价合同,而其上部结构则采用另外的合同形式,例如,由于地基下层土质信息限制,打桩工程量就不能精确地预估,因此,投标人是按照含有近似工程量的单价合同形式投标,并完成打桩工程合同总额计算,当工程完成后进行计量,承包商将根据实际工程量和单价获得工程款。

对于成千工程子项能够精确计量的大型房屋建筑合同,被称为工程量合同,通常不需要现场计量工作,主要有以下原因(除地下工程外):首先,地上房屋建筑部分的工程量能根据图纸精确地预估;其次,完成计量的专业工料测量师在工程计量方面技能熟练;最后,工程计量国家标准可作为计量和互相理解的基础。尽管如此,对于工程量合同,双方都有在工程完工时进行复测的权利,但往往没有必要行使,或者仅在少量子项上使用。

2. 单价合同中承包商的职责

1) 承包商的主要职责

承包商首要的职责永远是相同的:按照合同完成工作和按照约定的方式获得工程款。在单价合同中,需要对已完工程的计量来确定支付工程款的数目,除此之外,单价合同与典型的总价合同非常类似。但对于具有每个子项的工程，一个独立的总价取决于子项的单价和完成的工程量。当实际工程量与合同规定的工程量有重大变化时，承包商(和业主)有权对任何单价寻求变更，即使合同条件和条款对此没有规定，因为工程量的变化构成了合同范围和本质的变化，如果原来的合同范围改变，合同法提供了新的付款条款。可是问题在于如何对构成工程量的重大变更达成一致，因此在单价合同中最好有明确的条款，说明工程量变更超过多大幅度，才能变更单价。在已发行的单价合同标准文件中包含了这样的条款，在招标文件的空白处，由业主或总监理工程师填写实际的数据，或者在签订合同时与承包商达成一致并填写到合同文件中，最常选的数据是 15%。因此，如果这个数据写入到招标文件并得到认同，当任何已完工程子项的工程量超出合同规定的 15%时，该子项的单价将会降低；反之，单价将会提高。这个新单价将会成为代表业主的总监理工程师或成本顾问与承包商谈判的话题。

单价合同的这项条款使得总监理工程师或顾问谨慎和精确地计量合同工程量变得非常重要，以避免与承包商谈判新单价，因为承包商往往处于谈判中的有利位置。承包商清楚业主一定会处理，并且他有权索赔，承包商比业主或总监理工程师更了解工程成本以及工程量变更对他们的影响。

2) 工程计量

施工进程中，满足支付要求的工程计量往往由承包商和业主双方的代表完成。常常问到的一个问题是：谁抓住计量带的哪一端？除非合同中另有明确的说明，承包商当然有权派遣自己的代表参加现场的工程计量，但会被认为不公平。工程必须根据合同规定或明确隐含的方法来精确计量，因此要依据工程计量国家标准。有时，包含子项工作内容描述的工程量清单实际上并不能进行工程的精确报价，例如，模板工程包含在混凝土里；以体积计量的大面积土方机械挖掘，和为浇筑基础混凝土需要的表面人工挖土或基底找平并不相关。

单价合同的工程子项清单必须由熟悉建筑材料、方法和成本，并且熟悉估价和成本核算的人员来准备。如果承包商签订了一份包含子项计量错误或遗漏的单价合同，并且以后计量方法和它产生的结果被证明对他不利时，承包商就缺乏有效的权利提出索赔，尤其当这份合同明确是固定总额时。

3. 单价合同中业主的职责

1) 业主的主要职责

单价合同中业主的职责在很大程度上与更为常见的不含工程子项清单的总价合同一样：根据合同付款的义务；提供所需要的信息；任命一位总监理工程师作为自己的代表监督双方合同的履行。当承包商没有正确履行，业主也有权自己完成工程，并且根据特定状况和合同规定，最后终止合同。几乎在所有方面，业主在单价合同中的职责(和承包商职责一样)和总价合同是相同的。

2) 变更工程及其单价确定

单价合同的显著特点是：在合同规定的限制幅度内，业主有权变更工程量，幅度常常是合同工程量加上或减去 15%。超出幅度的部分，合同规定需要对单价进行重新谈判并作出调整。如果业主要求完成工程量清单项目以外的额外工程，单价合同通常规定按照成本加酬金方式完成这些额外工程。为此，单价合同的标准形式常包含成本加酬金合同标准形式必要的和相同的合同条款。

尽管如此，为什么单价合同指示的额外工程不是按照原有合同同意的单价，或按总价合同对总价的限定和认同，或任何其他合同形式中的方法来完成？甚至在总价合同里，业主通常也能够指示额外工程和变更合同工程，在任何其他形式的合同中也是如此。这些额外工程或许能在双方认同的基础上完成：按照单价、成本加酬金或是规定和接受的总额(事前或事后合同)。一份合同由双方同意的主要付款方法所确认和说明，但并不排除有些工作以其他方法完成和支付。

业主也可以选择这样的单价合同：建筑物的基础和框架按照合同单价完成和支付(如模板工程、混凝土工程和钢筋工程)，此外，合同可能含有许多现金补助(Cash Allowances)或称暂定金额来覆盖工程的其他部分，包括空洞、粉刷和服务等。工程的这些部分可以通过总价或单价分包合同完成，甚至希望通过成本加酬金分包合同完成。任何愿意使用和合适的合同安排都是可能的，并且每个工程的所有合同都要特定设计。

4. 单价合同中总监理工程师的责任

1) 总监理工程师的主要责任

作为业主的代表、工程合同的解释者和仲裁者，总监理工程师的职责与以前一样。在单价合同里，总监理工程师签发付款证书的职责中包括对已完工程量的核实。总监理工程师在所有种类合同中有责任核实付款证书的数量，但单价合同需要精确的计量作为支付的基础，总监理工程师或其代表要参与到工程的实际计量中。

2) 工程计量

总监理工程师(代表业主利益)和承包商都应对已完工程进行计量，记录双方共同完成的计量结果。一方可能会接受另一方的计量结果，但这并不是一个好的做法。总监理工程师不应当接受是因为他有为业主核实的职责；承包商也不应当接受，不仅是因为他有为自己公司核实计量结果的责任，而且他需要将工程计量作为日常管理和成本核算的一部分，对待所有工程项目都应当如此。

在单价合同里，总监理工程师的基本职责在合同签订之前就产生了，这对签订一份好的合同很关键：检查业主准备中标的投标书所提交的单价清单，但它并不总是最低标。总监理工程师(或成本顾问)应当检查单价清单并达到算术精确，但更重要的是价格本身，它们对项目的适应性和它们相对的重要性。由于是近似的工程量以及根据工程需要的变更，投标的总价格对业主来说并不是唯一重要的。

3) 对不平衡报价的处理

在使用单价合同的工程项目中，一些有经验和敏锐洞察力的承包商(或一个投机者的本能)可能会蓄意提高一些项目的单价并降低另外一些项目的单价。他们相信提高单价的子项工程量会增加而降低单价的工程量会减少，他们将会获得额外的利润；或者提高单价的部分属于早期施工项目。投标人可能比总监理工程师有更多的工程经验，他们知道工程或现场的性质将可能会产生某些特定项目的工程量变更。

提高和降低有些项目单价的一个原因是在开始就获得额外的付款，例如，通过提高初始管理项目和早期施工项目的价格(比如临时服务和设施、表层土清除和大面积土方工程等)和降低后期实施的其他项目的价格，这样承包商就能够用业主的钱为工程筹集部分资金，也就节省了自己的筹资成本。

为了避免这种被称为前后倒置或称为不平衡报价的现象，总监理工程师或成本顾问必须确定管理费的补助总额和所有主要项目的单价是真实的、没有被歪曲的。这并不容易做到，需要总监理工程师对工程的成本有自己精确真实的估量，以便在收到标书和授予合同前和投标人的标书、补助表和单价清单作比较。当业主和总监理工程师仍然能影响合同授予时，这是关键的时刻，为了形成一个平衡的投标，投标人对单价调整的合理建议是比较开放的，而在合同授予之后要求承包商调整不合理单价的建议将很难实现，同样的程序也适用于总价合同中的价值清单。

5. 单价合同中分包商和供应商的职责

同所有的工程合同一样，分包商和供应商的职责实质上是总承包商职责的反映，所以这里不再赘述。单价合同的通用条款和总价合同几乎一样，除了与单价紧密相连的条款，例如工程量变动和导致单价变动的条款之外，但是以单价合同作为主合同的分包合同并不必然是单价分包合同，它们可能会是任何一种合同形式。基于单价的主合同会包含与成本加酬金合同相关条款的另外一个理由，是不能以合同单价对变更工程进行计价(因为它们不合适)，而且要确立业主和总监理工程师在基于成本加酬金的任何分包合同中的要求。

6. 单价合同的优缺点

概括地说，业主在单价合同中的主要优势是能以更小的风险开展工程，尽管业主由于工程或现场性质不能告诉投标人准确的工程量。一个最有可能的选择是成本加酬金合同，但对业主风险较大。在北美，单价合同常预先假定一个土木工程项目不需花费较多的时间和费用就能迅速完成计量，在这类合同中，工程的特定部分需要按总价计价，而其他部分以单价计价。

业主在单价合同中的劣势在于近似工程量严重不准确的可能性以及远超过预估的花费，尤其当它们与包含价格扭曲且承包商已经正确判断或押注的"不平衡投标"结合的话，情况会更糟。在这种合同类型下完成的工程往往会产生不可预见性，例如，不合适的地质条件需要更多的土方开挖和回填；地下水层需要降水设备来保持工作面干燥，这些类似的意外事件都是不可预见的，或者至少不可能在合同中注明每一个意外事件。未注明的意外事件不得不由业主和总监理工程师通过承包商来处理，同时双方协商费用。只有当承包商对额外工程的报价无理取闹时，另找承包商来完成新要求的工程才是可行的。即使承包商只有一半的理由，他也经常能谈判商定一个好的价格，因为他已经在现场并能按照意外事件来准备必要的施工，对业主来说，这些花费可能既高又不可预测。如果额外工程必须做的话，此时业主唯一的选择，就是重新签订合同和选择承包商，这两种环境对业主都是不

利的。

相比其他同类合同，除了由于不平衡报价带来的财务优势，或者上述描述的业主的劣势外，单价合同中承包商唯一的优势就是不需要工程计量就能投标并排除了伴随的风险，否则对承包商来说，就很像不含单价的、传统的总价合同。正如权利对应责任一样，对一方的劣势可能隐含另一方的优势。毫无疑问，平衡(天平的两臂)在古代罗马签订合同的仪式中起着重要作用。

7. 单价合同的关键点总结

◆ 单价是项目子项每个单位的平均价格。

◆ 单价合同在北美仅限于土木工程；但在固定价格合同中，单价可用于对房屋建筑变更的估价。

◆ 当已完工程的工程量超过或少于规定数量(一般为15%)时，单价合同通常需要对单价进行调整。

◆ 对于单价合同的招标，业主的工程师应当注意投标人的不平衡报价。投标人通过不平衡报价可以从不同子项工程量的变化中获得好处或在项目早期获得额外的付款。

◆ 单价合同要求对已完工程进行计量和计量的工程量以单价计价；作为合同一部分，有必要明确工程的计量方法。

◆ 在许多其他国家，基于单价的合同(其中一些或所有已完工程都需计量)常用于房屋建筑工程(以及土木工程)。

◆ 单价合同的标准形式在北美是由专业工程师学会发布的。

2.3.3 成本加酬金合同

1. CPF 合同内涵及风险

成本加酬金合同(Cost-Plus-Fee Contracts，CPF)是指业主支付承包商所有的工程成本，再加上承包商的运行管理费用和利润。该类合同最简单的形式与固定总价合同正好相反。因为在简单的 CPF 合同中，业主承担了大部分风险，承包商则承担较少的风险，而固定总价合同正好相反。事实上，业主和承包商在两种合同类型(固定总价合同和成本加酬金合同)中的理论合同风险分布正处于最高和最低两头，参见图 2-10。

在总价合同中，承包商承担了大部分财务损失的风险，因为他承诺用固定的总价去完成合同工程，这个总价包含了承包商对成本的估价和承担的风险。如果业主不能选择采用经济合理的合同总价去完成工程的承包商，那么业主可选择采用其承担大部分风险的成本加酬金合同形式，不同合同类型的风险分布。如图 2-2 所示。

风险分配的主要决定因素是度量成本和风险信息的可获得性。我们可以看到承包商通常获得一份工程施工合同，按照设计信息和其他可利用信息的数量，将风险在业主和承包商之间进行分配。没有信息就不能完成费用估价。如果业主想要这个工程妥当完成，那他必须承担支付所有费用的风险，显而易见，业主将处在一个非常不利的境地。如果业主和他的总监理工程师能为投标人提供一些设计信息，那投标人就可以估算成本与风险。随着有效信息数量的增加，估算工程最大成本的有效性也相应增加，直到获得所有需要的信息，投标者就可以充分准确地估价，并按照固定总价来提供投标报价。

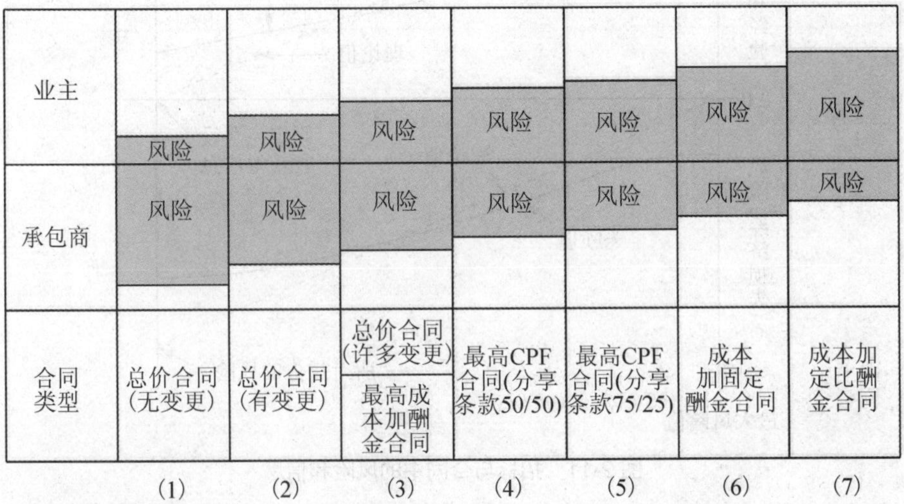

业主		风险	风险	风险	风险	风险	风险
	风险						风险
承包商	风险	风险	风险	风险	风险	风险	
合同类型	总价合同(无变更)	总价合同(有变更)	总价合同(许多变更)／最高成本加酬金合同	最高CPF合同(分享条款50/50)	最高CPF合同(分享条款75/25)	成本加固定酬金合同	成本加定比酬金合同
	(1)	(2)	(3)	(4)	(5)	(6)	(7)

注释如下。

(1) 业主承担少量风险。

(2) 允许一些变更的合同改变总价合同的性质，业主承担一定损失风险。

(3) 允许许多变更的合同改变总价合同的性质，业主承担相当损失风险。

(4) 理论上假设(非实际中)风险平均分配(50/50)。

(5) 风险分配的变化取决于许多因素，包括最高成本的数额，节省与损失的分配等。

(6) 对承包商有一定风险(如果合同范围增大，固定酬金是否恰当)。

(7) 对承包商只有少量风险(定比酬金是否恰当)。

图 2-10　不同合同类型的风险分布

在最大信息条件下固定总价合同是可行的，因为此时成本估算较为准确。而在最小信息条件下就只有采用成本补偿合同。工程合同必须按可获得的信息量进行设计，如图 2-11 所示。为了同时降低双方的风险，一份合同应当尽可能多地提供以下资料。

设计资料(如图纸、说明)如下。

◆　承包商对于设计要求的设计响应(如施工图)。

◆　对第三方的风险分配(分包商、供应商、保险公司)。

◆　风险的防范措施(保险、保证、施工条件的信息、施工过程中的检查)。

◆　详细的管理要求(工程进度、工程预算、工程控制、施工报告)。

◆　详细的员工守则(资格管理、成本核算)。

各方的资金保证(例如银行及其他借贷方的证明)。

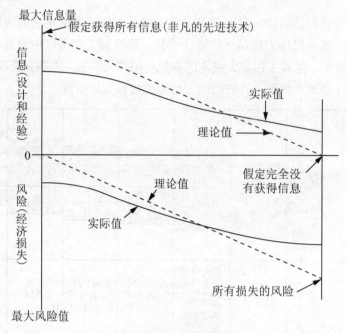

图 2-11 招标与合同中的风险和信息

　　如果业主想得到一个更好运行的建设项目以及更好的建筑物,他必须支付足够的工程费用并保证提供工程合同中所涉及的各项必需事项(例如独立的工程监督)。考虑其他的评标标准比只是采用最低价中标的方法往往更加有效,一份合同应该满足双方的要求,适当的工程需要合理的价格,合同双方都应负责承担自己最有控制能力的风险。

　　显然,业主如果能采用其他合同形式,通常不会使用 CPF 合同。采用这种类型的合同,业主不仅要承担大部分风险,而且容易被承包商所控制。业主想要获得公平的交易,就需要承包商遵守公平合同的精神。书面合同的文字并不能包括所有的可能性,CPF 合同比其他合同类型要求双方更大程度的相互信任,这是因为虽然业主在 CPF 合同中承担大部分的风险,但对于来自业主的风险,承包商通常有更大的控制权。业主的主要风险是因成本超支导致的财务损失,如果承包商认真并有效施工,成本就会减少,相反成本就会增加。对于业主和总监理工程师来说,很难促使承包商高效和用心工作,在很大程度上要依赖承包商完成工程的能力和品德。根据合同的规定,总监理工程师有一定的控制权,在极端情况下业主能够终止合同,但会导致重大损失。

2. CPF 合同中承包商的职责

1) 承包商的主要职责

　　与任何合同一样,在 CPF 合同中,承包商的首要义务是依据合同协议和条款进行施工,其首要权利是得到支付。在对这类合同的考察中,问题在于可能的合同条件和条款存在多样性。存在多样性(排除合同各方的要求)的主要原因是在投标时设计信息数量的变化。鉴于此,我们将首先讨论基于最少设计信息和无最高规定成本的一种简单 CPF 合同中各方的职责,然后再分析规定最高成本的其他 CPF 合同。

　　大多数 CPF 合同的标准形式在合同协议中都会包含一个要求承包商及现场机构提供现场管理和监督服务的条款。由于承包商在现场的所有工程成本都会获得补偿，这意味着承包商应对其酬金之外的管理和监督工作付出代价。因此成本、酬金的定义和酬金的数量对双方都非常重要。

　　由于 CPF 合同条款和条件的变化范围很大，投标人应当仔细阅读。

　　2) 履行合同的诚意和公正

　　双方达成一致协议对所有合同来说都很重要，特别是就 CPF 合同来说，承包商和总监理工程师全面理解合同文件非常关键，即使是最好的文件，也不能够充分地表达这类合同所有需要被理解的内容。但若对所选的标准文件没有彻底地研究、理解并适当修改，那么结果会更糟。所有合同都要求双方有一定程度的诚意和信任，因此，我们说合同的精神实质或者合同意图已超出了合同文件文字表达的内容。CPF 合同尤其要求双方保持诚信和信任的态度。正如一个 CPF 合同标准文本描述："在本协议中承包商接受和业主之间建立诚意和信任的相互关系。"但是如果承包商不承认诚意和信任的相互关系，如果承包商缺乏诚意，如果 CPF 合同文件文字表达不严密，承包商常常可以获得好处。即使业主在现场雇用了全职的代表，也不可能审查和评价承包商要求的每项成本。在相互不信任的氛围下，项目不可能成功，如果值得采用 CPF 合同，业主也必须对承包商信任和诚实。

　　3) 承包商经济而高效地工作

　　在 CPF 合同中，承包商有义务像在固定总价合同中那样尽可能高效而经济地实施工程。然而，由于工程性质以及这类合同的特有条款，承包商不是永远能做到这点。但是坚持合同的精神实质，是合同双方要努力追求的理想。例如，非必要的工作人员不应在现场，除非需要设备不要进场，不需要时设备应被移走，或者为正当的设备闲置收取低额的费用。承包商应当以竞争性价格去采购材料，且应当将其有能力拿到的交易折扣收益给予业主，但早期支付款项获得的贴现利息是承包商利用自由资金获得的正当回报。作为回报，承包商有权利按合同条款及时得到支付。通常做法是基于承包商的实际支出按月支付款项，并加上一定比例的酬金。就这些而言，承包商的权利基本与固定总价合同相同。事实上，在 AIA 标准形式合同中，这两类合同的通用条款采用的形式是相同的。

　　4) 承包商的酬金支付

　　关于 CPF 合同中承包商的酬金，它既可以是工程成本的一定比例，也可以是固定数额的酬金或者这些形式的组合。随着合同总量的不同，酬金会变化，可以采用浮动计算法。决定支付酬金的类型很重要。因为如果只有少量的设计信息，则 CPF 合同应是"可修改的"，由于不知道工程的范围，承包商无法合理地估计出一个固定数额的酬金，酬金可能就会按成本的一定比例计算。如果有大量的设计信息，承包商就可以对工程的总成本作出准确的估计。业主和总监理工程师可能期望支付固定总价的酬金，并且在合同中予以规定。我们可以回顾图 2-2 关于风险量度的说明，在成本加固定酬金合同中，业主承担较大程度的风险，而在成本加定比酬金合同中，业主承担的风险达到最大，承包商承担的风险降到最小。有一点很重要，就是总监理工程师要认识到他所准备的合同类型以及由之规定的酬金类型。就固定酬金来说，如果合同已完工的工程量大量增加，合同中应制定条款来调整酬金，这就自然地引导我们考虑将规定最大成本的条款写进合同协议中,于是 CPF 合同就表现出一些规定最大成本合同的特点。

4. CPF 合同中业主的职责

1) 业主的主要职责

业主在 CPF 合同中的职责和固定总价合同相似:依据合同条款支付工程款;提供信息;通常在最初总监理工程师任职被终止时,任命另外的总监理工程师。与固定总价合同一样,业主大部分的其他职责交给了业主代表,即总监理工程师。

业主在标准 CPF 合同中的权利通常也和标准固定总价合同相似:根据情况暂停施工和终止合同的权利;业主从来都有普通法权利要求合理的完工时间,但在 CPF 合同中,完工时间的控制权更多地掌握在业主和总监理工程师手中,而不是承包商。不过,如果承包商不能提供足够的劳动力或材料,或者不能高效施工,那么业主可以终止合同,虽然这些因素可能很难在 CPF 合同中规定和声明,因为和固定总价合同相比,成本补偿合同有更多易变和不确定的因素。

2) 关于工程缺陷的弥补

通常 CPF 合同中(和固定总价合同中相同)会有这样的条款:如果承包商有所忽视,或者承包商不履行合同条款,那么业主有权利自己完成工程。CPF 合同可能发生的问题是承包商对缺陷工作的修补。标准形式的 CPF 合同陈述或者暗示承包商将为缺陷的修补承担成本,但是在业主支付缺陷修复费用之前,业主和总监理工程师通常无法发现这些缺陷,或者发出修补缺陷指令后,这项费用就很难分离。这时,我们又要回归到这类合同的精神实质,以及 CPF 合同中十分重要的诚信和信任关系。尽管 CPF 合同也需要这种关系,业主可能仍然希望雇用专职现场代表。标准的 CPF 合同一般(或者应该)要求承包商保持业主或总监理工程师满意的完整系统的所有交易清单和工程成本清单(有些标准形式有不同规定)并且业主(或总监理工程师)有权利查看所有清单,直到工程最终付款后指明的时间。

5. CPF 合同中总监理工程师的责任

1) 总监理工程师的主要责任

代表业主的总监理工程师在 CPF 合同中的责任和固定总价合同相同:作为业主代理人的义务;作为合同解释者的义务;和作为仲裁者力求使双方履行合同的义务。但在 CPF 合同中,总监理工程师可能发现他会更多地被卷入现场工作和合同执行工作,不仅是因为总监理工程师在施工过程中需要准备施工图纸和技术说明,而且由于合同弹性较大的特征,业主和承包商会更频繁地向总监理工程师寻求建议。所以在 CPF 合同实践中,业主、总监理工程师通常会指派他们的代表到施工现场,代表应根据工作需要和业主的支付情况经常访问现场。

2) 总监理工程师对工程成本的控制

就 CPF 合同来说,对总监理工程师在施工技术和工程发包程序方面的知识要求更高,并且要求总监理工程师充分了解工程成本的本质,以便准备文件和施工期间核实支付申请。在文件准备过程中,主要的工作就是对业主要补偿的成本以及由承包商自己担负的费用进行定义，并规定酬金的组成方式(按固定比例或者固定数额及调整性条款的制定)。在核实成本和支付申请时，总监理工程师会发现拥有一位经验丰富的现场代表来核查材料购进清单、施工进度表和其他与成本有关的条目是十分必要的，同样业主也会雇用一位代表来做这些工作。对于要核查补偿成本的总监理工程师和支付成本补偿的业主，两者都满意并同意按合同条款支付很重要。业主可能勉强支付了现场人员发生的费用，但是如果业主认为超出了他应当支付的范围，那么他一定会为此指责总监理工程师。总监理工程师应当在开始就保证业主能全面理解所有的 CPF 合同条款和条件，以及总监理工程师—业主合同中总监理工程师的管理职责。

6. CPF 合同的优缺点

概括地说，业主在 CPF 合同中的主要优势是业主可在设计未完成的情况下开始施工，同时承担大部分风险，工程施工可能会在不经济的情况下完成或者根本不能完成。在该类合同中，业主其他的优势是付款的灵活弹性，也可能要付出更高的价格。在 CPF 简单合同中，业主最大的劣势是不知道最终成本有多少，为了减少这种风险，业主应该尝试尽量增加设计信息，使投标者能够提供一个完成工程需要的最大成本。

承包商的优势是承担相对较小的风险，只要酬金是充足的。唯一的劣势就是这种合同的无结果性，它通常减少了激励，有时对其他工程的计划难以开展，因为承包商不能确定 CPF 合同何时结束。在 CPF 合同中，双方当事人最大的劣势可以通过合同对工程最高成本的规定来减轻或消除。

业主在 CPF 合同中的另外一个优势是分阶段施工，一些施工可以在设计完成前开始，设计和施工阶段可重叠进行。分阶段施工的目标往往是为业主节省时间和金钱，由于提早完工从而降低财务成本，提前实现投资回报。在分阶段施工中，材料供应的及时性可能特别关键，因此在 CPF 合同下，总监理工程师和业主要对一部分或全部供应合同的安排负责。

随着建设管理(Construction Management)(作为分阶段施工的一种方法)的出现和在工程设计阶段成本估价技术的发展，令人质疑的是，大部分工程需要或者应该在 CPF 简单合同环境下运行，并且业主不可避免地承担成本超支的风险。几乎每个工程，在缺少完整设计信息的情况下，都可以提出并应用一些成本限制的方法，其中之一就是保证最高成本加酬金合同。

究其本质，该工程似乎是以总价合同的形式投标的，但用两个总额，即最高成本和酬金，代替了一个总价。按照 CPF 合同管理工程，但每次变更对最高成本的影响均由总监理工程师和承包商评估并达成一致，这样可以调整最高成本，节约的价款可以计算和分享。成功地执行本合同，关键是总监理工程师及其人员能够准确地估算变更成本并与承包商很快地确定。

如果合同规定实际成本超出了合同中确定的最高成本，承包商就要承担所有额外的成本，这对投标人和承包商来说都是可以接受的，因为提供的所有设计信息对于相当精确地估算最高成本是可能的，就像总价合同一样。如果设计信息不完整，投标人要承担更大的风险，其报价可能也会更高。

有个问题也许会提出：对于业主来说，签订一个 GMCPF 合同总是绝对比一个没有最高成本的简单 CPF 合同更好吗？不能简单地给出绝对的答案。如果设计信息非常少，那么投标人的最高成本将会包括他认为必需的成本和风险费用，如果太高可能使业主不能接受。潜在的节约款额可能会很高，业主可能会放弃含有分享条款的 GMCPF 合同，而冒着一定风险采用简单的 CPF 合同。同样的问题是，对于业主来说，使用固定总价合同是否总是比 GMCPF 合同更好呢？我们可能要针对上述分析过的例子来回答，如果关于合同的问题是相反的，答案要由工程的性质来决定。我们已经讨论了总价合同的优缺点以及适用于标准、简单工程项目的适用性，如果项目没有变更，总价合同可能对业主是比较好的，问题是没有办法绝对地确定是否会有变更，因为每个工程都是有差异的。采用何种合同形式给业主的回答是寻求最好的专业建议，但是这不是结论性的，还会出现其他的问题：什么是最好的建议？它来自于谁？

根据工程、现场和获得的信息，合同协议中的分享条款可以为业主和承包商提供双方同意的节约和损失的任何分享比例。当设计信息基本完成，通常业主分享较大比例的节约额，实际成本超过最高成本的任何损失都由承包商全部承担。对于信息较少、风险较大的合同，需要规定能大体反映风险分担的损失分担比例。可以设想合同能提供由双方平等承担节约价款和损失的规定。

根据工程类型、现场条件、投标时所提供的设计信息、风险性质和程度，可以设计适合任何特定工程环境的 GMCPF 合同。理想情况下，这种合同的条款和条件是通过谈判达成的，而不是总监理工程师在招标文件中规定，然后邀请投标人即时投标，因为只以一方规定的条款和条件要达成双方高度一致的协议几乎是不可能的。

推荐使用 CPF 合同最简单的形式，即没有最高成本和分享条款，仅是一个权宜的考虑，业主在没有其他办法时也可以这样完成工程。但是对于大型复杂的工程，含有实际最高成本和反映项目环境的公平分享条款的 GMCPF 合同，通常优于任何其他种类的合同。工程规模不仅仅是选择 GMCPF 合同而不是总价合同的主要标准。一个 200 000 平方英尺和耗资几百万美元的仓库建筑可能是采用总价合同理想的工程。相反，工程的复杂性、导致决策灵活性的复杂现场和需要分阶段施工的项目，通常是选择 GMCPF 合同而不是总价合同的正确原因。

获得灵活性和分阶段施工的替代方案可通过主合同和建设项目经理(CM 模式)来安排。在各种合同类型(可能是其他类型合同，但通常是总价合同)和实行总分包施工的 GMCPF 合同之间一开始作出选择并不容易，一个重要标准就是在设计阶段聘用建设项目经理。如果设计团队能够提供精确的投标前成本估算，那么通过 GMCPF 合同设计团队也能为业主提供同样类型的服务。但如果没有这个估算，业主可能会处于不利境地。最后，业主所获得的服务质量是由个人而不是系统整体和合同方案决定的。

7. CPF 合同的关键点总结

◆ CPF 合同和固定总价合同是合同的基本类型，处于高低风险相反的两端。两种合同类型的变化取决于风险的度量，最重要的是含有反映风险分担的分享条款的最高保证成本加酬金合同。

- 对于 CPF 合同的业主来讲有两种费用：①定义的成本(通常是直接费)；②定义的酬金(通常包含工程间接成本)。成本和酬金的定义是非常关键的。

- 工程成本包含人工、材料、机械和现场管理成本等直接成本，以及企业运营成本和利润等间接成本。

- 成本估算和核算的基本单位是工程子项。

- 人工成本是工资、法定薪酬、奖金和差旅费、住宿费、车船费等直接成本。生产效率同样会影响人工成本。

- 材料成本受产量、质量、时间(季节性需求)、地点、信用和折扣等因素的影响。

- 机械和设备成本由折旧、维修、投资费用和进场、出场和运行费用决定，还有工作和空闲时间。

- 现场管理成本包括监管(通常是最大的成本)、保险和担保费用、许可费用、安全和保护成本、临时服务和设施、清理、出清存货等成本。

- 企业运营成本是那些不能直接区分和归结到特定工程的费用，包括管理人员费用、房租及办公设备、通信等办公费用。

- 对于业主来说利润属于成本，利润率是投资回报的度量，也是量化利润的更好方法。

- CPF 合同的成功需要双方的信任和诚实。

- CPF 合同中业主通常承担较大的风险。

- 与其他类型合同相比，CPF 合同中的业主和总监理工程师更多地参与到工程和成本管理中。

- 在大型建筑工程中，最高保证成本加酬金合同通常比传统的固定总价合同更受到偏爱，因为它能提供更多的灵活适应性。

- 最高保证成本加酬金合同的招标与固定总价合同相似，其管理则与成本加酬金合同相似，以便能调整最高成本，而最高成本反过来又会影响合同的分享条款。

- CPF 合同标准形式在具体工程上的使用需要注意和小心。

案 例 分 析

【案例 2-1】

中石化管道储运公司的华北管网工程是一个项目集，包括三个独立的项目：河间至石家庄原油管道工程、天津炼化一体化原油储运配套工程、曹妃甸原油码头及配套设施工程。

其中，河间至石家庄原油管道末段换管工程是河间至石家庄原油管道工程的一部分，包括 25km 原油管道建设、石家庄末段建设两个部分。

【案例分析】

华北管网工程建设项目部对于原油管道项目通过招标选择了监理单位、施工单位、无损检测单位，而将石家庄末站建设的设计、监理、土建施工和安装施工总承包给石家庄炼厂的河北润达石化工程建设有限公司(以下简称河北润达)。

华北管网工程建设项目部和石家庄炼厂同属石化集团，石家庄末站建设位置处于石家庄炼厂内，而且河北润达是化工石油监理甲级企业，具有丰富的化工石油工程管理经验。河北润达不直接进行设计与施工，没有自己的设计和施工力量，专心致力于建设工程管理，将工程的设计、施工、材料供应进行了分包。通过以上分析，这种管理结构可以看作"平行承发包+项目总承包管理"的项目管理结构。

本 章 小 结

本章在详细介绍了国际主流项目管理模式的基础上，分析了固定总价合同、单价合同和成本加酬金合同的概念、特点、优缺点、各参与方职责、标准合同条件选用及关键因素总结等问题，并介绍了合同类型的选择要点。

习　　题

1. 试分析项目采购模式演变的动因和发展。
2. 项目采购模式有哪些？其主要内容和特点是什么？
3. 试分析传统采购模式(DBB)与设计——建造模式(DB)、建设管理模式(CM)的区别。
4. 在固定总价合同中，承包商、业主、总监理工程师、分包商的主要职责有哪些？
5. 试分析单价合同的优缺点。
6. 在成本加酬金合同中，承包商、业主、总监理工程师的主要职责有哪些？

第3章　工程合同法律制度

【学习要点及目标】

◆ 理解《合同法》的基本原则，熟知合同的分类。

◆ 了解要约的概念及方式，掌握要约生效的情形。

◆ 掌握承诺的构成要件。

◆ 了解《合同法》中规定的合同的一般条款的构成及合同的形式，掌握缔约过失责任的概念及构成要件。

◆ 熟知合同生效的要件，重点掌握导致合同无效、合同、变更与撤销的原因，掌握效力待定合同的类型。

◆ 了解解决合同条款空缺的具体规定，重点理解不安抗辩权的概念及适用条件，掌握代位权、撤销权的成立要件。

◆ 掌握合同变更、合同转让及合同终止的内容，了解违约责任的承担方式。

◆ 掌握保证的概念及方式，掌握定金的概念及性质。

◆ 掌握建设工程施工合同司法解释的相关规定。

【核心概念】

要约、承诺、缔约过失责任、无效合同、不安抗辩权、代位权、不可抗力、违约责任、定金、保证、黑白合同。

【引导案例】

　　某施工单位在外埠承揽了一项工程，通过对工程所在地材料供应商的初步了解，准备与其中一家建立供货关系。施工单位电话通知该供货商供货袋装水泥20吨，并约定了送货的地点和每吨的单价。供货商将水泥送至约定地点后，在货款之外向施工单位索要运费。请问该运费应由哪一方承担？

3.1 合同的原则及分类

　　《合同法》的基本原则是指反映合同普遍规律、反映立法者基本理念、体现合同法总的指导思想、贯穿整个合同法的原则。这些原则是立法机关制定合同法、裁判机关处理合同争议以及合同当事人订立履行合同的基本准则，对适用《合同法》具有指导、补充、解释的作用。

　　任何一部法律都有自己的调整范围，《合同法》也不例外。掌握《合同法》的调整范围，有助于正确选择和使用《合同法》。

　　合同有多种分类方法，掌握这些不同的分类也是正确适用《合同法》的必要条件。

3.1.1 合同法的基本原则

1. 平等原则

　　《合同法》第三条规定："合同当事人的法律地位平等，一方不得将自己的意志强加给另一方。"

　　本条是对平等原则的规定。

　　平等原则是指地位平等的合同当事人，在权利义务对等的基础上，经充分协商达成一致，以实现互利互惠的经济利益目的的原则。这一原则包括三方面内容。

　　(1) 合同当事人的法律地位一律平等。在法律上，合同当事人是平等主体，没有高低、从属之分，不存在命令者与被命令者、管理者与被管理者。这意味着不论所有制性质，也不问单位大小和经济实力的强弱，其地位都是平等的。

　　(2) 合同中的权利义务对等。所谓"对等"，是指享有权利，同时就应承担义务，而且，彼此的权利、义务是相应的。这要求当事人所取得财产、劳务或工作成果与其履行的义务大体相当；要求一方不得无偿占有另一方的财产，侵犯他人权益；要求禁止平调和无偿调拨。

　　(3) 合同当事人必须就合同条款充分协商，取得一致，合同才能成立。合同是双方当事人意思表示一致的结果，是在互利互惠基础上充分表达各自意见，并就合同条款取得一致后达成的协议。因此，任何一方都不得凌驾于另一方之上，不得把自己的意志强加给另一方，更不得以强迫命令、胁迫等手段签订合同。同时还意味着凡协商一致的过程、结果，任何单位和个人不得非法干涉。

2. 自愿原则

　　《合同法》第四条规定："当事人依法享有自愿订立合同的权利，任何单位和个人不得非法干预。"

　　本条是对自愿原则的规定。

自愿原则是《合同法》的重要基本原则，合同当事人通过协商，自愿决定和调整相互权利义务关系。自愿原则体现了民事活动的基本特征，是民事关系区别于行政法律关系、刑事法律关系的特有的原则。民事活动除法律强制性的规定外，由当事人自愿约定。自愿原则也是发展社会主义市场经济的要求，随着社会主义市场经济的发展，合同自愿原则越来越显得重要了。

自愿原则意味着合同当事人即市场主体自主自愿地进行交易活动，让合同当事人根据自己的知识、认识和判断，以及直接所处的相关环境去自主地选择自己所需要的合同，去追求自己最大的利益。合同当事人在法定范围内就自己的交易自治，涉及的范围小、关系简单，所需信息小、反应快。自愿原则保障了合同当事人在交易活动中的主动性、积极性和创造性，而市场主体越活跃，活动越频繁，市场经济才越能真正得到发展，从而提高效率，增进社会财富积累。

自愿原则是贯彻合同活动全过程的，包括：第一，订不订立合同自愿，当事人依自己意愿自主决定是否签订合同；第二，与谁订合同自愿，在签订合同时，有权选择对方当事人；第三，合同内容由当事人在不违法的情况下自愿约定；第四，在合同履行过程中，当事人可以协议补充、协议变更有关内容；第五，双方也可以协议解除合同；第六，可以约定违约责任，在发生争议时，当事人可以自愿选择解决争议的方式。总之，只要不违背法律、行政法规强制性的规定，合同当事人有权自愿决定。当然，自愿也不是绝对的，不是想怎样就怎样，当事人订立合同、履行合同，应当遵守法律、行政法规，尊重社会公德，不得扰乱社会经济秩序，损害社会公共利益。

3. 公平原则

《合同法》第五条规定："当事人应当遵循公平原则确定各方的权利和义务。"

本条是对公平原则的规定。

公平原则要求合同双方当事人之间的权利义务要公平合理，要大体上平衡，强调一方给付与对方给付之间的等值性，合同上的负担和风险的合理分配。其具体包括：第一，在订立合同时，要根据公平原则确定双方的权利和义务，不得滥用权利，不得欺诈，不得假借订立合同恶意进行磋商；第二，根据公平原则确定风险的合理分配；第三，根据公平原则确定违约责任。

公平原则作为合同法的基本原则，其意义和作用是：公平原则是社会公德的体现，符合商业道德的要求。将公平原则作为合同当事人的行为准则，可以防止当事人滥用权力，有利于保护当事人的合法权益，维护和平衡当事人之间的利益。

4. 诚实信用原则

《合同法》第六条规定："当事人行使权利、履行义务应当遵循诚实信用原则。"

本条是对诚实信用原则的规定。

诚实信用原则要求当事人在订立、履行合同，以及合同终止后的全过程中，都要诚实，讲信用，相互协作。诚实信用原则具体包括：第一，在订立合同时，不得有欺诈或其他违背诚实信用的行为；第二，在履行合同义务时，当事人应当遵循诚实信用的原则，根据合同的性质、目的和交易习惯履行及时通知、协助、提供必要的条件、防止损失扩大、保密等义务；第三，合同终止后，当事人也应当遵循诚实信用的原则，根据交易习惯履行通知、协助、保密等义务，称为后契约义务。

5. 不得损害社会公共利益原则

《合同法》第七条规定："当事人订立、履行合同，应当遵守法律、行政法规，尊重社会公德，不得扰乱社会经济秩序，损害社会公共利益。"

本条是对遵守法律，不得损害社会公共利益原则的规定。

遵守法律，尊重公德，不得扰乱社会经济秩序，损害社会公共利益，是《合同法》的重要基本原则。一般来讲，合同的订立和履行，属于合同当事人之间的民事权利义务关系，主要涉及当事人的利益，只要当事人的意思不与强制性规范、社会公共利益和社会公德相抵触，就承认合同的法律效力，国家及法律尽可能尊重合同当事人的意思，一般不予干预，由当事人自主约定，采取自愿的原则。但是，合同绝不仅仅是当事人之间的问题，有时可能涉及社会公共利益和社会公德，涉及维护经济秩序，合同当事人的意思应当在法律允许的范围内表示，不是想怎么样就怎么样。为了维护社会公共利益，维护正常的社会经济秩序，对于损害社会公共利益、扰乱社会经济秩序的行为，国家应当予以干预。至于哪些要干预，怎么干预，都要依法进行，由法律、行政法规作出规定。

3.1.2 合同法的调整范围

1. 广义合同与狭义合同

合同有广义和狭义之分，狭义的合同是指债权合同，即两个以上的民事主体之间设立、变更、终止债权关系的协议。广义的合同是指两个以上的民事主体之间设立、变更、终止民事权利义务关系的协议。广义的合同除了民法中债权合同之外，还包括物权合同、身份合同，以及行政法中的行政合同和劳动法中的劳动合同等。

《合同法》的调整范围是指我国《合同法》调整对象的范围，并非所有的合同都受《合同法》的调整，现行《合同法》只调整一部分合同，即狭义的合同。

2. 不受合同法调整的主要关系类型

目前，部分合同虽称之为"合同/协议"，但却不受合同法调整，主要有如下几类。

1) 有关身份关系的合同

如婚姻合同(婚约)适用《婚姻法》、收养合同适用《收养法》等专门法。

2) 有关政府行使行政管理权的行政合同

政府依法进行社会管理活动，属于行政管理关系，适用各行政管理法，不适用《合同法》，例如，政府特许经营合同、公务委托合同(如税款代扣合同即是)、公益捐赠合同、行政奖励合同、行政征用补偿合同等。这些合同不是基于平等自愿的原则订立的，因此不是民事合同。

但是，当政府作为平等的民事主体与他人订立有关民事权利义务的合同时，应受合同法调整，例如，一般政府采购行为(诸如新建大楼、修缮房屋，购买办公文具等)所订立的合同。再如，国家以国有资产所有者身份参与出资、转让股权所订立的合同。

3) 劳动合同

在我国，劳动者与用人单位之间的劳动合同适用《劳动法》、《劳动合同法》等专门法。

4) 政府间协议

国家或者特别地区之间协议，适用国际法，如国家之间各类条约、协定、议定书等。

3.1.3　合同的分类

对合同作出科学的分类，不仅有助于针对不同合同确定不同的规则，而且便于准确适用法律。一般来说，合同可做如下分类。

1) 有名合同与无名合同

根据法律是否规定一定名称并有专门规定为标准，合同可以分为有名合同与无名合同。

有名合同，也称典型合同，是法律上已经确定一定的名称，并设定具体规则的合同，如《合同法》分则所规定的建设工程合同等十五类合同。

无名合同，也称非典型合同，是法律上尚未确定专门名称和具体规则的合同。根据合同自由原则，合同当事人可以自由决定合同的内容，可见当事人可自由订立无名合同。从实践来看，无名合同大量存在，是合同的常态。

2) 双务合同与单务合同

依当事人双方是否互负给付义务为标准，合同可以分为双务合同与单务合同。

双务合同是当事人之间互负义务的合同。例如，买卖合同、租赁合同、借款合同、加工承揽合同与建设工程合同等。

单务合同是只有一方当事人负担义务的合同。例如，赠予合同、借用合同等。

3) 有偿合同与无偿合同

根据当事人是否可以从合同中获取某种利益为标准，可以将合同分为有偿合同与无偿合同。

有偿合同是指当事人一方享有合同规定的权益，须向另一方付出相应代价的合同。有偿合同是商品交换最典型的法律形式。在实践中，绝大多数合同都是有偿的。有偿合同是常见的合同形式，诸如买卖、租赁、运输、承揽等。

无偿合同是指一方当事人享有合同约定的权益，但无须向另一方付出相应对价的合同。例如赠予合同、借用合同等。

4) 诺成合同与实践合同

以合同的成立是否必须交付标的物为标准，合同分为诺成合同与实践合同。

诺成合同是指当事人各方的意思表示一致即告成立的合同，如委托合同、勘察、设计合同等。

实践合同又称要物合同，是指除双方当事人的意思表示一致以后，尚须交付标的物才能成立的合同，如保管合同、定金合同等。

5) 要式合同与不要式合同

根据合同的成立是否必须采取一定形式为标准，可以将合同划分为要式合同与不要式合同。

要式合同是法律或当事人必须具备特定形式的合同，例如，建设工程合同应当采用书面形式，就是要式合同。

不要式合同是指法律或当事人不要求必须具备一定形式的合同。在实践中，以不要式合同居多。

6) 格式合同与非格式合同

按条款是否预先拟定，可以将合同分为格式合同与非格式合同。

格式合同又称为定式合同、附和合同或一般交易条件，它是当事人一方为与不特定的多数人进行交易而预先拟定的，且不允许相对人对其内容作任何变更的合同。反之，为非格式合同。

格式条款具有《合同法》规定的导致合同无效的情形的，或者提供格式条款一方免除其责任、加重对方责任、排除对方主要权利的，该条款无效。

对格式条款的理解发生争议的，应当按照通常理解予以解释。对格式条款有两种以上解释的，应当作出不利于提供格式条款一方的解释。格式条款和非格式条款不一致的，应当采用非格式条款。

7) 主合同与从合同

以合同相互间的主从关系为标准，合同分为主合同与从合同。

主合同是指不需要其他合同存在即可独立存在的合同；从合同就是以其他合同为存在前提的合同。例如，对于保证合同而言，设立主债务的合同就是主合同，保证合同是从合同。

区别要式合同与不要式合同的意义在于：主合同的效力决定了从合同的效力。根据《担保法》的规定，主合同无效，从合同也无效，当事人另有约定除外。

3.2 合同订立的程序

合同的订立要经过两个必要的程序，即要约与承诺。

3.2.1 要约

1. 要约的概念

要约，在商业活动中又称发盘、发价、出盘、出价、报价。《合同法》第十四条规定了要约的概念，即要约是希望和他人订立合同的意思表示。可见，要约是一方当事人以缔结合同为目的，向对方当事人所作的意思表示。发出要约的人称为要约人，接受要约的人称为受要约人。

2. 要约的构成要件

要约的构成要件，是指一项要约发生法律效力必须具备的条件。要约的构成要件如下。

(1) 要约人是特定当事人以缔结合同的目的向相对人所作的意思表示。

特定当事人是指作出要约的人是可以确定的主体。要约的相对人一般是特定的人，但也可以是不特定人，例如，商业广告内容符合要约其他条件的，可以视为要约。

(2) 要约内容应当具体确定。

所谓"具体"，是指要约的内容必须能够包含使合同成立的必要条款，但不要求要约包括合同的所有内容。所谓"确定"，是指要约内容必须明确，不能含混不清。

(3) 要约应表明一旦经受要约人承诺，要约人受该意思表示约束。

要约应当包含要约人愿意按照要约所提出的条件同对方订立合同的意思表示，要约一经受要约人同意，合同即告成立，要约人就要受到约束。

只有具备上述三个要件，才构成一个有效的要约，并使要约产生拘束力。

3. 要约的方式

要约的方式包括以下几方面。

(1) 书面形式，如寄送订货单、信函、电报、传真、电子邮件等在内的数据电文等。

(2) 口头形式，可以是当面对话，也可以通过电话。

(3) 行为。

除法律明确规定外，要约人可以视具体情况自主选择要约形式。

4. 要约的生效

要约的生效是指要约开始发生法律效力。自要约生效起，其一旦被有效承诺，合同即告成立。

《合同法》第十六条规定："要约到达受要约人时生效。"

要约可以以书面形式作出，也可以是口头对话形式，而书面形式包括了信函、电报、传真、电子邮件等数据电文等可以有形地表现所载内容的形式。除法律明确规定外，要约人可以视具体情况自主选择要约的形式。

生效的情形具体可表现为以下几方面。

(1) 口头形式的要约自受要约人了解要约内容时发生效力。

(2) 书面形式的要约自到达受要约人时发生效力。

(3) 采用数据电子文件形式的要约，当收件人指定特定系统接收电文的，自该数据电文进入该特定系统的时间(视为到达时间)，该要约发生效力；若收件人未指定特定系统接收电文的，自该数据电文进入收件人任何系统的首次时间(视为到达时间)，该要约发生效力。

5. 要约的撤回

要约的撤回，是指在要约发生法律效力之前，要约人使其不发生法律效力而取消要约的行为。

《合同法》第十七条规定："要约可以撤回。撤回要约的通知应当在要约到达受要约人之前或者与要约同时到达受要约人。"

6. 要约的撤销

要约的撤销，是指在要约发生法律效力之后，要约人使其丧失法律效力而取消要约的行为。

《合同法》第十八条规定："要约可以撤销。撤销要约的通知应当在受要约人发出承诺通知之前到达受要约人。"

为了保护当事人的利益，《合同法》第十九条同时规定了有下列情形之一的，要约不得撤销。

(1) 要约人确定了承诺期限或者以其他形式明示要约不可撤销。

(2) 受要约人有理由认为要约是不可撤销的，并已经为履行合同做了准备工作。

要约的撤回与要约的撤销在本质上是一样的，都是否定了已经发出去的要约。其区别在于：要约的撤回发生在要约生效之前，而要约的撤销则是发生在要约生效之后。

7. 要约的消灭

要约的消灭即要约的失效，是指要约生效后，因特定事由而使其丧失法律效力，要约人和受要约人均不受其约束。要约因如下原因而消灭。

(1) 要约人依法撤销要约。

要约因要约人依法撤销而丧失效力，如上文所述。

(2) 拒绝要约的通知到达要约人。

受要约人拒绝要约的方式通常有：通知和保持沉默。

要约因被拒绝而消灭，一般发生在受要约人为特定的情况下。对不特定人所作的要约(如内容确定的悬赏广告)，并不因某特定人表示拒绝而丧失效力。

(3) 承诺期限届满，受要约人未作出承诺。

若要约人在要约中确定了承诺期间，则该期间届满要约丧失效力；若要约人未确定承诺期间，则在经过合理期间后要约丧失效力。

(4) 受要约人对要约内容作出实质性变。

在受要约人回复时，对要约的内容做实质性变更的，视为新要约，原要约失效。

8. 要约邀请

要约邀请也称"要约引诱"，是指行为人作出的邀请他方向自己发出要约的意思表示。要约邀请虽然也是为订立合同做准备，但是为了引发要约，而本身不是要约，例如招标公告、拍卖公告、一般商业广告、寄送价目表、招股说明书等。但商业广告的内容符合要约规定的，视为要约。

3.2.2　承诺

1. 承诺的概念

承诺是指受要约人同意要约的意思表示，即受要约人同意接受要约的条件以成立合同的意思表示。一般而言，要约一经承诺并送达于要约人，合同即告成立。

2. 承诺的构成要件

承诺必须符合一定条件才能发生法律效力。承诺必须具备以下条件。

(1) 承诺必须由受要约人向要约人作出。

受要约人或其授权代理人可以作出承诺，除此以外的第三人即使知道要约的内容并作出同意的意思表示，也不是承诺。承诺是对要约的同意，承诺只能由受要约人向要约人本人或其授权代理人作出，才能导致合同成立；如果向受要约人以外的其他人作出的意思表示，不是承诺。

(2) 承诺应在要约规定的期限内作出。

要约以信件或者电报作出的，承诺期限自信件载明的日期或者电报交发之日开始计算。信件未载明日期的，自投寄该信件的邮戳日期开始计算。要约以电话、传真等快速通信方式作出的，承诺期限自要约到达受要约人时开始计算。只有在规定的期限到达的承诺才是有效的。超过期限到达的承诺，其有效与否要根据不同的情形具体分析，对此，请参见下页 "4. 承诺超期与承诺延误" 的内容。

(3) 承诺的内容应当与要约的内容一致。

承诺是完全同意要约的意思表示，承诺的内容应当与要约的内容一致，但并不是说承诺的内容对要约内容不得作丝毫变更，这里的一致，是指受要约人必须同意要约的实质性内容。

所谓实质性变更，是指有关合同标的、质量、数量、价款或酬金、履行期限、履行地点和方式、违约责任和争议解决办法等的变更。若受要约人对要约的上述内容作变更，则不是承诺，而是受要约人向要约人发出的新要约。

若承诺对要约的内容作出非实质性变更的，除要约人及时表示反对或者要约表明承诺不得对要约的内容作出任何变更的以外，该承诺有效，合同的内容以承诺的内容为准。

(4) 承诺的方式必须符合要约要求。

《合同法》第二十二条："承诺应当以通知的方式作出，但根据交易习惯或者要约表明可以通过行为作出承诺的除外。"

所谓以行为承诺，是指如果要约人对承诺方式没有特定要求，承诺可以明确表示，也可由受要约人的行为来推断。所谓的行为，通常是指履行的行为，比如预付价款、装运货物或在工地上开始工作等。如甲写信向乙借款，乙未写回信但直接将借款寄来。

缄默是不作任何表示，即不行为，与默示不同。默示不是明示但仍然是表示的一种方法，而缄默与不行为是没有任何表示，所以不构成承诺。但是，如果当事人约定或者按照当事人之间的习惯做法，承诺以缄默与不行为来表示，则缄默与不行为又成为一种表达承诺的方式。但是，如果没有事先的约定，也没有习惯做法，而仅仅由要约人在要约中规定如果不答复就视为承诺是不行的。

3. 承诺生效

《合同法》规定，承诺应当在要约确定的期限内到达要约人。承诺不需要通知的，根据交易习惯或者要约的要求作出承诺的行为时生效。

采用数据电文形式订立合同的，收件人指定特定系统接收数据电文的，该数据电文进入该特定系统的时间，视为到达时间；未指定特定系统的，该数据电文进入收件人的任何系统的首次时间，视为到达时间。

要约没有确定承诺期限的，承诺应当依照下列规定到达。

(1) 要约以对话方式作出的，应当即时作出承诺，但当事人另有约定的除外。

(2) 要约以非对话方式作出的，承诺应当在合理期限内到达。

4. 承诺超期与承诺延误

承诺超期是指受要约人主观上超过承诺期限而发出承诺导致承诺迟延到达要约人。

受要约人超过承诺期限发出承诺的，除要约人及时通知受要约人该承诺有效的以外，为新要约。

承诺延误是指受要约人发出的承诺由于外界原因而延迟到达要约人。

受要约人在承诺期限内发出承诺，按照通常情形能够及时到达要约人，但因其他原因承诺到达要约人时超过承诺期限的，除要约人及时通知受要约人因承诺超过期限不接受该承诺的以外，该承诺有效。

5. 承诺的撤回

承诺的撤回，是指承诺发出后，承诺人阻止承诺发生法律效力的意思表示。

承诺可以撤回，撤回承诺的通知应当在承诺通知到达要约人之前或者与承诺通知同时到达要约人。

鉴于承诺一经送达要约人即发生法律效力，合同也随之成立，所以撤回承诺的通知应当在承诺通知到达要约人之前或者与承诺通知同时到达要约人。若撤回承诺的通知晚于承诺通知到达要约人，此时承诺已然发生法律效力，合同已经成立，则承诺人就不得撤回其承诺。

需要注意的是，要约可以撤回，也可以撤销。但是承诺却只可以撤回，而不可以撤销。

3.2.3 合同的一般条款

《合同法》第十二条规定了合同的一般条款。

1. 当事人的名称或姓名和住所

该条款主要反映合同当事人基本情况。自然人的姓名是指经户籍登记管理机关核准登记的正式用名，自然人的户口所在地为住所地，若其经常居住地与户口所在地不一致的，以其经常居住地作为住所地。法人、其他组织的名称是指经登记主管机关核准登记的名称，如公司必须以营业执照上的名称为准，法人和其他组织的住所是指它们的主要办事机构所在地或主要营业地为住所地。

2. 标的

标的是指合同当事人权利义务指向的对象。法律禁止的行为或者禁止流通物不得作为合同标的。按合同标的内容可以分为财产、行为、工作成果。

3. 数量

数量是指以数字和计量单位来衡量合同标的的尺度。以物为标的的合同，其数量主要表现为一定的长度、体积或者重量；以行为为标的的合同，其数量主要表现为一定的工作量；以智力成果为标的的合同，其数量主要表现为智力成果的多少、价值。

4. 质量

质量是指标的内在质的规定性和外观形态的综合，包括标的内在的物理、化学、机械、生物等性质的规定性，以及性能、稳定性、能耗指标、工艺要求等。

5. 价款或酬金

价款或酬金，是指取得标的物或接受劳务的当事人所支付的对价。在以财产为标的的合同中，这一对价称为价款，如买卖合同中的价金，租赁合同中的租金、借款合同中的利息等；在以劳务和工作成果为标的的合同中，这一对价称为酬金。

6. 履行期限、地点和方式

1) 履行期限

合同的履行期限，是指享有权利的一方要求义务相对方履行义务的时间范围。它是权利方要求义务方履行合同的依据，也是检验义务方是否按期履行或迟延履行的标准。

2) 履行地点

合同履行地点是合同当事人履行和接受履行合同义务的地点。例如，建设工程施工合同的主要履行地点条款内容相对容易确定，即项目土地所在地。

3) 履行方式

履行方式是指当事人采取什么办法来履行合同规定的义务。

7. 违约责任

违约责任是指违反合同义务应当承担的责任。违约责任条款设定的意义在于督促当事人自觉适当地履行合同，保护非违约方的合法权利。但是，违约责任的承担不一定通过合同约定。即使合同未约定违约条款，只要一方违约并造成他方损失且无合法免责事由，就应依法承担违约责任。

8. 解决争议的方法

解决争议的方法是指一旦发生纠纷，将以何种方式解决纠纷。合同当事人可以在合同中约定争议解决方式。

约定争议解决方式，主要是在仲裁与法院诉讼之间做选择。和解与调解并非争议解决的必经阶段。

3.2.4　合同的形式

合同的形式是指订立合同的当事人达成一致意思表示的表现形式。许多人将合同理解为合同书，这是不妥当的，合同是当事人的民事权利义务关系，合同形式是当事人权利义务关系的体现，根据我国《合同法》的规定，合同形式可以以口头形式、书面形式和其他形式来体现。这也是合同自愿原则的应有之意。

1. 口头形式

口头形式合同是指当事人以言语而不以文字形式作出意思表示订立的合同。口头合同在现实生活中广泛应用，凡当事人无约定或法律未规定特定形式的合同，均可采取口头形式，如买卖合同、租赁合同等。

2. 书面形式

书面形式是指合同书、信件和数据电文(包括电报、电传、传真、电子数据交换和电子邮件)等可以有形地表现所载内容的形式。《合同法》第十条规定："法律、行政法规规定采用书面形式的，应当采用书面形式。"根据法律规定，建设工程施工合同应当采用书面形式。一般而言，其书面形式包括：合同协议书、中标通知书、投标书及其附件、合同专用条款、合同通用条款、洽商、变更等明确双方权利、义务的纪要、协议、工程报价单或工程预算书、图纸以及标准、规范和其他有关技术资料、技术要求等。当事人在合同履行过程中订有数份合同，当事人就同一建设工程另行订立的建设工程施工合同与经过备案的中标合同实质性内容不一致的，应当以备案的中标合同作为结算工程价款的根据。

《合同法》第三十六条规定，法律、行政法规规定或者当事人约定采用书面形式订立合同，当事人未采用书面形式但一方已经履行主要义务，对方接受的，该合同成立。

3. 其他形式

其他形式是指口头形式、书面形式之外的合同形式，即行为推定形式。行为推定方式只适用于法律明确规定、交易习惯许可时或者要约明确表明时，并不能普遍适用。

3.2.5　缔约过失责任

1. 缔约过失责任概念

缔约过失责任是指一方因违背诚实信用原则所要求的义务而致使合同不成立，或者虽已成立但被确认无效或被撤销时，造成确信该合同有效成立的当事人信赖利益损失，而依法应承担的民事责任。这种责任主要表现为赔偿责任，其一般发生在订立合同阶段。这是违约责任与缔约过失责任的显著区别。

2. 缔约过失责任构成要件

1) 该责任发生在订立合同的过程中

这是违约责任与缔约过失责任的根本区别。只有合同尚未生效，或者虽已生效但被确认无效或被撤销时，才可能发生缔约过失责任。合同是否有效存在，是判定是否存在缔约过失责任的关键。

2) 当事人违反了诚实信用原则所要求的义务

由于合同未成立，因此当事人并不承担合同义务。但是，在订约阶段，依据诚实信用原则，当事人负有保密、诚实等法定义务，这种义务也称先合同义务。若当事人因过错违反此义务，则可能产生缔约过失责任。

3) 受害方的信赖利益遭受损失

所谓信赖利益损失，是指一方实施某种行为(如订约建议)后，另一方对此产生信赖(如相信对方可能与自己立约)，并为此发生了费用，后因前者违反诚实信用原则导致合同未成立或者无效，该费用未得到补偿而受到的损失。

3. 缔约过失责任适用情形

违反先合同义务是认定缔约过失责任的重要依据，有以下几种情况。

(1) 假借订立合同，恶意进行磋商。

恶意磋商是指在缺乏订立合同真实意愿情况下，以订立合同为名目与他人磋商。其真实目的可能是破坏对方与第三方订立合同，也可能是贻误竞争对手商机。

(2) 故意隐瞒与订立合同有关的重要事实或者提供虚假情况。

依诚实信用原则，缔约当事人负有如实告知义务，如告知自身财务状况和履约能力、告知标的物真实状况等。

(3) 其他违背诚实信用原则的行为。

① 违反有效要约或要约邀请，违反初步协议，未尽保护、照顾、通知、保密等附随义务，违反强制缔约义务。

② 泄露或不正当使用商业秘密。

当事人在订立合同过程中知悉的商业秘密，无论合同是否成立，不得泄露或者不正当地使用。泄露或者不正当地使用该商业秘密给对方造成损失的，应当承担损害赔偿责任。

3.3　合同的效力

履行合同指的是履行有效的合同。因此，判断合同是否是有效的合同是我们履行合同的前提。

合同只有具备一定的条件才能成为有效的合同，这些条件我们称为合同生效的要件。如果不具备这些要件，则合同不能直接被认定为有效的合同。所以，掌握合同生效的条件是进行合同管理的基本要求。

合同不具备生效的要件的根源是多方面的，例如，基于重大误解，基于显失公平等都会使得合同欠缺生效的要件。这些不直接具有法律效力的合同，就是根据这些具体的根源的不同而分为了无效的合同、可变更可撤销的合同、效力待定的合同。《合同法》对于这些合同都有具体的、特殊的规定，我们只有掌握了针对这些特殊合同的法律规定，才能根据不同的情况有效地进行合同管理。

还有一些合同本身具备了生效的一般要件，但是由于当事人在合同之中约定的生效或者终止的条件、期限，使得其效力受到了一定的限制。我们对于这类附条件、附期限的合同也要很好地掌握，以便利用这些限定的条件维护自身的权益。

3.3.1　合同的生效

1. 合同的成立

合同成立是指当事人完成了签订合同过程，并就合同内容协商一致。合同成立不同于合同生效。合同生效是法律认可合同效力，强调合同内容合法性。因此，合同成立体现了当事人的意志，而合同生效体现国家意志。合同成立是合同生效的前提条件，如果合同不成立，是不可能生效的。但是合同成立也并不意味着合同就生效了。

1) 合同成立的一般要件

(1) 存在订约当事人。

合同成立首先应具备双方或者多方订约当事人，只有一方当事人不可能成立合同。例如，某人以某公司的名义与某团体订立合同，若该公司根本不存在，则可以认为只有一方当事人，合同不能成立。

(2) 订约当事人对主要条款达成一致。

合同成立的根本标志是订约双方或者多方经协商，就合同的主要条款达成一致意见。

(3) 经历要约与承诺两个阶段。

《合同法》第十三条规定："当事人订立合同，采取要约、承诺方式。"缔约当事人就订立合同达成合意，一般应经过要约、承诺阶段。若只停留在要约阶段，合同根本未成立。

2) 合同成立时间

合同成立时间关系到当事人何时受合同关系拘束，因此合同成立时间具有重要意义。确定合同成立时间，遵守如下规则。

当事人采用合同书形式订立合同的，自双方当事人签字或者盖章时合同成立。各方当事人签字或者盖章的时间不在同一时间的，最后一方签字或者盖章时合同成立。

当事人采用信件、数据电文等形式订立合同的，可以在合同成立之前要求签订确认书。签订确认书时合同成立。此时，确认书具有最终正式承诺的意义。

3) 合同成立地点

合同成立地点可能成为确定法院管辖的依据，因此具有重要意义。确定合同成立的地点，遵守如下规则。

承诺生效的地点为合同成立的地点。采用数据电文形式订立合同的，收件人的主营业地为合同成立的地点；没有主营业地的，其经常居住地为合同成立的地点。当事人另有约定的，按照其约定。

当事人采用合同书形式订立合同的，双方当事人签字或者盖章的地点为合同成立的地点。

2. 合同生效

合同生效是指法律按照一定标准对合同评价后而赋予强制力。已经成立的合同，必须具备一定的生效要件，才能产生法律拘束力。合同生效要件是判断合同是否具有法律效力的评价标准。合同的生效要件有以下几方面。

(1) 订立合同的当事人必须具有相应的民事权利能力和民事行为能力。

经营范围是衡量法人权利能力与行为能力的重要标准。最高人民法院《关于适用〈中华人民共和国合同法〉若干问题的解释(一)》第十条规定："当事人超越经营范围订立合同，人民法院不因此认定合同无效。但违反国家限制经营、特许经营以及法律、行政法规禁止经营规定的除外。"

(2) 意思表示真实。

所谓意思表示真实，是指表意人的表示行为真实反映其内心的效果意思，即表示行为应当与效果意思相一致。

(3) 不违反法律、行政法规的强制性规定，不损害社会公共利益。

这里的"法律"是狭义的法律，即全国人民代表大会及其常务委员会依法通过的规范性文件。这里的"行政法规"是国务院依法制定的规范性文件。所谓强制性规定，是指当事人必须遵守的不得通过协议加以改变的规定。

有效合同不仅不得违反法律、行政法规的强制性规定，而且不得损害社会公共利益。社会公共利益是一个抽象的概念，内涵丰富、范围宽泛，包含了政治基础、社会秩序、社会公共道德要求，可以弥补法律、行政法规明文规定的不足。对于那些表面上虽未违反现行法律明文强制性规定但实质上违反社会规范的合同行为，具有重要的否定作用。

(4) 具备法律所要求的形式。

这里的形式包括两层意思：订立合同的程序与合同的表现形式。这两方面都必须要符合法律的规定，否则不能当然发生法律效力。例如，《合同法》第四十四条规定，"依法成立的合同，自成立时生效。法律、行政法规规定应当办理批准、登记等手续生效的，依照其规定。"如果符合此规定的合同没有进行登记、备案，则合同不能当然发生法律效力。

3.3.2　无效合同

1. 无效合同概述

无效合同是指合同虽然已经成立，但因不符合法律要求的要件而不予承认和保护的合同。无效合同具有以下特征。

(1) 合同自始无效。

无效合同自订立时起就不具有法律效力，而不是从合同无效原因发现之日或合同无效确认之日起，合同才失去效力。

(2) 合同绝对无效。

合同自订立时起就无效，当事人不能通过同意或追认使其生效。

(3) 合同当然无效。

无论当事人是否知道其无效情况，无论当事人是否提出主张无效，法院或仲裁机构可以主动审查决定该合同无效。

(4) 合同无效，可能是全部无效，也可能是部分无效。

如果合同部分无效，不影响其他部分效力的，其他部分仍然有效。

(5) 合同无效，不影响合同中独立存在的有关解决争议方法的条款的效力。

2. 导致合同无效的原因

1) 一方以欺诈胁迫手段订立合同，损害国家利益

所谓欺诈，是指一方当事人故意告知对方虚假情况，或者故意隐瞒真实情况，诱使对方当事人作出错误意思表示的行为。

注意，这里的"国家利益"应作严格解释，不应随意扩大化，不应当将民事交易中的国有企业利益随意上升为国家利益。国有企业作为独立经营的法人，有独立的企业利益，不应在法律上受到特别保护。在法律上，欺诈国有企业与欺诈其他合同当事人是一样的，而不能作为损害国家利益来对待。

所谓胁迫，是指以给公民及其亲友的生命健康、荣誉、名誉、财产等造成损害或者以给法人的荣誉、名誉、财产等造成损害为要挟，迫使对方作出违背真实的意思表示的行为。

2) 恶意串通，损害国家、集体或第三人利益的合同

恶意串通的合同是指当事人同谋，共同订立某种合同，造成国家、集体或者第三人利益损害的合同。

3) 以合法形式掩盖非法目的

以合法形式掩盖非法目的，是指当事人实施的行为在形式上是合法的，但在内容上或者目的上是非法的。

需注意的是：以合法形式掩盖非法目的的合同并不要求造成损害后果，即无论造成损害与否，只要符合上述特征，即可构成。

4) 损害社会公共利益

社会公共利益的内涵丰富、外延宽泛。相当一部分社会公共利益的保护，已经纳入法律、行政法规明文规定，但是仍有部分并未被法律、行政法规所规定，特别是涉及社会公共道德的部分。将损害社会公共利益的合同规定为无效合同，利用"社会公共利益"概念定义的弹性，有助于弥补现行法律、行政法规规定的缺失。

5) 违反法律、行政法规的强制性规定

合同无效，应当以全国人大及其常委会制定的法律和国务院制定的行政法规为依据，

不得以地方性法规、行政规章为依据。同时，必须是违反了法律、行政法规的强制性规范才导致合同无效，违反其中任意性规范并不导致合同无效。所谓任意性规范，是指当事人可以通过约定排除其适用的规范，即任意性规范赋予当事人依法进行意思自治。

3. 无效的免责条款

免责条款是指当事人在合同中确立的排除或限制其未来责任的条款。合同中的下列免责条款无效。

1) 造成对方人身伤害的

生命健康权是不可转让、不可放弃的权利，因此不允许当事人以免责条款的方式事先约定免除这种责任。

2) 因故意或者重大过失造成对方财产损失的

财产权是一种重要的民事权利，不允许当事人预先约定免除一方故意或重大过失而给对方造成损失，否则会给一方当事人提供滥用权利的机会。

4. 合同无效的法律后果

由于无效合同具有不得履行性，因此不发生当事人所期望的法律效果；但是，并非不产生任何法律效果，而是产生包括返还财产、损害赔偿以及其他法定效果。

1) 返还财产

合同被确认无效后，因该合同取得的财产，应当予以返还。

2) 折价补偿

不能返还或者没有必要返还的，应当折价补偿。例如，建设工程施工合同无效但是工程已经竣工验收合格，如果采用返还财产、恢复原状处理规则，就要将工程拆除使之恢复到缔约之前。这样既不利于当事人，对社会利益也是损失。

3) 赔偿损失

赔偿损失以过错为要件，有过错的一方应当赔偿对方因此所受到的损失，双方都有过错的，应当各自承担相应的责任。

4) 收归国库所有

当事人恶意串通，损害国家、集体或者第三人利益的，因此取得的财产收归国家所有或者返还集体、第三人。收归国有又称为追缴。追缴的财产包括已经取得的财产和约定取得的财产。对于施工合同而言违法分包或转包就属恶意串通，损害国家、集体或者第三人利益的。人民法院可以根据民法通则收缴当事人已经取得的非法所得。

3.3.3　可变更、可撤销合同

1. 可变更、可撤销合同的概念

合同的变更、撤销，是指因意思表示不真实，法律允许撤销权人通过行使撤销权，使已经生效的合同效力归于消灭或使合同内容变更。

可变更、可撤销合同与无效合同存在显著区别。无效合同是自始无效、当然无效，即从订立起就是无效，且不必取决于当事人是否主张无效。但是，可变更、可撤销合同在被撤销之前存在效力，尤其是对无撤销权的一方具有完全拘束力；而且，其效力取决于撤销权人是否向法院或者仲裁机构主张行使撤销权以及是否被支持。

2. 导致合同变更与撤销的原因

1) 重大误解

所谓重大误解，是指合同当事人因自己过错(如误认或者不知情等)对合同的内容发生错误认识而订立了合同并造成了重大损失的情形。

2) 显失公平

显失公平是指一方当事人利用优势或利用对方没有经验，致使双方的权利、义务明显不对等，使对方遭受重大不利，而自己获得不平衡的重大利益。

3) 因欺诈、胁迫而订立的合同

根据我国《合同法》的规定，因欺诈、胁迫而订立的合同应区分为两类：一类是欺诈、胁迫的手段订立合同而损害国家利益的，应作为无效合同对待；另一类是以欺诈、胁迫的手段订立合同但未损害国家利益的，应作为可撤销合同处理，即被欺诈人、被胁迫人有权将合同撤销。

4) 乘人之危而订立的合同未损害国家利益

乘人之危是指一方当事人乘对方处于危难之机，为牟取不正当利益，迫使对方作出不真实的意思表示，从而严重损害对方利益的行为。

3. 撤销权行使

1) 行使撤销权的主体

任何一方当事人认为合同是由重大误解订立的或者显失公平订立的，都可以向法院提出变更或撤销的请求。而以欺诈、胁迫或者乘人之危订立合同的，请求变更、撤销权只有受损害方才能行使。

2) 撤销权的救济

对于可变更、可撤销合同，撤销权人可以申请法院或者仲裁机构撤销合同，也可以申请法院或者仲裁机构变更合同，当然，还可以不行使撤销权，继续认可该合同效力。如果撤销权人请求变更的，法院或者仲裁机构不得撤销。当事人请求撤销的，人民法院可以变更。

《最高人民法院关于贯彻执行〈中华人民共和国民法通则〉若干问题的意见(试行)》第七十三条规定："对于重大误解或者显失公平的民事行为，当事人请求变更的，人民法院应当予以变更；当事人请求撤销的，人民法院可以酌情予以变更或者撤销。"从这条规定上我们看到：如果当事人请求变更，是可以实现目的的。《合同法》第五十四条规定："当事人请求变更的，人民法院或者仲裁机构不得撤销。"但是如果请求撤销，就要看具体情况决定是否允许撤销了。因为在不必要撤销的情况下撤销了合同，对另一方当事人也会造成损失。出于公平起见，需要对申请撤销的事由进行具体分析而作出是否允许当事人撤销的决定。

3) 撤销权的消灭

《合同法》第五十五条规定，有下列情形之一的，撤销权消灭。

(1) 具有撤销权的当事人自知道或者应当知道撤销事由之日起一年内没有行使撤销权。

(2) 具有撤销权的当事人知道撤销事由后明确表示或者以自己的行为放弃撤销权。

4) 可撤销合同被撤销的后果

在可变更、可撤销合同被撤销之前，该合同具有效力。在被撤销之后，该合同即不具有效力，且将溯及既往，即自合同成立之始起就不具有效力，当事人不受该合同约束，不得基于该合同主张认可权利或承担任何义务。

可变更、可撤销合同被撤销后，其法律后果与无效合同后果相同。

3.3.4　效力待定合同

效力待定合同是指合同成立之后，是否具有效力还未确定，有待于其他行为或者事实使之确定的合同。效力待定合同的类型主要包括以下几方面。

1. 限制民事行为能力人依法不能独立签订的合同

若限制民事行为能力人未经其法定代理人事先同意，独立签订了其依法不能独立签订的合同，则构成效力待定合同，但是纯获利益的合同除外。

此类效力待定合同须经过限制民事行为能力人的法定代理人行使追认权予以追认后才有效。相对人可以催告法定代理人在一个月内予以追认；法定代理人未作表示的，视为拒绝追认，合同没有效力。合同被追认之前，善意相对人有撤销的权利；撤销应当以通知的方式作出。

2. 无权代理人以被代理人名义订立的合同

行为人没有代理权、超越代理权或代理权终止后仍以被代理人的名义与相对人订立合同，未经代理人追认的，对被代理人不发生效力，由行为人承担责任。

相对人可以催告被代理人在一个月内予以追认；被代理人未作表示的，视为拒绝追认，合同没有效力。合同被追认之前，善意相对人有撤销的权利，撤销应当以通知的方式作出。

《合同法》第四十九条规定："行为人没有代理权、超越代理权或者代理权终止后以被代理人名义订立合同，相对人有理由相信行为人有代理权的，该代理行为有效。"这就是表见代理在合同领域的具体规定。可见，表见代理无须被代理人追认，产生代理效力，即由被代理人对第三人承担授权责任。因表见代理订立的合同如无其他导致合同无效的原因，该合同有效。

3. 越权订立的合同

法人或者其他组织的法定代表人、负责人超越权限订立的合同，除相对人知道或者应当知道其超越权限的以外，该代表行为有效。

4. 无处分权人所订立合同

所有权人或法律授权的人才能对财产行使处分权，如财产的转让、赠予等。无处分权人只能对财产享有占有、使用权。无处分权人处分他人财产与相对人订立的合同，经权利人追认或者无权处分权人订立合同后取得处分权的，该合同有效。无处分权人与相对人订立的合同，若未获追认或者无权处分人在订立合同后未获处分权，则该合同不生效。

3.3.5　附条件和附期限合同

1. 附条件合同

所谓附条件合同，是指在合同中约定了一定的条件，并且把该条件的成就或者不成就作为合同效力发生或者消灭的根据的合同。根据条件对合同效力的影响，可将所附条件分为生效条件和解除条件。

当事人为自己的利益不正当地阻止条件成就的，视为条件已成就；不正当地促成条件成就的，视为条件不成就。

当事人对合同的效力可以约定附条件。附生效条件的合同，自条件成就时生效。附解除条件的合同，自条件成就时失效。

2. 附期限合同

附期限合同是指当事人在合同中设定一定的期限，并把未来期限的到来作为合同效力发生或者效力消灭的根据的合同。根据期限对合同效力的影响，可将所附期限分为生效期限和终止期限。

当事人对合同的效力可以约定附期限。附生效期限的合同，自期限届至时生效。附终止期限的合同，自期限届满时失效。

3.4　合同的履行

合同的履行是合同管理中最具实质性的一步。所有的合同当事人都要重视合同的履行。由于每一个合同都是不同的合同，在履行的过程中也就自然会不尽相同，因此，《合同法》给出了合同履行的原则，违背这些原则的履行都将为此承担相应的法律责任。

《合同法》对于在合同履行中出现的特殊情况也作出了规定。这种特殊情况主要表现在合同条款空缺，也就是当事人在合同中对于质量、工期、报酬等关键性的条款的约定存在瑕疵或者盲点，这就会导致后面的合同履行无法进行。因此，我们需要对这些特殊的情形的规定深入把握，才能针对不同的具体情况进行有效的处理。

《合同法》赋予了当事人在履行合同过程中享有的权利，主要包括抗辩权、代位权和撤销权。这些权利是我们必须要掌握的内容，只有掌握了这些权利，才可能利用《合同法》这个武器来维护自身的合法权益。

3.4.1　合同履行的规定

合同履行是指债务人全面地、适当地完成其合同义务，债权人的合同债权得以完成实现。如建设工程施工合同中完成约定工作并交付工作成果。

1. 合同履行的一般规定

1) 合同履行的原则

合同当事人履行合同时，应遵循以下原则。

(1) 全面、适当履行的原则。

全面、适当履行，是指合同当事人按照合同约定全面履行自己的义务，包括履行义务的主体、标的、数量、质量、价款或者报酬以及履行的方式、地点、期限等，都应当按照合同的约定全面履行。

(2) 遵循诚实信用的原则。

诚实信用原则，是我国《民法通则》的基本原则，也是《合同法》的一项十分重要的原则，它贯穿于合同的订立、履行、变更、终止等全过程。因此，当事人在订立合同时，要讲诚实，要守信用，要善意，当事人双方要互相协作，合同才能圆满地履行。

(3) 公平合理，促进合同履行的原则。

合同当事人双方自订立合同起，直到合同的履行、变更、转让以及发生争议时对纠纷的解决，都应当依据公平合理的原则，按照《合同法》的规定，根据合同的性质、目的和交易习惯，善意地履行通知、协助和保密等附随义务。

(4) 当事人一方不得擅自变更合同的原则。

合同依法成立，即具有法律约束力，因此，合同当事人任何一方均不得擅自变更合同。《合同法》在若干条款中根据不同的情况对合同的变更，分别做了专门的规定。这些规定更加完善了我国的合同法律制度，并有利于促进我国社会主义市场经济的发展和保护合同当事人的合法权益。

2) 合同履行的主体

合同履行的主体包括完成履行的一方(履行人)和接受履行的一方(履行受领人)。

当事人约定的债务人之外第三人也可为履行人。第三人不履行债务或者履行债务不符合约定，债务人应当向债权人承担违约责任。

接受履行者也可以是债权人之外的第三人。债务人未向第三人履行债务或者履行债务不符合约定，应当向债权人承担违约责任。

2. 合同条款空缺

1) 合同条款空缺的概念

合同条款空缺是指所签订的合同中约定的条款存在缺陷或者空白点，使得当事人无法按照所签订的合同履约的法律事实。

为了解决合同条款空缺的问题，《合同法》第六十一条给出了原则性规定："合同生效后，当事人就质量、价款或者报酬、履行地点等内容没有约定或者约定不明确的，可以协议补充；不能达成补充协议的，按照合同有关条款或者交易习惯确定。"

2) 解决合同条款空缺的具体规定

(1) 适用于普通商品的具体规定。

依据《合同法》第六十二条，当事人就有关合同内容约定不明确，依照本法第六十一条的规定仍不能确定的，适用下列规定。

- 质量要求不明确的，按照国家标准、行业标准履行；没有国家标准、行业标准的，按照通常标准或者符合合同目的的特定标准履行。
- 价款或者报酬不明确的，按照订立合同时履行地的市场价格履行；依法应当执行政府定价或者政府指导价的，按照规定履行。
- 履行地点不明确，给付货币的，在接受货币一方所在地履行；交付不动产的，在不动产所在地履行；其他标的，在履行义务一方所在地履行。
- 履行期限不明确的，债务人可以随时履行，债权人也可以随时要求履行，但应当给对方必要的准备时间。
- 履行方式不明确的，按照有利于实现合同目的的方式履行。
- 履行费用的负担不明确的，由履行义务一方负担。

(2) 适用于政府定价或者政府指导价商品的具体规定。

政府定价是指对于一些特殊的商品，政府不允许当事人根据供给和需求自行决定价格，而是由政府直接为该商品确定价格。

政府指导价是指对于一些特殊的商品，政府不允许当事人根据供给和需求自行决定价格，而是由政府直接为该商品确定价格的浮动区间。

政府定价或者政府指导价的商品由于其具有自身的特殊性，《合同法》作出了单独规定：执行政府定价或者政府指导价的，在合同约定的交付期限内政府价格调整时，按照交付时的价格计价。逾期交付标的物的，遇价格上涨时，按照原价格执行；遇价格下降时，按照新价格执行。逾期提取标的物或者逾期付款的，遇价格上涨时，按照新价格执行；遇价格下降时，按照原价格执行。

3.4.2　抗辩权

合同一旦有效成立，当事人应当按照合同约定履行自己的义务。一方不履行合同或不适当履行合同，损害了对方利益，受损害方可寻求公力救济。但在双务合同履行中，如果一方或双方具有法律规定的事由的话，法律授权当事人可以私力救济，即可以拒绝履行自己的义务来保护自己的合法权益，而不承担违约责任。这就是双务合同履行中的抗辩权。依其具体情形可分为同时履行抗辩权、先履行抗辩权和不安抗辩权三种。

1. 同时履行抗辩权

1) 同时履行抗辩权的概念

同时履行是指合同订立后，在合同有效期限内，当事人双方不分先后地履行各自的义务的行为。

同时履行抗辩权是指在没有规定履行顺序的双务合同中，当事人一方在当事人另一方未为对待给付以前，有权拒绝先为给付的权利。

《合同法》第六十六条规定：“当事人互负债务，没有先后履行顺序的，应当同时履行。一方在对方履行之前有权拒绝其履行要求。一方在对方履行债务不符合约定时，有权拒绝其相应的履行要求。”

2) 同时履行抗辩权的成立要件

(1) 由同一双务合同产生互负的债务。

双务合同是产生抗辩权的基础，单务合同中不存在抗辩权的问题。同时，当事人只有通过不履行本合同中的义务来对抗对方在本合同中的不履行，而不能用一个合同中的权利去对抗另一个合同。

(2) 在合同中未约定履行顺序。

这正是同时履行的本质。如果约定了履行顺序，其抗辩权就不是同时履行抗辩权，而是后面要提到的异时履行抗辩权了。

(3) 当事人另一方未履行债务。

只有一方未履行其义务，另一方才具有行使抗辩权的基本条件。

(4) 对方的对待给付是可能履行的义务。

倘若对方所负债务已经没有履行的可能性，即同时履行的目的已不可能实现时，则不发生同时履行抗辩问题，当事人可依照法律规定解除合同。

2. 先履行抗辩权

1) 先履行抗辩权的概念

先履行抗辩权是指当事人互负债务，有先后履行顺序，先履行一方未履行或者履行债务不符合约定的，后履行一方有权拒绝先履行一方的履行要求。

2) 先履行抗辩权的成立要件

(1) 双方基于同一双务合同且互负债务。

先履行抗辩权存在于双务合同，而非单务合同。先履行抗辩权的双方债务应基于同一合同。

(2) 履行债务有先后顺序。

债务履行的顺序可能基于法律规定，也可能基于当事人约定。如果债务没有先后履行顺序，就应适用同时履行抗辩权而非先履行抗辩权。

(3) 有义务先履行债务的一方未履行或者履行不符合约定。

如果先履行一方已经适当、全面地履行债务，则后履行一方就没有先履行抗辩权，而应当依约履行自身义务，否则可能承担违约责任。

3. 不安抗辩权

1) 不安抗辩权的概念

不安抗辩权是指先履行合同的当事人一方因后履行合同一方当事人欠缺履行债务能力

或信用，而拒绝履行合同的权利。

2) 不安抗辩权的成立要件

(1) 双方当事人基于同一双务合同而互负债务。

不安抗辩权存在于双务合同，而非单务合同。不安抗辩权的双方债务应基于同一合同。

(2) 债务履行有先后顺序且由履行顺序在先的当事人行使。

如果债务履行没有先后顺序，则只能适用同时履行抗辩权。在履行债务有先后顺序的情况下，先履行的一方可能行使不安抗辩权，后履行的一方只可能行使先履行抗辩权。

(3) 履行顺序在后的一方履行能力明显下降，有丧失或者可能丧失履行债务能力的情形。

不安抗辩权制度在于保护履行顺序在先的当事人，但不是无条件的，而是以该当事人的债权实现受到存在于对方当事人的现实危险威胁为条件。根据《合同法》第六十八条规定："应当先履行债务的当事人，有确切证据证明对方有下列情形之一的，可以中止履行：①经营状况严重恶化；②转移财产、抽逃资金以逃避债务；③丧失商业信誉；④有丧失或者可能丧失履行债务能力的其他情形。当事人没有确切证据中止履行的，应当承担违约责任。"

(4) 履行顺序在后的当事人未提供适当担保。

履行顺序在后的当事人履行能力明显下降，可能严重危及履行顺序在先当事人的债权。但是，如果后履行方提供适当担保，则先履行方的债权不会受到损害，所以，就不得行使不安抗辩权。

3) 不安抗辩权行使与效力

中止履行的一方，即行使不安抗辩权的一方负有对相对人欠缺信用、欠缺履行能力的举证责任。

当事人依照《合同法》第六十八条的规定中止履行的，应当及时通知对方。对方提供适当担保时，应当恢复履行。中止履行后，对方在合理期限内未恢复履行能力并且未提供适当担保的，中止履行的一方可以解除合同。

3.4.3 代位权

1. 代位权的概念和特征

代位权是指债权人为了保障其债权不受损害，而以自己的名义代替债务人行使债权的权利。

《合同法》第七十三条规定："因债务人怠于行使到期债权，对债权人造成损害的，债权人可以向人民法院请求以自己的名义代位行使债务人的债权，但该债权专属于债务人自身的除外。代位权的行使范围以债权人的债权为限。债权人行使代位权的必要费用，由债务人负担。"

代位权的特征如下：其一，代位权针对的是债务人消极行为，即怠于行使对次债务人的债权的消极行为；其二，代位权是债权人以自身名义直接向次债务人提出请求，这不同于债权人向债务人提出请求，也不同于债务人向次债务人提出请求；其三，代位权的行使方式必须是在法院提起代位权诉讼，而不能通过诉讼外的其他方式来行使。

2. 代位权的成立要件

根据《最高人民法院关于适用〈中华人民共和国合同法〉若干问题的解释(一)》第十一条规定，债权人提起代位权诉讼，应当符合下列条件。

1) 债权人对债务人的债权合法

债权人与债务人之间的债权债务关系必须合法存在，否则代位权就失去其存在的基础。因此，如果合同未成立、合同被宣告无效或者合同被撤销，或者合同关系已经被解除，则不存在行使代位权的可能。

2) 债务人怠于行使其到期债权，对债权人造成损害

《最高人民法院关于适用〈中华人民共和国合同法〉若干问题的解释(一)》第十三条规定："'债务人怠于行使其到期债权，对债权人造成损害的'，是指债务人不履行其对债权人的到期债务，又不以诉讼方式或者仲裁方式向其债务人主张其享有的具有金钱给付内容的到期债权，致使债权人的到期债权未能实现。"

3) 债务人的债权已到期

债务人的债权已到期是债务人可以对次债务人行使债权的条件，而债权人的代位权是代位行使本属于债务人的债权，因此，债务人债权已到期也是债权人行使代位权的条件。

4) 债务人的债权不是专属于债务人自身的债权

根据《合同法》第七十三条规定，债权人可以代位行使的权利必须是专属于债务人的权利。《最高人民法院关于适用〈中华人民共和国合同法〉若干问题的解释(一)》第十二条规定，基于扶养关系、抚养关系、赡养关系、继承关系产生的给付请求权和劳动报酬、退休金、养老金、抚恤金、安置费、人寿保险、人身伤害赔偿请求权等权利就是专属债务人自身的债权。

3. 代位权的行使

1) 代位权行使的主体与方式

债权人行使代位权的，必须以自己的名义提起诉讼，因此，代位权诉讼的原告只能是债权人。代位权必须通过诉讼程序行使。

2) 代位权的行使范围

代位权的行使范围以债权人的债权为限，其含义包括如下两方面。

(1) 债权人行使代位权，只能以自身的债权为基础，而不应以债务人的其他债权人的债权为基础。

(2) 债权人代位行使的债权数额应当与其对债务人享有的债权数额为上限。即债务人所享有的债权超过了债权人所享有的债权，债权人不得就超过的部分行使代位权。

4. 代位权行使的效力

在债务链中，如果原债务人的债务人向原债务人履行债务，原债务人拒绝受领时，则债权人有权代原债务人受领。但在接受之后，应当将该财产交给原债务人，而不能直接独

占财产。然后，再由原债务人向债权人履行其债务。如原债务人不主动履行债务时，债权人可请求强制履行受偿。

3.4.4　撤销权

1.　撤销权的概念

所谓撤销权，是指因债务人实施了减少自身财产的行为，对债权人的债权造成损害，债权人可以请求法院撤销债务人该行为的权利。

《合同法》第七十四条规定："因债务人放弃其到期债权或者无偿转让财产，对债权人造成损害的，债权人可以请求人民法院撤销债务人的行为。债务人以明显不合理的低价转让财产，对债权人造成损害，并且受让人知道该情形的，债权人也可以请求人民法院撤销债务人的行为。撤销权的行使范围以债权人的债权为限。债权人行使撤销权的必要费用，由债务人负担。"

2.　撤销权的成立要件

1) 债务人实施了处分财产的行为

可能导致债权人行使撤销权的债务人行为包括如下三种情形。

(1) 债务人放弃到期债权。

(2) 债务人无偿转让财产。

(3) 债务人以明显不合理的低价转让财产。

2) 债务人处分财产的行为发生在债权人的债权成立之后

如果债务人处分财产的行为发生在债权人债权成立之前，债务人的行为不发生危及债权的可能性。

3) 债权人处分财产的行为已经发生效力

债权人的撤销权建立在债务人处分财产的行为已经生效的基础上。如果债务人的行为没有成立和生效，或者就是无效行为，就不必由债权人行使撤销权。

4) 债务人处分财产的行为侵害债权人债权

只有当债务人处分财产的行为已经或者将要严重侵害债权人的债权时，债权人才能行使撤销权。一般认为，当债务人实施处分财产后，其资产已经不足以向债权人清偿债务，就可以认定其行为有害于债权人的债权。

3.　撤销权的行使

1) 撤销权行使的主体与方式

债权人行使撤销权的，撤销权诉讼的原告只能是债权人。

债权人行使撤销权必须通过向法院起诉的方式进行，并由法院作出撤销判决才能发生撤销的效果。若撤销权实现，即撤销了债务人与第三人之间的民事行为。

2) 撤销权行使的期间

《合同法》第七十五条规定："撤销权自债权人知道或者应当知道撤销事由之日起一

年内行使。自债务人的行为发生之日起五年内没有行使撤销权的，该撤销权消灭。"

3.5　合同的变更与终止

合同外部环境的变化会导致合同本身发生变化，这种变化表现为合同的变更、转让和终止。合同的变更、转让和终止的出现就会直接影响到当事人的权益，因此，我们必须对有关合同变更、转让、终止的相关规定很好地掌握，不仅要清楚合同变更、转让、终止的类型和条件，也要掌握合同在变更、转让、终止后所产生的法律后果。

3.5.1　合同的变更

1. 合同变更的概念

合同的变更有广义与狭义之分。合同关系是民事法律关系的一种，同样存在法律关系三要素。广义的合同变更包括了合同关系三要素(即主体、客体、内容)至少一项要素发生变更。狭义的合同变更不包括合同主体变更。合同主体变更是改换债务人或者债权人，实质上是合同权利义务的转让。

2. 合同变更的类型

合同变更分为约定变更和法定变更。

1) 约定变更

当事人经过协商达成一致意见，可以变更合同。

《合同法》第七十七条规定："当事人协商一致，可以变更合同。"

2) 法定变更

法律也规定了在特定条件下，当事人可以不必经过协商而变更合同。《合同法》第三百零八条规定："在承运人将货物交付收货人之前，托运人可以要求承运人中止运输、返还货物、变更到达地或者将货物交给其他收货人，但应当赔偿承运人因此受到的损失。"

3. 合同变更的条件与程序

(1) 合同关系已经存在。

合同变更是针对已经存在的合同，无合同关系就无从变更。合同无效、合同被撤销，视为无合同关系，也不存在合同变更的可能。

(2) 合同内容需要变更。

合同内容变更可能涉及合同标的变更、数量、质量、价款或者酬金、期限、地点、计价方式等。合同生效后，当事人不得因其主体名称的变更或者法定代表人、负责人、承办人的变动而主张和请求合同变更。

(3) 经合同当事人协商一致，或者法院判决、仲裁庭裁决，或者援引法律直接规定。

(4) 符合法律、行政法规要求的方式。

如果法律、行政法规对合同变更方式有要求，则应遵守这种要求。《合同法》第七十七条同时规定："法律、行政法规规定变更合同应当办理批准、登记等手续的，依照其规定。"

4. 合同变更的效力

合同的变更效力仅及于发生变更的部分，已经发生变更的部分以变更后的为准；已经履行的部分不因合同变更而失去法律依据；未变更的部分继续原有的效力。同时，合同变更不影响当事人要求赔偿损失的权利，例如，合同因欺诈而被法院或者仲裁庭变更，在被欺诈人遭受损失的情况下，合同变更后继续履行，但不影响被欺诈人要求欺诈人赔偿的权利。

3.5.2 合同的转让

1. 合同转让概述

1) 合同转让的概念

合同转让是指合同当事人一方依法将合同权利、义务全部或者部分转让给他人。

2) 合同转让的类型

(1) 合同权利转让，又称为债权转让、债权让与，它分为合同权利部分转让和合同权利全部转让。

(2) 合同义务转让，又称为债务承担、债务转移，它分为合同义务部分转让和合同义务全部转让。

(3) 合同权利义务概括转让，又称为概括承受、概括转移，它分为合同权利义务全部转移和合同权利义务部分转移。

2. 债权转让

1) 债权转让概述

债权转让是指在不改变合同权利义务内容基础上，享有合同权利的当事人将其权利转让给第三人享有。

2) 债权转让的条件

(1) 须存在有效的债权，无效合同或者已经被终止的合同不产生有效的债权，不产生债权转让。

(2) 被转让的债权应具有可转让性。下列三种债权不得转让：根据合同性质不得转让；按照当事人约定不得转让的；依照法律规定不得转让的合同权利不具有可转让性。

3) 债权转让的效力

(1) 受让人成为合同新债权人。

有效的合同转让将使转让人(原债权人)脱离原合同，受让人取代其法律地位而成为新的债权人。但是，在债权部分转让时，只发生部分取代，而由转让人和受让人共同享有合同债权。

(2) 其他权利随之转移。

① 从权利随之转移。

合同可以分为主合同和从合同。

主合同是指不以其他合同的存在为前提而独立存在和独立发生效力的合同。

从合同又称附属合同，是指不具备独立性，以其他合同的存在为前提而成立并发生效力的合同。

主合同中的权利和义务称为主权利、主义务，从合同中的权利和义务称为从权利、从义务。《合同法》第八十一条规定："债权人转让权利的，受让人取得与债权有关的从权利，但该从权利专属于债权人自身的除外。"

② 抗辩权随之转移。

由于债权已经转让，原合同的债权人已经由第三人代替，所以，债务人的抗辩权就不能再向原合同的债权人行使了，而要向接受债权的第三人行使。

《合同法》第八十二条规定："债务人接到债权转让通知后，债务人对让与人的抗辩，可以向受让人主张。"

③ 抵销权的转移。

如果原合同当事人存在可以依法抵销的债务，则在债权转让后，债务人的抵销权可以向受让人主张。

《合同法》第八十三条规定："债务人接到债权转让通知时，债务人对让与人享有债权，并且债务人的债权先于转让的债权到期或者同时到期的，债务人可以向受让人主张抵销。"

3. 债务转移

1) 债务转移概述

债务转移是指在不改变合同权利义务内容基础上，承担合同义务的当事人将其义务转由第三人承担。

2) 债务转移的条件

(1) 被转移的债务有效存在。

本来不存在的债务、无效的债务或者已经终止的债务，不能成为债务承担的对象。

(2) 被转移的债务应具有可转移性。

如下合同不具有可转移性。

其一，某些合同债务与债务人的人身有密切联系，如以特别人身信任为基础的合同(例如委托监理合同)。

其二，当事人特别约定合同债务不得转移。

其三，法律强制性规范规定不得转让债务，如建设工程施工合同中主体结构不得分包。

(3) 须经债权人同意。

债务人将合同的义务全部或者部分转移给第三人的，应当经债权人同意。债权人同意是债务转移的重要生效条件。合同关系通常是建立在债权人对债务人信任(最主要是对其履行能力的信任)的基础上，如果债务未经债权人同意转移给第三人，则很可能损害债权人利益。

3) 债务转移的效力

(1) 承担人成为合同新债务人。

就合同义务全部转移而言，承担人取代债务人成为新的合同债务人，若承担人不履行债务，将由承担人直接向债权人承担违约责任，原债务人脱离合同关系。

(2) 抗辩权随之转移。

由于债务已经转移，原合同的债务人已经由第三人代替，所以，债务人的抗辩权就只能由接受债务的第三人行使了。

《合同法》第八十五条规定："债务人转移义务的，新债务人可以主张原债务人对债权人的抗辩。"

(3) 从债务随之转移。

债务人转移义务的，新债务人应当承担与主债务有关的从债务，但该从债务专属于原债务人自身的除外。

4. 合同权利义务概括转让

1) 合同权利义务概括转移的概念

合同权利义务概括转移是指合同当事人一方将其合同权利义务一并转让给第三方，由该第三方继受这些权利义务。

合同权利义务概括转移包括了全部转移和部分转移。全部转移是指合同当事人原来一方将其权利义务全部转移给第三人。部分转移是指合同当事人原来一方将其权利义务的一部分转移给第三人。

2) 债权债务的概括转移的条件

(1) 转让人与承受人达成合同转让协议。

这是债权债务的概括转移的关键。如果承受人不接受该债权债务，则无法发生债权债务的转移。

(2) 原合同必须有效。

原合同无效不能产生法律效力，更不能转让。

(3) 原合同为双务合同。

只有双务合同才可能将债权债务一并转移，否则只能为债权转让或者债务转移。

(4) 符合法定的程序。

《合同法》第八十八条规定："当事人一方经对方同意，可以将自己在合同中的权利和义务一并转让给第三人。"可见，经对方同意是概括转让的一个必要条件。因为概括转让包含了债务转移，而债务转移要征得债权人的同意。

3) 企业的合并与分立涉及权利义务概括转移

企业合并是指两个或者两个以上企业合并为一个企业。企业分立则是指一个企业分立为两个及两个以上企业。

当事人订立合同后合并的，由合并后的法人或者其他组织行使合同权利，履行合同义务。当事人订立合同后分立的，除债权人和债务人另有约定的以外，由分立的法人或者其他组织对合同的权利和义务享有连带债权，承担连带债务。

企业合并或者分立，原企业的合同权利义务将全部转移给新企业，这属于法定的权利义务概括转移，因此，不需要取得合同相对人的同意。

3.5.3　合同的权利义务终止

1. 合同的权利义务终止概述

合同的权利义务终止，是指合同权利和合同义务归于消灭，合同关系不复存在。合同终止使合同的担保等附属于合同的权利义务也归于消灭。

合同权利义务的终止，不影响合同中结算、清理条款和独立存在的解决争议方法的条款(如仲裁条款)的效力。

2. 合同权利义务因解除而终止

1) 合同解除的概念

合同解除是指当具备解除条件时，因合同当事人一方或双方意思表示，使有效成立的合同效力消灭的行为。

2) 合同解除的分类

合同解除分为协议解除与单方解除。协议解除是指当事人双方就消灭有效合同达成意思表示一致。单方解除又分为约定解除和法定解除。单方解除是指当事人双方根据法律规定和合同事项约定，当出现特定情形时，以单方意思解除合同。单方约定解除是指当合同约定的解除情形出现时，享有解除权的一方以单方意思表示使合同解除。单方法定解除是以法律的直接规定行使解除权。

3) 协议解除的条件与程序

协议解除又称双方解除、合意解除，只要当事人双方协商一致即可。

以成立合同的方式解除原有合同的，即通过要约、承诺的方式产生新的合同，以新的合同来解除原合同的，依照合同订立程序进行。法律、行政法规规定解除合同应当办理批准、登记等手续的，依照其规定。

4) 单方解除的条件与程序

(1) 条件。

单方解除的条件是当事人在订立合同时可以预先设定，解除合同的条件成就时，解除权人可以通知对方解除合同。

法定解除的条件，依据《合同法》的规定，有下列情形。

① 因不可抗力致使不能实现合同目的。

② 在履行期限届满之前，当事人一方明确表示或者以自己的行为表明不履行主要债务，这种行为称为预期违约。

③ 当事人一方迟延履行主要债务，经催告后在合理期限内仍未履行。

④ 当事人一方迟延履行债务或者有其他违约行为致使不能实现合同目的。

(2) 程序。

法律规定或者当事人约定解除权行使期限，期限届满当事人不行使的，该权利消灭。法律没有规定或者当事人没有约定解除权行使期限，经对方催告后在合理期限内不行使的，该权利消灭。

当事人一方依照规定主张解除合同的，应当通知对方。合同自通知到达对方时解除。对方有异议的，可以请求人民法院或者仲裁机构确认解除合同的效力。解除人和相对人均有权请求法院或者仲裁机构确认解除合同的效力。法律、行政法规规定解除合同应当办理批准、登记等手续的，依照其规定。

5) 合同解除的法律后果

(1) 尚未履行的债务，终止履行。

合同解除后，发生合同效力消灭的效果，因此，尚未履行的义务也随合同效力消灭而丧失履行的基础。

(2) 已经履行的，根据履行情况和合同性质，当事人可以要求恢复原状、采取其他补救措施，并有权要求赔偿损失。

3. 合同权利义务因其他原因而终止

合同权利义务终止是指由于一定的法律事实发生，使合同设定的权利义务归于消灭的法律现象。

合同终止与债的消灭很近似。合同终止后，当事人就不需要再履行义务了。但是，合同终止与债的消灭并不等价，例如，合同终止后，负有违约责任的一方仍有可能承担赔偿损失或者支付违约金的义务。

其他的合同终止的原因主要有以下几个。

(1) 合同因履行而终止。

(2) 合同因抵销而终止。

(3) 合同因提存而终止。

(4) 合同因免除债务而终止。

(5) 合同因混同而终止。

3.6　违约责任

违约责任的承担方式主要有三种，即继续履行、采取补救措施和赔偿损失。但是，在承担违约责任的过程中也会存在各种特殊的情形，例如，当事人既约定了违约金又约定了定金的情形、当事人的违约是由于第三人的原因引起的情形等。对于这些特殊的情形，《合同法》都有专门的规定。

违约责任在一定条件下可以被免除。这些条件可以是约定的，也可以是法定的。

3.6.1 违约责任的承担方式

1. 违约责任与违约行为

1) 违约责任

违约责任是指合同当事人不履行合同或者履行合同不符合约定而应承担的民事责任。

违约责任的构成要件包括主观要件和客观要件。

(1) 主观要件。

主观要件是指作为合同当事人，在履行合同中不论其主观上是否有过错，即主观上有无故意或过失，只要造成违约的事实，均应承担违约法律责任。

(2) 客观要件。

客观要件是指合同依法成立、生效后，合同当事人一方或者双方未按照法定或约定全面地履行应尽的义务，即出现了客观地违约事实，就应承担违约的法律责任。

违约责任实行严格责任原则。严格责任原则是指有违约行为即构成违约责任，只有存在免责事由的时候才可以免除违约责任。

2) 违约行为

违约责任源于违约行为。违约行为是指合同当事人不履行合同义务或者履行合同义务不符合约定条件的行为。根据不同的标准，可以将违约行为作以下分类。

(1) 单方违约与双方违约。

(2) 预期违约与实际违约。

违约责任是财产责任。这种财产责任表现为支付违约金、定金、赔偿损失、继续履行、采取补救措施等。尽管违约责任含有制裁性，但是，违约责任的本质不完全在于对违约方的制裁，也在于对被违约方的补偿，即表现为补偿性。

2. 承担违约责任的基本形式

《合同法》第一百零七条规定：“当事人一方不履行合同义务或者履行合同义务不符合约定的，应当承担继续履行、采取补救措施或者赔偿损失等违约责任。”

1) 继续履行

实际履行是指在某合同当事人违反合同后，非违约方有权要求其依照合同约定继续履行合同，也称强制实际履行。《合同法》第一百零九条规定：“当事人一方未支付价款或者报酬的，对方可以要求其支付价款或者报酬。”这就是关于实际履行的法律规定。

继续履行必须建立在能够并应该实际履行的基础上。当事人一方不履行非金钱债务或者履行非金钱债务不符合约定的，对方可以要求履行，但有下列情形之一的除外。

(1) 法律上或者事实上不能履行。

(2) 债务的标的不适于强制履行或者履行费用过高。

(3) 债权人在合理期限内未要求履行。

2) 采取补救措施

违约方采取补救措施可以减少非违约方所受的损失。质量不符合约定的，应当按照当事人的约定承担违约责任。对违约责任没有约定或者约定不明确，或不能确定的，受损害方根据标的的性质以及损失的大小，可以合理选择要求对方承担修理、更换、重作、退货、减少价款或者报酬等违约责任。

3) 赔偿损失

根据《合同法》的规定，当事人一方不履行合同义务或者履行合同义务不符合约定的，在履行义务或者采取补救措施后，对方还有其他损失的，应当赔偿损失。

当事人一方不履行合同义务或者履行合同义务不符合约定，给对方造成损失的，损失赔偿额应当相当于因违约所造成的损失，包括合同履行后可以获得的利益，但不得超过违反合同一方订立合同时预见到或者应当预见到的因违反合同可能造成的损失。

3. 违约金与定金

1) 违约金

违约金是指当事人在合同中或合同订立后约定因一方违约而应向另一方支付一定数额的金钱。违约金可分为约定违约金和法定违约金。

当事人可以约定一方违约时应当根据违约情况向对方支付一定数额的违约金，也可以约定因违约产生的损失赔偿额的计算方法。

约定的违约金低于造成的损失的，当事人可以请求人民法院或者仲裁机构予以增加；约定的违约金过分高于造成的损失的，当事人可以请求人民法院或者仲裁机构予以适当减少。

当事人就迟延履行约定违约金的，违约方支付违约金后，还应当履行债务。

当事人主张约定的违约金过高请求予以适当减少的，人民法院应当以实际损失为基础，兼顾合同的履行情况、当事人的过错程度以及预期利益等综合因素，根据公平原则和诚实信用的原则予以衡量，并作出裁决。

当事人约定的违约金超过造成损失的百分之三十的，一般可以认定为合同法第一百一十四条第二款规定的"过分高于造成的损失"。

2) 定金

定金是指合同当事人一方预先支付给对方的款项，其目的在于担保合同债权的实现。定金是债权担保的一种形式，定金之债是从债务，因此，合同当事人对定金的约定是一种从属于被担保债权所依附的合同的从合同。

当事人可以依照《中华人民共和国担保法》约定一方向对方给付定金作为债权的担保。债务人履行债务后，定金应当抵作价款或者收回。给付定金的一方不履行约定的债务的，无权要求返还定金；收受定金的一方不履行约定的债务的，应当双倍返还定金。

3) 违约金与定金的选择

违约金存在于主合同之中，定金存在于从合同之中。它们可能单独存在，也可能同时存在。

当事人既约定违约金，又约定定金的，一方违约时，对方可以选择适用违约金或者定金条款。

4．承担违约责任的特殊情形

1）先期违约

先期违约也叫预期违约，是指当事人一方在合同约定的期限届满之前，明示或默示其将来不能履行合同。

《合同法》规定，当事人一方明确表示或者以自己的行为表明不履行合同义务的，对方可以在履行期限届满之前要求其承担违约责任。

先期违约的构成要件有以下几方面。

(1) 违约的时间必须在合同有效成立后至合同履行期限截止前。

(2) 违约必须是对根本性合同义务的违反，即导致合同目的落空。

2）当事人双方都违约的情形

当事人双方都违反合同的，应当各自承担相应的责任。

当事人双方违约，是指当事人双方分别违反了自身的义务。依照法律规定，双方违约责任承担的方式是由违约方分别各自承担相应的违约责任，即由违约方向非违约方各自独立地承担自己的违约责任。

3）因第三人原因违约的情形

当事人一方因第三人的原因造成违约的，应当向对方承担违约责任。当事人一方和第三人之间的纠纷，依照法律规定或者按照约定解决。

4）违约与侵权竞合的情形

因当事人一方的违约行为，侵害对方人身、财产权益的，受损害方有权选择依照本法要求其承担违约责任或者依照其他法律要求其承担侵权责任。

3.6.2　不可抗力及违约责任的免除

1．不可抗力

不可抗力是指不能预见、不能避免并不能克服的客观情况。不可抗力包括如下情况。

(1) 自然事件，如地震、洪水、火山爆发、海啸等。

(2) 社会事件，如战争、暴乱、骚乱、特定的政府行为等。

根据《合同法》的规定，当事人一方因不可抗力不能履行合同的，应当及时通知对方，以减轻可能给对方造成的损失，并应当在合理期限内提供证明。

当事人一方违约后，对方应当采取适当措施防止损失的扩大；没有采取适当措施致使损失扩大的，不得就扩大的损失要求赔偿。

当事人因防止损失扩大而支出的合理费用，由违约方承担。

2．违约责任的免除

所谓违约责任免责，是指在履行合同的过程中，因出现法定的免责条件或者合同约定的免责事由导致合同不履行的，合同债务人将被免除合同履行义务。

1) 约定的免责

合同中可以约定在一方违约的情况下免除其责任的条件，这个条款称为免责条款。免责条款并非全部有效，《合同法》第五十三条规定，合同中的下列免责条款无效。

(1) 造成对方人身伤害的。

(2) 因故意或者重大过失造成对方财产损失的。

造成对方人身伤害侵犯了对方的人身权，造成对方财产损失侵犯了对方的财产权，均属于违法行为，因而这样的免责条款是无效的。

2) 法定的免责

法定的免责是指出现了法律规定的特定情形，即使当事人违约也可以免除违约责任。

《合同法》第一百一十七条规定："因不可抗力不能履行合同的，根据不可抗力的影响，部分或者全部免除责任，但法律另有规定的除外。当事人迟延履行后发生不可抗力的，不能免除责任。"

3.7　合同的担保

担保的产生源于债权人对债务人的不信任。为了规避风险，债权人会要求债务人提供担保。由于涉及当事人的切身利益，我们需要对担保的基本规定有所了解。

担保是伴随着主债务的产生而产生的，因此，我们将担保合同称为从合同，而与之相对应的约定主债务的合同则称为主合同。主合同中的债务人如果履行了主债务，则主合同消失，相应的从合同也就自然消失了。

3.7.1　保证

1. 保证的概念

保证是指保证人和债权人约定，当债务人不履行债务时，保证人按照约定履行债务或者承担责任的行为。保证担保的当事人包括：债权人、债务人、保证人。

保证人与债权人应当以书面形式订立保证合同。保证合同应当包括以下内容。

(1) 被保证的主债权种类、数额。

(2) 债务人履行债务的期限。

(3) 保证的方式。

(4) 保证担保的范围。

(5) 保证的期间。

(6) 双方认为需要约定的其他事项。

保证合同不完全具备前款规定内容的，可以补正。

保证人与债权人可以就单个主合同分别订立保证合同，也可以协议在最高债权额限度内就一定期间连续发生的借款合同或者某项商品交易合同订立一个保证合同。

保证担保的范围包括主债权及利息、违约金、损害赔偿金和实现债权的费用。保证合同另有约定的，按照约定。

当事人对保证担保的范围没有约定或者约定不明确的，保证人应当对全部债务承担责任。

保证人承担保证责任后，有权向债务人追偿。

2. 保证人的资格条件

《担保法》第七条规定："具有代为清偿债务能力的法人、其他组织或者公民，可以作保证人。"

同时，《担保法》也规定了下列单位不可以作保证人。

(1) 国家机关不得为保证人，但经国务院批准为使用外国政府或者国际经济组织贷款进行转贷的除外。

(2) 学校、幼儿园、医院等以公益为目的的事业单位、社会团体不得为保证人。

(3) 企业法人的分支机构、职能部门不得为保证人。企业法人的分支机构有法人书面授权的，可以在授权范围内提供保证。

3. 保证方式

1) 保证方式的分类

保证的方式分为：一般保证和连带责任保证。当事人对保证方式没有约定或者约定不明确的，按照连带责任保证承担保证责任。

2) 一般保证

一般保证是指债权人和保证人约定，首先由债务人清偿债务，当债务人不能清偿债务时，才由保证人代为清偿债务的保证方式。

一般保证的保证人在主合同纠纷未经审判或者仲裁，并就债务人财产依法强制执行仍不能履行债务前，对债权人可以拒绝承担保证责任。

3) 连带责任保证

连带责任保证是指当事人在保证合同中约定保证人与债务人对债务承担连带责任的保证方式。

连带责任保证的债务人在主合同规定的债务履行期届满没有履行债务的，债权人可以要求债务人履行债务，也可以要求保证人在其保证范围内承担保证责任。

4. 保证期间

1) 保证期间的含义

保证期间是指保证人承担保证责任的期间。

一般保证的保证人与债权人未约定保证期间的，保证期间为主债务履行期届满之日起六个月。在合同约定的保证期间和前款规定的保证期间，债权人未对债务人提起诉讼或者申请仲裁的，保证人免除保证责任；债权人已提起诉讼或者申请仲裁的，保证期间适用诉讼时效中断的规定。

连带责任保证的保证人与债权人未约定保证期间的，债权人有权自主债务履行期届满之日起六个月内要求保证人承担保证责任。在合同约定的保证期间和前款规定的保证期间，债权人未要求保证人承担保证责任的，保证人免除保证责任。

2）保证期间的合同变更

保证期间，债权人依法将主债权转让给第三人的，保证人在原保证担保的范围内继续承担保证责任，保证合同另有约定的，按照约定。

保证期间，债权人许可债务人转让债务的，应当取得保证人书面同意，保证人对未经其同意转让的债务，不再承担保证责任。

债权人与债务人协议变更主合同的，应当取得保证人书面同意，未经保证人书面同意的，保证人不再承担保证责任，保证合同另有约定的，按照约定。

3.7.2 定金

1．定金的概念和性质

1）定金的概念

定金是指合同当事人一方以保证债务履行为目的，于合同成立时或未履行前，预先给付对方一定数额金钱的担保方式。所以，定金既指一种债的担保方式，也指作为担保方式的那笔预先给付的金钱。《民法通则》第八十九条第(三)项规定："当事人一方在法律规定的范围内可以向对方给付定金。债务人履行债务后，定金应当抵作价款或者收回。给付定金的一方不履行债务的，无权要求返还定金；接受定金的一方不履行债务的，应当双倍返还定金。"

2）定金的性质

定金具有以下性质。

(1) 证约性质。

定金具有证明合同成立的证明力。定金一般是在合同订立时交付，这一事实足以证明当事人之间合同的成立，因此，定金是合同成立的证据。

(2) 预先给付的性质。

定金只能在合同履行前交付，因而具有预先给付的性质。正因为定金具有预先给付的性质，所以定金的数额应在合同规定的应给付的数额之内，在主债务履行后定金可以抵作价款或返还。

(3) 担保性质。

定金具有担保效力。因为定金交付后，在当事人不履行债务时会发生丧失定金或者加倍返还定金的后果，因而它起到督促当事人履行合同，确保债权人利益的担保作用。

2．定金与违约金、预付款的区别

1）定金与违约金的区别及适用规则

定金和违约金都是一方应给付给对方的一定款项，都有督促当事人履行合同的作用，但二者也有所不同，其区别主要表现以下几方面。

(1) 定金须于合同履行前交付，而违约金只能发生违约行为以后交付。

(2) 定金有证约和预先给付的作用，而违约金没有。

(3) 定金主要起担保作用，而违约金主要是违反合同的民事责任形式。

(4) 定金一般是约定的，而违约金可以是约定的，也可以是法定的。

2) 定金与预付款的区别

定金与预付款都是在合同履行前一方当事人预先给付对方的一定数额的金钱，都具有预先给付的性质，在合同履行后，都可以抵作价款。但二者有着根本的区别，这表现在以下几方面。

(1) 定金是合同的担保方式，主要作用是担保合同履行；而预付款的主要作用是为对方履行合同提供资金上的帮助，属于履行的一部分。

(2) 交付定金的协议是从合同，而交付预付款的协议一般为合同内容的一部分。

(3) 定金只有在交付后才能成立，而交付预付款的协议只要双方意思表示一致即可成立。

(4) 定金合同当事人不履行主合同时，适用定金罚则，而预付款交付后当事人不履行合同的，不发生丧失预付款或双倍返还预付款的效力。

3. 定金的生效条件

定金合同除具备合同成立的一般条件外，还必须具备以下条件才能生效。

1) 主合同有效

这是由定金合同的从属性决定的。

2) 发生交付定金的行为

定金合同为实践性合同，如果只有双方当事人的意思表示一致，而没有一方向另一方交付定金的交付行为，定金合同不能生效。《担保法》第九十条规定："当事人在定金合同中应当约定交付定金的期限。定金合同从实际交付定金之日起生效。"

3) 定金的比例符合法律规定

定金的数额由当事人约定，但不得超过主合同标的额的 20%。

3.7.3　担保方式及特点

1. 担保的方式

担保是指债权人与债务人或者第三人根据法律规定或约定而实施的，以保证债权得以实　现为目的的民事法律行为。在担保法律关系中，债权人称为担保权人，债务人称为被担保人，第三人称为担保人。

担保活动应当遵循平等、自愿、公平、诚实信用的原则。

担保合同是主合同的从合同，主合同无效，担保合同无效。担保合同另有约定的，按照其约定。

第三人为债务人向债权人提供担保时，可以要求债务人提供反担保。反担保适用本法

担保的规定。

我国《担保法》规定的担保方式有五种，即保证、抵押、质押、留置和定金。

2. 各种担保方式的特点

1) 保证

保证是以保证人的保证承诺作为担保的，签订保证合同时并不涉及具体的财物。当债务人不能依主合同的约定清偿债务时，保证人负有代为清偿债务责任。

2) 抵押

抵押是以抵押人提供的抵押物作为担保的，债务履行期届满抵押权人未受清偿的，可以与抵押人协议以抵押物折价或者以拍卖、变卖该抵押物所得的价款受偿。抵押不转移对抵押物的占有，这是其与质押的显著区别。

3) 质押

质押也是以出质人所提供的质物作为担保的，债务履行期届满质权人未受清偿的，可以与出质人协议以质物折价，也可以依法拍卖、变卖质物。质押转移对抵押物的占有，出质人要将质物交由质权人保管。

4) 留置

留置是以留置权人业已占有的留置人，即债务人的动产作为担保的，债权人留置财产后，债务人应当在不少于两个月的期限内履行债务。债权人与债务人在合同中未约定的，债权人留置债务人财产后，应当确定两个月以上的期限，通知债务人在该期限内履行债务。

债务人逾期仍不履行的，债权人可以与债务人协议以留置物折价，也可以依法拍卖、变卖留置物。

5) 定金

定金是以债务人提交给债权人的一定数额的金钱作为担保的。

3.8　建设工程施工合同纠纷司法解释

为了贯彻执行《民法通则》、《合同法》、《招标投标法》等法律规定，最高人民法院审判委员会第1327次会议讨论通过了《关于审理建设工程施工合同纠纷案件适用法律问题的解释》(以下简称《解释》)。该《解释》的目的主要有两个：一是为了给国家关于清理工程拖欠款和农民工工资重大部署的实施提供司法保障；二是由于有些法律规定还比较原则，人民法院在审理建设工程施工合同纠纷案件时，对某些法律问题在具体适用上认识不统一。因此，为了配合国家专项措施的实施，统一人民法院执法尺度，公平保护各方当事人的合法权益，维护建筑市场的正常秩序，促进建筑行业的健康发展，最高人民法院决定制定这个司法解释。

从该《解释》的结构来看，《解释》总共有二十八条，从大的方面可以分成三个部分：第一至二十六条讲建设工程合同，从本质上及学理上划分是属于合同之债；第二十七条讲侵权，是保修人不正当履行合同承担的侵权责任；第二十八条讲该解释生效时间、溯及力、法律冲突三个法律问题，相当于法条的附则部分。其中第一部分即建设施工合同部分又可以分成两个部分：第一至二十三条讲的实体问题，第二十四至二十六条讲的是程序问题。且第一部分第一至二十三条再细分又可以分成四个部分：第一至七条讲合同无效，或形式无效但法院应当认定有效的情形；第八至十条讲有效合同的解除问题；第十一至十五条讲施工工程质量；第十六至二十三条讲工程价款。

3.8.1　关于合同效力

1. 建设工程施工合同无效的情形

《解释》第一条规定：建设工程施工合同具有下列情形之一的，应当根据《合同法》第五十二条第(五)项的规定，认定无效。

(1) 承包人未取得建筑施工企业资质或者超越资质等级的。

(2) 没有资质的实际施工人借用有资质的建筑施工企业名义的。

(3) 建设工程必须进行招标而未招标或者中标无效的。

《解释》第四条规定："承包人非法转包、违法分包建设工程或者没有资质的实际施工人借用有资质的建筑施工企业名义与他人签订建设工程施工合同的行为无效。"人民法院可以根据《民法通则》第一百三十四条规定，收缴当事人已经取得的非法所得。

建设工程施工合同受到不同领域的多部法律及其他规范性文件调整。法律、行政法规和部颁规章中调整建设工程施工合同的强制性规范就有六十多条，如果违反这些规范都以违反法律强制性规定为由而认定合同无效，不符合《合同法》的立法本意，不利于维护合同稳定性，也不利于保护各方当事人的合法权益，同时也会破坏建筑市场的正常秩序。从相关法律、行政法规的强制性规范内容看，可分为两类：一是保障建设工程质量的规范，二是维护建筑市场公平竞争秩序的规范。《解释》第一条和第四条将这两大类分为以下五种情形：一是承包人未取得建筑施工企业资质或者超越资质等级的；二是没有资质的实际施工人借用有资质的建筑施工企业名义的；三是建设工程必须进行招标而未招标或者中标无效的；四是承包人非法转包建设工程的；五是承包人违法分包建设工程的。当然，《民法通则》和《合同法》等基本法律规定的合同无效的情形，也应当适用于建设工程施工合同。

2. 合同无效的处理原则

《解释》第二条规定：建设工程施工合同无效，但建设工程经竣工验收合格，承包人请求参照合同约定支付工程价款的，应予支持。

《解释》第三条规定：建设工程施工合同无效，且建设工程经竣工验收不合格的，按照以下情形分别处理。

(1) 修复后的建设工程经竣工验收合格，发包人请求承包人承担修复费用的，应予支持。

(2) 修复后的建设工程经竣工验收不合格，承包人请求支付工程价款的，不予支持。因建设工程不合格造成的损失，发包人有过错的，也应承担相应的民事责任。

《解释》第五条规定：承包人超越资质等级许可的业务范围签订建设工程施工合同，在建设工程竣工前取得相应资质等级，当事人请求按照无效合同处理的，不予支持。

《解释》确立了参照合同约定结算工程价款的折价补偿原则。这是在处理无效的建设工程施工合同纠纷案件中具体体现《合同法》规定的无效处理原则。

《解释》第二条规定适用的无效合同仅指合同标的物为质量合格的建设工程，不包括质量不合格的建设工程。建设工程质量合格，包括两方面的意思：一是建设工程经竣工验收合格；二是建设工程经竣工验收不合格，但是经过承包人修复后，再验收合格。总之，只要建设工程经过验收合格，即使确认合同无效，也可以按照合同约定结算工程价款。对质量不合格又不能修复的工程可以不支付工程价款。

3. 垫资条款的效力

《解释》第六条规定：当事人对垫资和垫资利息有约定，承包人请求按照约定返还垫资及其利息的，应予支持，但是约定的利息计算标准高于中国人民银行发布的同期同类贷款利率的部分除外。

当事人对垫资没有约定的，按照工程欠款处理。

当事人对垫资利息没有约定，承包人请求支付利息的，不予支持。

《解释》规定当事人对垫资及其利息有约定，请求按照合同约定返还垫资款和利息的，应当予以支持，从而确立了垫资合同有效的处理原则。根据《解释》的规定，当事人对垫资利息计算标准的约定不能超过国家法定基准利率；如超出，对超出部分不予保护。

3.8.2　关于合同解除

1. 发包人的解除权

《解释》第八条规定：承包人具有下列情形之一，发包人请求解除建设工程施工合同的，应予支持。

(1) 明确表示或者以行为表明不履行合同主要义务的。

(2) 合同约定的期限内没有完工，且在发包人催告的合理期限内仍未完工的。

(3) 已经完成的建设工程质量不合格，并拒绝修复的。

(4) 将承包的建设工程非法转包、违法分包的。

以上四种情形可以从《合同法》的相关规定中寻找法律依据，其中前三种情形是依据《合同法》关于合同当事人法定解除权的内容，第四项是依据《合同法》中关于承揽合同的规定。

第一种情形，是承包人明确表示拒绝继续履行合同义务，工程实践中表现为发书面通知、撤场等。

第二种情形，合同约定的期限内没有完工，且在发包人催告的合理期限内仍未完工的，在这种情况下也可以解除合同。

第三种情形，已经完成的建设工程质量不合格，并拒绝修复的，由于工程质量缺陷进行修复是承包商的权利也是其义务。若其拒绝履行，发包人可解除合同。

第四种情形，因为施工合同本质上是承揽合同，有特定的指向对象来完成相应工作。

2. 承包人的解除权

《解释》第九条规定：发包人具有下列情形之一，致使承包人无法施工，且在催告的合理期限内仍未履行相应义务，承包人请求解除建设工程施工合同的，应予支持。

(1) 未按约定支付工程价款的。

(2) 提供的主要建筑材料、建筑构配件和设备不符合强制性标准的。

(3) 不履行合同约定的协助义务的。

第一种情形，发包人未按约定支付工程价款的，值得注意的是根据《解释》的规定，并非只要发包人拖欠工程款承包人即可解除合同，而需达到"致使承包人无法施工，且在催告的合理期限内仍未履行相应义务"的程度。

第二种情形，提供的主要建筑材料、建筑构配件和设备不符合强制性标准的，这是《标准化法》规定的，是国家强制性规定。

第三种情形，发包人不履行合同约定的协助义务的。在承揽合同中，协助义务均为核心义务，比如提供施工资料、在施工现场提供通道等。

3.8.3　关于施工质量

1. 承包人的质量责任

《解释》第十一条规定：因承包人的过错造成建设工程质量不符合约定，承包人拒绝修理、返工或者改建，发包人请求减少支付工程价款的，应予支持。

该条规定为司法机关提供了一种不通过鉴定来处理工程质量缺陷的方式和手段。因承包人的过错造成建设工程质量不符合约定，承包人拒绝修理、返工或者改建，发包人请求减少支付工程价款的，应予支持。减少多少，由司法机关根据具体情况自由裁量，并非一定要经过鉴定程序而增加当事人的诉讼成本。

2. 发包人的质量责任

《解释》第十二条规定：发包人具有下列情形之一，造成建设工程质量缺陷，应当承担过错责任。

(1) 提供的设计有缺陷。

(2) 提供或者指定购买的建筑材料、建筑构配件、设备不符合强制性标准。

(3) 直接指定分包人分包专业工程。

承包人有过错的，也应当承担相应的过错责任。

建设工程的质量关系到公共安全，为了确保建设工程质量，《合同法》、《建筑法》等法律、行政法规或者部颁规章都作出许多具体规定，这些规定的核心都是为了保证工程质量。一般来讲，承包人的主要合同义务就是按照合同约定和国家标准施工，将合格的建设工程交付发包人，如果工程质量有缺陷，应由承包人承担责任。但在特殊情况下，建设工程质量缺陷与发包人的过错有关，如果发包人不承担相应的责任，都让承包人承担责任是不公平的。

第一种情形，发包人提供的设计有缺陷。从实务来看，发包人(业主)提供的第一个方案很少有缺陷，因为法律规定，在拿到开工许可证就应当取得建筑用地许可证、建筑规划许可证，在取得规划许可证时，已经有设计图了，在指标批复了以后才可以施工，所以原始的设计存在缺陷的情况并不多。

第二种情形，发包人提供或者指定购买的建筑材料、建筑构配件、设备不符合强制性标准，在这种情况下，发包人应承担主要责任。

第三种情形，发包人直接指定分包人分包专业工程。这是国务院《建设工程质量管理条例》明令禁止的。

《解释》第十三条规定：建设工程未经竣工验收，发包人擅自使用后，又以使用部分质量不符合约定为由主张权利的，不予支持；但是承包人应当在建设工程的合理使用寿命内对地基基础工程和主体结构质量承担民事责任。

按照《合同法》和《建筑法》的规定，工程未经竣工验收或经竣工验收不合格的不得交付使用。法律规定不得交付使用，发包人擅自使用了，本身就是违法。发包人擅自使用越来越多主要有两个原因：第一，基于提前使用项目进行收益的需要；第二，拒绝验收以达到拖延支付工程款的目的。所以《解释》规定发包人擅自使用后，又以使用部分质量不符合约定为由主张权利的，不予支持；"不予支持"的内涵包括免除承包人施工质量存在的缺陷以及保修责任。

3. 竣工时间的确定

《解释》第十四条规定：当事人对建设工程实际竣工日期有争议的，按照以下情形分别处理。

(1) 建设工程经竣工验收合格的，以竣工验收合格之日为竣工日期。

(2) 承包人已经提交竣工验收报告，发包人拖延验收的，以承包人提交验收报告之日为竣工日期。

(3) 建设工程未经竣工验收，发包人擅自使用的，以转移占有建设工程之日为竣工日期。

《解释》第十五条规定：建设工程竣工前，当事人对工程质量发生争议，工程质量经鉴定合格的，鉴定期间为顺延工期期间。

实际竣工日期对于解决施工合同纠纷是非常有意义的一个时间点，因为这个时间点：

① 涉及工期是否会拖延，如果拖延工期的话，存在承担违约责任的问题；

② 涉及付款的时间，有些合同约定工程竣工以后，才进行一定比例付款；

③ 设计欠付工程款的利息的计算。

第一种情形，建设工程经竣工验收合格的，以竣工验收合格之日为竣工日期，这里应当以质量监督管理部门签章的时间点作为最终的验收时间点。

第二种情形，承包人已经提交竣工验收报告，发包人拖延验收的，以承包人提交验收报告之日为竣工日期。从实务来看，发包人拖欠工程款支付主要有两个方式：一个是承包人报送结算资料后发包人不审价，再一个是承包人报了竣工文件后发包人不验收。所以在这种情况下，把这个时间点往前移，以提交验收报告之日为竣工日期。这也是建设部《建设工程施工合同(示范文本)》中规定的。

第三种情形，建设工程未经竣工验收，发包人擅自使用的，以转移占有建设工程之日为竣工日期。"转移占有"是民法物权上的一个概念，涉及物权和物权风险转移的问题。

3.8.4　关于工程价款

1. 计价标准与方法

《解释》第十六条规定：当事人对建设工程的计价标准或者计价方法有约定的，按照约定结算工程价款。

因设计变更导致建设工程的工程量或者质量标准发生变化，当事人对该部分工程价款不能协商一致的，可以参照签订建设工程施工合同时当地建设行政主管部门发布的计价方法或者计价标准结算工程价款。

建设工程施工合同有效，但建设工程经竣工验收不合格的，工程价款结算参照本解释第三条的规定处理。

根据建设部、财政部制定的《建设工程价款结算暂行办法》(财建〔2004〕369号)，工程合同的计价方法包括：①固定总价；②固定单价；③可调价格。而我国目前工程计价标准主要包括定额计价和工程量清单计价两种模式。

2. 工程欠款利息计算标准及时间

《解释》第十七条规定：当事人对欠付工程价款利息计付标准有约定的，按照约定处理；没有约定的，按照中国人民银行发布的同期同类贷款利率计息。

《解释》第十八条规定：利息从应付工程价款之日计付。当事人对付款时间没有约定或者约定不明的，下列时间视为应付款时间。

(1) 建设工程已实际交付的，为交付之日。

(2) 建设工程没有交付的，为提交竣工结算文件之日。

(3) 建设工程未交付，工程价款也未结算的，为当事人起诉之日。

从法理上讲，利息属于法定孳息，应当自工程欠款发生时起算，但由于建设工程是按形象进度付款的，许多案件难以确定工程欠款发生之日，因此，司法机关对拖欠工程款的利息应当从何时计付，认识不一，掌握的标准也不统一。为了统一拖欠工程价款的利息计付时间，维护合同双方的合法权益，《解释》第十八条根据建设工程施工合同的不同履行情况，把工程欠款利息的起算时间分为上述三种情况。建设工程是一种特殊的商品，建设工程的交付也是一种交易行为，一方交付商品，对方就应当付款，该款就产生利息；建设工程因结算不下来而未交付的，为了促使发包人积极履行给付工程价款的主要义务，把承包人提交结算报告的时间作为工程价款利息的起算时间具有一定的合理性。当事人因结算纠纷起诉到法院，承包人起诉之日就是以法律手段向发包人要求履行付款义务之时，人民法院对其合法权益应予以保护。

3. 发包人收到结算报告后逾期不答复的法律后果

《解释》第二十条规定：当事人约定，发包人收到竣工结算文件后，在约定期限内不予答复，视为认可竣工结算文件的，按照约定处理。承包人请求按照竣工结算文件结算工程价款的，应予支持。

一般情况下，应当按照合同约定结算工程价款，工程经竣工验收合格后，双方就应当结算。结算中，一般先由承包人提交竣工结算报告，由发包人审核。而有的发包人收到承包人提交的工程结算文件后迟迟不予答复或者根本不予答复，以达到拖欠或者不支付工程价款的目的。这种行为严重侵害了承包人的合法权益。为了制止这种不法行为，建设部发布的《建筑工程施工发包与承包计价管理办法》第十六条规定，发包人应当在收到竣工结算文件后的约定期限内予以答复。逾期未答复的，竣工结算文件视为已被认可。合同对答复期限没有明确约定的，可认为约定期限均为 28 天。这条规定对制止发包人无正当理由拖欠工程款的不法行为，保护承包人的合法权益发挥了很大的作用。为了更好地约束双方当事人，使建设部的这条规定更具有可操作性，《解释》第二十条明确规定，当事人约定，发包人收到竣工结算文件后，在约定期限内不予答复，视为认可竣工结算文件的，按照约定处理。承包人请求按照竣工结算文件结算工程价款的，应予支持，体现了充分尊重合同当事人约定的原则。但需注意的是，应用这一条款的基本前提是当事人在合同中有约定。

4. "黑白合同"的法律效力

《解释》第二十条规定：当事人就同一建设工程另行订立的建设工程施工合同与经过备案的中标合同实质性内容不一致的，应当以备案的中标合同作为结算工程价款的根据。

在招投标的工程价款结算纠纷案件中，一方当事人主张按照"黑合同"结算，对方当事人则主张按照"白合同"结算的，《解释》第二十一条明确规定：应当以"白合同"即备案的中标合同作为结算工程价款的依据。因为法律、行政法规规定中标合同的变更必须经过法定程序，"黑合同"虽然可能是当事人真实意思表示，但由于合同形式不合法，不产生变更"白合同"的法律效力。当事人签订中标合同后，如果出现了变更合同的法定事由，双方协商一致后可以变更合同；但是合同变更的内容，应当及时到有关部门备案，如果未到有关部门备案，就不能成为结算的依据。这样就能从根本上制止不法行为的发生，有利于维护建筑市场公平竞争秩序，也有利于招标投标法的贯彻实施。

3.8.5 关于施工合同纠纷的诉讼程序性规定

1. 施工合同纠纷的管辖

《解释》第二十四条规定：建设工程施工合同纠纷以施工行为地为合同履行地。

该条规定包含了两层意思：一是施工合同的性质属承揽合同，它不适用《民事诉讼法》

第三十四条规定的专属管辖，即因不动产发生的纠纷由不动产所在地的法院专属管辖；二是以"施工行为地为合同履行地"是为了防止受诉法院和建筑工程不在一地，不便于审理。

2. 施工合同纠纷诉讼主体

《解释》第二十五条规定：因建设工程质量发生争议的，发包人可以以总承包人、分包人和实际施工人为共同被告提起诉讼。

该条规定表面上是程序性规定，但实质上体现的是实体权利义务关系。根据《建筑法》、《建设工程质量管理条例》的规定，分包人就分包工程的质量与总承包人共同向发包人承担连带责任，实际施工人是转承包人，是非法转包和借名协议里面实际进行施工的人，这也是法律规定的，因为合同无效，实际是公认应与他的发包人一起，就工程质量向发包人承担连带责任。实体上承担连带责任在程序上体现为共同被告。

《解释》第二十六条规定：实际施工人以转包人、违法分包人为被告起诉的，人民法院应当依法受理。

实际施工人以发包人为被告主张权利的，人民法院可以追加转包人或者违法分包人为本案当事人。发包人只在欠付工程价款范围内对实际施工人承担责任。

建筑业吸收了大量的农民工就业，但由于建设工程的非法转包和违法分包，造成许多农民工辛苦一年往往还拿不到工资。为了有力地保护农民工合法权益，《解释》第二十六条规定，实际施工人以发包人为被告主张权利的，人民法院可以追加转包人或者违法分包人为本案当事人，发包人只在欠付工程价款的范围内对实际施工人承担责任。该条规定有以下几方面内容。

一是实际施工人可以发包人为被告起诉。从建筑市场的情况看，承包人与发包人订立建设工程施工合同后，往往又将建设工程转包或者违法分包给第三人，第三人就是实际施工人。按照合同的相对性来讲，实际施工人应当向与其有合同关系的承包人主张权利，而不应当向发包人主张权利。但是从实际情况看，有的承包人将工程转包收取一定的管理费用后，没有进行工程结算或者对工程结算不主张权利，由于实际施工人与发包人没有合同关系，这样就导致实际施工人没有办法取得工程款，而实际施工人不能得到工程款则直接影响到农民工工资的发放。因此，如果不允许实际施工人向发包人主张权利，不利于对农民工利益的保护。

二是承包人将建设工程非法转包、违法分包后，建设工程施工合同的义务都是由实际施工人履行的。实际施工人与发包人已经全面实际履行了发包人与承包人之间的合同并形成了事实上的权利义务关系。在这种情况下，如果不允许实际施工人向发包人主张权利，不利于对实际施工人利益的保护。基于这种考虑，《解释》第二十六条规定，实际施工人可以向发包人主张权利，但发包人仅在欠付工程款的范围内对实际施工人承担责任，如果发包人已经将工程价款全部支付给承包人的，发包人就不应当再承担支付工程价款的责任。因此，发包人只在欠付工程价款范围内对实际施工人承担责任，并不会损害发包人的权益。

三是为了方便案件审理，《解释》第二十六条还规定，人民法院可以追加转包人或者违法分包人为本案当事人，考虑到案件的审理涉及两个合同法律关系，如果转包人或者违法分包人不参加到诉讼的过程中来,许多案件的事实没有办法查清,所以人民法院可以根据案件的实际情况追加转包人或者违法分包人为共同被告或者案件的第三人;实际施工人可以发包人、承包人为共同被告主张权利。这样的规定,既能够方便查清案件的事实,分清当事人的责任,也便于实际施工人实现自己的权利。

案 例 分 析

【案例 3-1】

2010 年 5 月 6 日,兰太公司与鑫蓝建筑安装有限公司签订了《建设工程施工合同》。由鑫蓝公司承建兰太公司多功能酒店式公寓。为了确保工程质量,兰太公司与天意监理公司签订了建设工程监理合同。合同签订后天意公司监理工程师和兰太公司派驻工地代表发现工程质量存在严重问题。经调查证实,兰太公司虽然是与鑫蓝公司签订了建设工程合同,但实际施工人是自然人王某负责的一支没有资质的农民施工队。该施工队与鑫蓝公司签订了所谓的联营协议。协议约定,施工队可以借用鑫蓝公司的营业执照和公章,以鑫蓝公司的名义对外签订建设工程合同;合同签订后,由施工队负责施工,鑫蓝公司对工程不进行任何管理,不承担任何责任,只提取工程价款 2%的管理费。兰太公司签施工合同时,王某声称其系鑫蓝公司项目经理,并持有鑫蓝公司的营业执照和公章,便深信不疑,因而导致了上述结果。

问题:

(1) 本工程合同效力如何,说明原因。

(2) 王某以鑫蓝建筑的名义订立合同,分析代理行为的性质。

(3) 根据最高院相关司法解释,此类合同如何结算?

【案例 3-2】

2010 年 3 月,A 房地产开发公司就一商品房开发项目与 B 建筑公司签订建筑承包合同。该合同约定:由 B 公司作为总承包商承建该项目,A 公司按工程进度付款,工程工期为一年半,合同约定的竣工时间为 2011 年 9 月 30 日,并约定工程移交之日起三个月内,由 A 公司委托有资质的审价单位进行审价,审价时间为两个月。2010 年 4 月,A 公司与 C 银行签订借款合同,该合同约定:A 公司与 C 银行签订借款合同,并就土地及其上的在建工程共同办理了抵押登记手续。

由于 A 公司资金不足,工程期间曾多次停工,后由于 A 公司资金链断裂,工程于 2011 年 10 月 31 日全面停工,A 公司与 B 公司达成补充协议,约定就已完工程量进行验收并审价。后 A 公司于 2011 年 2 月 25 日出具初审报告,但由于资金紧张,不能按期向 B 公司支付工程价款,也无力偿还银行借款。B 公司多次催要无果,于 2011 年 5 月诉讼至法院,申请保全在建商品楼,并根据《合同法》的规定要求拍卖受偿。C 银行因 A 公司逾期未还借款也于 2011 年 11 月向法院提起诉讼,并对 A 公司的在建商品楼主张抵押权。

问题：

(1) 建设工程价款优先受偿权的行使时间？

(2) B公司有无优先受偿权？

(3) 停工状态下，承包人如何行使优先受偿权？

(4) B公司的工程价款与C银行的抵押权受偿顺序是怎样的？

本 章 小 结

本章以工程合同为主线，阐述了《合同法》的基本原则及合同的分类，介绍了合同的订立、合同的履行、合同的变更和终止，要求掌握要约与承诺的生效要件，熟知抗辩权、代位权、撤销权的概念及构成要件，在工程实践中能够做到分析与应用，对于无效合同、可撤销的合同、效力待定的合同进行区别理解。本章还特别强调《建设工程施工合同纠纷司法解释》的法律规定，对于无效合同、垫资约定、竣工时间利息、计算标准均做了详细的介绍。

习 题

1. 《合同法》的适用范围和基本原则有哪些？

2. 什么是要约和承诺？其构成要件有哪些？

3. 什么是效力待定合同、无效合同和可撤销合同？相互之间有哪些区别？

4. 合同履行中有哪些抗辩权？其构成要件及效力有哪些？在施工合同中如何应用？

5. 什么是违约行为？违约责任承担形式有哪些？并分析其在施工合同中的具体应用。

6. 违约责任与缔约过失责任有哪些区别？

7. 试述定金、违约金与预付款的区别。

8. 试述对于合同履行中约定不明情况的处置原则。

9. 《建设工程施工合同纠纷司法解释》中对于无效合同是如何处理的？

10. 《建设工程施工合同纠纷司法解释》中对于工程欠款利息计算标准及时间是如何规定的？

第4章 建设工程招标与投标管理

【学习要点及目标】

◆ 熟知建设工程必须招标的范围，了解建设工程招标的概念及方式。

◆ 掌握建设工程招标文件的内容组成及标底的编制，了解资格审查的内容。

◆ 掌握编制投标文件的内容要求，了解投标保证金的概念及金额，了解联合体投标的特点及资格条件。

◆ 了解招投标活动中的不正当竞争行为。

◆ 熟悉开标、评标、定标的流程，了解履约保证金的金额。

【核心概念】

招标、投标、标底、资格审查、联合体投标、投标保证金、履约保证金。

【引导案例】

某高新科技园区是政府为响应国家发展战略，具有先导区性质的重大项目。为保障项目规划设计的科学性和合理性，园区管委会决定采用两阶段招标的方式进行规划方案招标。问两阶段招标的实施方式。

4.1 建设工程招标范围及方式

建设工程招标投标是在市场经济条件下，通过公平竞争机制，进行建设工程项目发包与承包时所采用的一种交易方式。采用这种交易方式，须具备两个基本条件：一是要有能够开展公平竞争的市场经济运行机制；二是须存在招标项目的买方市场，能够形成多家竞争的局面。

通过招标投标，招标单位可以对符合条件的各投标竞争者进行综合比较，从中选择报价合理、技术力量强、质量和信誉可靠的承包商作为中标者签订承包合同，有利于保证工程质量和工期、降低工程造价、提高投资效益，也有利于防范建设工程发承包活动中的不正当竞争行为和腐败现象。

目前，我国已经建立起了比较完善的招标投标法律体系，形成了包括法律、行政法规、地方性法规和行政规章在内的招标投标管理制度。

4.1.1 建设工程必须招标的范围

《招标投标法》规定，在中华人民共和国境内进行下列工程建设项目包括项目的勘察、设计、施工、监理以及与工程建设有关的重要设备、材料等的采购，必须进行招标。

(1) 大型基础设施、公用事业等关系社会公共利益、公众安全的项目。

(2) 全部或者部分使用国有资金投资或者国家融资的项目。

(3) 使用国际组织或者外国政府贷款、援助资金的项目。

《招标投标法实施条例》规定：《招标投标法》第三条所称工程建设项目，是指工程以及与工程建设有关的货物、服务。

前款所称工程，是指建设工程，包括建筑物和构筑物的新建、改建、扩建及其相关的装修、拆除、修缮等；所称与工程建设有关的货物，是指构成工程不可分割的组成部分，且为实现工程基本功能所必需的设备、材料等；所称与工程建设有关的服务，是指为完成工程所需的勘察、设计、监理等服务。

经国务院批准的《工程建设项目招标范围和规模标准规定》进一步规定，关系社会公共利益、公众安全的基础设施项目的范围包括以下几方面。

(1) 煤炭、石油、天然气、电力、新能源等能源项目。

(2) 铁路、公路、管道、水运、航空以及其他交通运输业等交通运输项目。

(3) 邮政、电信枢纽、通信、信息网络等邮电通信项目。

(4) 防洪、灌溉、排涝、引(供)水、滩涂治理、水土保持、水利枢纽等水利项目。

(5) 道路、桥梁、地铁和轻轨交通、污水排放及处理、垃圾处理、地下管道、公共停车场等城市设施项目。

(6) 生态环境保护项目。

(7) 其他基础设施项目。

关系社会公共利益、公众安全的公用事业项目的范围如下。

(1) 供水、供电、供气、供热等市政工程项目。

(2) 科技、教育、文化等项目。

(3) 体育、旅游等项目。

(4) 卫生、社会福利等项目。

(5) 商品住宅，包括经济适用住房。

(6) 其他公用事业项目。

使用国有资金投资项目的范围如下。

(1) 使用各级财政预算资金的项目。

(2) 使用纳入财政管理的各种政府性专项建设基金的项目。

(3) 使用国有企业事业单位自有资金，并且国有资产投资者实际拥有控制权的项目。

国家融资项目的范围如下。

(1) 使用国家发行债券所筹资金的项目。

(2) 使用国家对外借款或者担保所筹资金的项目。

(3) 使用国家政策性贷款的项目。

(4) 国家授权投资主体融资的项目。

使用国际组织或者外国政府贷款、援助资金的项目如下。

(1) 使用世界银行、亚洲开发银行等国际组织贷款资金的项目。

(2) 使用外国政府及其机构贷款资金的项目。

(3) 使用国际组织或者外国政府援助资金的项目。

4.1.2　建设工程必须招标的规模标准

按照《工程建设项目招标范围和规模标准规定》，必须招标范围内的各类工程建设项目，达到下列标准之一的必须进行招标。

(1) 施工单项合同估算价在人民币 200 万元以上的。

(2) 重要设备、材料等货物的采购，单项合同估算价在人民币 100 万元以上的。

(3) 勘察、设计、监理等服务的采购，单项合同估算价在人民币 50 万元以上的。

(4) 单项合同估算价低于第(1)、(2)、(3)项规定的标准，但项目总投资额在人民币 3000 万元以上的。

《招标投标法》规定，依法必须进行招标的项目，其招标投标活动不受地区或者部门的限制。任何单位和个人不得违法限制或者排斥本地区、本系统以外的法人或者其他组织参加投标，不得以任何方式非法干涉招标投标活动。

4.1.3　可以不进行招标的建设工程项目

对于依法必须招标的具体范围和规模标准以外的建设工程项目，可以不进行招标，采

用直接发包的方式。

此外，《招标投标法》第六十六条规定："涉及国家安全、国家秘密、抢险救灾或者属于利用扶贫资金实行以工代赈、需要使用农民工等特殊情况，不适宜进行招标的项目，按照国家有关规定可以不进行招标。"

《招标投标法实施条例》规定，除招标投标法第六十六条规定的可以不进行招标的特殊情况外，有下列情形之一的，可以不进行招标。

(1) 需要采用不可替代的专利或者专有技术。

(2) 采购人依法能够自行建设、生产或者提供。

(3) 已通过招标方式选定的特许经营项目投资人依法能够自行建设、生产或者提供。

(4) 需要向原中标人采购工程、货物或者服务，否则将影响施工或者功能配套要求。

(5) 国家规定的其他特殊情形。

招标人为适用前款规定弄虚作假的，属于《招标投标法》第四条规定的规避招标。

1. 可以不进行勘察设计招标的项目

《工程建设项目勘察设计招标投标办法》第四条按照国家规定需要履行项目审批、核准手续的依法必须进行招标的项目，有下列情形之一的，经项目审批、核准部门审批、核准，项目的勘察设计可以不进行招标。

(1) 涉及国家安全、国家秘密、抢险救灾或者属于利用扶贫资金实行以工代赈、需要使用农民工等特殊情况，不适宜进行招标。

(2) 主要工艺、技术采用不可替代的专利或者专有技术，或者其建筑艺术造型有特殊要求。

(3) 采购人依法能够自行勘察、设计。

(4) 已通过招标方式选定的特许经营项目投资人依法能够自行勘察、设计。

(5) 技术复杂或专业性强，能够满足条件的勘察设计单位少于三家，不能形成有效竞争。

(6) 已建成项目需要改、扩建或者技术改造，由其他单位进行设计影响项目功能配套性。

(7) 国家规定的其他特殊情形。

2. 可以不进行施工招标的项目

国家发展改革委、住房和城乡建设部等七部门颁布的《工程建设项目施工招标投标办法》中规定，依法必须进行施工招标的工程建设项目有下列情形之一的，可以不进行施工招标。

(1) 涉及国家安全、国家秘密、抢险救灾或者属于利用扶贫资金实行以工代赈需要使用农民工等特殊情况，不适宜进行招标。

(2) 施工主要技术采用不可替代的专利或者专有技术。

(3) 已通过招标方式选定的特许经营项目投资人依法能够自行建设。

(4) 采购人依法能够自行建设。

(5) 在建工程追加的附属小型工程或者主体加层工程，原中标人仍具备承包能力，并且其他人承担将影响施工或者功能配套要求。

(6) 国家规定的其他情形。

4.1.4　建设工程招标方式

《招标投标法》规定，招标分为公开招标和邀请招标。

1. 公开招标

公开招标是指招标人以招标公告的方式邀请不特定的法人或者其他组织投标。招标人是依法提出招标项目、进行招标的法人或者其他组织。依法必须进行招标的项目的招标公告，应当通过国家指定的报刊、信息网络或者其他媒介发布。

《工程建设项目施工招标投标办法》规定，依法应当公开招标的建设工程项目有：①国务院发展计划部门确定的国家重点建设项目；②省、自治区、直辖市人民政府确定的地方重点建设项目；③全部使用国有资金投资或者国有资金投资占控股或者主导地位的工程建设项目。

2. 邀请招标

邀请招标是指招标人以投标邀请书的方式邀请特定的法人或者其他组织投标。为了保证邀请招标的竞争性，《招标投标法》规定，招标人采用邀请招标方式的，应当向三个以上具备承担招标项目的能力、资信良好的特定的法人或者其他组织发出投标邀请书。

国有资金占控股或者主导地位的依法必须进行招标的项目，应当公开招标。《工程建设项目施工招标投标办法》规定，依法必须进行公开招标的项目，有下列情形之一的，可以邀请招标。

(1) 项目技术复杂或有特殊要求，或者受自然地域环境限制，只有少量潜在投标人可供选择。

(2) 涉及国家安全、国家秘密或者抢险救灾，适宜招标但不宜公开招标。

(3) 采用公开招标方式的费用占项目合同金额的比例过大。

有前款第二项所列情形，属于国家有关规定需要履行项目审批、核准手续的依法必须进行施工招标的工程建设项目，由项目审批、核准部门在审批、核准项目时作出认定；其他项目由招标人申请有关行政监督部门作出认定。

全部使用国有资金投资或者国有资金投资占控股或者主导地位的并需要审批的工程建设项目的邀请招标，应当经项目审批部门批准，但项目审批部门只审批立项的，由有关行政监督部门审批。

《招标投标法实施条例》规定："按照国家有关规定需要履行项目审批、核准手续的依法必须进行招标的项目，其招标范围、招标方式、招标组织形式应当报项目审批、核准部门审批、核准。项目审批、核准部门应当及时将审批、核准确定的招标范围、招标方式、招标组织形式通报有关行政监督部门。"

3. 两阶段招标

《招标投标法实施条例》规定，对技术复杂或者无法精确拟定技术规格的项目，招标人可以分两阶段进行招标。

第一阶段，投标人按照招标公告或者投标邀请书的要求提交不带报价的技术建议，招标人根据投标人提交的技术建议确定技术标准和要求，编制招标文件。

第二阶段，招标人向在第一阶段提交技术建议的投标人提供招标文件，投标人按照招标文件的要求提交包括最终技术方案和投标报价的投标文件。

招标人要求投标人提交投标保证金的，应当在第二阶段提出。

4.2 建设工程招标

《招标投标法》规定，招标投标活动应当遵循公开、公平、公正和诚实信用的原则。

建设工程招标的基本程序主要包括：落实招标条件、委托招标代理机构、编制招标文件、发布招标公告或投标邀请书、资格审查、开标、评标、中标和签订合同等。

4.2.1 落实招标条件

《招标投标法》规定，招标项目按照国家有关规定需要履行项目审批手续的，应当先履行审批手续，取得批准。招标人应当有进行招标项目的相应资金或者资金来源已经落实，并应当在招标文件中如实载明。

1. 工程建设勘察设计项目的招标条件

根据《工程建设项目勘察设计招标投标办法》的规定，依法必须进行勘察设计招标的工程建设项目，在招标时应当具备下列条件。

(1) 招标人已经依法成立。

(2) 按照国家有关规定需要履行项目审批、核准或者备案手续的，已经审批、核准或者备案。

(3) 勘察设计有相应资金或者资金来源已经落实。

(4) 所必需的勘察设计基础资料已经收集完成。

(5) 法律法规规定的其他条件。

2. 工程建设施工项目的招标条件

根据《工程建设项目施工招标投标办法》的规定，依法必须招标的工程建设项目，应当具备下列条件才能进行施工招标。

(1) 招标人已经依法成立。

(2) 初步设计及概算应当履行审批手续的，已经批准。

(3) 有相应资金或资金来源已经落实。

(4) 有招标所需的设计图纸及技术资料。

4.2.2 委托招标代理机构

1. 建设单位自行招标

招标的组织方式分为自行招标和委托招标。《招标投标法》规定，招标人具有编制招标文件和组织评标能力的，可以自行办理招标事宜。任何单位和个人不得限制其自行办理招标事宜，也不得拒绝办理工程建设有关手续。

依法必须进行招标的项目，招标人自行招标的，项目法人或者组建中的项目法人应当在国家发展改革委上报项目可行性研究报告或者资金申请报告、项目申请报告时，一并报送符合自行招标规定的书面材料。

招标人自行办理招标事宜，应当具有编制招标文件和组织评标的能力，具体包括如下内容。

(1) 具有项目法人资格(或者法人资格)。

(2) 具有与招标项目规模和复杂程度相适应的工程技术、概预算、财务和工程管理等方面专业技术力量。

(3) 有从事同类工程建设项目招标的经验。

(4) 拥有三名以上取得招标职业资格的专职招标业务人员。

(5) 熟悉和掌握招标投标法及有关法规规章。

2. 委托招标

招标代理机构是依法设立、从事招标代理业务并提供相关服务的社会中介组织。按照《招标投标法》的规定，招标代理机构应当具备下列条件。

(1) 有从事招标代理业务的营业场所和相应资金。

(2) 有能够编制招标文件和组织评标的相应专业力量。

(3) 有符合规定条件、可以作为评标委员会成员人选的技术、经济等方面的专家库。

《招标投标法》还规定，从事工程建设项目招标代理业务的招标代理机构，其资格由国务院或者省、自治区、直辖市人民政府的建设行政主管部门认定，具体办法由国务院建设行政主管部门会同国务院有关部门制定。据此，建设部于 2000 年 6 月颁布了《工程建设项目招标代理机构资格认定办法》。

《招标投标法实施条例》进一步规定，招标代理机构的资格依照法律和国务院的规定由有关部门认定。国务院住房城乡建设、商务、发展改革、工业和信息化等部门，按照规定的职责分工对招标代理机构依法实施监督管理。

招标代理机构应当拥有一定数量的取得招标职业资格的专业人员。取得招标职业资格的具体办法由国务院人力资源社会保障部门会同国务院发展改革部门制定。招标代理机构在其资格许可和招标人委托的范围内开展招标代理业务，任何单位和个人不得非法干涉。

招标代理机构代理招标业务，应当遵守《招标投标法》和本条例关于招标人的规定。

招标代理机构不得在所代理的招标项目中投标或者代理投标，也不得为所代理的招标项目的投标人提供咨询。招标代理机构不得涂改、出租、出借、转让资格证书。

招标人应当与被委托的招标代理机构签订书面委托合同，合同约定的收费标准应当符合国家有关规定。招标代理机构应当在招标人委托的范围内承担招标事宜。招标代理机构可以在其资格等级范围内承担下列招标事宜：①拟订招标方案，编制和出售招标文件、资格预审文件；②审查投标人资格；③编制标底；④组织投标人踏勘现场；⑤组织开标、评标，协助招标人定标；⑥草拟合同；⑦招标人委托的其他事项。

招标代理机构与行政机关和其他国家机关不得存在隶属关系或者其他利益关系，也不得无权代理、越权代理，不得明知委托事项违法而进行代理。招标代理机构不得接受同一招标项目的投标代理和投标咨询业务；未经招标人同意，不得转让招标代理业务。

4.2.3 编制招标文件

1. 招标文件的组成

《招标投标法》规定，招标人应当根据招标项目的特点和需要编制招标文件。招标文件应当包括招标项目的技术要求、对投标人资格审查的标准、投标报价要求和评标标准等所有实质性要求和条件以及拟签订合同的主要条款。国家对招标项目的技术、标准有规定的，招标人应当按照其规定在招标文件中提出相应要求。

《工程建设项目施工招标投标办法》进一步规定，招标文件一般包括下列内容：①投标邀请书；②投标人须知；③合同主要条款；④投标文件格式；⑤采用工程量清单招标的，应当提供工程量清单；⑥技术条款；⑦设计图纸；⑧评标标准和方法；⑨投标辅助材料。招标人应当在招标文件中规定实质性要求和条件，并用醒目的方式标明。

2. 不得限制、排斥潜在投标人

《招标投标法》还规定，招标文件不得要求或者标明特定的生产供应者以及含有倾向或者排斥潜在投标人的其他内容。

《招标投标法实施条例》规定，招标人不得以不合理的条件限制、排斥潜在投标人或者投标人。招标人有下列行为之一的，属于以不合理条件限制、排斥潜在投标人或者投标人。

(1) 就同一招标项目向潜在投标人或者投标人提供有差别的项目信息。

(2) 设定的资格、技术、商务条件与招标项目的具体特点和实际需要不相适应或者与合同履行无关。

(3) 依法必须进行招标的项目以特定行政区域或者特定行业的业绩、奖项作为加分条件或者中标条件。

(4) 对潜在投标人或者投标人采取不同的资格审查或者评标标准。

(5) 限定或者指定特定的专利、商标、品牌、原产地或者供应商。

(6) 依法必须进行招标的项目非法限定潜在投标人或者投标人的所有制形式或者组织

形式。

(7) 以其他不合理条件限制、排斥潜在投标人或者投标人。

3. 编制标底

《招标投标法实施条例》规定，招标人可以自行决定是否编制标底。一个招标项目只能有一个标底。标底必须保密。

接受委托编制标底的中介机构不得参加受托编制标底项目的投标，也不得为该项目的投标人编制投标文件或者提供咨询。

招标人设有最高投标限价的，应当在招标文件中明确最高投标限价或者最高投标限价的计算方法。招标人不得规定最低投标限价。

招标项目设有标底的，招标人应当在开标时公布。标底只能作为评标的参考，不得以投标报价是否接近标底作为中标条件，也不得以投标报价超过标底上下浮动范围作为否决投标的条件。

《招标投标法实施条例》规定，招标人可以依法对工程以及与工程建设有关的货物、服务全部或者部分实行总承包招标。以暂估价形式包括在总承包范围内的工程、货物、服务属于依法必须进行招标的项目范围且达到国家规定规模标准的，应当依法进行招标。

前款所称暂估价，是指总承包招标时不能确定价格而由招标人在招标文件中暂时估定的工程、货物、服务的金额。

4.2.4　发布招标公告或投标邀请书

《招标投标法》规定，招标人采用公开招标方式的，应当发布招标公告。招标公告应当载明招标人的名称和地址、招标项目的性质、数量、实施地点和时间以及获取招标文件的办法等事项。

《招标投标法实施条例》规定，依法必须进行招标的项目的资格预审公告和招标公告，应当在国务院发展改革部门依法指定的媒介发布。在不同媒介发布的同一招标项目的资格预审公告或者招标公告的内容应当一致。指定媒介发布依法必须进行招标的项目的境内资格预审公告、招标公告，不得收取费用。

编制依法必须进行招标的项目的资格预审文件和招标文件，应当使用国务院发展改革部门会同有关行政监督部门制定的标准文本。

招标人采用邀请招标方式的，应当向三个以上具备承担招标项目的能力、资信良好的特定的法人或者其他组织发出投标邀请书。投标邀请书也应当载明招标人的名称和地址、招标项目的性质、数量、实施地点和时间以及获取招标文件的办法等事项。

招标人可以根据招标项目本身的要求，在招标公告或者投标邀请书中，要求潜在投标人提供有关资质证明文件和业绩情况，并对潜在投标人进行资格审查。招标人不得以不合理的条件限制或者排斥潜在投标人，不得对潜在投标人实行歧视待遇。

招标人不得向他人透露已获取招标文件的潜在投标人的名称、数量以及可能影响公平竞争的有关招标投标的其他情况。招标人设有标底的,标底必须保密。招标人根据招标项目的具体情况,可以组织潜在投标人踏勘项目现场。

《建筑法》规定,建筑工程实行公开招标的,发包单位应当依照法定程序和方式,发布招标公告,提供载有招标工程的主要技术要求、主要的合同条款、评标的标准和方法以及开标、评标、定标的程序等内容的招标文件。

《工程建设项目施工招标投标办法》第十五条规定,招标人应当按招标公告或者投标邀请书规定的时间、地点出售招标文件或资格预审文件。自招标文件或者资格预审文件出售之日起至停止出售之日止,最短不得少于 5 日。

招标人可以通过信息网络或者其他媒介发布招标文件,通过信息网络或者其他媒介发布的招标文件与书面招标文件具有同等法律效力,出现不一致时以书面招标文件为准,国家另有规定的除外。

对招标文件或者资格预审文件的收费应当限于补偿印刷、邮寄的成本支出,不得以营利为目的。对于所附的设计文件,招标人可以向投标人酌收押金;对于开标后投标人退还设计文件的,招标人应当向投标人退还押金。

招标文件或者资格预审文件售出后,不予退还。除不可抗力原因外,招标人在发布招标公告、发出投标邀请书后或者售出招标文件或资格预审文件后不得终止招标。

4.2.5 资格审查

《工程建设项目施工招标投标办法》规定,招标人可以根据招标项目本身的特点和需要,要求潜在投标人或者投标人提供满足其资格要求的文件,对潜在投标人或者投标人进行资格审查;国家对潜在投标人或者投标人的资格条件有规定的,依照其规定。

资格审查分为资格预审和资格后审。资格预审是指在投标前对潜在投标人进行的资格审查。资格后审是指在开标后对投标人进行的资格审查。进行资格预审的,一般不再进行资格后审,但招标文件另有规定的除外。

采取资格预审的,招标人应当发布资格预审公告。招标人应当在资格预审文件中载明资格预审的条件、标准和方法;采取资格后审的,招标人应当在招标文件中载明对投标人资格要求的条件、标准和方法。

招标人不得改变载明的资格条件或者以没有载明的资格条件对潜在投标人或者投标人进行资格审查。

经资格预审后,招标人应当向资格预审合格的潜在投标人发出资格预审合格通知书,告知获取招标文件的时间、地点和方法,并同时向资格预审不合格的潜在投标人告知资格预审结果。资格预审不合格的潜在投标人不得参加投标。经资格后审不合格的投标人的投标应予否决。

资格审查应主要审查潜在投标人或者投标人是否符合下列条件。

(1) 具有独立订立合同的权利。

(2) 具有履行合同的能力,包括专业、技术资格和能力,资金、设备和其他物质设施状况，管理能力，经验、信誉和相应的从业人员。

(3) 没有处于被责令停业，投标资格被取消，财产被接管、冻结，破产状态。

(4) 在最近三年内没有骗取中标和严重违约及重大工程质量问题。

(5) 国家规定的其他资格条件。

资格审查时，招标人不得以不合理的条件限制、排斥潜在投标人或者投标人，不得对潜在投标人或者投标人实行歧视待遇。任何单位和个人不得以行政手段或者其他不合理方式限制投标人的数量。

《招标投标法实施条例》规定，招标人应当合理确定提交资格预审申请文件的时间。依法必须进行招标的项目提交资格预审申请文件的时间，自资格预审文件停止发售之日起不得少于 5 日。

资格预审应当按照资格预审文件载明的标准和方法进行。

国有资金占控股或者主导地位的依法必须进行招标的项目，招标人应当组建资格审查委员会审查资格预审申请文件。资格审查委员会及其成员应当遵守《招标投标法》和本条例有关评标委员会及其成员的规定。

资格预审结束后，招标人应当及时向资格预审申请人发出资格预审结果通知书。未通过资格预审的申请人不具有投标资格。通过资格预审的申请人少于三个的，应当重新招标。

招标人采用资格后审办法对投标人进行资格审查的，应当在开标后由评标委员会按照招标文件规定的标准和方法对投标人的资格进行审查。

招标人可以对已发出的资格预审文件或者招标文件进行必要的澄清或者修改。澄清或者修改的内容可能影响资格预审申请文件或者投标文件编制的，招标人应当在提交资格预审申请文件截止时间至少 3 日前，或者投标截止时间至少 15 日前，以书面形式通知所有获取资格预审文件或者招标文件的潜在投标人；不足 3 日或者 15 日的，招标人应当顺延提交资格预审申请文件或者投标文件的截止时间。

潜在投标人或者其他利害关系人对资格预审文件有异议的，应当在提交资格预审申请文件截止时间 2 日前提出；对招标文件有异议的，应当在投标截止时间 10 日前提出。招标人应当自收到异议之日起 3 日内作出答复；作出答复前，应当暂停招标投标活动。

招标人编制的资格预审文件、招标文件的内容违反法律、行政法规的强制性规定，违反公开、公平、公正和诚实信用原则，影响资格预审结果或者潜在投标人投标的，依法必须进行招标的项目的招标人应当在修改资格预审文件或者招标文件后重新招标。

4.2.6　出售招标文件与现场踏勘

《招标投标法实施条例》规定，招标人应当按照招标公告或者投标邀请书规定的时间、地点发售招标文件。招标文件的发售期不得少于 5 日。

招标人对已发出的招标文件进行必要的澄清或者修改的，应当在招标文件要求提交投标文件截止时间至少 15 日前，以书面形式通知所有招标文件收受人。该澄清或者修改的内容为招标文件的组成部分。

招标人应当确定投标人编制投标文件所需要的合理时间；但是，依法必须进行招标的项目，自招标文件开始发出之日起至投标人提交投标文件截止之日止，最短不得少于 20 日。

《招标投标法实施条例》规定，招标人不得组织单个或者部分潜在投标人踏勘项目现场。

4.2.7　禁止肢解发包

肢解发包是指建设单位将应当由一个承包单位完成的建设工程分解成若干部分，发包给不同的承包单位的行为。

为此，《招标投标法》规定，招标项目需要划分标段、确定工期的，招标人应当合理划分标段、确定工期，并在招标文件中载明。《建筑法》规定，提倡对建筑工程实行总承包，禁止将建筑工程肢解发包。建筑工程的发包单位可以将建筑工程的勘察、设计、施工、设备采购一并发包给一个工程总承包单位，也可以将建筑工程的勘察、设计、施工、设备采购的一项或者多项发包给一个工程总承包单位；但是，不得将应当由一个承包单位完成的建筑工程肢解成若干部分发包给几个承包单位。

中标人应当按照合同约定履行义务，完成中标项目。中标人不得向他人转让中标项目，也不得将中标项目肢解后分别向他人转让。

中标人按照合同约定或者经招标人同意，可以将中标项目的部分非主体、非关键性工作分包给他人完成。接受分包的人应当具备相应的资格条件，并不得再次分包。

中标人应当就分包项目向招标人负责，接受分包的人就分包项目承担连带责任。

4.3　建设工程投标

投标人在购买了招标文件后，应该组建由各专业人员参加的投标小组，研究招标条件、参加现场踏勘和招标文件澄清会议、拟订施工方案和施工组织设计、复合工程量、办理投标担保，在投标截止日期前递交投标文件。

《招标投标法》规定，投标人是响应招标、参加投标竞争的法人或者其他组织。投标人应当具备承担招标项目的能力；国家有关规定对投标人资格条件或者招标文件对投标人资格条件有规定的，投标人应当具备规定的资格条件。

《招标投标法实施条例》规定，投标人参加依法必须进行招标的项目的投标，不受地区或者部门的限制，任何单位和个人不得非法干涉。与招标人存在利害关系可能影响招标公正性的法人、其他组织或者个人，不得参加投标。

单位负责人为同一人或者存在控股、管理关系的不同单位，不得参加同一标段投标或者未划分标段的同一招标项目投标。

违反前两款规定的，相关投标均无效。

《国家基本建设大中型项目实行招标投标的暂行规定》中规定，参加建设项目主体工程的设计、建筑安装和监理以及主要设备、材料供应等投标单位，必须具备下列条件。

(1) 具有招标条件要求的资质证书，并为独立的法人实体。

(2) 承担过类似建设项目的相关工作，并有良好的工作业绩和履约记录。

(3) 财产状况良好，没有财产被接管、破产或者其他关、停、并、转状态。

(4) 在最近 3 年没有参与骗取合同以及其他经济方面的严重违法行为。

(5) 近几年有较好的安全记录，投标当年内没有发生重大质量、特大安全事故。

《工程建设项目施工招标投标办法》还规定，招标人的任何不具独立法人资格的附属机构(单位)，或者为施工招标项目的前期准备或者监理工作提供设计、咨询服务的任何法人及其任何附属机构(单位)，都无资格参加该招标项目的投标。

4.3.1　编制投标文件

1. 投标文件的内容要求

《招标投标法》规定，投标人应当按照招标文件的要求编制投标文件。投标文件应当对招标文件提出的实质性要求和条件作出响应。招标项目属于建设施工的，投标文件的内容应当包括拟派出的项目负责人与主要技术人员的简历、业绩和拟用于完成招标项目的机械设备等。

《工程建设项目施工招标投标办法》规定，投标文件一般包括下列内容：①投标函；②投标报价；③施工组织设计；④商务和技术偏差表。投标人根据招标文件载明的项目实际情况，拟在中标后将中标项目的部分非主体、非关键性工作进行分包的，应当在投标文件中载明。

国家发展和改革委员会、财政部、建设部等九部门联合颁布的《〈标准施工招标资格预审文件〉和〈标准施工招标文件〉试行规定》中进一步明确，投标文件应包括下列内容：①投标函及投标函附录；②法定代表人身份证明或附有法定代表人身份证明的授权委托书；③联合体协议书；④投标保证金；⑤已标价工程量清单；⑥施工组织设计；⑦项目管理机构；⑧拟分包项目情况表；⑨资格审查资料；⑩投标人须知前附表规定的其他材料。但是，投标人须知前附表规定不接受联合体投标的，或投标人没有组成联合体的，投标文件不包括联合体协议书。

响应招标文件的实质性要求是投标的基本前提。凡是不能满足招标文件中的任何一项实质性要求和条件的投标文件，都将被拒绝。实质性要求和条件主要是指招标文件中有关招标项目的价格、期限、技术规范、合同的主要条款等内容。

2. 投标文件的修改与撤回

《招标投标法》规定，投标人在招标文件要求提交投标文件的截止时间前，可以补充、修改或者撤回已提交的投标文件，并书面通知招标人。补充、修改的内容为投标文件的组成部分。

《工程建设项目施工招标投标办法》进一步规定，在提交投标文件截止时间后到招标文件规定的投标有效期终止之前，投标人不得补充、修改、替代或者撤回其投标文件。投标人补充、修改、替代投标文件的，招标人不予接受；投标人撤回投标文件的，其投标保证金将被没收。

3. 投标文件的送达与签收

《招标投标法》规定，投标人应当在招标文件要求提交投标文件的截止时间前，将投标文件送达投标地点。招标人收到投标文件后，应当签收保存，不得开启。投标人少于三个的，招标人应当依照本法重新招标。在招标文件要求提交投标文件的截止时间后送达的投标文件，招标人应当拒收。

《工程建设项目施工招标投标办法》还规定，招标人收到投标文件后，应当向投标人出具标明签收人和签收时间的凭证，在开标前任何单位和个人不得开启投标文件。提交投标文件的投标人少于三个的，招标人应当依法重新招标。重新招标后投标人仍少于三个的，属于必须审批的工程建设项目，报经原审批部门批准后可以不再进行招标；其他工程建设项目，招标人可自行决定不再进行招标。

《房屋建筑和市政基础设施工程施工招标投标管理办法》中规定，投标文件出现下列情形之一的，应当作为无效投标文件，不得进入评标。

(1) 投标文件未按照招标文件的要求予以密封的。

(2) 投标文件中的投标函未加盖投标人的企业及企业法定代表人印章的，或者企业法定代表人委托代理人没有合法、有效的委托书(原件)及委托代理人印章的。

(3) 投标文件的关键内容字迹模糊、无法辨认的。

(4) 投标人未按照招标文件的要求提供投标保函或者投标保证金的。

(5) 组成联合体投标的，投标文件未附联合体各方共同投标协议的。

4. 投标有效期

《招标投标法实施条例》规定，招标人应当在招标文件中载明投标有效期。投标有效期从提交投标文件的截止之日起算。

《工程建设项目施工招标投标办法》规定，招标文件应当规定一个适当的投标有效期，以保证招标人有足够的时间完成评标和与中标人签订合同。

在原投标有效期结束前，出现特殊情况的，招标人可以书面形式要求所有投标人延长投标有效期。投标人同意延长的，不得要求或被允许修改其投标文件的实质性内容，但应当相应延长其投标保证金的有效期；投标人拒绝延长的，其投标失效，但投标人有权收回其投标保证金。因延长投标有效期造成投标人损失的，招标人应当给予补偿，但因不可抗力需要延长投标有效期的除外。

4.3.2 投标保证金

投标保证金是指投标人按照招标文件的要求向招标人出具的，以一定金额表示的投标责任担保。其实质是为了避免因投标人在投标有效期内随意撤回、撤销投标或中标后不能提交履约保证金和签署合同等行为而给招标人造成损失。

《工程建设项目施工招标投标办法》规定，招标人可以在招标文件中要求投标人提交投标保证金。投标人不按招标文件要求提交投标保证金的，该投标文件将被拒绝，作废标处理。

1. 投标保证金的形式与金额

投标保证金除现金外，可以是银行出具的银行保函、保兑支票、银行汇票或现金支票。

《招标投标法实施条例》规定，招标人在招标文件中要求投标人提交投标保证金的，投标保证金不得超过招标项目估算价的 2%。投标保证金有效期应当与投标有效期一致。依法必须进行招标的项目的境内投标单位，以现金或者支票形式提交的投标保证金应当从其基本账户转出。招标人不得挪用投标保证金。

投标人应当按照招标文件要求的方式和金额，将投标保证金随投标文件提交给招标人。

《工程建设项目施工招标投标办法》规定，招标人可以在招标文件中要求投标人提交投标保证金。投标保证金除现金外，可以是银行出具的银行保函、保兑支票、银行汇票或现金支票。

投标保证金不得超过项目估算价的 2%，但最高不得超过 80 万元人民币。投标保证金有效期应当与投标有效期一致。

投标人应当按照招标文件要求的方式和金额，将投标保证金随投标文件提交给招标人或其委托的招标代理机构。

依法必须进行施工招标的项目的境内投标单位，以现金或者支票形式提交的投标保证金应当从其基本账户转出。

2. 投标保证金的退还

《工程建设项目施工招标投标办法》规定，招标人与中标人签订合同后 5 个工作日内，应当向未中标的投标人退还投标保证金。

《招标投标法实施条例》规定，招标人最迟应当在书面合同签订后 5 日内向中标人和未中标的投标人退还投标保证金及银行同期存款利息。

但是，有下列情形之一的，投标保证金将被没收。

(1) 在提交投标文件截止时间后到招标文件规定的投标有效期终止之前，投标人撤回投标文件的。

(2) 中标通知书发出后，中标人放弃中标项目的，无正当理由不与招标人签订合同的，在签订合同时向招标人提出附加条件或者更改合同实质性内容的，或者拒不提交所要求的履约保证金的，招标人可取消其中标资格，并没收其投标保证金。

因为投标人的投标是一种要约行为，投标人作为要约人，向招标人(受要约人)递交投标文件之后，即意味着向招标人发出了要约。在投标文件递交截止时间至招标人确定中标人的时间段内，投标人不能要求退出竞标或者修改投标文件。而且一旦招标人发出中标通知书，作出承诺，则合同即告成立，中标的投标人必须接受并受到约束。否则，投标人就要承担合同订立过程中的缔约过失责任，承担投标保证金被招标人没收的法律后果。所以投标保证金能够对投标人的投标行为产生约束作用，保证招标投标活动的严肃性。这是投标保证金最基本的功能。

4.3.3 联合体投标

《招标投标法》规定，两个以上法人或者其他组织可以组成一个联合体，以一个投标人的身份共同投标。

《招标投标法实施条例》规定，招标人应当在资格预审公告、招标公告或者投标邀请书中载明是否接受联合体投标。

招标人接受联合体投标并进行资格预审的，联合体应当在提交资格预审申请文件前组成。资格预审后联合体增减、更换成员的，其投标无效。

联合体投标是一种特殊的投标人组织形式。它由数家企业组成联合体，可以实现优势互补，增强投标竞争力，是填补单个企业资源和技术缺口，提高企业竞争力以及分散、降低企业经营风险，适应大型工程建设和市场竞争环境的一种有效方式。联合体共同投标一般适用于大型建设项目和结构复杂的建设项目。

1. 联合体投标的特点

联合体投标有如下特点。

(1) 联合体由两个或者两个以上的投标人组成，参与投标是各方的自愿行为。

(2) 联合体是一个临时性的组织，不具有法人资格。

(3) 联合体各方以一个投标人的身份共同投标，中标后，招标人与联合体各方共同签订一个承包合同，联合体各方就中标项目向招标人承担连带责任。

(4) 联合体各方签订共同投标协议后，不得再以自己名义单独投标，也不得组成新的联合体或参加其他联合体在同一项目中投标。

《招标投标法实施条例》规定，联合体各方在同一招标项目中以自己名义单独投标或者参加其他联合体投标的，相关投标均无效。

2. 联合体的资格条件

组成联合体的各方均应具备一定的能力和条件，如相应的人员、设备、专业技术、资金以及资质证书等。

《招标投标法》规定，联合体各方均应当具备承担招标项目的相应能力；国家有关规定或者招标文件对投标人资格条件有规定的，联合体各方均应当具备规定的相应资格条件。由同一专业的单位组成的联合体，按照资质等级较低的单位确定资质等级。

联合体的资质等级采取就低不就高的原则，是为了促使高资质、高素质的投标人实现强强联合，优化资源配置，并防止出现"挂靠"现象，以保证招标质量和建设工程的顺利实施。对于联合体各方承担招标项目的相应能力和资格条件认定，应当由联合体成员按照招标文件的相应要求提交各自的有关资料。

《工程建设项目施工招标投标办法》还规定，联合体参加资格预审并获通过的，其组成的任何变化都必须在提交投标文件截止之日前征得招标人的同意。如果变化后的联合体削弱了竞争，含有事先未经过资格预审或者资格预审不合格的法人或者其他组织，或者使联合体的资质降到资格预审文件中规定的最低标准以下，招标人有权拒绝。

3. 联合体协议

《招标投标法》规定，联合体各方应当签订共同投标协议，明确约定各方拟承担的工作和责任，并将共同投标协议连同投标文件一并提交招标人。联合体中标的，联合体各方应当共同与招标人签订合同，就中标项目向招标人承担连带责任。

联合体各方应指定一方作为联合体牵头人，授权其代表所有联合体成员负责投标和合同实施阶段的主办、协调工作，并应当向招标人提交由所有联合体成员法定代表人签署的授权书。联合体投标未附联合体各方共同投标协议的，将由评标委员会初审后按废标处理。

4. 联合体投标保证金

《工程建设项目施工招标投标办法》规定，联合体投标的，应当以联合体各方或者联合体中牵头人的名义提交投标保证金。以联合体中牵头人名义提交的投标保证金，对联合体各成员具有约束力。

需要注意的是，《招标投标法》中明确规定，招标人不得强制投标人组成联合体共同投标，不得限制投标人之间的竞争。

4.4 不正当竞争行为及投诉处理

《反不正当竞争法》规定，本法所称的不正当竞争，是指经营者违反本法规定，损害其他经营者的合法权益，扰乱社会经济秩序的行为。

4.4.1 招投标活动中的不正当竞争行为

在建设工程招标投标活动中，投标人的不正当竞争行为主要有：招标人相互串通投标、投标人与招标人串通投标、投标人以行贿手段谋取中标、投标人以低于成本的报价竞标、投标人以他人名义投标或者以其他方式弄虚作假骗取中标。

1. 投标人相互串通投标

《反不正当竞争法》规定，投标者不得串通投标，抬高标价或者压低标价。《招标投标法》也规定，投标人不得相互串通投标报价，不得排挤其他投标人的公平竞争，损害招标人或者其他投标人的合法权益。

《招标投标法实施条例》第三十九条规定，禁止投标人相互串通投标。有下列情形之一的，属于投标人相互串通投标。

(1) 投标人之间协商投标报价等投标文件的实质性内容。

(2) 投标人之间约定中标人。

(3) 投标人之间约定部分投标人放弃投标或者中标。

(4) 属于同一集团、协会、商会等组织成员的投标人按照该组织要求协同投标。

(5) 投标人之间为谋取中标或者排斥特定投标人而采取的其他联合行动。

《招标投标实施条例》第四十条规定，有下列情形之一的，视为投标人相互串通投标。

(1) 不同投标人的投标文件由同一单位或者个人编制。

(2) 不同投标人委托同一单位或者个人办理投标事宜。

(3) 不同投标人的投标文件载明的项目管理成员为同一人。

(4) 不同投标人的投标文件异常一致或者投标报价呈规律性差异。

(5) 不同投标人的投标文件相互混装。

(6) 不同投标人的投标保证金从同一单位或者个人的账户转出。

2. 投标人与招标人串通投标

《反不正当竞争法》规定，投标者和招标者不得相互勾结，以排挤竞争对手的公平竞争。《招标投标法》也规定，投标人不得与招标人串通投标，损害国家利益、社会公共利益或者他人的合法权益。

《招标投标法实施条例》第四十一条规定，禁止招标人与投标人串通投标。有下列情形之一的，属于招标人与投标人串通投标。

(1) 招标人在开标前开启投标文件并将有关信息泄露给其他投标人。

(2) 招标人直接或者间接向投标人泄露标底、评标委员会成员等信息。

(3) 招标人明示或者暗示投标人压低或者抬高投标报价。

(4) 招标人授意投标人撤换、修改投标文件。

(5) 招标人明示或者暗示投标人为特定投标人中标提供方便。

(6) 招标人与投标人为谋求特定投标人中标而采取的其他串通行为。

3. 投标人以行贿手段谋取中标

《反不正当竞争法》规定，经营者不得采用财物或者其他手段进行贿赂以销售或者购买商品。在账外暗中给予对方单位或者个人回扣的，以行贿论处；对方单位或者个人在账外暗中收受回扣的，以受贿论处。《招标投标法》也规定，禁止投标人以向招标人或者评标委员会成员行贿的手段谋取中标。

投标人以行贿手段谋取中标是一种严重的违法行为，对其他参与竞争的投标人不公平，其法律后果是中标无效。同时，有关责任人和单位还要承担相应的行政责任或刑事责任；给他人造成损失的，还应当承担民事赔偿责任。

4. 投标人以低于成本的报价竞标

《反不正当竞争法》规定，经营者不得以排挤竞争对手为目的，以低于成本的价格销售商品。《招标投标法》则规定，投标人不得以低于成本的报价竞标。该法还规定，中标人的投标应当符合下列条件之一……但是投标价格低于成本的除外。

这是因为低于成本的报价竞标不仅是不正当竞争行为，还容易导致中标后的偷工减料，影响工程质量。

5. 投标人以他人名义投标或以其他方式弄虚作假骗取中标

《反不正当竞争法》规定，经营者不得采用下列不正当手段从事市场交易，损害竞争对手。

(1) 假冒他人的注册商标。

(2) 擅自使用知名商品特有的名称、包装、装潢，或者使用与知名商品近似的名称、包装、装潢，造成和他人的知名商品相混淆，使购买者误认为是该知名商品。

(3) 擅自使用他人的企业名称或者姓名，引人误认为是他人的商品。

(4) 在商品上伪造或者冒用认证标志、名优标志等质量标志，伪造产地，对商品质量作引人误解的虚假表示。

《招标投标法》规定，投标人也不得以他人名义投标或者以其他方式弄虚作假，骗取中标。《招标投标法实施条例》第四十二条规定，使用通过受让或者租借等方式获取的资格、资质证书投标的，属于《招标投标法》第三十三条规定的以他人名义投标。投标人有下列情形之一的，属于《招标投标法》第三十三条规定的以其他方式弄虚作假的行为。

(1) 使用伪造、变造的许可证件。

(2) 提供虚假的财务状况或者业绩。

(3) 提供虚假的项目负责人或者主要技术人员简历、劳动关系证明。

(4) 提供虚假的信用状况。

(5) 其他弄虚作假的行为。

4.4.2　投诉与处理

投标人或者其他利害关系人认为招标投标活动不符合法律、行政法规规定的，可以自知道或者应当知道之日起 10 日内向有关行政监督部门投诉。投诉应当有明确的请求和必要的证明材料。

投诉人就同一事项向两个以上有权受理的行政监督部门投诉的，由最先收到投诉的行政监督部门负责处理。

行政监督部门应当自收到投诉之日起 3 个工作日内决定是否受理投诉，并自受理投诉之日起 30 个工作日内作出书面处理决定；需要检验、检测、鉴定、专家评审的，所需的时间不计算在内。

投诉人捏造事实、伪造材料或者以非法手段取得证明材料进行投诉的，行政监督部门应当予以驳回。

行政监督部门处理投诉，有权查阅、复制有关文件、资料，调查有关情况，相关的单位和人员应当予以配合。必要时，行政监督部门可以责令暂停招标投标活动。

行政监督部门的工作人员对监督检查过程中知悉的国家秘密、商业秘密，应当依法予以保密。

4.5 开标、评标和定标

建设工程评标工作是招标投标活动的核心环节，确保评标环节的公平、科学是实现招标目的的关键，因此招标人或招标代理机构要认真拟定评标办法，确保开标、评标过程的公正性，并在法定时间内确定中标候选人或中标人，签订工程合同。

4.5.1 开标

《招标投标法》规定，开标应当在招标文件确定的提交投标文件截止时间的同一时间公开进行；开标地点应当为招标文件中预先确定的地点。

开标由招标人主持，邀请所有投标人参加。开标时，由投标人或者其推选的代表检查投标文件的密封情况，也可以由招标人委托的公证机构检查并公证；经确认无误后，由工作人员当众拆封，宣读投标人名称、投标价格和投标文件的其他主要内容。招标人在招标文件要求提交投标文件的截止时间前收到的所有投标文件，开标时都应当当众予以拆封、宣读。开标过程应当记录，并存档备查。

《工程建设项目施工招标投标办法》规定，投标文件有下列情形之一的，招标人不予受理。

(1) 逾期送达的或者未送达指定地点的。

(2) 未按招标文件要求密封的。

4.5.2 评标

1. 组建评标委员会

《招标投标法》规定，评标由招标人依法组建的评标委员会负责。招标人应当采取必要的措施，保证评标在严格保密的情况下进行。任何单位和个人不得非法干预、影响评标的过程和结果。

依法必须进行招标的项目，其评标委员会由招标人的代表和有关技术、经济等方面的专家组成，成员人数为 5 人以上单数，其中技术、经济等方面的专家不得少于成员总数的三分之二。与投标人有利害关系的人不得进入相关项目的评标委员会；已经进入的应当更换。评标委员会成员的名单在中标结果确定之前应当保密。评标专家应符合下列条件。

(1) 从事相关专业领域工作满 8 年并具有高级职称或者同等专业水平。

(2) 熟悉有关招标投标的法律法规，并具有与招标项目相关的实践经验。

(3) 能够认真、公正、诚实、廉洁地履行职责。

有下列情形之一的，不得担任评标委员会成员。

(1) 投标人或者投标人主要负责人的近亲属。

(2) 项目主管部门或者行政监督部门的人员。

(3) 与投标人有经济利益关系，可能影响对投标公正评审的。

(4) 曾因在招标、评标以及其他与招标投标有关活动中从事违法行为而受过行政处罚或刑事处罚的。

评标委员会成员有前款规定情形之一的，应当主动提出回避。

招标人应当向评标委员会提供评标所必需的信息，但不得明示或者暗示其倾向或者排斥特定投标人。招标人应当根据项目规模和技术复杂程度等因素合理确定评标时间。超过三分之一的评标委员会成员认为评标时间不够的，招标人应当适当延长。

评标过程中，评标委员会成员有回避事由、擅离职守或者因健康等原因不能继续评标的，应当及时更换。被更换的评标委员会成员作出的评审结论无效，由更换后的评标委员会成员重新进行评审。

评标委员会成员应当依照《招标投标法》和本条例的规定，按照招标文件规定的评标标准和方法，客观、公正地对投标文件提出评审意见。招标文件没有规定的评标标准和方法不得作为评标的依据。

招标文件应当明确规定的所有评标因素，以及如何将这些因素量化或者据以进行评估。在评标过程中，不得改变招标文件中规定的评标标准、方法和中标条件。

评标委员会成员不得私下接触投标人，不得收受投标人给予的财物或者其他好处，不得向招标人征询确定中标人的意向，不得接受任何单位或者个人明示或者暗示提出的倾向或者排斥特定投标人的要求，不得有其他不客观、不公正履行职务的行为。

2. 投标文件澄清

《招标投标法实施条例》规定，投标文件中有含义不明确的内容、明显文字或者计算错误，评标委员会认为需要投标人作出必要澄清、说明的，应当书面通知该投标人。投标人的澄清、说明应当采用书面形式，并不得超出投标文件的范围或者改变投标文件的实质性内容。

评标委员会不得暗示或者诱导投标人作出澄清、说明，不得接受投标人主动提出的澄清、说明。在评标过程中，评标委员会发现投标人的报价明显低于其他投标报价或者在设有标底时明显低于标底，使得其投标报价可能低于其个别成本的，应当要求该投标人作出书面说明并提供相关证明材料。投标人不能合理说明或者不能提供相关证明材料的，由评标委员会认定该投标人以低于成本报价竞标，应当否决其投标。

3. 否决投标文件

《招标投标法实施条例》规定，有下列情形之一的，评标委员会应当否决其投标。

(1) 投标文件未经投标单位盖章和单位负责人签字。

(2) 投标联合体没有提交共同投标协议。

(3) 投标人不符合国家或者招标文件规定的资格条件。

(4) 同一投标人提交两个以上不同的投标文件或者投标报价，但招标文件要求提交备选投标的除外。

(5) 投标报价低于成本或者高于招标文件设定的最高投标限价。

(6) 投标文件没有对招标文件的实质性要求和条件作出响应。

(7) 投标人有串通投标、弄虚作假、行贿等违法行为。

4．确定中标候选人

《建筑法》规定，开标后应当按照招标文件规定的评标标准和程序对标书进行评价、比较，在具备相应资质条件的投标者中，择优选定中标者。

评标完成后，评标委员会应当向招标人提交书面评标报告和中标候选人名单。中标候选人应当不超过三个，并标明排序。

评标报告应当由评标委员会全体成员签字。对评标结果有不同意见的评标委员会成员应当以书面形式说明其不同意见和理由，评标报告应当注明该不同意见。评标委员会成员拒绝在评标报告上签字又不书面说明其不同意见和理由的，视为同意评标结果。

评标委员会经评审，认为所有投标都不符合招标文件要求的，可以否决所有投标。依法必须进行招标的项目的所有投标被否决的，招标人应当依法重新招标。

4.5.3 中标

1．中标人的确定范围

《招标投标法》规定，招标人根据评标委员会提出的书面评标报告和推荐的中标候选人确定中标人。招标人也可以授权评标委员会直接确定中标人。

《工程建设项目施工招标投标办法》进一步规定，招标人应当接受评标委员会推荐的中标候选人，不得在评标委员会推荐的中标候选人之外确定中标人。国有资金占控股或者主导地位的依法必须进行招标的项目，招标人应当确定排名第一的中标候选人为中标人。排名第一的中标候选人放弃中标、因不可抗力提出不能履行合同、不按照招标文件的要求提交履约保证金，或者被查实存在影响中标结果的违法行为等情形，不符合中标条件的，招标人可以按照评标委员会提出的中标候选人名单排序依次确定其他中标候选人为中标人。依次确定其他中标候选人与招标人预期差距较大，或者对招标人明显不利的，招标人可以重新招标。

2．中标人的确定条件

《招标投标法》规定，中标人的投标应当符合下列条件之一。

(1) 能够最大限度地满足招标文件中规定的各项综合评价标准。

(2) 能够满足招标文件的实质性要求，并且经评审的投标价格最低；但是投标价格低于成本的除外。

3．中标人的确定期限和中标候选人公示

评标委员会完成评标后，应向招标人提出书面评标报告。评标报告由评标委员会全体成员签字。

依法必须进行招标的项目，招标人应当自收到评标报告之日起 3 日内公示中标候选人，公示期不得少于 3 日。中标通知书由招标人发出。

《招标投标法》规定，依法必须进行招标的项目，招标人应当自确定中标人之日起 15 日内，向有关行政监督部门提交招标投标情况的书面报告。

《工程建设项目施工招标投标办法》进一步规定，依法必须进行施工招标的项目，招标人应当自发出中标通知书之日起 15 日内，向有关行政监督部门提交招标投标情况的书面报告。书面报告至少应包括下列内容。

(1) 招标范围。

(2) 招标方式和发布招标公告的媒介。

(3) 招标文件中投标人须知、技术条款、评标标准和方法、合同主要条款等内容。

(4) 评标委员会的组成和评标报告。

(5) 中标结果。

4.5.4　签订合同

《招标投标法》规定，招标人和中标人应当自中标通知书发出之日起 30 日内，按照招标文件和中标人的投标文件订立书面合同。招标人和中标人不得再行订立背离合同实质性内容的其他协议。

为了防止出现"阴阳合同"，建设部《房屋建筑和市政基础设施工程施工招标投标管理办法》中规定，"订立书面合同后 7 日内，中标人应当将合同送工程所在地的县级以上地方人民政府建设行政主管部门备案。"最高人民法院关于《审理建设工程施工合同纠纷案件适用法律问题的解释》第二十一条规定："当事人就同一建设工程另行订立的建设工程施工合同与经过备案的中标合同实质性内容不一致的，应当以备案的中标合同作为结算工程价款的根据。"

4.5.5　履约保证金

《招标投标法》规定，招标文件要求中标人提交履约保证金的，中标人应当提交。

《招标投标法实施条例》规定，招标文件要求中标人提交履约保证金的，中标人应当按照招标文件的要求提交。履约保证金不得超过中标合同金额的 10%。

《工程建设项目施工招标投标办法》进一步规定，招标文件要求中标人提交履约保证金或者其他形式履约担保的，中标人应当提交；拒绝提交的，视为放弃中标项目。

招标人要求中标人提供履约保证金或其他形式履约担保的，招标人应当同时向中标人提供工程款支付担保。招标人不得擅自提高履约保证金，不得强制要求中标人垫付中标项目建设资金。

案 例 分 析

【案例 4-1】

一、背景

某县政府办公楼为四层框架结构，高度为 15m，建筑面积 8000m²，属三类工程。资金来源为国家拨款。该工程于 2007 年立项，2007 年 10 月勘察，2008 年 3 月完成方案设计和施工图设计，工程量清单由某设计院编制。某招标代理公司组织该工程的招投标工作，某工程造价咨询公司进行审核。

二、问题

工程造价咨询公司审核资格预审文件后，发现资格预审文件中关于投标单位和拟派项目经理的资质要求分别为房屋建筑总承包一级施工企业和一级注册建造师，并规定对拟派项目经理负责的工程至少有一个获得芙蓉奖及以上奖项。

三、分析

建设部等七部委 2003 年 30 号令《工程建设项目施工招标投标办法》第二章第二十条规定："资格审查时，招标人不得以不合理的条件限制、排斥潜在投标人或者投标人，不得对潜在投标人或者投标人实行歧视待遇。任何单位和个人不得以行政手段或其他不合理方式限定投标人的数量。"本案例中，教学楼工程为三类工程，却要求一级施工企业和一级建造师，存在"排斥潜在投标人或者投标人"的现象；对拟派项目经理"负责的工程至少有一个获得芙蓉奖及以上奖项"，有"对潜在投标人或者投标人实行歧视待遇"之嫌，与资格审查的目——为保证投人具备承担招标项目的能力这一基本目的相违背，是不符合上述文件的规定。

四、处理

工程造价咨询公司经与招标人和招标代理公司协商，将企业资质要求改为"房屋建筑总承包二级及其以上施工企业"，拟派项目经理要求改为"二级及其以上注册建造师"，对拟任项目经理类似工程经历获奖加分改为"近三年内(从资格预审之日算起，往前推 36 个月)拟任项目经理负责的工程至少获得一项省优及其以上奖励"。这样既有利于招标人择优选定的施工企业和项目经理，同时也符合《工程建设项目施工招标投标办法》中的相关规定。

【案例 4-2】

一、背景

某市属重点中学新建教学楼为三层框架结构，总建筑面积 4000m²，资金来源为自筹资金。项目 2007 年 4 月完成施工图设计，经设计院编制施工图清单及施工图预算，总投资为 820 万元。其中基础部分为 180 万元，土建及水电部分为 640 万元，该项目计划于 2007 年 5 月开工，2007 年 8 月完工。学校临时抽调两名教师组成筹建办，负责项目建设有关事宜。

二、问题

建设过程中,该筹建办考虑到工期紧,为了加快进展,由筹建办会同学校工会等部门经考察后直接委托某市第三建安公司承担基础部分施工,仅对土建主体部分进行招标。该筹建办参照有关招标文件范本自行编制了招标文件,并邀请了包括某市第三建安公司在内的五家施工单位参加投标,开标在该校会议室进行。由该校工会、办公室并各相关部门人员参加,某市第三建安公司中标。开工前,市建设主管部门现场检查时发现该项目招标的方式不符合国家规定,下达停工通知,并邀请市审计局进行专项审计。

三、分析

1. 审计局经调查核实,认为该中学教学楼筹建办为两名临时抽调教师组成的临时机构,显然不具备编制招标文件及组织开标所应具有的专业能力及相应的场地和专家评委库。该筹建办在不具备自行招标能力且未向有关行政监督部门备案情况下自行招标,违反了《中华人民共和国招标投标法》第十二条“招标人具有编制招标文件和组织评标能力的,可以自行办理招标事宜”及“招标人自行办理招标事宜的,应当向有关行政监督部门备案”的规定。

2. 根据国家《工程建设项目招标范围和规模标准规定》第七条规定:“施工单项合同估价在 200 万元人民币以上的必须进行招标。”第九条规定:“依法必须进行招标的项目,全部使用国拨资金投资或者国拨资金投资占控股或者主导地位的,应当公开招标。”《中华人民共和国招标投标法》第三条规定,“任何单位和个人不得将依法必须进行招标的项目化整为零或者以其他任何方式规避招标。”学校作为全民国有事业单位,其自筹资金也属国有资金,土建主体部分应通过公开招标的方式进行,而不应由学校在未经行政主管部门批准的情况下自行邀请招标。虽然教学楼基础部分造价不足 200 万元,但不应从土建主体工程中肢解出来直接发包,审计局建议该项目重新招标。

四、处理

市建设行政主管部门根据审计局的意见,责成学校对项目重新进行公开招标,经招标 C 公司中标,中标价为 792 万元(含基础部分),使项目建设继续进行。市第三建安公司前期施工发生的费用由 C 公司承担。

【案例 4-3】

一、背景

某办公用房,六层砖混结构,基础柱下分独立基础和条形基础两种基础形式,地面贴 600×600 瓷砖,内墙墙面刷仿瓷涂料后再刷内墙漆两遍,外墙面贴 200×60 瓷砖,总建筑面积 5260m²。资金来源为自筹资金。本工程 2007 年立项,2008 年 6 月勘察,2009 年 1 月完成施工图设计。拟采用工程量清单招标,工程量清单由招标代理公司编制,招标控制价 1170 万元。某造价咨询公司进行审核。

二、问题

造价咨询公司在对工程量清单和招标控制价进行审核时,发现平整场地、土方和外墙贴 60×200 瓷砖等工程量计算有误,主要存在以下问题。

1. 平整场地的清单数量有误,比按施工平面图计算的数值多计 270.8 m²。

2. 工程量清单中基础土方开挖量为 184m³，按施工图计算实际开挖量应为 1840m³。

3. 外墙贴 200×60 瓷砖，其清单量为 2561m²，比按施工图计算的量少算了 1300m²。

三、分析

1. 根据《建设工程工程量清单计价规范》中工程量清单计算规则 010101001 条规定，平整场地清单单位为 m²。清单工程量是按设计图示尺寸以建筑物首层面积计算，应为 20×43.7=874m²。其消耗量计算规则为按建筑物外墙外边线每边各加 2m 以平方米计算，24×47.7=1144.8m²。

2. 根据《建设工程工程量清单计价规范》工程量清单计算规则 010101003 条规定，挖基础土方清单单位为 m³，清单工程量是按设计图示尺寸以基础垫层底面积乘以挖土深度计算，应为 1840m³，而不是 184m³，是由于小数点错误引起工程量误差。

3. 根据《建设工程工程量清单计价规范》工程量清单计算规则 020204003 条规定，墙面贴面积应按设计图示以镶贴表面积计算，即按实贴面积计算。而 2561m² 是按外墙抹灰面积计算，即按垂直投影面积计算的结果，比按施工图实贴面积计算少计了 1300m²。

四、处理

招标代理公司针对上述问题作出如下调整。

1. 将平整场地的清单量调整为 874m²，其消耗量为 1144.8m²。

2. 将基础土方清单量修改为 1840m³。

3. 墙面贴面砖按设计图示以镶贴表面积计算，即按实贴面积计算，外墙釉面砖 3861m²。增加造价 1300×45=58 500 元，对招标控制价进行对应的修改。

本 章 小 结

本章主要讲述招标投标概念、分类及招标方式，工程项目招标条件和招标程序，建设工程项目施工招标文件的组成内容等。通过本章的学习，要熟悉招标、投标、评标、定标的程序及相关法律法规的强制性规定，要了解投标保证金与履约保证金的金额要求，对于联合体投标这一投标形式的条件及特点应有一定的把握。

习 题

1. 什么是招标？什么是投标？

2. 建设工程项目施工招标方式有哪几种？在什么条件和要求下采用邀请招标？

3. 建设工程施工招标文件由哪些内容组成？

4. 什么叫标底？其组成内容是什么？有何作用？

5. 投标保证金将被没收的情形有哪些？

6. 联合体投标的特点有哪些？

7. 根据《招标投标法》的规定，中标人的确定条件是什么？

第 5 章　建设工程监理合同管理

【学习要点及目标】

◆ 熟悉建设工程必须实行监理的范围，掌握《建设工程监理合同(示范文本)》的组成内容。

◆ 掌握《建设工程监理合同(示范文本)》中的名词和用语，重点理解监理人、正常工作、附加工作、总监理工程师等，了解合同文件的解释顺序。

◆ 掌握监理人及委托人的义务，了解监理人、委托人的违约责任。

◆ 了解建设工程监理合同生效、变更、终止的情形。

【核心概念】

建设工程监理合同、监理人、附加工作、委托人、总监理工程师。

【引导案例】

委托人与监理人签订的监理委托合同约定，对于工期影响 5 天以上的变更事件，应由发包人代表和总监理工程师共同签字确认后方可实施。但是该条款并未在《建设工程施工合同》中进行约定，现承包人因设计变更事件向发包人要求工期延展 8 天，并经总监理工程师签字认可。问其效力如何？

5.1 建设工程监理合同概述

建设工程监理合同，是指工程建设单位聘请监理单位代其对工程项目进行管理，明确双方权利、义务的协议。建设单位称委托人、监理单位称受托人。

5.1.1 建设工程委托监理合同的特征

(1) 监理合同的当事人双方应当具有民事权利能力和民事行为能力。根据《工程监理企业资质管理规定》，从事建设工程监理活动的企业，应当按照本规定取得工程监理企业资质，并在工程监理企业资质证书许可的范围内从事工程监理活动。工程监理企业资质分为综合资质、专业资质和事务所资质。其中，专业资质按照工程性质和技术特点划分为若干工程类别。

综合资质、事务所资质不分级别。专业资质分为甲级、乙级，其中，房屋建筑、水利水电、公路和市政公用专业资质可设立丙级。

(2) 监理合同的订立必须符合工程项目建设程序。根据《建设工程质量管理条例》第十二条规定，实行监理的建设工程，建设单位应当委托具有相应资质等级的工程监理单位进行监理，也可以委托具有工程监理相应资质等级并与被监理工程的施工承包单位没有隶属关系或者其他利害关系的该工程的设计单位进行监理。下列建设工程必须实行监理。

① 国家重点建设工程。

② 大中型公用事业工程。

③ 成片开发建设的住宅小区工程。

④ 利用外国政府或者国际组织贷款、援助资金的工程。

⑤ 国家规定必须实行监理的其他工程。

(3) 委托监理合同的标的是服务，工程建设实施阶段所签订的其他合同，如勘察设计合同、施工承包合同、物资采购合同、加工承揽合同的标的物是产生新的物质或信息成果，而监理合同的标的是服务，即监理工程师凭据自己的知识、经验、技能受业主委托为其所签订的其他合同的履行实施监督和管理。因此《合同法》将监理合同划入委托合同的范畴。《合同法》第二百七十六条规定：“建设工程实施监理的，发包人应当与监理人采用书面形式订立委托监理合同。发包人与监理人的权利和义务以及法律责任，应当依照本法委托合同以及其他有关法律、行政法规的规定。”

5.1.2 建设工程监理合同示范文本的组成

2012 年 3 月，为规范建设工程监理活动，维护建设工程监理合同当事人的合法权益，住房和城乡建设部、国家工商行政管理总局对《建设工程委托监理合同(示范文本)》(GF—

2000—2002)进行了修订，制定了《建设工程监理合同(示范文本)》(GF—2012—0202)，该合同自颁布之日起执行，原《建设工程委托监理合同(示范文本)》(GF—2000—2002)同时废止。

2012 年版《建设工程监理合同(示范文本)》由协议书、通用条件、专用条件及附录 A、附录 B 五个部分组成。

(1) 协议书。协议书部分是监理合同当事人对本合同基本权利义务和内容的确认，包括工程概况、词语限定、组成本合同的文件、总监理工程师、签约酬金、期限、双方承诺、合同订立八项内容。

(2) 通用条件。通用条件的内容涵盖了合同中所用词语定义、适用范围和法规、签约双方的责任、权利和义务、合同生效、变更与终止、监理报酬、争议解决以及其他一些情况。它是监理合同的通用文本，适用于各类工程建设监理委托，是所有签约工程都应遵守的基本条件。

(3) 专用条件。由于通用条件适用于所有的工程建设监理委托，因此其中的某些条款规定得比较笼统，需要在签订具体工程项目的监理委托合同时，就地域特点、专业特点和委托监理项目的特点，对通用条件中的某些条款进行补充、修正。

(4) 附录 A。附录 A 为《相关服务的范围和内容》，根据通用条件中"监理"的定义，监理是指监理人受委托人的委托，依照法律法规、工程建设标准、勘察设计文件及合同，在施工阶段对建设工程质量、进度、造价进行控制，对合同、信息进行管理，对工程建设相关方的关系进行协调，并履行建设工程安全生产管理法定职责的服务活动。可见，如无特别说明，"监理"是施工阶段的服务，所以工程勘察、设计、保修等阶段的服务，只有当委托人与工程施工监理一并委托时才称为相关服务，才会在建设工程监理合同附录中体现。

(5) 附录 B。附录 B 为《委托人派遣的人员和提供的房屋、资料、设备》，为细化双方权利义务并参照国际惯例，委托人为监理人开展工作无偿提供的人员、房屋、资料和设备应在附录 B 中予以明确。

5.2　建设工程监理合同管理

5.2.1　定义与解释

1. 定义

除根据上下文另有其他意义外，组成本合同的全部文件中的下列名词和用语应具有本款所赋予的含义。

(1) "工程"是指按照本合同约定实施监理与相关服务的建设工程。

(2) "委托人"是指本合同中委托监理与相关服务的一方，及其合法的继承人或受让人。

(3) "监理人"是指本合同中提供监理与相关服务的一方，及其合法的继承人。

(4) "承包人"是指在工程范围内与委托人签订勘察、设计、施工等有关合同的当事人，及其合法的继承人。

(5) "监理"是指监理人受委托人的委托，依照法律法规、工程建设标准、勘察设计文件及合同，在施工阶段对建设工程质量、进度、造价进行控制，对合同、信息进行管理，对工程建设相关方的关系进行协调，并履行建设工程安全生产管理法定职责的服务活动。

(6) "相关服务"是指监理人受委托人的委托，按照本合同约定，在勘察、设计、保修等阶段提供的服务活动。

(7) "正常工作"指本合同订立时通用条件和专用条件中约定的监理人的工作。

(8) "附加工作"是指本合同约定的正常工作以外监理人的工作。

(9) "项目监理机构"是指监理人派驻工程负责履行本合同的组织机构。

(10) "总监理工程师"是指由监理人的法定代表人书面授权，全面负责履行本合同、主持项目监理机构工作的注册监理工程师。

2. 解释

本合同使用中文书写、解释和说明。如专用条件约定使用两种及以上语言文字时，应以中文为准。组成本合同的下列文件彼此应能相互解释、互为说明。除专用条件另有约定外，本合同文件的解释顺序如下。

(1) 协议书。

(2) 中标通知书(适用于招标工程)或委托书(适用于非招标工程)。

(3) 专用条件及附录A、附录B。

(4) 通用条件。

(5) 投标文件(适用于招标工程)或监理与相关服务建议书(适用于非招标工程)。

双方签订的补充协议与其他文件发生矛盾或歧义时，属于同一类内容的文件，应以最新签署的为准。

5.2.2 监理人的义务

除专用条件另有约定外，监理工作内容包括以下几方面。

(1) 收到工程设计文件后编制监理规划，并在第一次工地会议7天前报委托人。根据有关规定和监理工作需要，编制监理实施细则。

(2) 熟悉工程设计文件，并参加由委托人主持的图纸会审和设计交底会议。

(3) 参加由委托人主持的第一次工地会议；主持监理例会并根据工程需要主持或参加专题会议。

(4) 审查施工承包人提交的施工组织设计，重点审查其中的质量安全技术措施、专项施工方案与工程建设强制性标准的符合性。

(5) 检查施工承包人工程质量、安全生产管理制度及组织机构和人员资格。

(6) 检查施工承包人专职安全生产管理人员的配备情况。

(7) 审查施工承包人提交的施工进度计划，核查承包人对施工进度计划的调整。

(8) 检查施工承包人的试验室。

(9) 审核施工分包人资质条件。

(10) 查验施工承包人的施工测量放线成果。

(11) 审查工程开工条件，对条件具备的签发开工令。

(12) 审查施工承包人报送的工程材料、构配件、设备质量证明文件的有效性和符合性，并按规定对用于工程的材料采取平行检验或见证取样方式进行抽检。

(13) 审核施工承包人提交的工程款支付申请，签发或出具工程款支付证书，并报委托人审核、批准。

(14) 在巡视、旁站和检验过程中，发现工程质量、施工安全存在事故隐患的，要求施工承包人整改并报委托人。

(15) 经委托人同意，签发工程暂停令和复工令。

(16) 审查施工承包人提交的采用新材料、新工艺、新技术、新设备的论证材料及相关验收标准。

(17) 验收隐蔽工程、分部分项工程。

(18) 审查施工承包人提交的工程变更申请，协调处理施工进度调整、费用索赔、合同争议等事项。

(19) 审查施工承包人提交的竣工验收申请，编写工程质量评估报告。

(20) 参加工程竣工验收，签署竣工验收意见。

(21) 审查施工承包人提交的竣工结算申请并报委托人。

(22) 编制、整理工程监理归档文件并报委托人。

5.2.3　监理与相关服务依据

监理与相关服务依据包括以下几方面。

(1) 适用的法律、行政法规及部门规章。

(2) 与工程有关的标准。

(3) 工程设计及有关文件。

(4) 本合同及委托人与第三方签订的与实施工程有关的其他合同。

(5) 双方根据工程的行业和地域特点，在专用条件中具体约定监理依据；相关服务依据在专用条件中约定。

5.2.4　项目监理机构和人员

监理人应组建满足工作需要的项目监理机构，配备必要的检测设备。项目监理机构的主要人员应具有相应的资格条件。监理合同履行过程中，总监理工程师及重要岗位监理人员应保持相对稳定，以保证监理工作正常进行。

监理人可根据工程进展和工作需要调整项目监理机构人员。监理人更换总监理工程师时，应提前 7 天向委托人书面报告，经委托人同意后方可更换；监理人更换项目监理机构其他监理人员，应以相当资格与能力的人员替换，并通知委托人。

监理人应及时更换有下列情形之一的监理人员。

(1) 严重过失行为的。

(2) 有违法行为不能履行职责的。

(3) 涉嫌犯罪的。

(4) 不能胜任岗位职责的。

(5) 严重违反职业道德的。

(6) 专用条件约定的其他情形。

委托人可要求监理人更换不能胜任本职工作的项目监理机构人员。

监理人应遵循职业道德准则和行为规范，严格按照法律法规、工程建设有关标准及本合同履行职责。在监理与相关服务范围内，委托人和承包人提出的意见和要求，监理人应及时提出处置意见。当委托人与承包人之间发生合同争议时，监理人应协助委托人、承包人协商解决。

当委托人与承包人之间的合同争议提交仲裁机构仲裁或人民法院审理时，监理人应提供必要的证明资料。

监理人应在专用条件约定的授权范围内，处理委托人与承包人所签订合同的变更事宜。如果变更超过授权范围，应以书面形式报委托人批准。在紧急情况下，为了保护财产和人身安全，监理人所发出的指令未能事先报委托人批准时，应在发出指令后的 24 小时内以书面形式报委托人。

除专用条件另有约定外，监理人发现承包人的人员不能胜任本职工作的，有权要求承包人予以调换。

监理人应按专用条件约定的种类、时间和份数向委托人提交监理与相关服务的报告。在监理合同履行期内，监理人应在现场保留工作所用的图纸、报告及记录监理工作的相关文件。工程竣工后，应当按照档案管理规定将监理有关文件归档。

监理人无偿使用附录 B 中由委托人派遣的人员和提供的房屋、资料、设备。除专用条件另有约定之外，委托人提供的房屋、设备属于委托人的财产，监理人应妥善使用和保管，在本合同终止时将这些房屋、设备的清单提交委托人，并按专用条件约定的时间和方式移交。

5.2.5 委托人的义务

1. 告知

委托人应在委托人与承包人签订的合同中明确监理人、总监理工程师和授予项目监理机构的权限。如有变更，应及时通知承包人。

2. 提供资料

委托人应按照附录 B 约定，无偿向监理人提供工程有关的资料。在本合同履行过程中，委托人应及时向监理人提供最新的与工程有关的资料。

3. 提供工作条件

委托人应为监理人完成监理与相关服务提供必要的条件。

(1) 委托人应按照附录 B 约定，派遣相应的人员，提供房屋、设备，供监理人无偿使用。

(2) 委托人应负责协调工程建设中所有外部关系，为监理人履行本合同提供必要的外部条件。

4. 委托人代表

委托人应授权一名熟悉工程情况的代表，负责与监理人联系。委托人应在双方签订本合同后 7 天内，将委托人代表的姓名和职责书面告知监理人。当委托人更换委托人代表时，应提前 7 天通知监理人。

5. 委托人意见或要求

在本合同约定的监理与相关服务工作范围内，委托人对承包人的任何意见或要求应通知监理人，由监理人向承包人发出相应指令。

6. 答复

委托人应在专用条件约定的时间内，对监理人以书面形式提交并要求作出决定的事宜，给予书面答复。逾期未答复的，视为委托人认可。

7. 支付

委托人应按本合同约定，向监理人支付酬金。

5.2.6　违约责任

1. 监理人的违约责任

(1) 因监理人违反本合同约定给委托人造成损失的，监理人应当赔偿委托人损失。赔偿金额的确定方法在专用条件中约定。监理人承担部分赔偿责任的，其承担赔偿金额由双方协商确定。

(2) 监理人向委托人的索赔不成立时，监理人应赔偿委托人由此发生的费用。

2. 委托人的违约责任

(1) 委托人违反本合同约定造成监理人损失的，委托人应予以赔偿。

(2) 委托人向监理人的索赔不成立时，应赔偿监理人由此引起的费用。

(3) 委托人未能按期支付酬金超过 28 天，应按专用条件约定支付逾期付款利息。

3. 除外责任

因非监理人的原因，且监理人无过错，发生工程质量事故、安全事故、工期延误等造成的损失，监理人不承担赔偿责任。

因不可抗力导致本合同全部或部分不能履行时，双方各自承担其因此而造成的损失、损害。

5.2.7　酬金支付

除专用条件另有约定外，酬金均以人民币支付。涉及外币支付的，所采用的货币种类、比例和汇率在专用条件中约定。支付的酬金包括正常工作酬金、附加工作酬金、合理化建议奖励金额及费用。

监理人应在本合同约定的每次应付款时间的 7 天前，向委托人提交支付申请书。支付申请书应当说明当期应付款总额，并列出当期应支付的款项及其金额。

委托人对监理人提交的支付申请书有异议时，应当在收到监理人提交的支付申请书后 7 天内，以书面形式向监理人发出异议通知。无异议部分的款项应按期支付，有异议部分的款项按第七条的约定办理。

5.2.8　合同生效、变更、暂停、解除与终止

1. 生效

除法律另有规定或者专用条件另有约定外，委托人和监理人的法定代表人或其授权代理人在协议书上签字并盖单位章后本合同生效。

2. 变更

(1) 任何一方提出变更请求时，双方经协商一致后可进行变更。

(2) 除不可抗力外，因非监理人原因导致监理人履行合同期限延长、内容增加时，监理人应当将此情况与可能产生的影响及时通知委托人。增加的监理工作时间、工作内容应视为附加工作。附加工作酬金的确定方法在专用条件中约定。

(3) 合同生效后，如果实际情况发生变化使得监理人不能完成全部或部分工作时，监理人应立即通知委托人。除不可抗力外，其善后工作以及恢复服务的准备工作应为附加工作，附加工作酬金的确定方法在专用条件中约定。监理人用于恢复服务的准备时间不应超过 28 天。

(4) 合同签订后，遇有与工程相关的法律法规、标准颁布或修订的，双方应遵照执行。由此引起监理与相关服务的范围、时间、酬金变化的，双方应通过协商进行相应调整。

(5) 因非监理人原因造成工程概算投资额或建筑安装工程费增加时，正常工作酬金应做相应调整。调整方法在专用条件中约定。

(6) 因工程规模、监理范围的变化导致监理人的正常工作量减少时，正常工作酬金应做相应调整。调整方法在专用条件中约定。

3. 暂停与解除

除双方协商一致可以解除本合同外，当一方无正当理由未履行本合同约定的义务时，另一方可以根据本合同约定暂停履行本合同直至解除本合同。

(1) 在本合同有效期内，由于双方无法预见和控制的原因导致本合同全部或部分无法继续履行或继续履行已无意义，经双方协商一致，可以解除本合同或监理人的部分义务。在解除之前，监理人应做出合理安排，使开支减至最小。

因解除本合同或解除监理人的部分义务导致监理人遭受的损失，除依法可以免除责任的情况外，应由委托人予以补偿，补偿金额由双方协商确定。

解除本合同的协议必须采取书面形式，协议未达成之前，本合同仍然有效。

(2) 在本合同有效期内，因非监理人的原因导致工程施工全部或部分暂停，委托人可通知监理人要求暂停全部或部分工作。监理人应立即安排停止工作，并将开支减至最小。除不可抗力外，由此导致监理人遭受的损失应由委托人予以补偿。

暂停部分监理与相关服务时间超过 182 天，监理人可发出解除本合同约定的该部分义务的通知；暂停全部工作时间超过 182 天，监理人可发出解除本合同的通知，本合同自通知到达委托人时解除。委托人应将监理与相关服务的酬金支付至本合同解除日，且应承担约定的责任。

(3) 当监理人无正当理由未履行本合同约定的义务时，委托人应通知监理人限期改正。若委托人在监理人接到通知后的 7 天内未收到监理人书面形式的合理解释，则可在 7 天内发出解除本合同的通知，自通知到达监理人时本合同解除。委托人应将监理与相关服务的酬金支付至限期改正通知到达监理人之日，但监理人应承担约定的责任。

(4) 监理人在专用条件中约定的支付之日起 28 天后仍未收到委托人按本合同约定应付的款项，可向委托人发出催付通知。委托人接到通知 14 天后仍未支付或未提出监理人可以接受的延期支付安排，监理人可向委托人发出暂停工作的通知并可自行暂停全部或部分工作。暂停工作后 14 天内监理人仍未获得委托人应付酬金或委托人的合理答复，监理人可向委托人发出解除本合同的通知，自通知到达委托人时本合同解除。委托人应承担约定的责任。

(5) 因不可抗力致使本合同部分或全部不能履行时，一方应立即通知另一方，可暂停或解除本合同。

(6) 本合同解除后，本合同约定的有关结算、清理、争议解决方式的条件仍然有效。

4. 合同终止

以下条件全部满足时，本合同即告终止。

(1) 监理人完成本合同约定的全部工作。

(2) 委托人与监理人结清并支付全部酬金。

5.2.9　争议解决

双方应本着诚信原则协商解决彼此间的争议。如果双方不能在 14 天内或双方商定的其他时间内解决本合同争议，可以将其提交给专用条件约定的或事后达成协议的调解人进行调解。

双方均有权不经调解直接向专用条件约定的仲裁机构申请仲裁或向有管辖权的人民法院提起诉讼。

5.2.10　其他约定

经委托人同意，监理人员外出考察发生的费用由委托人审核后支付。

委托人要求监理人进行的材料和设备检测所发生的费用，由委托人支付，支付时间在专用条件中约定。

经委托人同意，根据工程需要由监理人组织的相关咨询论证会以及聘请相关专家等发生的费用由委托人支付，支付时间在专用条件中约定。

监理人在服务过程中提出的合理化建议，使委托人获得经济效益的，双方在专用条件中约定奖励金额的确定方法。奖励金额在合理化建议被采纳后，与最近一期的正常工作酬金同期支付。

监理人及其工作人员不得从与实施工程有关的第三方处获得任何经济利益。

双方不得泄露对方申明的保密资料，亦不得泄露与实施工程有关的第三方所提供的保密资料，保密事项在专用条件中约定。

本合同涉及的通知均应当采用书面形式，并在送达对方时生效，收件人应书面签收。

监理人对其编制的文件拥有著作权。监理人可单独或与他人联合出版有关监理与相关服务的资料。除专用条件另有约定外，如果监理人在本合同履行期间及本合同终止后两年内出版涉及本工程的有关监理与相关服务的资料，应当征得委托人的同意。

案 例 分 析

【案例 5-1】

某工程，建设单位与甲施工单位按照《建设工程施工合同(示范文本)》签订了施工合同。经建设单位同意，甲施工单位选择了乙施工单位作为分包单位。在合同履行中，发生了如下事件。

事件 1：在合同约定的工程开工日前，建设单位收到甲施工单位报送的《工程开工报审表》后即予处理：考虑到施工许可证已获政府主管部门批准且甲施工单位的施工机具和施工人员已经进场，便审核签认了《工程开工报审表》并通知了项目监理机构。

事件 2：在施工过程中，甲施工单位的资金出现困难，无法按分包合同的约定支付乙施工单位工程款。乙施工单位向项目监理机构提出了支付申请。项目监理机构受理并征得建设单位同意后，即向乙施工单位签发了付款凭证。

事件 3：专业监理工程师在巡视中发现，乙施工单位施工的某部位存在质量隐患，专业监理工程师随即向甲施工单位签发了整改通知。甲施工单位回函称，建设单位已直接向乙施工单位付款，因而本单位对乙施工单位施工的工程质量不承担责任。

事件 4：甲施工单位向建设单位提交了工程竣工验收报告后，建设单位于 2003 年 9 月 20 日组织勘察、设计、施工、监理等单位竣工验收，工程竣工验收通过，各单位分别签署了质量合格文件。建设单位于 2004 年 3 月办理了工程竣工备案。因使用需要，建设单位于 2003 年 10 月初要求乙施工单位按其示意图在已验收合格的承重墙上开车库门洞，并于 2003 年 10 月底正式将该工程投入使用。2005 年 2 月该工程给排水管道大量漏水，经监理单位组织检查，确认是因开车库门洞施工时破坏了承重结构所致。

问题：

(1) 指出事件 1 中建设单位做法的不妥之处，说明理由。

(2) 指出事件 2 中项目监理机构做法的不妥之处，说明理由。

(3) 在事件 3 中甲施工单位的说法是否正确？为什么？

(4) 指出事件 4 中建设单位做法的不妥之处，说明理由。

【案例 5-2】

某工程，施工总承包单位依据施工合同约定，与甲安装单位签订了安装分包合同。基础工程完成后：由于项目用途发生变化，建设单位要求设计单位编制设计变更文件，并授权项目监理机构就设计变更引起的有关问题与总承包单位进行协商。项目监理机构在收到经相关部门重新审查批准的设计变更文件后，经研究对其今后工作安排如下。

(1) 由总监理工程师负责与总承包单位进行质量、费用和工期等问题的协商工作。

(2) 要求总承包单位调整施工组织设计，并报建设单位同意后实施。

(3) 由总监理工程师代表主持修订监理规划。

(4) 由负责合同管理的专业监理工程师全权处理合同争议。

(5) 安排一名监理员主持整理工程监理资料。

在协商变更单价过程中，项目监理机构未能与总承包单位达成一致意见，总监理工程师决定以双方提出的变更单价的均值作为最终的结算单价。项目监理机构认为甲安装分包单位不能胜任变更后的安装工程，要求更换安装分包单位。总承包单位认为项目监理机构无权提出该要求，但仍表示愿意接受，随即提出由乙安装单位分包。甲安装单位依据原定的安装分包合同已采购的材料，因设计变更需要退货，向项目监理机构提出了申请，要求补偿因材料退货而造成的费用损失。

问题：

(1) 逐项指出项目监理机构对其今后工作的安排是否妥当，不妥之处，写出正确做法。

(2) 指出在协商变更单价过程中项目监理机构做法的不妥之处，并按《建设工程监理规

范》写出正确做法。

(3) 总承包单位认为项目监理机构无权提出更换甲安装分包单位的意见是否正确？为什么？

(4) 指出甲安装单位要求补偿材料退货造成费用损失申请程序的不妥之处，写出正确做法。该费用损失应由谁来承担？

本 章 小 结

本章主要讲述建设工程监理合同的概念及示范文本的组成内容，明确了监理人、委托人的义务及违约责任，介绍了监理合同生效、变更、终止的情形及争议的解决方式。通过本章的学习，应熟悉建设工程监理合同的主要条款及规定。

习　　题

1. 《建设工程监理合同(示范文本)》的组成内容有哪些？
2. 什么是监理的正常工作和附加工作？
3. 试分析监理人和委托人的义务和违约责任。
4. 试分析监理合同的生效、变更与终止的具体内容。
5. 结合我国建设法律法规的具体规定，谈谈监理工程师应承担哪些法律责任。

第6章 建设工程勘察、设计合同管理

【学习要点及目标】

◆ 了解建设工程勘察、设计合同的概念及特征，掌握《建设工程勘察合同(一)》及《建设工程设计合同(一)》合同条款的主要内容。

◆ 掌握建设工程勘察设计合同应当具备的主要条款，熟悉勘察合同、设计合同中承包人与发包人的义务，了解勘察、设计费的数量与拨付办法。

◆ 明确勘察人、设计人、发包人的违约责任，了解承包人向发包人提出索赔的情由及发包人向承包人提出索赔的情由。

◆ 了解发包人、工程师、承包人对勘察、设计合同的管理及国家有关机构对勘察、设计合同的监督。

【核心概念】

建设工程勘察合同、建设工程设计合同、勘察费、设计费。

【引导案例】

　　某高速公路项目，发包人委托有资质的勘察公司进行项目勘察工作，双方签订《工程勘察合同》约定了双方权利义务。在进行野外作业时，勘察公司主要测量设备损坏，未能按时提交勘察资料，问勘察公司应承担何种违约责任？

6.1　建设工程勘察、设计合同概述

6.1.1　建设工程勘察、设计合同的概念

1. 建设工程勘察、设计合同的概念

建设工程勘察、设计合同，简称勘察、设计合同，是指建设人与勘察人、设计人为完成一定的勘察设计任务，明确双方的权利义务的协议。建设单位或有关单位称发包人，勘察、设计单位称承包人。根据勘察、设计合同，承包人完成委托方委托的勘察、设计项目，发包人接受符合约定要求的勘察、设计成果，并给付报酬。

2. 建设工程勘察、设计合同的特征

(1) 勘察、设计合同的当事人双方一般应具有法人资格。

建设工程勘察、设计合同的当事人双方应当是具有民事权利能力和民事行为能力，取得法人资格的组织或者其他组织及个人在法律和法规允许的范围内均可以成为合同当事人。作为发包方，必须是由国家批准建设项目，落实投资计划的企事业单位、社会组织；作为承包方应当是具有国家批准的勘察、设计许可证，经有关部门核准的资质等级的勘察设计单位。

(2) 勘察、设计合同的订立必须符合工程项目建设程序。

勘察、设计合同必须符合国家规定的工程项目建设程序。合同的订立应以国家批准的设计任务书或其他有关文件为基础。

(3) 勘察、设计合同具有建设工程合同的基本特征。

勘察、设计合同是建设工程合同中的类型之一，建设工程合同的基本特征，勘察设计合同都具有。

6.1.2　建设工程勘察、设计合同的法律规范

规范建设工程勘察、设计合同的基本法律，即 1999 年 3 月 15 日第九届全国人民代表大会第二次会议通过，并于 1999 年 10 月 1 日起施行的《中华人民共和国合同法》。此外，1983 年 8 月 8 日国务院发布的《建设工程勘察、设计合同条例》，仍有约束力。1997 年 11 月 1 日第八届全国人民代表大会常务委员会第二十八次会议通过，并于 1998 年 3 月 1 日起施行的《中华人民共和国建筑法》、1995 年 9 月 23 日国务院发布的《中华人民共和国注册建筑师条例》、1996 年 7 月 1 日国家建设部发布的《中华人民共和国注册建筑师条例实施细则》、1997 年 12 月 23 日国家建设部发布的《建设工程勘察和设计单位资质管理规定》，1997 年 1 月 7 日国家建设部发布的《建设工程勘察设计市场管理规定》等法律、法规及规章，都是规范建设工程勘察、设计合同的法律规范文件。这些规范性文件是建设工程勘察、

设计合同管理的依据。

6.1.3　勘察设计合同示范文本

1. 勘察合同示范文本

勘察合同范本按照委托勘察任务的不同分为两个版本。

(1) 建设工程勘察合同(一)[GF—2000—0203]。

范本适用于为设计提供勘察工作的委托任务，包括岩土工程勘察、水文地质勘察(含凿井)、工程测量、工程物探等勘察。合同条款的主要内容包括：

① 工程概况；

② 发包人应提供的资料；

③ 勘察成果的提交；

④ 勘察费用的支付；

⑤ 发包人、勘察人责任；

⑥ 违约责任；

⑦ 未尽事宜的约定；

⑧ 其他约定事项；

⑨ 合同争议的解决；

⑩ 合同生效。

(2) 建设工程勘察合同(二)[GF—2000—0204]。

该范本的委托工作内容仅涉及岩土工程，包括取得岩土工程的勘察资料、对项目的岩土工程进行设计、治理和监测工作。由于委托工作范围包括岩土工程的设计、处理和监测，因此，合同条款的主要内容除了上述勘察合同应具备的条款外，还包括变更及工程费的调整；材料设备的供应；报告、文件、治理的工程等的检查和验收等方面的约定条款。

2. 设计合同示范文本

设计合同分为两个版本。

(1) 建设工程设计合同(一)[GF—2000—0209]。

范本适用于民用建设工程设计的合同，主要条款包括以下几方面的内容：

① 订立合同依据的文件；

② 委托设计任务的范围和内容；

③ 发包人应提供的有关资料和文件；

④ 设计人应交付的资料和文件；

⑤ 设计费的支付；

⑥ 双方责任；

⑦ 违约责任；

⑧ 其他。

(2) 建设工程设计合同(二)[GF—2000—0210]。

该合同范本适用于委托专业工程的设计。除了上述设计合同应包括的条款内容外，还增加有设计依据；合同文件的组成和优先次序；项目的投资要求、设计阶段和设计内容；保密等方面的条款约定。

6.2 建设工程勘察、设计合同的订立与履行

6.2.1 建设工程勘察、设计合同的订立

1. 建设工程勘察、设计合同的主体资格

建设工程勘察设计合同的主体一般应是法人。承包方承揽建设工程勘察、设计任务必须具有相应的权利能力和行为能力，必须持有国家颁发的勘察、设计证书。国家对设计市场实行从业单位资质，个人执业资格准入管理制度。委托工程设计任务的建设工程项目应当符合国家有关规定：①建设工程项目可行性研究报告或项目建议书已获批准；②已经办理了建设用地规划许可证等手续；③法律、法规规定的其他条件。

发包方应当持有上级主管部门批准的设计任务书等合同文件。

2. 建设工程勘察设计合同订立的形式与程序

建设工程勘察、设计任务通过招标或设计方案的竞投确定勘察、设计单位后，应遵循工程项目建设程序，签订勘察、设计合同。

签订勘察合同，由建设单位、设计单位或有关单位提出委托，经双方协商同意，即可签订。

签订设计合同除双方协商同意外，还必须具有上级机关批准的设计任务书。小型单项工程必须具有上级机关批准的设计文件。

建设工程勘察、设计合同必须采用书面形式，并参照国家推荐使用的合同文本签订。

3. 建设工程勘察设计合同应当具备的主要条款

(1) 建设工程名称、规模、投资额、建设地点。

(2) 发包人提供资料的内容、技术要求及期限，承包方勘察的范围、进度和质量，设计的阶段、进度、质量和设计文件份数。

(3) 勘察、设计取费的依据，取费标准及拨付办法。

(4) 协作条件。

(5) 违约责任。

(6) 其他约定条款。

4. 建设工程勘察设计合同发包人的行为规范

发包人在委托业务中不得有下列行为：

(1) 收受贿赂、索取回扣或者其他好处。

(2) 指使承包方不按法律、法规、工程建设强制性标准和设计程序进行勘察设计。

(3) 不执行国家的勘察设计收费规定，以低于国家规定的最低收费标准支付勘察设计费或不按合同约定支付勘察设计费。

(4) 未经承包方许可擅自修改勘察设计文件，或将承包方专有技术和设计文件用于本工程以外的工程。

(5) 法律、法规禁止的其他行为。

6.2.2　建设工程勘察、设计合同的履行

1. 勘察合同承包人与发包人的义务

在建设工程勘察合同中发包人的义务即是承包人的权利，承包人的义务即是发包人的权利。

(1) 勘察合同发包人的义务。

勘察合同发包人的义务指的是由其负责提供资料的内容、技术要求、期限以及应承担的工作和服务项目。

① 在勘察工作开始前，发包人应当向承包人提交勘察或者设计的基础资料，即提交由设计人提供、经发包人同意的勘察范围，提出由发包人委托、设计人填写的勘察技术要求及其附图；

② 发包人应负责勘察现场的水、电、气的畅通供应，平整道路、现场清理等工作，以保在勘察人员进入现场作业时，发包人应当负责提供必要的工作和生活条件；

③ 支付勘察费。这是一个很重要的问题。勘察工作的取费标准是按照勘察工作的内容，如工程勘察、工程测量、工程地质、水文地质和工程物探等的工作量来决定的，其具体标准和计算办法要按照原国家建委颁发的《工程勘察取费标准》中的规定执行。

(2) 勘察承包人的义务。

承包人的义务是指承包人应当依据订立的合同和发包人的要求，通过自己的实际履行来完成其应负的职责，以实现发包人权利和目的。承包人应当按照规定的标准、规范、规程和条例，进行工程测量和工程地质、水文地址等勘察工作，并按合同规定的进度、质量要求提交勘察结果。对于勘察工作中的漏项应当及时予以勘察，由此多支出的费用应自行负担并承担由此造成的违约责任。

2. 设计合同发包人和承包人的义务

(1) 设计合同发包人的义务。

① 如果委托初步设计，委托人应在规定的日期内向承包人提供经过批准的设计任务书或者可行性研究报告、选址报告以及原料或者经过批准的资源报告、燃料、水电、运输等方面的协议文件和能满足初步设计要求的勘察资料、需经科研取得的技术资料。

② 如果委托施工图设计，委托人应当在规定日期内向承包人提供经过批准的初步设计

和能满足施工图设计要求的勘察资料、施工条件，以及有关设备的技术资料。

③ 发包人应及时向有关部门办理各设计阶段设计文件的审批工作。

④ 明确设计范围和深度。

⑤ 依照双方的约定支付设计费用。设计工程的取费标准，一般应当根据不同行业、不同建设规模和工程内容的繁简程度制定不同的收费定额，再根据这些定额来计算收费的费用。原国家计委颁布了《工程设计收费标准》，目前工程设计费仍按此标准执行。设计合同生效后，发包人向承包人支付相当于设计费的 20%作为定金，设计合同履行后，定金抵作设计费。设计费其余部分的支付由双方共同商定。对于超过设计范围的补充设计和增加设计深度以及减少已定的设计量，应对增加的部分付出的劳务给予补偿，对于设计范围的减少应协商确定报酬的给付。对上述情况，还要考虑设计期限的增减。

⑥ 委托配合引进项目的设计，从询价、对外谈判、国内外技术考察直到建成投产的各个阶段，都应当通知有关设计的单位参加，这样有利于设计任务的完成。

⑦ 在设计人员进入施工现场开始工作时，发包人应当提供必要的工作和生活条件。

⑧ 发包人应当维护承包人的设计文件，不得擅自修改，也不得转让给第三方使用，否则要承担侵权责任。

⑨ 合同中含有保密条款的，发包人应当承担设计文件的保密责任。

(2) 设计合同承包人的义务。

① 承包人要根据批准的设计任务书或者可行性研究报告或者上一阶段设计的批准文件，以及有关设计的技术经济文件；设计标准、技术规范、规程、定额等提出勘察技术要求和进行设计，并按合同规定的进度和质量要求，提交设计文件，设计文件包括概预算文件、材料设备清单等。

② 承包人对所承担的设计任务的建设项目应配合施工，进行施工前技术交底，解决施工中的有关设计问题，负责设计变更和修改预算，参加隐蔽工程验收和工程竣工验收。另外，勘察、设计人要对其勘察、设计的质量负责。《建筑法》第五十六条规定："建筑工程的勘察、设计单位必须对其勘察。设计的质量负责。勘察、设计文件符合有关法律、行政法规的规定和建筑工程质量、安全标准、建筑工程勘察、设计规范以及合同的约定。设计文件选用的建筑材料、建筑构配件和设备，应当注明其规格、型号、性能等技术指标，其质量要求必须符合国家规定的标准。"此外《建筑法》第五十四条规定；建设单位不得以任何理由，要求建筑设计单位或者施工企业在工程设计中，违反法律、行政法规和建筑工程质量、安全标准，降低工程质量。建筑设计单位对建设单位违反规定提出的降低工程质量的要求，应当予以拒绝；《建筑法》第五十八条第 2 款规定："建筑施工企业必须按照工程设计图纸和施工技术标准施工，不得偷工减料。工程设计的修改由原设计单位负责，建筑施工企业不得擅自修改工程设计。"

3. 设计的修改和终止

(1) 设计文件批准后，不得任意修改和变更。如果必须修改，须经有关部门批准，其批准权限，视修改的内容所涉及的范围而定。

(2) 发包人因故要求修改设计，经承包方同意后除设计文件的提交时间另定外，发包人还应按承包方实际返工修改的工作量增付设计费。

(3) 原定设计任务书或初步设计如有重大变更而须重做或修改设计时，须经设计任务书或初步设计批准机关同意，并经双方当事人协商后另订合同。委托方负责支付已经进行了的设计费用。

(4) 委托方因故要求中途终止设计时，应及时通知承包方，已付的设计费不退，并按该阶段实际所耗工时，增付和结清设计费，同时解除合同关系。

4. 勘察、设计费的数量与拨付办法

1) 勘察费

勘察工作的取费标准按照勘察工作的内容确定，其具体标准和计算办法依据国家有关规定执行，也可在国家指导下，承包人、发包人在合同中加以约定，勘察费用一般按实际完成的工作量收取。

勘察合同订立后，委托人应向承包人支付定金，定金金额为勘察费的 30%；勘察工作开始后，委托人应向承包人支付勘察费的 30%；全部勘察工作结束后，承包人按合同规定向委托人提交勘察报告书和图纸，委托人收取资料后，在规定的期限内按实际勘察工作量付清勘察费。对于特殊工程可适当提高勘察费用，其加收的额度为总价的 20%～40%。

2) 设计费

设计工程的取费标准，一般应根据不同行业，不同建设规模和工程内容的繁简程度制定不同的收费定额，再根据这些定额来计算收取的费用。

设计合同订立后，委托人应向承包人支付相当于设计费的 20%作为定金，设计合同履行后，定金抵作设计费。设计费用其余部分的支付由双方共同商定。

勘察、设计费根据国家有关规定，由委托人和承包人在合同中明确。合同双方不得违反国家有关最低收费标准的规定，任意压低勘察设计费用。合同中还须明确勘察、设计费的支付期限。

6.2.3　违约责任

1. 勘察人、设计人的责任

《合同法》第二百八十条规定："勘察、设计的质量不符合要求或者未按照期限提交勘察。设计文件拖延工期，造成发包人损失的，由勘察人、设计人继续完善勘察、设计，减收或者免收勘察、设计费并赔偿损失。"该条规定包括下述内容：

(1) 勘察人、设计人要对其勘察、设计的质量和提交勘察、设计文件的期限予以保证。

根据《建筑法》第六十二条的规定，建筑工程勘察、设计的质量必须符合国家有关建筑工程安全标准的要求，具体办法由国务院规定。根据国家《标准化法》的规定，建筑工程的设计和安全标准应当符合国家颁布的标准。

《建筑法》第五十六条规定："建筑工程的勘察、设计单位必须对其勘察、设计的质

量负责。勘察、设计文件应当符合有关法律、行政法规的规定和建筑工程质量、安全标准、建筑工程勘察、设计规范以及合同的约定。设计文件选用的建筑材料、建筑构配件和设备，应当注明其规格、型号、性能等技术指标，其质量要求必须符合国家规定的标准。"

建设工程的完成具有明显的程序性。简单地讲，建筑工程先要进行勘察、设计，然后进行工程施工，有的工程还需要委托监理，最后要组织建设工程验收。建设工程的勘察、设计是整个建设工程工作进行的开始和基础，勘察人、设计人应当按照约定提交勘察、设计文件，如果勘察人、设计人拖延勘察、设计文件的提交，则工程建设便无法进行，这会给发包人造成损失。

(2) 勘察、设计质量低劣或者未按照期限提交勘察、设计文件拖延工期的违约责任。

《合同法》第一百一十一条规定："质量不符合约定的，应当按照当事人的约定承担违约责任。对违约责任没有约定或者约定不明确，依照本法第六十一条的规定仍不能确定的，受损害方根据标的物的性质以及损失的大小，可以合理选择请求对方承担修理、更换、重作、退货、减少价款或者报酬等违约责任。"具体对勘察、设计合同而言，由勘察人、设计人继续完善其勘察、设计，以保证其勘察、设计的质量符合合同的约定和有关标准。由于勘察、设计的质量低劣或者未按照期限提交勘察、设计文件拖延工期的，则可能会给发包人造成一定的损失(如建筑人、安装人已经依照质量低劣的勘察、设计文件进行施工，不合格的工程需要返工、改建，其中给发包人造成的损失)勘察人、设计人应当承担相应的赔偿责任。勘察人、设计人未按照期限提交勘察、设计文件拖延工期，则会使发包人支付一定费用和相应的利息，这也是勘察人、设计人违反合同约定造成的。对上述情况，勘察人、设计人除继续完善勘察、设计外，还要减收或者免收勘察、设计费并赔偿损失。关于违约金和赔偿额的计算方法，依照有关规定执行。

关于建筑设计单位的质量责任，《建筑法》在第七十三条中作了比较全面的规定，即："建筑设计单位不按照建筑工程质量、安全标准进行设计的，责令改正，处以罚款；造成工程质量事故的，责令停业整顿，降低资质等级或者吊销资质证书，没收违法所得，并处罚款；造成损失的，承担赔偿责任；构成犯罪的，依法追究刑事责任。"

2. 发包人的责任

由于发包人的原因造成勘察、设计的返工、停工或者修改设计，发包人应当按照勘察人、设计人实际消耗的工作量增付费用。《合同法》第二百八十五条规定："由于发包人变更计划，提供的资料不准确，或者未按照期限提供必需的勘察、设计工作条件而造成勘察、设计的返工、停工或者修改设计，发包人应当按照勘察人、设计人实际消耗的工作量增付费用。"

(1) 发包人变更计划及违约。

造成发包人勘察、设计的返工、停工或者修改设计的原因一般有三种情况：

① 由于发包人变更计划。例如在数量上的增减、质量上的高低，以及工程的场所的变化等，但不论何种变化，都需要对勘察、设计进行相应的变化。

② 发包人提供的资料不准确。勘察、设计需要发包人提供准确的资料。这里的勘察包括工程地质勘察、场址选择勘察、初步勘察、详细勘察、施工勘察等。建筑设计包括初步

设计、技术设计、扩大初步设计、结构设计和施工图设计等。

③ 发包人未按照期限提供必需的勘察、设计工作条件。在勘察、设计工作中，发包人按期提供有关的工作条件是完成工作的重要前提，也是发包人履行合同的行为，发包人应当依照合同约定办事。

(2) 发包人应承担的责任。

发包人的上述行为会造成勘察、设计的返工，重新进行勘察、设计，也会造成停工，或者需要对设计进行修改，如果不是发包人变更计划，提供的资料不准确，或者未按照期限提供必需的勘察、设计工作条件，勘察人、设计人已经完成了勘察、设计任务，按照建设工程合同履行了义务，应当获得相应的报酬。勘察、设计的返工、停工或者修改设计，都需要重新消耗一定的工作量，这完全是由于发包人的原因造成的，所以发包人应当按照勘察人、设计人实际消耗的工作量增付费用。

3. 勘察、设计合同的索赔

勘察、设计合同一旦签订，双方当事人要信守合同，当因一方当事人的责任使另一方当事人的权益受到损害时，遭受损失方可向责任方提出索赔要求，以补偿经济上遭受的损失。

(1) 承包人向发包人提出索赔的情由。

① 发包人不能按合同要求准时提交满足设计要求的资料，致使承包人设计人员无法正常开展设计工作，承包人可提出费用和工期索赔；

② 发包人在设计中途提出变更要求，承包人可提出费用和工期索赔；

③ 发包人不按合同规定支付报酬，承包人可提出合同违约金索赔；

④ 因其他原因属发包人责任造成承包人利益损害时，承包人可提出费用索赔。

(2) 发包人向承包人提出索赔的情由。

① 承包人不能按合同约定的时间完成设计任务，致使发包人因工程项目不能按期开工造成损失，可向承包人提出索赔；

② 承包人的勘察、设计成果中出现偏差或漏项等，致使工程项目施工或使用时给发包人造成损失。发包人可向承包人索赔；

③ 承包人完成的勘察设计任务深度不足，致使工程项目施工困难，发包人也可提出索赔；

④ 因承包人的其他原因造成发包人损失的，发包人可以提出索赔。

6.3　建筑工程勘察、设计合同的管理

6.3.1　发包人、工程师对勘察、设计合同的管理

1. 设计阶段工程师的工作职责范围

设计阶段的监理，一般指由建设项目已经取得立项批准文件以及必需的有关批文后，

从编制设计任务书开始，直到完成施工图设计的全过程监理，上述阶段应由监理委托合同确定。

设计阶段监理的内容一般包括：

(1) 根据设计任务书等有关批示和资料编制"设计要求文件"或"方案竞赛文件"。采用招标方式的工程师应编制"招标文件"。

(2) 组织设计方案竞赛、招投标，并参与评选设计方案或评标。

(3) 协助选择勘察设计单位或提出评标意见及中标单位候选名单。

(4) 起草勘察、设计合同条款及协议书。

(5) 监督勘察、设计合同的履行情况。

(6) 审查勘察、设计阶段的方案和设计结果。

(7) 向建设单位提出支付合同价款的意见。

(8) 审查项目的概、预算。

2. 发包人对勘察、设计合同管理的重要依据

(1) 建设项目设计阶段监理委托合同。

(2) 批准的可行性研究报告及设计任务书。

(3) 建设工程勘察、设计合同。

(4) 经批准的选址报告及规划部门批文。

(5) 工程地质、水文地质资料及地形图。

6.3.2 承包人(勘察人、设计人)对合同的管理

1. 建立专门的合同管理机构

建设工程勘察、设计人应当设立专门的合同管理机构，对合同实施的各个步骤进行监督、控制，不断完善建设工程勘察、设计合同自身管理机制。

2. 承包人对合同的实施管理

1) 合同订立时管理

承包人应设立专门的合同管理机构对建设工程勘察、设计合同的订立全面负责，实施监管、控制。特别是在合同订立前要深入了解委托方的资信，经营作风及订立合同应当具备的相应条件。规范合同双方当事人权利义务的条款要全面、明确。

2) 合同履行时的管理

合同开始履行，即意味着合同双方当事人的权利义务开始享有与承担。为保证勘察、设计合同能够正确、全面地履行，专门的合同管理机构要经常检查合同履行情况，发现问题及时协调解决，避免不必要的损失。

3) 建立健全合同管理档案

合同订立的基础资料，以及合同履行中形成的所有资料，承包人应有专人负责，随时

注意收集和保存，及时归档。健全的合同档案是解决合同争议和提出索赔的依据。

　　4) 做好合同人员素质培训

　　参与合同的所有人员，必须具有良好的合同意识，承包人应配合有关部门搞好合同培训等工作，提高合同参与人员素质，保证实现合同订立要达到的目的。

6.3.3　国家有关机构对建设工程勘察、设计合同的监督

　　建设工程勘察、设计合同的管理除承包人、发包人自身管理外，国家有关机构如工商行政管理部门、金融机构、公证机构、主管部门等依据职权划分，也可对勘察、设计合同行使监督权。建设行政主管部门应对勘察、设计合同履行情况进行监督，签订勘察设计合同的双方，应当将合同文本送交工程项目所在地的县级以上人民政府建设行政主管部门或委托机构备案。

案 例 分 析

【案例 6-1】

　　某房地产开发有限公司(以下简称甲公司)与某设计咨询有限责任公司(以下简称乙公司)签订了一份勘察设计合同，合同约定：乙公司为甲公司筹建中的商业大厦进行勘察、设计，按照国家颁布的收费标准收取勘察设计费；乙公司应按甲公司的设计标准、技术规范等提出勘察设计要求，进行测量和工程地质、水文地质等勘察设计工作，并在 2013 年 1 月 9 日前向甲公司提交勘察成果资料和设计文件。合同还约定了双方的违约责任、争议的解决方式。甲公司同时与施工单位签订了建设工程施工合同，在合同中规定了开工日期。不料，乙公司迟迟不能按约定的日期提交出勘察设计文件，而施工单位已按建设工程施工合同的约定做好了开工准备，如期进驻施工场地。在甲公司的再三催促下，乙公司迟延 25 天提交勘察设计文件，此时施工单位已窝工 18 天。在施工期间，施工单位又发现设计图纸中的多处错误，不得不停工等候甲公司请乙公司对设计图纸进行修改。施工单位由于窝工、停工要求甲公司赔偿损失，否则不再继续施工。甲公司将乙公司诉至法院，要求乙公司赔偿损失。

　　问题：

　　(1) 法院能否支持甲公司的诉讼请求？说明理由。

　　(2) 若乙公司需要承担违约责任，根据相关规定，具体的违约责任应如何认定？

【案例 6-2】

　　某实施监理的工程，建设单位甲通过公开招标确定本工程由乙承包商为中标单位，双方签订了工程总承包合同。由于乙承包商不具有勘察设计能力，经甲建设单位同意，乙分别与丙建筑设计院和丁建筑工程公司签订了工程勘察设计合同和工程施工合同。勘察设计合同约定由丙对甲的办公楼及附属公共设施提供设计服务，并按勘察设计合同的约定交付

有关的设计文件和资料。施工合同约定由丁根据丙提供的设计图样进行施工，工程竣工时，根据国家有关验收规定及设计图样进行质量验收。合同签订后，丙按时将设计文件和有关资料交付给丁，丁根据设计图样进行施工。工程竣工后，甲会同有关质量监督部门对工程进行验收，发现工程存在严重质量问题，是由于设计不符合规范所致。原来，丙未对现场进行仔细勘察即自行进行设计导致设计不合理，给甲带来了重大损失。问题：

(1) 在本案例中，甲与乙、乙与丙、乙与丁分别签订的合同是否有效？并说明理由。

(2) 甲以丙为被告向法院提起诉讼是否妥当，为什么？

(3) 工程存在严重质量问题的责任应如何划分？

本 章 小 结

本章主要讲述建设工程勘察合同、设计合同的概念及示范文本的合同条款的主要内容，明确了勘察合同、设计合同中承包人与发包人的义务及相应的违约责任，通过本章的学习，应熟悉建设工程勘察合同、设计合同的主要条款及规定，应懂得勘察费、设计费的数量与拨付办法。

习 题

1. 勘察、设计合同订立的条件是什么？
2. 建设工程勘察、设计合同的特征是什么？
3. 试分析工程勘察合同中发包人和勘察人的义务和责任。
4. 试分析工程设计合同中发包人和设计人的义务和责任。
5. 勘察、设计合同中对于勘察、设计费的数量与拨付办法是如何规定的？

第 7 章　建设工程施工合同管理

【学习要点及目标】

◆ 掌握 2013 年版《建设工程施工合同(示范文本)》的组成内容，重点把握合同协议书、通用合同条款以及专用合同条款的组成内容。

◆ 了解关于图纸和承包人文件等相关规定。

◆ 明确发包人的职责及承包人的义务。

◆ 掌握工程质量的质量要求，理解隐蔽工程检查的规定。

◆ 了解分部分项工程验收要求及竣工验收的条件和程序。

◆ 掌握缺陷责任期和质量保修金的概念及应用，重点把握质量保证金的扣留方式，熟知工程的保修责任。

◆ 了解施工组织设计的内容。

◆ 掌握施工合同的成本控制条款中变更的范围。

◆ 掌握不可抗力后果的承担原则。

【核心概念】

建设工程施工合同、发包人、承包人、图纸、工期、项目经理、工程质量、预付款、暂估价、暂列金额、竣工、不可抗力、保险、违约责任、索赔、和解、仲裁、诉讼。

【引导案例】

　　某房屋建筑施工总承包项目，发包人经公开招标选择施工单位，双方按照住房和城乡建设部《建设工程施工合同(示范文本)》的要求签订了合同。在混凝土工程浇筑施工前，承包人按照约定申请隐蔽工程验收，但是监理工程师未能参加验收。后来在竣工验收时，发现部分楼层混凝土柱内配筋不满足设计要求，问施工单位是否承担责任？

7.1 建设工程施工合同概述

7.1.1 我国的工程合同示范文本制度

1991 年，原建设部和原国家工商行政管理局制定了《建设工程施工合同(示范文本)》(GF—1991—0201)，这是我国第一版标准施工合同条件；1999 年 12 月，原建设部和原国家工商行政管理局对 1991 年版示范文本进行了修订，发布了《建设工程施工合同(示范文本)》(GF—1999—0201)；2003 年 8 月，原建设部和国家工商行政管理总局编制了《建设工程施工专业分包合同(示范文本)》(GF—2003—0213)和《建设工程施工劳务分包合同(示范文本)》(GF—2003—0214)，与已经颁发的《建设工程施工合同(示范文本)》配套使用。至此，我国初步建立起了较为完善的建设工程合同示范文本体系。

2013 年 4 月，住房和城乡建设部、国家工商行政管理总局对《建设工程施工合同(示范文本)》(GF—1999—0201)进行了修订，制定了《建设工程施工合同(示范文本)》(GF—2013—0201)，自 2013 年 7 月 1 日开始实施，1999 年版施工合同范本即行废止。

7.1.2 2013 年版《建设工程施工合同(示范文本)》的组成

《建设工程施工合同(示范文本)》(以下简称《示范文本》)由合同协议书、通用合同条款和专用合同条款三部分组成。

1. 合同协议书

《示范文本》合同协议书共计 13 条，主要包括：工程概况、合同工期、质量标准、签约合同价和合同价格形式、项目经理、合同文件构成、承诺以及合同生效条件等重要内容，集中约定了合同当事人基本的合同权利义务。

2. 通用合同条款

通用合同条款是合同当事人根据《中华人民共和国建筑法》、《中华人民共和国合同法》等法律法规的规定，就工程建设的实施及相关事项，对合同当事人的权利义务作出的原则性约定。

通用合同条款共计 20 条，具体条款分别为：一般约定、发包人、承包人、监理人、工程质量、安全文明施工与环境保护、工期和进度、材料与设备、试验与检验、变更、价格调整、合同价格、计量与支付、验收和工程试车、竣工结算、缺陷责任与保修、违约、不可抗力、保险、索赔和争议解决。前述条款安排既考虑了现行法律法规对工程建设的有关要求，也考虑了建设工程施工管理的特殊需要。

3. 专用合同条款

专用合同条款是对通用合同条款原则性约定的细化、完善、补充、修改或另行约定的条款。合同当事人可以根据不同建设工程的特点及具体情况，通过双方的谈判、协商对相应的专用合同条款进行修改补充。在使用专用合同条款时，应注意以下事项：

(1) 专用合同条款的编号应与相应的通用合同条款的编号一致。

(2) 合同当事人可以通过对专用合同条款的修改，满足具体建设工程的特殊要求，避免直接修改通用合同条款。

(3) 在专用合同条款中有横道线的地方，合同当事人可针对相应的通用合同条款进行细化、完善、补充、修改或另行约定；如无细化、完善、补充、修改或另行约定，则填写"无"或画"/"。

《示范文本》为非强制性使用文本。《示范文本》适用于房屋建筑工程、土木工程、线路管道和设备安装工程、装修工程等建设工程的施工承发包活动，合同当事人可结合建设工程具体情况，根据《示范文本》订立合同，并按照法律法规规定和合同约定承担相应的法律责任及合同权利义务。

新版《示范文本》中主要事项的典型顺序见图 7-1。

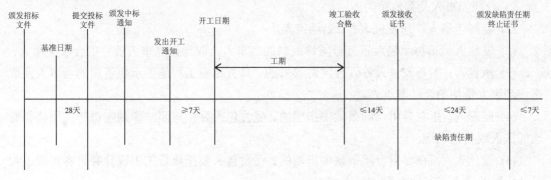

图 7-1　施工合同中主要事项的典型顺序

7.2　施工合同双方的一般权利和义务

7.2.1　一般约定

1. 词语定义与解释

合同协议书、通用合同条款、专用合同条款中的下列词语具有本款所赋予的含义：

1) 合同

(1) 合同：指根据法律规定和合同当事人约定具有约束力的文件，构成合同的文件包括合同协议书、中标通知书(如果有)、投标函及其附录(如果有)、专用合同条款及其附件、通用合同条款、技术标准和要求、图纸、已标价工程量清单或预算书以及其他合同文件。

(2) 合同协议书：指构成合同的由发包人和承包人共同签署的称为"合同协议书"的书面文件。

(3) 中标通知书：指构成合同的由发包人通知承包人中标的书面文件。

(4) 投标函：指构成合同的由承包人填写并签署的用于投标的称为"投标函"的文件。

(5) 投标函附录：指构成合同的附在投标函后的称为"投标函附录"的文件。

(6) 技术标准和要求：指构成合同的施工应当遵守的或指导施工的国家、行业或地方的技术标准和要求，以及合同约定的技术标准和要求。

(7) 图纸：指构成合同的图纸，包括由发包人按照合同约定提供或经发包人批准的设计文件、施工图、鸟瞰图及模型等，以及在合同履行过程中形成的图纸文件。图纸应当按照法律规定审查合格。

(8) 已标价工程量清单：指构成合同的由承包人按照规定的格式和要求填写并标明价格的工程量清单，包括说明和表格。

(9) 预算书：指构成合同的由承包人按照发包人规定的格式和要求编制的工程预算文件。

(10) 其他合同文件：指经合同当事人约定的与工程施工有关的具有合同约束力的文件或书面协议。合同当事人可以在专用合同条款中进行约定。

2) 合同当事人及其他相关方

(1) 合同当事人：指发包人和(或)承包人。

(2) 发包人：指与承包人签订合同协议书的当事人及取得该当事人资格的合法继承人。

(3) 承包人：指与发包人签订合同协议书的、具有相应工程施工承包资质的当事人及取得该当事人资格的合法继承人。

(4) 监理人：指在专用合同条款中指明的、受发包人委托按照法律规定进行工程监督管理的法人或其他组织。

(5) 设计人：指在专用合同条款中指明的、受发包人委托负责工程设计并具备相应工程设计资质的法人或其他组织。

(6) 分包人：指按照法律规定和合同约定，分包部分工程或工作，并与承包人签订分包合同的具有相应资质的法人。

(7) 发包人代表：指由发包人任命并派驻施工现场的、在发包人授权范围内行使发包人权利的人。

(8) 项目经理：指由承包人任命并派驻施工现场，在承包人授权范围内负责合同履行，且按照法律规定具有相应资格的项目负责人。

(9) 总监理工程师：指由监理人任命并派驻施工现场进行工程监理的总负责人。

3) 工程和设备

(1) 工程：指与合同协议书中工程承包范围对应的永久工程和(或)临时工程。

(2) 永久工程：指按合同约定建造并移交给发包人的工程，包括工程设备。

(3) 临时工程：指为完成合同约定的永久工程所修建的各类临时性工程，不包括施工设备。

(4) 单位工程：指在合同协议书中指明的、具备独立施工条件并能形成独立使用功能的永久工程。

(5) 工程设备：指构成永久工程的机电设备、金属结构设备、仪器及其他类似的设备和装置。

(6) 施工设备：指为完成合同约定的各项工作所需的设备、器具和其他物品，但不包括工程设备、临时工程和材料。

(7) 施工现场：指用于工程施工的场所，以及在专用合同条款中指明作为施工场所组成部分的其他场所，包括永久占地和临时占地。

(8) 临时设施：指为完成合同约定的各项工作所服务的临时性生产和生活设施。

(9) 永久占地：指专用合同条款中指明为实施工程需要永久占用的土地。

(10) 临时占地：指专用合同条款中指明为实施工程需要临时占用的土地。

4) 日期和期限

(1) 开工日期：包括计划开工日期和实际开工日期。计划开工日期是指合同协议书约定的开工日期；实际开工日期是指监理人按照"开工通知"约定发出的符合法律规定的开工通知中载明的开工日期。

(2) 竣工日期：包括计划竣工日期和实际竣工日期。计划竣工日期是指合同协议书约定的竣工日期；实际竣工日期按照"竣工日期"的约定确定。

(3) 工期：指在合同协议书约定的承包人完成工程所需的期限，包括按照合同约定所作的期限变更。

(4) 缺陷责任期：指承包人按照合同约定承担缺陷修复义务，且发包人预留质量保证金的期限，自工程实际竣工日期起计算。

(5) 保修期：指承包人按照合同约定对工程承担保修责任的期限，从工程竣工验收合格之日起计算。

(6) 基准日期：招标发包的工程以投标截止日前 28 天的日期为基准日期，直接发包的工程以合同签订日前 28 天的日期为基准日期。

5) 合同价格和费用

(1) 签约合同价：指发包人和承包人在合同协议书中确定的总金额，包括安全文明施工费、暂估价及暂列金额等。

(2) 合同价格：指发包人用于支付承包人按照合同约定完成承包范围内全部工作的金额，包括合同履行过程中按合同约定发生的价格变化。

(3) 费用：指为履行合同所发生的或将要发生的所有必需的开支，包括管理费和应分摊的其他费用，但不包括利润。

(4) 暂估价：指发包人在工程量清单或预算书中提供的用于支付必然发生但暂时不能确定价格的材料、工程设备的单价、专业工程以及服务工作的金额。

(5) 暂列金额：指发包人在工程量清单或预算书中暂定并包括在合同价格中的一笔款项，用于工程合同签订时尚未确定或者不可预见的所需材料、工程设备、服务的采购，施工中可能发生的工程变更、合同约定调整因素出现时的合同价格调整以及发生的索赔、现场签证确认等的费用。

(6) 计日工：指合同履行过程中，承包人完成发包人提出的零星工作或需要采用计日工计价的变更工作时，按合同中约定的单价计价的一种方式。

(7) 质量保证金：指按照"质量保证金"约定承包人用于保证其在缺陷责任期内履行缺陷修补义务的担保。

(8) 总价项目：指在现行国家、行业以及地方的计量规则中无工程量计算规则，在已标价工程量清单或预算书中以总价或以费率形式计算的项目。

6) 其他

书面形式：指合同文件、信函、电报、传真等可以有形地表现所载内容的形式。

2．语言文字

合同以中国的汉语简体文字编写、解释和说明。合同当事人在专用合同条款中约定使用两种以上语言时，汉语为优先解释和说明合同的语言。

3．法律

合同所称法律是指中华人民共和国法律、行政法规、部门规章，以及工程所在地的地方性法规、自治条例、单行条例和地方政府规章等。

合同当事人可以在专用合同条款中约定合同适用的其他规范性文件。

4．标准和规范

(1) 适用于工程的国家标准、行业标准、工程所在地的地方性标准，以及相应的规范、规程等，合同当事人有特别要求的，应在专用合同条款中约定。

(2) 发包人要求使用国外标准、规范的，发包人负责提供原文版本和中文译本，并在专用合同条款中约定提供标准规范的名称、份数和时间。

(3) 发包人对工程的技术标准、功能要求高于或严于现行国家、行业或地方标准的，应当在专用合同条款中予以明确。除专用合同条款另有约定外，应视为承包人在签订合同前已充分预见前述技术标准和功能要求的复杂程度，签约合同价中已包含由此产生的费用。

5．合同文件的优先顺序

组成合同的各项文件应互相解释，互为说明。除专用合同条款另有约定外，解释合同文件的优先顺序如下。

(1) 合同协议书。

(2) 中标通知书(如果有)。

(3) 投标函及其附录(如果有)。

(4) 专用合同条款及其附件。

(5) 通用合同条款。

(6) 技术标准和要求。

(7) 图纸。

(8) 已标价工程量清单或预算书。

(9) 其他合同文件。

上述各项合同文件包括合同当事人就该项合同文件所作出的补充和修改，属于同一类内容的文件，应以最新签署的为准。

在合同订立及履行过程中形成的与合同有关的文件均构成合同文件组成部分，并根据其性质确定优先解释顺序。

6. 图纸和承包人文件

1) 图纸的提供和交底

发包人应按照专用合同条款约定的期限、数量和内容向承包人免费提供图纸，并组织承包人、监理人和设计人进行图纸会审和设计交底。发包人至迟不得晚于"开工通知"载明的开工日期前 14 天向承包人提供图纸。

因发包人未按合同约定提供图纸导致承包人费用增加和(或)工期延误的，按照"因发包人原因导致工期延误"约定办理。

2) 图纸的错误

承包人在收到发包人提供的图纸后，发现图纸存在差错、遗漏或缺陷的，应及时通知监理人。监理人接到该通知后，应附具相关意见并立即报送发包人，发包人应在收到监理人报送的通知后的合理时间内作出决定。合理时间是指发包人在收到监理人的报送通知后，尽其努力且不懈怠地完成图纸修改补充所需的时间。

3) 图纸的修改和补充

图纸需要修改和补充的，应经图纸原设计人及审批部门同意，并由监理人在工程或工程相应部位施工前将修改后的图纸或补充图纸提交给承包人，承包人应按修改或补充后的图纸施工。

4) 承包人文件

承包人应按照专用合同条款的约定提供应当由其编制的与工程施工有关的文件，并按照专用合同条款约定的期限、数量和形式提交监理人，并由监理人报送发包人。

除专用合同条款另有约定外，监理人应在收到承包人文件后 7 天内审查完毕，监理人对承包人文件有异议的，承包人应予以修改，并重新报送监理人。监理人的审查并不减轻或免除承包人根据合同约定应当承担的责任。

5) 图纸和承包人文件的保管

除专用合同条款另有约定外，承包人应在施工现场另外保存一套完整的图纸和承包人文件，供发包人、监理人及有关人员进行工程检查时使用。

7. 联络

(1) 与合同有关的通知、批准、证明、证书、指示、指令、要求、请求、同意、意见、确定和决定等，均应采用书面形式，并应在合同约定的期限内送达接收人和送达地点。

(2) 发包人和承包人应在专用合同条款中约定各自的送达接收人和送达地点。任何一方合同当事人指定的接收人或送达地点发生变动的，应提前 3 天以书面形式通知对方。

(3) 发包人和承包人应当及时签收另一方送达至送达地点和指定接收人的来往信函。拒

不签收的，由此增加的费用和(或)延误的工期由拒绝接收一方承担。

8. 严禁贿赂

合同当事人不得以贿赂或变相贿赂的方式，谋取非法利益或损害对方权益。因一方合同当事人的贿赂造成对方损失的，应赔偿损失，并承担相应的法律责任。

承包人不得与监理人或发包人聘请的第三方串通损害发包人利益。未经发包人书面同意，承包人不得为监理人提供合同约定以外的通信设备、交通工具及其他任何形式的利益，不得向监理人支付报酬。

9. 化石、文物

在施工现场发掘的所有文物、古迹以及具有地质研究或考古价值的其他遗迹、化石、钱币或物品属于国家所有。一旦发现上述文物，承包人应采取合理有效的保护措施，防止任何人员移动或损坏上述物品，并立即报告有关政府行政管理部门，同时通知监理人。

发包人、监理人和承包人应按有关政府行政管理部门要求采取妥善的保护措施，由此增加的费用和(或)延误的工期由发包人承担。

承包人发现文物后不及时报告或隐瞒不报，致使文物丢失或损坏的，应赔偿损失，并承担相应的法律责任。

10. 交通运输

1) 出入现场的权利

除专用合同条款另有约定外，发包人应根据施工需要，负责取得出入施工现场所需的批准手续和全部权利，以及取得因施工所需修建道路、桥梁以及其他基础设施的权利，并承担相关手续费用和建设费用。承包人应协助发包人办理修建场内外道路、桥梁以及其他基础设施的手续。

承包人应在订立合同前查勘施工现场，并根据工程规模及技术参数合理预见工程施工所需的进出施工现场的方式、手段、路径等。因承包人未合理预见所增加的费用和(或)延误的工期由承包人承担。

2) 场外交通

发包人应提供场外交通设施的技术参数和具体条件，承包人应遵守有关交通法规，严格按照道路和桥梁的限制荷载行驶，执行有关道路限速、限行、禁止超载的规定，并配合交通管理部门的监督和检查。场外交通设施无法满足工程施工需要的，由发包人负责完善并承担相关费用。

3) 场内交通

发包人应提供场内交通设施的技术参数和具体条件，并应按照专用合同条款的约定向承包人免费提供满足工程施工所需的场内道路和交通设施。因承包人原因造成上述道路或交通设施损坏的，承包人负责修复并承担由此增加的费用。

除发包人按照合同约定提供的场内道路和交通设施外，承包人负责修建、维修、养护和管理施工所需的其他场内临时道路和交通设施。发包人和监理人可以为实现合同目的使用承包人修建的场内临时道路和交通设施。

场外交通和场内交通的边界由合同当事人在专用合同条款中约定。

4) 超大件和超重件的运输

由承包人负责运输的超大件或超重件，应由承包人负责向交通管理部门办理申请手续，发包人给予协助。运输超大件或超重件所需的道路和桥梁临时加固改造费用和其他有关费用，由承包人承担，但专用合同条款另有约定除外。

5) 道路和桥梁的损坏责任

因承包人运输造成施工场地内外公共道路和桥梁损坏的，由承包人承担修复损坏的全部费用和可能引起的赔偿。

6) 水路和航空运输

本款前述各项的内容适用于水路运输和航空运输，其中"道路"一词的含义包括河道、航线、船闸、机场、码头、堤防以及水路或航空运输中其他相似结构物；"车辆"一词的含义包括船舶和飞机等。

11. 知识产权

(1) 除专用合同条款另有约定外，发包人提供给承包人的图纸、发包人为实施工程自行编制或委托编制的技术规范以及反映发包人要求的或其他类似性质的文件的著作权属于发包人，承包人可以为实现合同目的而复制、使用此类文件，但不能用于与合同无关的其他事项。未经发包人书面同意，承包人不得为了合同以外的目的而复制、使用上述文件或将之提供给任何第三方。

(2) 除专用合同条款另有约定外，承包人为实施工程所编制的文件，除署名权以外的著作权属于发包人，承包人可因实施工程的运行、调试、维修、改造等目的而复制、使用此类文件，但不能用于与合同无关的其他事项。未经发包人书面同意，承包人不得为了合同以外的目的而复制、使用上述文件或将之提供给任何第三方。

(3) 合同当事人保证在履行合同过程中不侵犯对方及第三方的知识产权。承包人在使用材料、施工设备、工程设备或采用施工工艺时，因侵犯他人的专利权或其他知识产权所引起的责任，由承包人承担；因发包人提供的材料、施工设备、工程设备或施工工艺导致侵权的，由发包人承担责任。

(4) 除专用合同条款另有约定外，承包人在合同签订前和签订时已确定采用的专利、专有技术、技术秘密的使用费已包含在签约合同价中。

12. 保密

除法律规定或合同另有约定外，未经发包人同意，承包人不得将发包人提供的图纸、文件以及声明需要保密的资料信息等商业秘密泄露给第三方。

除法律规定或合同另有约定外，未经承包人同意，发包人不得将承包人提供的技术秘密及声明需要保密的资料信息等商业秘密泄露给第三方。

13. 工程量清单错误的修正

除专用合同条款另有约定外，发包人提供的工程量清单，应被认为是准确的和完整的。

出现下列情形之一时，发包人应予以修正，并相应调整合同价格：

(1) 工程量清单存在缺项、漏项的；

(2) 工程量清单偏差超出专用合同条款约定的工程量偏差范围的；

(3) 未按照国家现行计量规范强制性规定计量的。

7.2.2　发包人

1. 许可或批准

发包人应遵守法律，并办理法律规定由其办理的许可、批准或备案，包括但不限于建设用地规划许可证、建设工程规划许可证、建设工程施工许可证、施工所需临时用水、临时用电、中断道路交通、临时占用土地等许可和批准。发包人应协助承包人办理法律规定的有关施工证件和批件。

因发包人原因未能及时办理完毕前述许可、批准或备案，由发包人承担由此增加的费用和(或)延误的工期，并支付承包人合理的利润。

2. 发包人代表

发包人应在专用合同条款中明确其派驻施工现场的发包人代表的姓名、职务、联系方式及授权范围等事项。发包人代表在发包人的授权范围内，负责处理合同履行过程中与发包人有关的具体事宜。发包人代表在授权范围内的行为由发包人承担法律责任。发包人更换发包人代表的，应提前7天书面通知承包人。

发包人代表不能按照合同约定履行其职责及义务，并导致合同无法继续正常履行的，承包人可以要求发包人撤换发包人代表。

不属于法定必须监理的工程，监理人的职权可以由发包人代表或发包人指定的其他人员行使。

3. 发包人人员

发包人应要求在施工现场的发包人人员遵守法律及有关安全、质量、环境保护、文明施工等规定，并保障承包人免于承受因发包人人员未遵守上述要求给承包人造成的损失和责任。

发包人人员包括发包人代表及其他由发包人派驻施工现场的人员。

4. 施工现场、施工条件和基础资料的提供

1) 提供施工现场

除专用合同条款另有约定外，发包人应最迟于开工日期7天前向承包人移交施工现场。

2) 提供施工条件

除专用合同条款另有约定外，发包人应负责提供施工所需要的条件，包括：

① 将施工用水、电力、通信线路等施工所必需的条件接至施工现场内；

② 保证向承包人提供正常施工所需要的进入施工现场的交通条件；

③ 协调处理施工现场周围地下管线和邻近建筑物、构筑物、古树名木的保护工作，并承担相关费用；

④ 按照专用合同条款约定应提供的其他设施和条件。

3) 提供基础资料

发包人应当在移交施工现场前向承包人提供施工现场及工程施工所必需的毗邻区域内供水、排水、供电、供气、供热、通信、广播电视等地下管线资料，气象和水文观测资料，地质勘察资料，相邻建筑物、构筑物和地下工程等有关基础资料，并对所提供资料的真实性、准确性和完整性负责。

按照法律规定确需在开工后方能提供的基础资料，发包人应尽其努力及时地在相应工程施工前的合理期限内提供，合理期限应以不影响承包人的正常施工为限。

4) 逾期提供的责任

因发包人原因未能按合同约定及时向承包人提供施工现场、施工条件、基础资料的，由发包人承担由此增加的费用和(或)延误的工期。

5. 资金来源证明及支付担保

除专用合同条款另有约定外，发包人应在收到承包人要求提供资金来源证明的书面通知后 28 天内，向承包人提供能够按照合同约定支付合同价款的相应资金来源证明。

除专用合同条款另有约定外，发包人要求承包人提供履约担保的，发包人应当向承包人提供支付担保。支付担保可以采用银行保函或担保公司担保等形式，具体由合同当事人在专用合同条款中约定。

6. 支付合同价款

发包人应按合同约定向承包人及时支付合同价款。

7. 组织竣工验收

发包人应按合同约定及时组织竣工验收。

8. 现场统一管理协议

发包人应与承包人、由发包人直接发包的专业工程的承包人签订施工现场统一管理协议，明确各方的权利义务。施工现场统一管理协议作为专用合同条款的附件。

7.2.3　承包人

1. 承包人的一般义务

承包人在履行合同过程中应遵守法律和工程建设标准规范，并履行以下义务。

(1) 办理法律规定应由承包人办理的许可和批准，并将办理结果书面报送发包人留存。

(2) 按法律规定和合同约定完成工程，并在保修期内承担保修义务。

(3) 按法律规定和合同约定采取施工安全和环境保护措施，办理工伤保险，确保工程及人员、材料、设备和设施的安全。

(4) 按合同约定的工作内容和施工进度要求，编制施工组织设计和施工措施计划，并对所有施工作业和施工方法的完备性和安全可靠性负责。

(5) 在进行合同约定的各项工作时，不得侵害发包人与他人使用公用道路、水源、市政管网等公共设施的权利，避免对邻近的公共设施产生干扰。承包人占用或使用他人的施工场地，影响他人作业或生活的，应承担相应责任。

(6) 按照"环境保护"约定负责施工场地及其周边环境与生态的保护工作。

(7) 按"安全文明施工"约定采取施工安全措施，确保工程及其人员、材料、设备和设施的安全，防止因工程施工造成的人身伤害和财产损失。

(8) 将发包人按合同约定支付的各项价款专用于合同工程，且应及时支付其雇用人员工资，并及时向分包人支付合同价款。

(9) 按照法律规定和合同约定编制竣工资料，完成竣工资料立卷及归档，并按专用合同条款约定的竣工资料的套数、内容、时间等要求移交发包人。

(10) 应履行的其他义务。

2. 项目经理

(1) 项目经理应为合同当事人所确认的人选，并在专用合同条款中明确项目经理的姓名、职称、注册执业证书编号、联系方式及授权范围等事项，项目经理经承包人授权后代表承包人负责履行合同。项目经理应是承包人正式聘用的员工，承包人应向发包人提交项目经理与承包人之间的劳动合同，以及承包人为项目经理缴纳社会保险的有效证明。承包人不提交上述文件的，项目经理无权履行职责，发包人有权要求更换项目经理，由此增加的费用和(或)延误的工期由承包人承担。

项目经理应常驻施工现场，且每月在施工现场时间不得少于专用合同条款约定的天数。项目经理不得同时担任其他项目的项目经理。项目经理确需离开施工现场时，应事先通知监理人，并取得发包人的书面同意。项目经理的通知中应当载明临时代行其职责的人员的注册执业资格、管理经验等资料，该人员应具备履行相应职责的能力。

承包人违反上述约定的，应按照专用合同条款的约定，承担违约责任。

(2) 项目经理按合同约定组织工程实施。在紧急情况下为确保施工安全和人员安全，在无法与发包人代表和总监理工程师及时取得联系时，项目经理有权采取必要的措施保证与工程有关的人身、财产和工程的安全，但应在 48 小时内向发包人代表和总监理工程师提交书面报告。

(3) 承包人需要更换项目经理时，应提前 14 天书面通知发包人和监理人，并征得发包人书面同意。通知中应当载明继任项目经理的注册执业资格、管理经验等资料，继任项目经理继续履行约定的职责。未经发包人书面同意，承包人不得擅自更换项目经理。承包人擅自更换项目经理的，应按照专用合同条款的约定承担违约责任。

(4) 发包人有权书面通知承包人更换其认为不称职的项目经理，通知中应当载明要求更换的理由。承包人应在接到更换通知后 14 天内向发包人提出书面的改进报告。发包人收到改进报告后仍要求更换的，承包人应在接到第二次更换通知的 28 天内进行更换，并将新任命的项目经理的注册执业资格、管理经验等资料书面通知发包人。继任项目经理继续履行约定的职责。承包人无正当理由拒绝更换项目经理的，应按照专用合同条款的约定承担违约责任。

(5) 项目经理因特殊情况授权其下属人员履行其某项工作职责的，该下属人员应具备履行相应职责的能力，并应提前 7 天将上述人员的姓名和授权范围书面通知监理人，并征得发包人书面同意。

3. 承包人人员

(1) 除专用合同条款另有约定外，承包人应在接到开工通知后 7 天内，向监理人提交承包人项目管理机构及施工现场人员安排的报告，其内容应包括合同管理、施工、技术、材料、质量、安全、财务等主要施工管理人员名单及其岗位、注册执业资格等，以及各工种技术工人的安排情况，并同时提交主要施工管理人员与承包人之间的劳动关系证明和缴纳社会保险的有效证明。

(2) 承包人派驻到施工现场的主要施工管理人员应相对稳定。施工过程中如有变动，承包人应及时向监理人提交施工现场人员变动情况的报告。承包人更换主要施工管理人员时，应提前 7 天书面通知监理人，并征得发包人书面同意。通知中应当载明继任人员的注册执业资格、管理经验等资料。

特殊工种作业人员均应持有相应的资格证明，监理人可以随时检查。

(3) 发包人对承包人主要施工管理人员的资格或能力有异议的，承包人应提供资料证明被质疑人员有能力完成其岗位工作或不存在发包人所质疑的情形。发包人要求撤换不能按照合同约定履行职责及义务的主要施工管理人员的，承包人应当撤换。承包人无正当理由拒绝撤换的，应按照专用合同条款的约定承担违约责任。

(4) 除专用合同条款另有约定外，承包人的主要施工管理人员离开施工现场每月累计不超过 5 天的，应报监理人同意；离开施工现场每月累计超过 5 天的，应通知监理人，并征得发包人书面同意。主要施工管理人员离开施工现场前应指定一名有经验的人员临时代行其职责，该人员应具备履行相应职责的资格和能力，且应征得监理人或发包人的同意。

(5) 承包人擅自更换主要施工管理人员，或前述人员未经监理人或发包人同意擅自离开施工现场的，应按照专用合同条款约定承担违约责任。

4. 承包人现场查勘

承包人应对基于发包人按照"提供基础资料"提交的基础资料所做出的解释和推断负责，但因基础资料存在错误、遗漏导致承包人解释或推断失实的，由发包人承担责任。

承包人应对施工现场和施工条件进行查勘，并充分了解工程所在地的气象条件、交通条件、风俗习惯以及其他与完成合同工作有关的其他资料。因承包人未能充分查勘、了解前述情况或未能充分估计前述情况所可能产生后果的，承包人承担由此增加的费用和(或)延误的工期。

5. 分包

1）分包的一般约定

承包人不得将其承包的全部工程转包给第三人，或将其承包的全部工程肢解后以分包的名义转包给第三人。承包人不得将工程主体结构、关键性工作及专用合同条款中禁止分包的专业工程分包给第三人，主体结构、关键性工作的范围由合同当事人按照法律规定在专用合同条款中予以明确。

承包人不得以劳务分包的名义转包或违法分包工程。

2）分包的确定

承包人应按专用合同条款的约定进行分包，确定分包人。已标价工程量清单或预算书中给定暂估价的专业工程，按照"暂估价"确定分包人。按照合同约定进行分包的，承包人应确保分包人具有相应的资质和能力。工程分包不减轻或免除承包人的责任和义务，承包人和分包人就分包工程向发包人承担连带责任。除合同另有约定外，承包人应在分包合同签订后7天内向发包人和监理人提交分包合同副本。

3）分包管理

承包人应向监理人提交分包人的主要施工管理人员表，并对分包人的施工人员进行实名制管理，包括但不限于进出场管理、登记造册以及各种证照的办理。

4）分包合同价款

(1) 除本项约定的情况或专用合同条款另有约定外，分包合同价款由承包人与分包人结算，未经承包人同意，发包人不得向分包人支付分包工程价款。

(2) 生效法律文书要求发包人向分包人支付分包合同价款的，发包人有权从应付承包人工程款中扣除该部分款项。

5）分包合同权益的转让

分包人在分包合同项下的义务持续到缺陷责任期届满以后的，发包人有权在缺陷责任期届满前，要求承包人将其在分包合同项下的权益转让给发包人，承包人应当转让。除转让合同另有约定外，转让合同生效后，由分包人向发包人履行义务。

6. 工程照管与成品、半成品保护

(1) 除专用合同条款另有约定外，自发包人向承包人移交施工现场之日起，承包人应负责照管工程及工程相关的材料、工程设备，直到颁发工程接收证书之日止。

(2) 在承包人负责照管期间，因承包人原因造成工程、材料、工程设备损坏的，由承包人负责修复或更换，并承担由此增加的费用和(或)延误的工期。

(3) 对合同内分期完成的成品和半成品，在工程接收证书颁发前，由承包人承担保护责任。因承包人原因造成成品或半成品损坏的，由承包人负责修复或更换，并承担由此增加的费用和(或)延误的工期。

7. 履约担保

发包人需要承包人提供履约担保的，由合同当事人在专用合同条款中约定履约担保的

方式、金额及期限等。履约担保可以采用银行保函或担保公司担保等形式，具体由合同当事人在专用合同条款中约定。

因承包人原因导致工期延长的，继续提供履约担保所增加的费用由承包人承担；非因承包人原因导致工期延长的，继续提供履约担保所增加的费用由发包人承担。

8. 联合体

(1) 联合体各方应共同与发包人签订合同协议书。联合体各方应为履行合同向发包人承担连带责任。

(2) 联合体协议经发包人确认后作为合同附件。在履行合同过程中，未经发包人同意，不得修改联合体协议。

(3) 联合体牵头人负责与发包人和监理人联系，并接受指示，负责组织联合体各成员全面履行合同。

7.2.4　监理人

1. 监理人的一般规定

工程实行监理的项目，发包人和承包人应在专用合同条款中明确监理人的监理内容及监理权限等事项。监理人应当根据发包人授权及法律规定，代表发包人对工程施工相关事项进行检查、查验、审核、验收，并签发相关指示，但监理人无权修改合同，且无权减轻或免除合同约定的承包人的任何责任与义务。

除专用合同条款另有约定外，监理人在施工现场的办公场所、生活场所由承包人提供，所发生的费用由发包人承担。

2. 监理人员

发包人授予监理人对工程实施监理的权利由监理人派驻施工现场的监理人员行使，监理人员包括总监理工程师及监理工程师。监理人应将授权的总监理工程师和监理工程师的姓名及授权范围以书面形式提前通知承包人。更换总监理工程师的，监理人应提前 7 天书面通知承包人；更换其他监理人员，监理人应提前 48 小时书面通知承包人。

3. 监理人的指示

监理人应按照发包人的授权发出监理指示。监理人的指示应采用书面形式，并经其授权的监理人员签字。紧急情况下，为了保证施工人员的安全或避免工程受损，监理人员可以口头形式发出指示，该指示与书面形式的指示具有同等法律效力，但必须在发出口头指示后 24 小时内补发书面监理指示，补发的书面监理指示应与口头指示一致。

监理人发出的指示应送达承包人项目经理或经项目经理授权接收的人员。因监理人未能按合同约定发出指示、指示延误或发出了错误指示而导致承包人费用增加和(或)工期延误的，由发包人承担相应责任。除专用合同条款另有约定外，总监理工程师不应将"商定或确定"约定应由总监理工程师作出确定的权力授权或委托给其他监理人员。

承包人对监理人发出的指示有疑问时，应向监理人提出书面异议，监理人应在 48 小时内对该指示予以确认、更改或撤销，监理人逾期未回复的，承包人有权拒绝执行上述指示。

监理人对承包人的任何工作、工程或其采用的材料和工程设备未在约定的或合理期限内提出意见的，视为批准，但不免除或减轻承包人对该工作、工程、材料、工程设备等应承担的责任和义务。

4. 商定或确定

合同当事人进行商定或确定时，总监理工程师应当会同合同当事人尽量通过协商达成一致，不能达成一致的，由总监理工程师按照合同约定审慎做出公正的确定。

总监理工程师应将确定以书面形式通知发包人和承包人，并附详细依据。合同当事人对总监理工程师的确定没有异议的，按照总监理工程师的确定执行。任何一方合同当事人有异议，按照"争议解决"约定处理。争议解决前，合同当事人暂按总监理工程师的确定执行；争议解决后，争议解决的结果与总监理工程师的确定不一致的，按照争议解决的结果执行，由此造成的损失由责任人承担。

7.3　施工合同的质量安全控制条款

7.3.1　工程质量

1. 质量要求

(1) 工程质量标准必须符合现行国家有关工程施工质量验收规范和标准的要求。有关工程质量的特殊标准或要求由合同当事人在专用合同条款中约定。

(2) 因发包人原因造成工程质量未达到合同约定标准的，由发包人承担由此增加的费用和(或)延误的工期，并支付承包人合理的利润。

(3) 因承包人原因造成工程质量未达到合同约定标准的，发包人有权要求承包人返工直至工程质量达到合同约定的标准为止，并由承包人承担由此增加的费用和(或)延误的工期。

2. 质量保证措施

1) 发包人的质量管理

发包人应按照法律规定及合同约定完成与工程质量有关的各项工作。

2) 承包人的质量管理

承包人按照"施工组织设计"约定向发包人和监理人提交工程质量保证体系及措施文件，建立完善的质量检查制度，并提交相应的工程质量文件。对于发包人和监理人违反法律规定和合同约定的错误指示，承包人有权拒绝实施。

承包人应对施工人员进行质量教育和技术培训，定期考核施工人员的劳动技能，严格执行施工规范和操作规程。

承包人应按照法律规定和发包人的要求，对材料、工程设备以及工程的所有部位及其施工工艺进行全过程的质量检查和检验，并作详细记录，编制工程质量报表，报送监理人审查。此外，承包人还应按照法律规定和发包人的要求，进行施工现场取样试验、工程复核测量和设备性能检测，提供试验样品、提交试验报告和测量成果以及其他工作。

3) 监理人的质量检查和检验

监理人按照法律规定和发包人授权对工程的所有部位及其施工工艺、材料和工程设备进行检查和检验。承包人应为监理人的检查和检验提供方便，包括监理人到施工现场，或制造、加工地点，或合同约定的其他地方进行察看和查阅施工原始记录。监理人为此进行的检查和检验，不免除或减轻承包人按照合同约定应当承担的责任。

监理人的检查和检验不应影响施工正常进行。监理人的检查和检验影响施工正常进行的，且经检查检验不合格的，影响正常施工的费用由承包人承担，工期不予顺延；经检查检验合格的，由此增加的费用和(或)延误的工期由发包人承担。

3. 隐蔽工程检查

1) 承包人自检

承包人应当对工程隐蔽部位进行自检，并经自检确认是否具备覆盖条件。

2) 检查程序

除专用合同条款另有约定外，工程隐蔽部位经承包人自检确认具备覆盖条件的，承包人应在共同检查前 48 小时书面通知监理人检查，通知中应载明隐蔽检查的内容、时间和地点，并应附有自检记录和必要的检查资料。

监理人应按时到场并对隐蔽工程及其施工工艺、材料和工程设备进行检查。经监理人检查确认质量符合隐蔽要求，并在验收记录上签字后，承包人才能进行覆盖。经监理人检查质量不合格的，承包人应在监理人指示的时间内完成修复，并由监理人重新检查，由此增加的费用和(或)延误的工期由承包人承担。

除专用合同条款另有约定外，监理人不能按时进行检查的，应在检查前 24 小时向承包人提交书面延期要求，但延期不能超过 48 小时，由此导致工期延误的，工期应予以顺延。监理人未按时进行检查，也未提出延期要求的，视为隐蔽工程检查合格，承包人可自行完成覆盖工作，并作相应记录报送监理人，监理人应签字确认。监理人事后对检查记录有疑问的，可按第 5.3.3 项"重新检查"的约定重新检查。

3) 重新检查

承包人覆盖工程隐蔽部位后，发包人或监理人对质量有疑问的，可要求承包人对已覆盖的部位进行钻孔探测或揭开重新检查，承包人应遵照执行，并在检查后重新覆盖恢复原状。经检查证明工程质量符合合同要求的，由发包人承担由此增加的费用和(或)延误的工期，并支付承包人合理的利润；经检查证明工程质量不符合合同要求的，由此增加的费用和(或)延误的工期由承包人承担。

4) 承包人私自覆盖

承包人未通知监理人到场检查，私自将工程隐蔽部位覆盖的，监理人有权指示承包人钻孔探测或揭开检查，无论工程隐蔽部位质量是否合格，由此增加的费用和(或)延误的工期

均由承包人承担。

4. 不合格工程的处理

(1) 因承包人原因造成工程不合格的，发包人有权随时要求承包人采取补救措施，直至达到合同要求的质量标准，由此增加的费用和(或)延误的工期由承包人承担。无法补救的，按照"拒绝接收全部或部分工程"约定执行。

(2) 因发包人原因造成工程不合格的，由此增加的费用和(或)延误的工期由发包人承担，并支付承包人合理的利润。

5. 质量争议检测

合同当事人对工程质量有争议的，由双方协商确定的工程质量检测机构鉴定，由此产生的费用及因此造成的损失，由责任方承担。

合同当事人均有责任的，由双方根据其责任分别承担。合同当事人无法达成一致的，按照第4.4款"商定或确定"执行。

7.3.2 材料与设备

1. 发包人供应材料与工程设备

发包人自行供应材料、工程设备的，应在签订合同时在专用合同条款的附件《发包人供应材料设备一览表》中明确材料、工程设备的品种、规格、型号、数量、单价、质量等级和送达地点。

承包人应提前30天通过监理人以书面形式通知发包人供应材料与工程设备进场。承包人按照"施工进度计划的修订"约定修订施工进度计划时，需同时提交经修订后的发包人供应材料与工程设备的进场计划。

2. 承包人采购材料与工程设备

承包人负责采购材料、工程设备的，应按照设计和有关标准要求采购，并提供产品合格证明及出厂证明，对材料、工程设备质量负责。合同约定由承包人采购的材料、工程设备，发包人不得指定生产厂家或供应商，发包人违反本款约定指定生产厂家或供应商的，承包人有权拒绝，并由发包人承担相应责任。

3. 材料与工程设备的接收与拒收

(1) 发包人应按《发包人供应材料设备一览表》约定的内容提供材料和工程设备，并向承包人提供产品合格证明及出厂证明，对其质量负责。发包人应提前24小时以书面形式通知承包人、监理人材料和工程设备到货时间，承包人负责材料和工程设备的清点、检验和接收。

发包人提供的材料和工程设备的规格、数量或质量不符合合同约定的，或因发包人原因导致交货日期延误或交货地点变更等情况的，按照"发包人违约"约定办理。

(2) 承包人采购的材料和工程设备，应保证产品质量合格，承包人应在材料和工程设备到货前 24 小时通知监理人检验。承包人进行永久设备、材料的制造和生产的，应符合相关质量标准，并向监理人提交材料的样本以及有关资料，并应在使用该材料或工程设备之前获得监理人同意。

承包人采购的材料和工程设备不符合设计或有关标准要求时，承包人应在监理人要求的合理期限内将不符合设计或有关标准要求的材料、工程设备运出施工现场，并重新采购符合要求的材料、工程设备，由此增加的费用和(或)延误的工期，由承包人承担。

4. 材料与工程设备的保管与使用

1) 发包人供应材料与工程设备的保管与使用

发包人供应的材料和工程设备，承包人清点后由承包人妥善保管，保管费用由发包人承担，但已标价工程量清单或预算书已经列支或专用合同条款另有约定的除外。因承包人原因发生丢失毁损的，由承包人负责赔偿；监理人未通知承包人清点的，承包人不负责材料和工程设备的保管，由此导致丢失毁损的由发包人负责。

发包人供应的材料和工程设备使用前，由承包人负责检验，检验费用由发包人承担，不合格的不得使用。

2) 承包人采购材料与工程设备的保管与使用

承包人采购的材料和工程设备由承包人妥善保管，保管费用由承包人承担。法律规定材料和工程设备使用前必须进行检验或试验的，承包人应按监理人的要求进行检验或试验，检验或试验费用由承包人承担，不合格的不得使用。

发包人或监理人发现承包人使用不符合设计或有关标准要求的材料和工程设备时，有权要求承包人进行修复、拆除或重新采购，由此增加的费用和(或)延误的工期，由承包人承担。

5. 禁止使用不合格的材料和工程设备

(1) 监理人有权拒绝承包人提供的不合格材料或工程设备，并要求承包人立即进行更换。监理人应在更换后再次进行检查和检验，由此增加的费用和(或)延误的工期由承包人承担。

(2) 监理人发现承包人使用了不合格的材料和工程设备，承包人应按照监理人的指示立即改正，并禁止在工程中继续使用不合格的材料和工程设备。

(3) 发包人提供的材料或工程设备不符合合同要求的，承包人有权拒绝，并可要求发包人更换，由此增加的费用和(或)延误的工期由发包人承担，并支付承包人合理的利润。

6. 样品

1) 样品的报送与封存

需要承包人报送样品的材料或工程设备，样品的种类、名称、规格、数量等要求均应在专用合同条款中约定。样品的报送程序如下。

(1) 承包人应在计划采购前 28 天向监理人报送样品。承包人报送的样品均应来自供应材料的实际生产地，且提供的样品的规格、数量足以表明材料或工程设备的质量、型号、颜色、表面处理、质地、误差和其他要求的特征。

(2) 承包人每次报送样品时应随附申报单，申报单应载明报送样品的相关数据和资料，并标明每件样品对应的图纸号，预留监理人批复意见栏。监理人应在收到承包人报送的样品后 7 天向承包人回复经发包人签认的样品审批意见。

(3) 经发包人和监理人审批确认的样品应按约定的方法封样，封存的样品作为检验工程相关部分的标准之一。承包人在施工过程中不得使用与样品不符的材料或工程设备。

(4) 发包人和监理人对样品的审批确认仅为确认相关材料或工程设备的特征或用途，不得被理解为对合同的修改或改变，也并不减轻或免除承包人任何的责任和义务。如果封存的样品修改或改变了合同约定，合同当事人应当以书面协议予以确认。

2) 样品的保管

经批准的样品应由监理人负责封存于现场，承包人应在现场为保存样品提供适当和固定的场所并保持适当和良好的存储环境条件。

7.3.3 材料与工程设备的替代

1. 出现下列情况需要使用替代材料和工程设备的，承包人应按照约定的程序执行

(1) 基准日期后生效的法律规定禁止使用的。

(2) 发包人要求使用替代品的。

(3) 因其他原因必须使用替代品的。

2. 承包人应在使用替代材料和工程设备 28 天前书面通知监理人，并附下列文件

(1) 被替代的材料和工程设备的名称、数量、规格、型号、品牌、性能、价格及其他相关资料。

(2) 替代品的名称、数量、规格、型号、品牌、性能、价格及其他相关资料。

(3) 替代品与被替代产品之间的差异以及使用替代品可能对工程产生的影响。

(4) 替代品与被替代产品的价格差异。

(5) 使用替代品的理由和原因说明。

(6) 监理人要求的其他文件。

监理人应在收到通知后 14 天内向承包人发出经发包人签认的书面指示；监理人逾期发出书面指示的，视为发包人和监理人同意使用替代品。

3. 发包人认可使用替代材料和工程设备的，替代材料和工程设备的价格，按照已标价工程量清单或预算书相同项目的价格认定；无相同项目的，参考相似项目价格认定；既无相同项目也无相似项目的，按照合理的成本与利润构成的原则，由合同当事人按照"商定或确定"确定价格

7.3.4　施工设备和临时设施

1. 承包人提供的施工设备和临时设施

承包人应按合同进度计划的要求，及时配置施工设备和修建临时设施。进入施工场地的承包人设备需经监理人核查后才能投入使用。承包人更换合同约定的承包人设备的，应报监理人批准。

除专用合同条款另有约定外，承包人应自行承担修建临时设施的费用，需要临时占地的，应由发包人办理申请手续并承担相应费用。

2. 发包人提供的施工设备和临时设施

发包人提供的施工设备或临时设施在专用合同条款中约定。

3. 要求承包人增加或更换施工设备

承包人使用的施工设备不能满足合同进度计划和(或)质量要求时，监理人有权要求承包人增加或更换施工设备，承包人应及时增加或更换，由此增加的费用和(或)延误的工期由承包人承担。

7.3.5　材料与设备专用要求

承包人运入施工现场的材料、工程设备、施工设备以及在施工场地建设的临时设施，包括备品备件、安装工具与资料，必须专用于工程。未经发包人批准，承包人不得运出施工现场或挪作他用；经发包人批准，承包人可以根据施工进度计划撤走闲置的施工设备和其他物品。

7.3.6　试验与检验

1. 试验设备与试验人员

(1) 承包人根据合同约定或监理人指示进行的现场材料试验，应由承包人提供试验场所、试验人员、试验设备以及其他必要的试验条件。监理人在必要时可以使用承包人提供的试验场所、试验设备以及其他试验条件，进行以工程质量检查为目的的材料复核试验，承包人应予以协助。

(2) 承包人应按专用合同条款的约定提供试验设备、取样装置、试验场所和试验条件，并向监理人提交相应进场计划表。

承包人配置的试验设备要符合相应试验规程的要求并经过具有资质的检测单位检测，且在正式使用该试验设备前，需要经过监理人与承包人共同校定。

(3) 承包人应向监理人提交试验人员的名单及其岗位、资格等证明资料，试验人员必须

能够熟练进行相应的检测试验，承包人对试验人员的试验程序和试验结果的正确性负责。

2. 取样

试验属于自检性质的，承包人可以单独取样。试验属于监理人抽检性质的，可由监理人取样，也可由承包人的试验人员在监理人的监督下取样。

3. 材料、工程设备和工程的试验和检验

(1) 承包人应按合同约定进行材料、工程设备和工程的试验和检验，并为监理人对上述材料、工程设备和工程的质量检查提供必要的试验资料和原始记录。按合同约定应由监理人与承包人共同进行试验和检验的，由承包人负责提供必要的试验资料和原始记录。

(2) 试验属于自检性质的，承包人可以单独进行试验。试验属于监理人抽检性质的，监理人可以单独进行试验，也可由承包人与监理人共同进行。承包人对由监理人单独进行的试验结果有异议的，可以申请重新共同进行试验。约定共同进行试验的，监理人未按照约定参加试验的，承包人可自行试验，并将试验结果报送监理人，监理人应承认该试验结果。

(3) 监理人对承包人的试验和检验结果有异议的，或为查清承包人试验和检验成果的可靠性要求承包人重新试验和检验的，可由监理人与承包人共同进行。重新试验和检验的结果证明该项材料、工程设备或工程的质量不符合合同要求的，由此增加的费用和(或)延误的工期由承包人承担；重新试验和检验结果证明该项材料、工程设备和工程符合合同要求的，由此增加的费用和(或)延误的工期由发包人承担。

4. 现场工艺试验

承包人应按合同约定或监理人指示进行现场工艺试验。对大型的现场工艺试验，监理人认为必要时，承包人应根据监理人提出的工艺试验要求，编制工艺试验措施计划，报送监理人审查。

7.3.7　安全文明施工与环境保护

1. 安全文明施工

1) 安全生产要求

合同履行期间，合同当事人均应当遵守国家和工程所在地有关安全生产的要求，合同当事人有特别要求的，应在专用合同条款中明确施工项目安全生产标准化达标目标及相应事项。承包人有权拒绝发包人及监理人强令承包人违章作业、冒险施工的任何指示。

在施工过程中，如遇到突发的地质变动、事先未知的地下施工障碍等影响施工安全的紧急情况，承包人应及时报告监理人和发包人，发包人应当及时下令停工并报政府有关行政管理部门采取应急措施。

因安全生产需要暂停施工的，按照"暂停施工"的约定执行。

2) 安全生产保证措施

承包人应当按照有关规定编制安全技术措施或者专项施工方案，建立安全生产责任制

度、治安保卫制度及安全生产教育培训制度，并按安全生产法律规定及合同约定履行安全职责，如实编制工程安全生产的有关记录，接受发包人、监理人及政府安全监督部门的检查与监督。

3) 特别安全生产事项

承包人应按照法律规定进行施工，开工前做好安全技术交底工作，施工过程中做好各项安全防护措施。承包人为实施合同而雇用的特殊工种的人员应受过专门的培训并已取得政府有关管理机构颁发的上岗证书。

承包人在动力设备、输电线路、地下管道、密封防震车间、易燃易爆地段以及临街交通要道附近施工时，施工开始前应向发包人和监理人提出安全防护措施，经发包人认可后实施。

实施爆破作业，在放射、毒害性环境中施工(含储存、运输、使用)及使用毒害性、腐蚀性物品施工时，承包人应在施工前 7 天以书面通知发包人和监理人，并报送相应的安全防护措施，经发包人认可后实施。

需单独编制危险性较大分部分项专项工程施工方案的，及要求进行专家论证的超过一定规模的危险性较大的分部分项工程，承包人应及时编制和组织论证。

4) 治安保卫

除专用合同条款另有约定外，发包人应与当地公安部门协商，在现场建立治安管理机构或联防组织，统一管理施工场地的治安保卫事项，履行合同工程的治安保卫职责。

发包人和承包人除应协助现场治安管理机构或联防组织维护施工场地的社会治安外，还应做好包括生活区在内的各自管辖区的治安保卫工作。

除专用合同条款另有约定外，发包人和承包人应在工程开工后 7 天内共同编制施工场地治安管理计划，并制定应对突发治安事件的紧急预案。在工程施工过程中，发生暴乱、爆炸等恐怖事件，以及群殴、械斗等群体性突发治安事件的，发包人和承包人应立即向当地政府报告。发包人和承包人应积极协助当地有关部门采取措施平息事态，防止事态扩大，尽量避免人员伤亡和财产损失。

5) 文明施工

承包人在工程施工期间，应当采取措施保持施工现场平整，物料堆放整齐。工程所在地有关政府行政管理部门有特殊要求的，按照其要求执行。合同当事人对文明施工有其他要求的，可以在专用合同条款中明确。

在工程移交之前，承包人应当从施工现场清除承包人的全部工程设备、多余材料、垃圾和各种临时工程，并保持施工现场清洁整齐。经发包人书面同意，承包人可在发包人指定的地点保留承包人履行保修期内的各项义务所需要的材料、施工设备和临时工程。

6) 安全文明施工费

安全文明施工费由发包人承担，发包人不得以任何形式扣减该部分费用。因基准日期后合同所适用的法律或政府有关规定发生变化，增加的安全文明施工费由发包人承担。

承包人经发包人同意采取合同约定以外的安全措施所产生的费用，由发包人承担。未经发包人同意的，如果该措施避免了发包人的损失，则发包人在避免损失的额度内承担该措施费。如果该措施避免了承包人的损失，由承包人承担该措施费。

除专用合同条款另有约定外，发包人应在开工后 28 天内预付安全文明施工费总额的50%，其余部分与进度款同期支付。发包人逾期支付安全文明施工费超过 7 天的，承包人有权向发包人发出要求预付的催告通知，发包人收到通知后 7 天内仍未支付的，承包人有权暂停施工，并按"发包人违约的情形"执行。

承包人对安全文明施工费应专款专用，承包人应在财务账目中单独列项备查，不得挪作他用，否则发包人有权责令其限期改正；逾期未改正的，可以责令其暂停施工，由此增加的费用和(或)延误的工期由承包人承担。

7) 紧急情况处理

在工程实施期间或缺陷责任期内发生危及工程安全的事件，监理人通知承包人进行抢救，承包人声明无能力或不愿立即执行的，发包人有权雇用其他人员进行抢救。此类抢救按合同约定属于承包人义务的，由此增加的费用和(或)延误的工期由承包人承担。

8) 事故处理

工程施工过程中发生事故的，承包人应立即通知监理人，监理人应立即通知发包人。发包人和承包人应立即组织人员和设备进行紧急抢救和抢修，减少人员伤亡和财产损失，防止事故扩大，并保护事故现场。需要移动现场物品时，应作出标记和书面记录，妥善保管有关证据。发包人和承包人应按国家有关规定，及时如实地向有关部门报告事故发生的情况，以及正在采取的紧急措施等。

9) 安全生产责任

(1) 发包人的安全责任。

发包人应负责赔偿以下各种情况造成的损失：

◆　工程或工程的任何部分对土地的占用所造成的第三者财产损失；

◆　由于发包人原因在施工场地及其毗邻地带造成的第三者人身伤亡和财产损失；

◆　由于发包人原因对承包人、监理人造成的人员人身伤亡和财产损失；

◆　由于发包人原因造成的发包人自身人员的人身伤害以及财产损失。

(2) 承包人的安全责任。

由于承包人原因在施工场地内及其毗邻地带造成的发包人、监理人以及第三者人员伤亡和财产损失，由承包人负责赔偿。

2. 职业健康

1) 劳动保护

承包人应按照法律规定安排现场施工人员的劳动和休息时间，保障劳动者的休息时间，并支付合理的报酬和费用。承包人应依法为其履行合同所雇用的人员办理必要的证件、许可、保险和注册等，承包人应督促其分包人为分包人所雇用的人员办理必要的证件、许可、保险和注册等。

承包人应按照法律规定保障现场施工人员的劳动安全，并提供劳动保护。承包人应按国家有关劳动保护的规定，采取有效的防止粉尘、降低噪声、控制有害气体和保障高温、高寒、高空作业安全等劳动保护措施。承包人雇用人员在施工中受到伤害时，承包人应立即采取有效措施进行抢救和治疗。

承包人应按法律规定安排工作时间，保证其雇用人员享有休息和休假的权利。因工程施工的特殊需要占用休假日或延长工作时间的，应不超过法律规定的限度，并按法律规定给予补休或付酬。

2) 生活条件

承包人应为其履行合同所雇用的人员提供必要的膳宿条件和生活环境。承包人应采取有效措施预防传染病，保证施工人员的健康，并定期对施工现场、施工人员生活基地和工程进行防疫和卫生的专业检查和处理，在远离城镇的施工场地，还应配备必要的伤病防治和急救的医务人员与医疗设施。

3. 环境保护

承包人应在施工组织设计中列明环境保护的具体措施。在合同履行期间，承包人应采取合理措施保护施工现场环境。对施工作业过程中可能引起的大气、水、噪声以及固体废物污染采取具体可行的防范措施。

承包人应当承担因其原因引起的环境污染侵权损害赔偿责任，因上述环境污染引起纠纷而导致暂停施工的，由此增加的费用和(或)延误的工期由承包人承担。

7.3.8　验收和工程试车

1. 分部分项工程验收

(1) 分部分项工程质量应符合国家有关工程施工验收规范、标准及合同约定，承包人应按照施工组织设计的要求完成分部分项工程施工。

(2) 除专用合同条款另有约定外，分部分项工程经承包人自检合格并具备验收条件的，承包人应提前 48 小时通知监理人进行验收。监理人不能按时进行验收的，应在验收前 24 小时向承包人提交书面延期要求，但延期不能超过 48 小时。监理人未按时进行验收，也未提出延期要求的，承包人有权自行验收，监理人应认可验收结果。分部分项工程未经验收的，不得进入下一道工序施工。

分部分项工程的验收资料应当作为竣工资料的组成部分。

2. 竣工验收

1) 竣工验收条件

工程具备以下条件的，承包人可以申请竣工验收：

① 除发包人同意的甩项工作和缺陷修补工作外，合同范围内的全部工程以及有关工作，包括合同要求的试验、试运行以及检验均已完成，并符合合同要求；

② 已按合同约定编制了甩项工作和缺陷修补工作清单以及相应的施工计划；

③ 已按合同约定的内容和份数备齐竣工资料。

2) 竣工验收程序

除专用合同条款另有约定外，承包人申请竣工验收的，应当按照以下程序进行：

① 承包人向监理人报送竣工验收申请报告，监理人应在收到竣工验收申请报告后 14

天内完成审查并报送发包人。监理人审查后认为尚不具备验收条件的，应通知承包人在竣工验收前承包人还需完成的工作内容，承包人应在完成监理人通知的全部工作内容后，再次提交竣工验收申请报告；

② 监理人审查后认为已具备竣工验收条件的，应将竣工验收申请报告提交发包人，发包人应在收到经监理人审核的竣工验收申请报告后 28 天内审批完毕，并组织监理人、承包人、设计人等相关单位完成竣工验收；

③ 竣工验收合格的，发包人应在验收合格后 14 天内向承包人签发工程接收证书。发包人无正当理由逾期不颁发工程接收证书的，自验收合格后第 15 天起视为已颁发工程接收证书；

④ 竣工验收不合格的，监理人应按照验收意见发出指示，要求承包人对不合格工程返工、修复或采取其他补救措施，由此增加的费用和(或)延误的工期由承包人承担。承包人在完成不合格工程的返工、修复或采取其他补救措施后，应重新提交竣工验收申请报告，并按本项约定的程序重新进行验收；

⑤ 工程未经验收或验收不合格，发包人擅自使用的，应在转移占有工程后 7 天内向承包人颁发工程接收证书；发包人无正当理由逾期不颁发工程接收证书的，自转移占有后第 15 天起视为已颁发工程接收证书。

除专用合同条款另有约定外，发包人不按照本项约定组织竣工验收、颁发工程接收证书的，每逾期一天，应以签约合同价为基数，按照中国人民银行发布的同期同类贷款基准利率支付违约金。

竣工验收程序如图 7-2 所示。

3) 竣工日期

工程经竣工验收合格的，以承包人提交竣工验收申请报告之日为实际竣工日期，并在工程接收证书中载明；因发包人原因，未在监理人收到承包人提交的竣工验收申请报告 42 天内完成竣工验收，或完成竣工验收不予签发工程接收证书的，以提交竣工验收申请报告的日期为实际竣工日期；工程未经竣工验收，发包人擅自使用的，以转移占有工程之日为实际竣工日期。

4) 拒绝接收全部或部分工程

对于竣工验收不合格的工程，承包人完成整改后，应当重新进行竣工验收，经重新组织验收仍不合格的且无法采取措施补救的，则发包人可以拒绝接收不合格工程，因不合格工程导致其他工程不能正常使用的，承包人应采取措施确保相关工程的正常使用，由此增加的费用和(或)延误的工期由承包人承担。

5) 移交、接收全部与部分工程

除专用合同条款另有约定外，合同当事人应当在颁发工程接收证书后 7 天内完成工程的移交。

发包人无正当理由不接收工程的，发包人自应当接收工程之日起，承担工程照管、成品保护、保管等与工程有关的各项费用，合同当事人可以在专用合同条款中另行约定发包人逾期接收工程的违约责任。

承包人无正当理由不移交工程的，承包人应承担工程照管、成品保护、保管等与工程有关的各项费用，合同当事人可以在专用合同条款中另行约定承包人无正当理由不移交工程的违约责任。

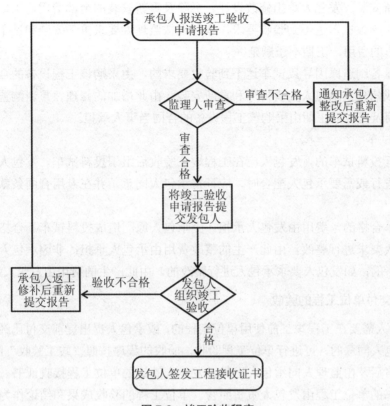

图 7-2　竣工验收程序

3. 工程试车

1) 试车程序

工程需要试车的，除专用合同条款另有约定外，试车内容应与承包人承包范围相一致，试车费用由承包人承担。工程试车应按如下程序进行。

(1) 具备单机无负荷试车条件，承包人组织试车，并在试车前 48 小时书面通知监理人，通知中应载明试车内容、时间、地点。承包人准备试车记录，发包人根据承包人要求为试车提供必要条件。试车合格的，监理人在试车记录上签字。监理人在试车合格后不在试车记录上签字，自试车结束满 24 小时后视为监理人已经认可试车记录，承包人可继续施工或办理竣工验收手续。

监理人不能按时参加试车，应在试车前 24 小时以书面形式向承包人提出延期要求，但延期不能超过 48 小时，由此导致工期延误的，工期应予以顺延。监理人未能在前述期限内提出延期要求，又不参加试车的，视为认可试车记录。

(2) 具备无负荷联动试车条件，发包人组织试车，并在试车前 48 小时以书面形式通知承包人。通知中应载明试车内容、时间、地点和对承包人的要求，承包人按要求做好准备工作。试车合格，合同当事人在试车记录上签字。承包人无正当理由不参加试车的，视为认可试车记录。

2) 试车中的责任

因设计原因导致试车达不到验收要求，发包人应要求设计人修改设计，承包人按修改后的设计重新安装。发包人承担修改设计、拆除及重新安装的全部费用，工期相应顺延。因承包人原因导致试车达不到验收要求，承包人按监理人要求重新安装和试车，并承担重新安装和试车的费用，工期不予顺延。

因工程设备制造原因导致试车达不到验收要求的，由采购该工程设备的合同当事人负责重新购置或修理，承包人负责拆除和重新安装，由此增加的修理、重新购置、拆除及重新安装的费用及延误的工期由采购该工程设备的合同当事人承担。

3) 投料试车

如需进行投料试车的，发包人应在工程竣工验收后组织投料试车。发包人要求在工程竣工验收前进行或需要承包人配合时，应征得承包人同意，并在专用合同条款中约定有关事项。

投料试车合格的，费用由发包人承担；因承包人原因造成投料试车不合格的，承包人应按照发包人要求进行整改，由此产生的整改费用由承包人承担；非因承包人原因导致投料试车不合格的，如发包人要求承包人进行整改的，由此产生的费用由发包人承担。

4. 提前交付单位工程的验收

(1) 发包人需要在工程竣工前使用单位工程的，或承包人提出提前交付已经竣工的单位工程且经发包人同意的，可进行单位工程验收，验收的程序按照"竣工验收"的约定进行。

验收合格后，由监理人向承包人出具经发包人签认的单位工程接收证书。已签发单位工程接收证书的单位工程由发包人负责照管。单位工程的验收成果和结论作为整体工程竣工验收申请报告的附件。

(2) 发包人要求在工程竣工前交付单位工程，由此导致承包人费用增加和(或)工期延误的，由发包人承担由此增加的费用和(或)延误的工期，并支付承包人合理的利润。

5. 施工期运行

(1) 施工期运行是指合同工程尚未全部竣工，其中某项或某几项单位工程或工程设备安装已竣工，根据专用合同条款约定，需要投入施工期运行的，经发包人按"提前交付单位工程的验收"的约定验收合格，证明能确保安全后，才能在施工期投入运行。

(2) 在施工期运行中发现工程或工程设备损坏或存在缺陷的，由承包人按"缺陷责任期"约定进行修复。

6. 竣工退场

1) 竣工退场

颁发工程接收证书后，承包人应按以下要求对施工现场进行清理：

① 施工现场内残留的垃圾已全部清除出场；

② 临时工程已拆除，场地已进行清理、平整或复原；

③ 按合同约定应撤离的人员、承包人施工设备和剩余的材料，包括废弃的施工设备和

材料，已按计划撤离施工现场；

　　④ 施工现场周边及其附近道路、河道的施工堆积物，已全部清理；

　　⑤ 施工现场其他场地清理工作已全部完成。

　　施工现场的竣工退场费用由承包人承担。承包人应在专用合同条款约定的期限内完成竣工退场，逾期未完成的，发包人有权出售或另行处理承包人遗留的物品，由此支出的费用由承包人承担，发包人出售承包人遗留物品所得款项在扣除必要费用后应返还承包人。

　　2) 地表还原

　　承包人应按发包人要求恢复临时占地及清理场地，承包人未按发包人的要求恢复临时占地，或者场地清理未达到合同约定要求的，发包人有权委托其他人恢复或清理，所发生的费用由承包人承担。

7.3.9　缺陷责任与保修

1. 工程保修的原则

　　在工程移交发包人后，因承包人原因产生的质量缺陷，承包人应承担质量缺陷责任和保修义务。缺陷责任期届满，承包人仍应按合同约定的工程各部位保修年限承担保修义务。

2. 缺陷责任期

　　(1) 缺陷责任期自实际竣工日期起计算，合同当事人应在专用合同条款约定缺陷责任期的具体期限，但该期限最长不超过 24 个月。

　　单位工程先于全部工程进行验收，经验收合格并交付使用的，该单位工程缺陷责任期自单位工程验收合格之日起算。因发包人原因导致工程无法按合同约定期限进行竣工验收的，缺陷责任期自承包人提交竣工验收申请报告之日起开始计算；发包人未经竣工验收擅自使用工程的，缺陷责任期自工程转移占有之日起开始计算。

　　(2) 工程竣工验收合格后，因承包人原因导致的缺陷或损坏致使工程、单位工程或某项主要设备不能按原定目的使用的，则发包人有权要求承包人延长缺陷责任期，并应在原缺陷责任期届满前发出延长通知，但缺陷责任期最长不能超过 24 个月。

　　(3) 任何一项缺陷或损坏修复后，经检查证明其影响了工程或工程设备的使用性能，承包人应重新进行合同约定的试验和试运行，试验和试运行的全部费用应由责任方承担。

　　(4) 除专用合同条款另有约定外，承包人应于缺陷责任期届满后 7 天内向发包人发出缺陷责任期届满通知，发包人应在收到缺陷责任期满通知后 14 天内核实承包人是否履行缺陷修复义务，承包人未能履行缺陷修复义务的，发包人有权扣除相应金额的维修费用。发包人应在收到缺陷责任期届满通知后 14 天内，向承包人颁发缺陷责任期终止证书。

3. 质量保证金

　　经合同当事人协商一致扣留质量保证金的，应在专用合同条款中予以明确。

　　1) 承包人提供质量保证金的方式

　　承包人提供质量保证金有以下三种方式：

① 质量保证金保函；

② 相应比例的工程款；

③ 双方约定的其他方式。

除专用合同条款另有约定外，质量保证金原则上采用上述第①种方式。

2) 质量保证金的扣留

质量保证金的扣留有以下三种方式：

① 在支付工程进度款时逐次扣留，在此情形下，质量保证金的计算基数不包括预付款的支付、扣回以及价格调整的金额；

② 工程竣工结算时一次性扣留质量保证金；

③ 双方约定的其他扣留方式。

除专用合同条款另有约定外，质量保证金的扣留原则上采用上述第①种方式。

发包人累计扣留的质量保证金不得超过结算合同价格的 5%，如承包人在发包人签发竣工付款证书后 28 天内提交质量保证金保函，发包人应同时退还扣留的作为质量保证金的工程价款。

3) 质量保证金的退还

发包人应按"最终结清"的约定退还质量保证金。

4. 保修

1) 保修责任

工程保修期从工程竣工验收合格之日起算，具体分部分项工程的保修期由合同当事人在专用合同条款中约定，但不得低于法定最低保修年限。在工程保修期内，承包人应当根据有关法律规定以及合同约定承担保修责任。

发包人未经竣工验收擅自使用工程的，保修期自转移占有之日起算。

2) 修复费用

保修期内，修复的费用按照以下约定处理：

① 保修期内，因承包人原因造成工程的缺陷、损坏，承包人应负责修复，并承担修复的费用以及因工程的缺陷、损坏造成的人身伤害和财产损失；

② 保修期内，因发包人使用不当造成工程的缺陷、损坏，可以委托承包人修复，但发包人应承担修复的费用，并支付承包人合理利润；

③ 因其他原因造成工程的缺陷、损坏，可以委托承包人修复，发包人应承担修复的费用，并支付承包人合理的利润，因工程的缺陷、损坏造成的人身伤害和财产损失由责任方承担。

3) 修复通知

在保修期内，发包人在使用过程中，发现已接收的工程存在缺陷或损坏的，应书面通知承包人予以修复，但情况紧急必须立即修复缺陷或损坏的，发包人可以口头通知承包人并在口头通知后 48 小时内书面确认，承包人应在专用合同条款约定的合理期限内到达工程现场并修复缺陷或损坏。

4) 未能修复

因承包人原因造成工程的缺陷或损坏，承包人拒绝维修或未能在合理期限内修复缺陷或损坏，且经发包人书面催告后仍未修复的，发包人有权自行修复或委托第三方修复，所需费用由承包人承担。但修复范围超出缺陷或损坏范围的，超出范围部分的修复费用由发包人承担。

5) 承包人出入权

在保修期内，为了修复缺陷或损坏，承包人有权出入工程现场，除情况紧急必须立即修复缺陷或损坏外，承包人应提前 24 小时通知发包人进场修复的时间。承包人进入工程现场前应获得发包人同意，且不应影响发包人正常的生产经营，并应遵守发包人有关保安和保密等规定。

7.4 施工合同的工期控制条款

7.4.1 工期和进度

1. 施工组织设计

施工组织设计应包含以下内容：
① 施工方案；
② 施工现场平面布置图；
③ 施工进度计划和保证措施；
④ 劳动力及材料供应计划；
⑤ 施工机械设备的选用；
⑥ 质量保证体系及措施；
⑦ 安全生产、文明施工措施；
⑧ 环境保护、成本控制措施；
⑨ 合同当事人约定的其他内容。

2. 施工组织设计的提交和修改

除专用合同条款另有约定外，承包人应在合同签订后 14 天内，但至迟不得晚于"开工通知"载明的开工日期前 7 天，向监理人提交详细的施工组织设计，并由监理人报送发包人。除专用合同条款另有约定外，发包人和监理人应在监理人收到施工组织设计后 7 天内确认或提出修改意见。对发包人和监理人提出的合理意见和要求，承包人应自费修改完善。根据工程实际情况需要修改施工组织设计的，承包人应向发包人和监理人提交修改后的施工组织设计。

施工进度计划的编制和修改按照"施工进度计划"执行。

7.4.2　施工进度计划

1. 施工进度计划的编制

承包人应按照"施工组织设计"约定提交详细的施工进度计划，施工进度计划的编制应当符合国家法律规定和一般工程实践惯例，施工进度计划经发包人批准后实施。施工进度计划是控制工程进度的依据，发包人和监理人有权按照施工进度计划检查工程进度情况。

2. 施工进度计划的修订

施工进度计划不符合合同要求或与工程的实际进度不一致的，承包人应向监理人提交修订的施工进度计划，并附具有关措施和相关资料，由监理人报送发包人。除专用合同条款另有约定外，发包人和监理人应在收到修订的施工进度计划后 7 天内完成审核和批准或提出修改意见。发包人和监理人对承包人提交的施工进度计划的确认，不能减轻或免除承包人根据法律规定和合同约定应承担的任何责任或义务。

7.4.3　开工

1. 开工准备

除专用合同条款另有约定外，承包人应按照"施工组织设计"约定的期限，向监理人提交工程开工报审表，经监理人报发包人批准后执行。开工报审表应详细说明按施工进度计划正常施工所需的施工道路、临时设施、材料、工程设备、施工设备、施工人员等落实情况以及工程的进度安排。

除专用合同条款另有约定外，合同当事人应按约定完成开工准备工作。

2. 开工通知

发包人应按照法律规定获得工程施工所需的许可。经发包人同意后，监理人发出的开工通知应符合法律规定。监理人应在计划开工日期 7 天前向承包人发出开工通知，工期自开工通知中载明的开工日期起算。

除专用合同条款另有约定外，因发包人原因造成监理人未能在计划开工日期之日起 90 天内发出开工通知的，承包人有权提出价格调整要求，或者解除合同。发包人应当承担由此增加的费用和(或)延误的工期，并向承包人支付合理利润。

7.4.4　测量放线

1. 发包人提供基准数据

除专用合同条款另有约定外，发包人应在至迟不得晚于"开工通知"载明的开工日期前 7 天通过监理人向承包人提供测量基准点、基准线和水准点及其书面资料。发包人应对其提供的测量基准点、基准线和水准点及其书面资料的真实性、准确性和完整性负责。

承包人发现发包人提供的测量基准点、基准线和水准点及其书面资料存在错误或疏漏的，应及时通知监理人。监理人应及时报告发包人，并会同发包人和承包人予以核实。发包人应就如何处理和是否继续施工作出决定，并通知监理人和承包人。

2. 承包人对定位负责

承包人负责施工过程中的全部施工测量放线工作，并配置具有相应资质的人员、合格的仪器、设备和其他物品。承包人应矫正工程的位置、标高、尺寸或准线中出现的任何差错，并对工程各部分的定位负责。

施工过程中对施工现场内水准点等测量标志物的保护工作由承包人负责。

7.4.5　工期延误

1. 因发包人原因导致工期延误

在合同履行过程中，因下列情况导致工期延误和(或)费用增加的，由发包人承担由此延误的工期和(或)增加的费用，且发包人应支付承包人合理的利润：

① 发包人未能按合同约定提供图纸或所提供图纸不符合合同约定的；

② 发包人未能按合同约定提供施工现场、施工条件、基础资料、许可、批准等开工条件的；

③ 发包人提供的测量基准点、基准线和水准点及其书面资料存在错误或疏漏的；

④ 发包人未能在计划开工日期之日起 7 天内同意下达开工通知的；

⑤ 发包人未能按合同约定日期支付工程预付款、进度款或竣工结算款的；

⑥ 监理人未按合同约定发出指示、批准等文件的；

⑦ 专用合同条款中约定的其他情形。

因发包人原因未按计划开工日期开工的，发包人应按实际开工日期顺延竣工日期，确保实际工期不低于合同约定的工期总日历天数。因发包人原因导致工期延误需要修订施工进度计划的，按照"施工进度计划的修订"执行。

2. 因承包人原因导致工期延误

因承包人原因造成工期延误的，可以在专用合同条款中约定逾期竣工违约金的计算方法和逾期竣工违约金的上限。承包人支付逾期竣工违约金后，不免除承包人继续完成工程及修补缺陷的义务。

7.4.6　不利物质条件

不利物质条件是指有经验的承包人在施工现场遇到的不可预见的自然物质条件、非自然的物质障碍和污染物，包括地表以下物质条件和水文条件以及专用合同条款约定的其他情形，但不包括气候条件。

承包人遇到不利物质条件时，应采取克服不利物质条件的合理措施继续施工，并及时通知发包人和监理人。通知应载明不利物质条件的内容以及承包人认为不可预见的理由。监理人经发包人同意后应当及时发出指示，指示构成变更的，按"变更"约定执行。承包人因采取合理措施而增加的费用和(或)延误的工期由发包人承担。

7.4.7　异常恶劣的气候条件

异常恶劣的气候条件是指在施工过程中遇到的、有经验的承包人在签订合同时不可预见的、对合同履行造成实质性影响的、但尚未构成不可抗力事件的恶劣气候条件。合同当事人可以在专用合同条款中约定异常恶劣的气候条件的具体情形。

承包人应采取克服异常恶劣的气候条件的合理措施继续施工，并及时通知发包人和监理人。监理人经发包人同意后应当及时发出指示，指示构成变更的，按"变更"约定办理。承包人因采取合理措施而增加的费用和(或)延误的工期由发包人承担。

7.4.8　暂停施工

1. 发包人原因引起的暂停施工

因发包人原因引起暂停施工的，监理人经发包人同意后，应及时下达暂停施工指示。情况紧急且监理人未及时下达暂停施工指示的，按照"紧急情况下的暂停施工"执行。

因发包人原因引起的暂停施工，发包人应承担由此增加的费用和(或)延误的工期，并支付承包人合理的利润。

2. 承包人原因引起的暂停施工

因承包人原因引起的暂停施工，承包人应承担由此增加的费用和(或)延误的工期，且承包人在收到监理人复工指示后84天内仍未复工的，视为"承包人违约的情形"约定的承包人无法继续履行合同的情形。

3. 指示暂停施工

监理人认为有必要时，并经发包人批准后，可向承包人作出暂停施工的指示，承包人应按监理人指示暂停施工。

4. 紧急情况下的暂停施工

因紧急情况需暂停施工，且监理人未及时下达暂停施工指示的，承包人可先暂停施工，并及时通知监理人。监理人应在接到通知后24小时内发出指示，逾期未发出指示，视为同意承包人暂停施工。监理人不同意承包人暂停施工的，应说明理由，承包人对监理人的答复有异议，按照"争议解决"约定处理。

5. 暂停施工后的复工

暂停施工后，发包人和承包人应采取有效措施积极消除暂停施工的影响。在工程复工前，监理人会同发包人和承包人确定因暂停施工造成的损失，并确定工程复工条件。当工程具备复工条件时，监理人应经发包人批准后向承包人发出复工通知，承包人应按照复工通知要求复工。

承包人无故拖延和拒绝复工的，承包人承担由此增加的费用和(或)延误的工期；因发包人原因无法按时复工的，按照〔因发包人原因导致工期延误〕约定办理。

6. 暂停施工持续 56 天以上

监理人发出暂停施工指示后 56 天内未向承包人发出复工通知，除该项停工属于"承包人原因引起的暂停施工"及"不可抗力"约定的情形外，承包人可向发包人提交书面通知，要求发包人在收到书面通知后 28 天内准许已暂停施工的部分或全部工程继续施工。发包人逾期不予批准的，则承包人可以通知发包人，将工程受影响的部分视为按"变更的范围"(2)项的可取消工作。

暂停施工持续 84 天以上不复工的，且不属于"承包人原因引起的暂停施工"及"不可抗力"约定的情形，并影响到整个工程以及合同目的实现的，承包人有权提出价格调整要求，或者解除合同。解除合同的，按照"因发包人违约解除合同"执行。

7. 暂停施工期间的工程照管

暂停施工期间，承包人应负责妥善照管工程并提供安全保障，由此增加的费用由责任方承担。

8. 暂停施工的措施

暂停施工期间，发包人和承包人均应采取必要的措施确保工程质量及安全，防止因暂停施工扩大损失。

7.4.9 提前竣工

1. 提前竣工指示

发包人要求承包人提前竣工的，发包人应通过监理人向承包人下达提前竣工指示，承包人应向发包人和监理人提交提前竣工建议书，提前竣工建议书应包括实施的方案、缩短的时间、增加的合同价格等内容。发包人接受该提前竣工建议书的，监理人应与发包人和承包人协商采取加快工程进度的措施，并修订施工进度计划，由此增加的费用由发包人承担。承包人认为提前竣工指示无法执行的，应向监理人和发包人提出书面异议，发包人和监理人应在收到异议后 7 天内予以答复。任何情况下，发包人不得压缩合理工期。

2. 提前竣工奖励

发包人要求承包人提前竣工，或承包人提出提前竣工的建议能够给发包人带来效益的，合同当事人可以在专用合同条款中约定提前竣工的奖励。

工程经竣工验收合格的，以承包人提交竣工验收申请报告之日为实际竣工日期，并在工程接收证书中载明；因发包人原因，未在监理人收到承包人提交的竣工验收申请报告 42 天内完成竣工验收，或完成竣工验收不予签发工程接收证书的，以提交竣工验收申请报告的日期为实际竣工日期；工程未经竣工验收，发包人擅自使用的，以转移占有工程之日为实际竣工日期。

7.5 施工合同的成本控制条款

7.5.1 变更

1. 变更的范围

除专用合同条款另有约定外，合同履行过程中发生以下情形的，应按照本条约定进行变更。

(1) 增加或减少合同中任何工作，或追加额外的工作。

(2) 取消合同中任何工作，但转由他人实施的工作除外。

(3) 改变合同中任何工作的质量标准或其他特性。

(4) 改变工程的基线、标高、位置和尺寸。

(5) 改变工程的时间安排或实施顺序。

2. 变更权

发包人和监理人均可以提出变更。变更指示均通过监理人发出，监理人发出变更指示前应征得发包人同意。承包人收到经发包人签认的变更指示后，方可实施变更。未经许可，承包人不得擅自对工程的任何部分进行变更。

涉及设计变更的，应由设计人提供变更后的图纸和说明。如变更超过原设计标准或批准的建设规模时，发包人应及时办理规划、设计变更等审批手续。

3. 变更程序

1) 发包人提出变更

发包人提出变更的，应通过监理人向承包人发出变更指示，变更指示应说明计划变更的工程范围和变更的内容。

2) 监理人提出变更建议

监理人提出变更建议的，需要向发包人以书面形式提出变更计划，说明计划变更工程范围和变更的内容、理由，以及实施该变更对合同价格和工期的影响。发包人同意变更的，由监理人向承包人发出变更指示。发包人不同意变更的，监理人无权擅自发出变更指示。

3) 变更执行

承包人收到监理人下达的变更指示后，认为不能执行，应立即提出不能执行该变更指示的理由。承包人认为可以执行变更的，应当书面说明实施该变更指示对合同价格和工期的影响，且合同当事人应当按照"变更估价"约定确定变更估价。

4. 变更估价

1) 变更估价原则

除专用合同条款另有约定外，变更估价按照本款约定处理：

① 已标价工程量清单或预算书有相同项目的，按照相同项目单价认定；

② 已标价工程量清单或预算书中无相同项目，但有类似项目的，参照类似项目的单价认定；

③ 变更导致实际完成的变更工程量与已标价工程量清单或预算书中列明的该项目工程量的变化幅度超过 15%的，或已标价工程量清单或预算书中无相同项目及类似项目单价的，按照合理的成本与利润构成的原则，由合同当事人按照"商定或确定"确定变更工作的单价。

2) 变更估价程序

承包人应在收到变更指示后 14 天内，向监理人提交变更估价申请。监理人应在收到承包人提交的变更估价申请后 7 天内审查完毕并报送发包人，监理人对变更估价申请有异议，通知承包人修改后重新提交。发包人应在承包人提交变更估价申请后 14 天内审批完毕。发包人逾期未完成审批或未提出异议的，视为认可承包人提交的变更估价申请。

因变更引起的价格调整应计入最近一期的进度款中支付。

5. 承包人的合理化建议

承包人提出合理化建议的，应向监理人提交合理化建议说明，说明建议的内容和理由，以及实施该建议对合同价格和工期的影响。

除专用合同条款另有约定外，监理人应在收到承包人提交的合理化建议后 7 天内审查完毕并报送发包人，发现其中存在技术上的缺陷，应通知承包人修改。发包人应在收到监理人报送的合理化建议后 7 天内审批完毕。合理化建议经发包人批准的，监理人应及时发出变更指示，由此引起的合同价格调整按照"变更估价"约定执行。发包人不同意变更的，监理人应书面通知承包人。

合理化建议降低了合同价格或者提高了工程经济效益的，发包人可对承包人给予奖励，奖励的方法和金额在专用合同条款中约定。

6. 变更引起的工期调整

因变更引起工期变化的，合同当事人均可要求调整合同工期，由合同当事人按照〔商定或确定〕并参考工程所在地的工期定额标准确定增减工期天数。

7. 暂估价

暂估价专业分包工程、服务、材料和工程设备的明细由合同当事人在专用合同条款中约定。

(1) 依法必须招标的暂估价项目。

对于依法必须招标的暂估价项目，采取以下第 1 种方式确定。合同当事人也可以在专

用合同条款中选择其他招标方式。

第一种方式：对于依法必须招标的暂估价项目，由承包人招标，对该暂估价项目的确认和批准按照以下约定执行：

① 承包人应当根据施工进度计划，在招标工作启动前 14 天将招标方案通过监理人报送发包人审查，发包人应当在收到承包人报送的招标方案后 7 天内批准或提出修改意见。承包人应当按照经过发包人批准的招标方案开展招标工作；

② 承包人应当根据施工进度计划，提前 14 天将招标文件通过监理人报送发包人审批，发包人应当在收到承包人报送的相关文件后 7 天内完成审批或提出修改意见；发包人有权确定招标控制价并按照法律规定参加评标；

③ 承包人与供应商、分包人在签订暂估价合同前，应当提前 7 天将确定的中标候选供应商或中标候选分包人的资料报送发包人，发包人应在收到资料后 3 天内与承包人共同确定中标人；承包人应当在签订合同后 7 天内，将暂估价合同副本报送发包人留存。

第二种方式：对于依法必须招标的暂估价项目，由发包人和承包人共同招标确定暂估价供应商或分包人的，承包人应按照施工进度计划，在招标工作启动前 14 天通知发包人，并提交暂估价招标方案和工作分工。发包人应在收到后 7 天内确认。确定中标人后，由发包人、承包人与中标人共同签订暂估价合同。

(2) 不属于依法必须招标的暂估价项目。

除专用合同条款另有约定外，对于不属于依法必须招标的暂估价项目，采取以下第 1 种方式确定：

第一种方式：对于不属于依法必须招标的暂估价项目，按本项约定确认和批准：

① 承包人应根据施工进度计划，在签订暂估价项目的采购合同、分包合同前 28 天向监理人提出书面申请。监理人应当在收到申请后 3 天内报送发包人，发包人应当在收到申请后 14 天内给予批准或提出修改意见，发包人逾期未予批准或提出修改意见的，视为该书面申请已获得同意；

② 发包人认为承包人确定的供应商、分包人无法满足工程质量或合同要求的，发包人可以要求承包人重新确定暂估价项目的供应商、分包人；

③ 承包人应当在签订暂估价合同后 7 天内，将暂估价合同副本报送发包人留存。

第二种方式：承包人按照"依法必须招标的暂估价项目"约定的第 1 种方式确定暂估价项目。

第三种方式：承包人直接实施的暂估价项目

承包人具备实施暂估价项目的资格和条件的，经发包人和承包人协商一致后，可由承包人自行实施暂估价项目，合同当事人可以在专用合同条款约定具体事项。

(3) 因发包人原因导致暂估价合同订立和履行迟延的，由此增加的费用和(或)延误的工期由发包人承担，并支付承包人合理的利润。因承包人原因导致暂估价合同订立和履行迟延的，由此增加的费用和(或)延误的工期由承包人承担。

8. 暂列金额

暂列金额应按照发包人的要求使用，发包人的要求应通过监理人发出。合同当事人可以在专用合同条款中协商确定有关事项。

9. 计日工

需要采用计日工方式的，经发包人同意后，由监理人通知承包人以计日工计价方式实施相应的工作，其价款按列入已标价工程量清单或预算书中的计日工计价项目及其单价进行计算；已标价工程量清单或预算书中无相应的计日工单价的，按照合理的成本与利润构成的原则，由合同当事人按照"商定或确定"确定变更工作的单价。

采用计日工计价的任何一项工作，承包人应在该项工作实施过程中，每天提交以下报表和有关凭证报送监理人审查：

① 工作名称、内容和数量；
② 投入该工作的所有人员的姓名、专业、工种、级别和耗用工时；
③ 投入该工作的材料类别和数量；
④ 投入该工作的施工设备型号、台数和耗用台时；
⑤ 其他有关资料和凭证。

计日工由承包人汇总后，列入最近一期进度付款申请单，由监理人审查并经发包人批准后列入进度付款。

7.5.2　价格调整

1. 市场价格波动引起的调整

除专用合同条款另有约定外，市场价格波动超过合同当事人约定的范围，合同价格应当调整。合同当事人可以在专用合同条款中约定选择以下一种方式对合同价格进行调整：

第一种方式：采用价格指数进行价格调整。

(1) 价格调整公式。

因人工、材料和设备等价格波动影响合同价格时，根据专用合同条款中约定的数据，按以下公式计算差额并调整合同价格：

$$\Delta P = P_0 \left[A + \left(B_1 \times \frac{F_{t1}}{F_{01}} + B_2 \times \frac{F_{t2}}{F_{02}} + B_3 \times \frac{F_{t3}}{F_{03}} + \cdots + B_n \times \frac{F_{tn}}{F_{0n}} \right) - 1 \right]$$

式中：ΔP——需调整的价格差额；

P_0——约定的付款证书中承包人应得到的已完成工程量的金额。此项金额应不包括价格调整、不计质量保证金的扣留和支付、预付款的支付和扣回。约定的变更及其他金额已按现行价格计价的，也不计在内；

A——定值权重(即不调部分的权重)；

$B_1, B_2, B_3, \cdots, B_n$——各可调因子的变值权重(即可调部分的权重)，为各可调因子在签约合同价中所占的比例；

$F_{t1}, F_{t2}, F_{t3}, \cdots, F_{tn}$——各可调因子的现行价格指数，指约定的付款证书相关周期最后一天的前 42 天的各可调因子的价格指数；

$F_{01}, F_{02}, F_{03}, \cdots, F_{0n}$——各可调因子的基本价格指数，指基准日期的各可调因子的价格指数。

以上价格调整公式中的各可调因子、定值和变值权重，以及基本价格指数及其来源在投标函附录价格指数和权重表中约定，非招标订立的合同，由合同当事人在专用合同条款中约定。价格指数应首先采用工程造价管理机构发布的价格指数，无前述价格指数时，可采用工程造价管理机构发布的价格代替。

(2) 暂时确定调整差额。

在计算调整差额时无现行价格指数的，合同当事人同意暂用前次价格指数计算。实际价格指数有调整的，合同当事人进行相应调整。

(3) 权重的调整。

因变更导致合同约定的权重不合理时，按照"商定或确定"执行。

(4) 因承包人原因工期延误后的价格调整。

因承包人原因未按期竣工的，在合同约定的竣工日期后继续施工的工程，在使用价格调整公式时，应采用计划竣工日期与实际竣工日期的两个价格指数中较低的一个作为现行价格指数。

第二种方式：采用造价信息进行价格调整。

合同履行期间，因人工、材料、工程设备和机械台班价格波动影响合同价格时，人工、机械使用费按照国家或省、自治区、直辖市建设行政管理部门、行业建设管理部门或其授权的工程造价管理机构发布的人工、机械使用费系数进行调整；需要进行价格调整的材料，其单价和采购数量应由发包人审批，发包人确认需调整的材料单价及数量，作为调整合同价格的依据。

(1) 人工单价发生变化且符合省级或行业建设主管部门发布的人工费调整规定，合同当事人应按省级或行业建设主管部门或其授权的工程造价管理机构发布的人工费等文件调整合同价格，但承包人对人工费或人工单价的报价高于发布价格的除外。

(2) 材料、工程设备价格变化的价款调整按照发包人提供的基准价格，按以下风险范围规定执行。

① 承包人在已标价工程量清单或预算书中载明材料单价低于基准价格的：除专用合同条款另有约定外，合同履行期间材料单价涨幅以基准价格为基础超过5%时，或材料单价跌幅以在已标价工程量清单或预算书中载明材料单价为基础超过 5%时，其超过部分据实调整。

② 承包人在已标价工程量清单或预算书中载明材料单价高于基准价格的：除专用合同条款另有约定外，合同履行期间材料单价跌幅以基准价格为基础超过 5%时，材料单价涨幅以在已标价工程量清单或预算书中载明材料单价为基础超过 5%时，其超过部分据实调整。

③ 承包人在已标价工程量清单或预算书中载明材料单价等于基准价格的：除专用合同条款另有约定外，合同履行期间材料单价涨跌幅以基准价格为基础超过±5%时，其超过部分据实调整。

④ 承包人应在采购材料前将采购数量和新的材料单价报发包人核对，发包人确认用于

工程时，发包人应确认采购材料的数量和单价。发包人在收到承包人报送的确认资料后 5 天内不予答复的视为认可，作为调整合同价格的依据。未经发包人事先核对，承包人自行采购材料的，发包人有权不予调整合同价格。发包人同意的，可以调整合同价格。

前述基准价格是指由发包人在招标文件或专用合同条款中给定的材料、工程设备的价格，该价格原则上应当按照省级或行业建设主管部门或其授权的工程造价管理机构发布的信息价编制。

(3) 施工机械台班单价或施工机械使用费发生变化超过省级或行业建设主管部门或其授权的工程造价管理机构规定的范围时，按规定调整合同价格。

第 3 种方式：专用合同条款约定的其他方式。

2. 法律变化引起的调整

基准日期后，法律变化导致承包人在合同履行过程中所需要的费用发生除"市场价格波动引起的调整"约定以外的增加时，由发包人承担由此增加的费用；减少时，应从合同价格中予以扣减。基准日期后，因法律变化造成工期延误时，工期应予以顺延。

因法律变化引起的合同价格和工期调整，合同当事人无法达成一致的，由总监理工程师按"商定或确定"的约定处理。

因承包人原因造成工期延误，在工期延误期间出现法律变化的，由此增加的费用和(或)延误的工期由承包人承担。

7.5.3　合同价格、计量与支付

1. 合同价格形式

发包人和承包人应在合同协议书中选择下列一种合同价格形式。

1) 单价合同

单价合同是指合同当事人约定以工程量清单及其综合单价进行合同价格计算、调整和确认的建设工程施工合同，在约定的范围内合同单价不作调整。合同当事人应在专用合同条款中约定综合单价包含的风险范围和风险费用的计算方法，并约定风险范围以外的合同价格的调整方法，其中因市场价格波动引起的调整按"市场价格波动引起的调整"约定执行。

2) 总价合同

总价合同是指合同当事人约定以施工图、已标价工程量清单或预算书及有关条件进行合同价格计算、调整和确认的建设工程施工合同，在约定的范围内合同总价不作调整。合同当事人应在专用合同条款中约定总价包含的风险范围和风险费用的计算方法，并约定风险范围以外的合同价格的调整方法，其中因市场价格波动引起的调整按"市场价格波动引起的调整"、因法律变化引起的调整按"法律变化引起的调整"约定执行。

3) 其他价格形式

合同当事人可在专用合同条款中约定其他合同价格形式。

2. 预付款

1) 预付款的支付

预付款的支付按照专用合同条款约定执行，但至迟应在开工通知载明的开工日期 7 天前支付。预付款应当用于材料、工程设备、施工设备的采购及修建临时工程、组织施工队伍进场等。

除专用合同条款另有约定外，预付款在进度付款中同比例扣回。在颁发工程接收证书前，提前解除合同的，尚未扣完的预付款应与合同价款一并结算。

发包人逾期支付预付款超过 7 天的，承包人有权向发包人发出要求预付的催告通知，发包人收到通知后 7 天内仍未支付的，承包人有权暂停施工，并按"发包人违约的情形"执行。

2) 预付款担保

发包人要求承包人提供预付款担保的，承包人应在发包人支付预付款 7 天前提供预付款担保，专用合同条款另有约定除外。预付款担保可采用银行保函、担保公司担保等形式，具体由合同当事人在专用合同条款中约定。在预付款完全扣回之前，承包人应保证预付款担保持续有效。

发包人在工程款中逐期扣回预付款后，预付款担保额度应相应减少，但剩余的预付款担保金额不得低于未被扣回的预付款金额。

3. 计量

(1) 计量原则。工程量计量按照合同约定的工程量计算规则、图纸及变更指示等进行计量。工程量计算规则应以相关的国家标准、行业标准等为依据，由合同当事人在专用合同条款中约定。

(2) 计量周期。除专用合同条款另有约定外，工程量的计量按月进行。

(3) 单价合同的计量。除专用合同条款另有约定外，单价合同的计量按照本项约定执行。

① 承包人应于每月 25 日向监理人报送上月 20 日至当月 19 日已完成的工程量报告，并附具进度付款申请单、已完成工程量报表和有关资料。

② 监理人应在收到承包人提交的工程量报告后 7 天内完成对承包人提交的工程量报表的审核并报送发包人，以确定当月实际完成的工程量。监理人对工程量有异议的，有权要求承包人进行共同复核或抽样复测。承包人应协助监理人进行复核或抽样复测，并按监理人要求提供补充计量资料。承包人未按监理人要求参加复核或抽样复测的，监理人复核或修正的工程量视为承包人实际完成的工程量。

③ 监理人未在收到承包人提交的工程量报表后的 7 天内完成审核的，承包人报送的工程量报告中的工程量视为承包人实际完成的工程量，据此计算工程价款。

(4) 总价合同的计量。除专用合同条款另有约定外，按月计量支付的总价合同，按照本项约定执行：

① 承包人应于每月 25 日向监理人报送上月 20 日至当月 19 日已完成的工程量报告，并附具进度付款申请单、已完成工程量报表和有关资料。

②　监理人应在收到承包人提交的工程量报告后 7 天内完成对承包人提交的工程量报表的审核并报送发包人,以确定当月实际完成的工程量。监理人对工程量有异议的,有权要求承包人进行共同复核或抽样复测。承包人应协助监理人进行复核或抽样复测并按监理人要求提供补充计量资料。承包人未按监理人要求参加复核或抽样复测的,监理人审核或修正的工程量视为承包人实际完成的工程量。

③　监理人未在收到承包人提交的工程量报表后的 7 天内完成复核的,承包人提交的工程量报告中的工程量视为承包人实际完成的工程量。

(5)　总价合同采用支付分解表计量支付的,可以按照"总价合同的计量"约定进行计量,但合同价款按照支付分解表进行支付。

(6)　其他价格形式合同的计量。合同当事人可在专用合同条款中约定其他价格形式合同的计量方式和程序。

4. 工程进度款支付

1)　付款周期

除专用合同条款另有约定外,付款周期应按照"计量周期"的约定与计量周期保持一致。

2)　进度付款申请单的编制

除专用合同条款另有约定外,进度付款申请单应包括下列内容:

(1)　截至本次付款周期已完成工作对应的金额;

(2)　根据"变更"应增加和扣减的变更金额;

(3)　根据"预付款"约定应支付的预付款和扣减的返还预付款;

(4)　根据"质量保证金"约定应扣减的质量保证金;

(5)　根据"索赔"应增加和扣减的索赔金额;

(6)　对已签发的进度款支付证书中出现错误的修正,应在本次进度付款中支付或扣除的金额;

(7)　根据合同约定应增加和扣减的其他金额。

3)　进度付款申请单的提交

(1)　单价合同进度付款申请单的提交。

单价合同的进度付款申请单,按照"单价合同的计量"约定的时间按月向监理人提交,并附上已完成工程量报表和有关资料。单价合同中的总价项目按月进行支付分解,并汇总列入当期进度付款申请单。

(2)　总价合同进度付款申请单的提交。

总价合同按月计量支付的,承包人按照"总价合同的计量"约定的时间按月向监理人提交进度付款申请单,并附上已完成工程量报表和有关资料。

总价合同按支付分解表支付的,承包人应按照"支付分解表"及"进度付款申请单的编制"的约定向监理人提交进度付款申请单。

(3) 其他价格形式合同的进度付款申请单的提交。

合同当事人可在专用合同条款中约定其他价格形式合同的进度付款申请单的编制和提交程序。

4) 进度款审核和支付

(1) 除专用合同条款另有约定外，监理人应在收到承包人进度付款申请单以及相关资料后 7 天内完成审查并报送发包人，发包人应在收到后 7 天内完成审批并签发进度款支付证书。发包人逾期未完成审批且未提出异议的，视为已签发进度款支付证书。

发包人和监理人对承包人的进度付款申请单有异议的，有权要求承包人修正和提供补充资料，承包人应提交修正后的进度付款申请单。监理人应在收到承包人修正后的进度付款申请单及相关资料后 7 天内完成审查并报送发包人，发包人应在收到监理人报送的进度付款申请单及相关资料后 7 天内，向承包人签发无异议部分的临时进度款支付证书。存在争议的部分，按照"争议解决"的约定处理。

(2) 除专用合同条款另有约定外，发包人应在进度款支付证书或临时进度款支付证书签发后 14 天内完成支付，发包人逾期支付进度款的，应按照中国人民银行发布的同期同类贷款基准利率支付违约金。

(3) 发包人签发进度款支付证书或临时进度款支付证书，不表明发包人已同意、批准或接受了承包人完成的相应部分的工作。

5) 进度付款的修正

在对已签发的进度款支付证书进行阶段汇总和复核中发现错误、遗漏或重复的，发包人和承包人均有权提出修正申请。经发包人和承包人同意的修正，应在下期进度付款中支付或扣除。

6) 支付分解表

(1) 支付分解表的编制要求。

① 支付分解表中所列的每期付款金额，应为"进度付款申请单的编制"第(1)项的估算金额；

② 实际进度与施工进度计划不一致的，合同当事人可按照"商定或确定"修改支付分解表；

③ 不采用支付分解表的，承包人应向发包人和监理人提交按季度编制的支付估算分解表，用于支付参考。

(2) 总价合同支付分解表的编制与审批。

① 除专用合同条款另有约定外，承包人应根据"施工进度计划"约定的施工进度计划、签约合同价和工程量等因素对总价合同按月进行分解，编制支付分解表。承包人应当在收到监理人和发包人批准的施工进度计划后 7 天内，将支付分解表及编制支付分解表的支持性资料报送监理人。

② 监理人应在收到支付分解表后 7 天内完成审核并报送发包人。发包人应在收到经监理人审核的支付分解表后 7 天内完成审批，经发包人批准的支付分解表为有约束力的支付分解表。

③ 发包人逾期未完成支付分解表审批的，也未及时要求承包人进行修正和提供补充资料的，则承包人提交的支付分解表视为已经获得发包人批准。

(3) 单价合同的总价项目支付分解表的编制与审批。

除专用合同条款另有约定外，单价合同的总价项目，由承包人根据施工进度计划和总价项目的总价构成、费用性质、计划发生时间和相应工程量等因素按月进行分解，形成支付分解表，其编制与审批参照总价合同支付分解表的编制与审批执行。

5. 支付账户

发包人应将合同价款支付至合同协议书中约定的承包人账户。

7.5.4　竣工结算

1. 竣工结算申请

除专用合同条款另有约定外，承包人应在工程竣工验收合格后 28 天内向发包人和监理人提交竣工结算申请单，并提交完整的结算资料，有关竣工结算申请单的资料清单和份数等要求由合同当事人在专用合同条款中约定。

除专用合同条款另有约定外，竣工结算申请单应包括以下内容：

(1) 竣工结算合同价格；

(2) 发包人已支付承包人的款项；

(3) 应扣留的质量保证金；

(4) 发包人应支付承包人的合同价款。

2. 竣工结算审核

(1) 除专用合同条款另有约定外，监理人应在收到竣工结算申请单后 14 天内完成核查并报送发包人。发包人应在收到监理人提交的经审核的竣工结算申请单后 14 天内完成审批，并由监理人向承包人签发经发包人签认的竣工付款证书。监理人或发包人对竣工结算申请单有异议的，有权要求承包人进行修正和提供补充资料，承包人应提交修正后的竣工结算申请单。

发包人在收到承包人提交竣工结算申请书后 28 天内未完成审批且未提出异议的，视为发包人认可承包人提交的竣工结算申请单，并自发包人收到承包人提交的竣工结算申请单后第 29 天起视为已签发竣工付款证书。

(2) 除专用合同条款另有约定外，发包人应在签发竣工付款证书后的 14 天内，完成对承包人的竣工付款。发包人逾期支付的，按照中国人民银行发布的同期同类贷款基准利率支付违约金；逾期支付超过 56 天的，按照中国人民银行发布的同期同类贷款基准利率的两倍支付违约金。

(3) 承包人对发包人签认的竣工付款证书有异议的，对有异议的部分应在收到发包人签认的竣工付款证书后 7 天内提出异议，并由合同当事人按照专用合同条款约定的方式和程序进行复核，或按照"争议解决"约定处理。对于无异议部分，发包人应签发临时竣工付款证书，并按本款第(2)项完成付款。承包人逾期未提出异议的，视为认可发包人的审批结果。付款事项的典型顺序见图7-3。

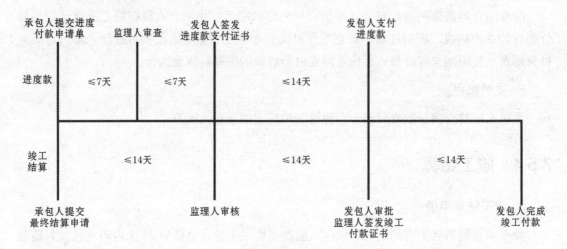

图 7-3　付款事项的典型顺序

3. 甩项竣工协议

发包人要求甩项竣工的，合同当事人应签订甩项竣工协议。在甩项竣工协议中应明确，合同当事人按照"竣工结算申请"及"竣工结算审核"的约定，对已完合格工程进行结算，并支付相应合同价款。

4. 最终结清

1) 最终结清申请单

(1) 除专用合同条款另有约定外，承包人应在缺陷责任期终止证书颁发后7天内，按专用合同条款约定的份数向发包人提交最终结清申请单，并提供相关证明材料。

除专用合同条款另有约定外，最终结清申请单应列明质量保证金、应扣除的质量保证金、缺陷责任期内发生的增减费用。

(2) 发包人对最终结清申请单内容有异议的，有权要求承包人进行修正和提供补充资料，承包人应向发包人提交修正后的最终结清申请单。

2) 最终结清证书和支付

(1) 除专用合同条款另有约定外，发包人应在收到承包人提交的最终结清申请单后14天内完成审批并向承包人颁发最终结清证书。发包人逾期未完成审批，又未提出修改意见的，视为发包人同意承包人提交的最终结清申请单，且自发包人收到承包人提交的最终结清申请单后15天起视为已颁发最终结清证书。

(2) 除专用合同条款另有约定外，发包人应在颁发最终结清证书后7天内完成支付。发包人逾期支付的，按照中国人民银行发布的同期同类贷款基准利率支付违约金；逾期支付超过56天的，按照中国人民银行发布的同期同类贷款基准利率的两倍支付违约金。

(3) 承包人对发包人颁发的最终结清证书有异议的，按第二十条"争议解决"的约定办理。

7.6　施工合同的风险管理条款

7.6.1　不可抗力

1. 不可抗力的确认

不可抗力是指合同当事人在签订合同时不可预见，在合同履行过程中不可避免且不能克服的自然灾害和社会性突发事件，如地震、海啸、瘟疫、骚乱、戒严、暴动、战争和专用合同条款中约定的其他情形。

不可抗力发生后，发包人和承包人应收集证明不可抗力发生及不可抗力造成损失的证据，并及时认真统计所造成的损失。合同当事人对是否属于不可抗力或其损失的意见不一致时，由监理人按"商定或确定"的约定处理。发生争议时，按"争议解决"的约定处理。

2. 不可抗力的通知

合同一方当事人遇到不可抗力事件，使其履行合同义务受到阻碍时，应立即通知合同另一方当事人和监理人，书面说明不可抗力和受阻碍的详细情况，并提供必要的证明。

不可抗力持续发生的，合同一方当事人应及时向合同另一方当事人和监理人提交中间报告，说明不可抗力和履行合同受阻的情况，并于不可抗力事件结束后 28 天内提交最终报告及有关资料。

3. 不可抗力后果的承担

(1) 不可抗力引起的后果及造成的损失由合同当事人按照法律规定及合同约定各自承担。不可抗力发生前已完成的工程应当按照合同约定进行计量支付。

(2) 不可抗力导致的人员伤亡、财产损失、费用增加和(或)工期延误等后果，由合同当事人按以下原则承担。

① 永久工程、已运至施工现场的材料和工程设备的损坏，以及因工程损坏造成的第三人人员伤亡和财产损失由发包人承担；

② 承包人施工设备的损坏由承包人承担；

③ 发包人和承包人承担各自人员伤亡和财产的损失；

④ 因不可抗力影响承包人履行合同约定的义务，已经引起或将引起工期延误的，应当顺延工期，由此导致承包人停工的费用损失由发包人和承包人合理分担，停工期间必须支付的工人工资由发包人承担；

⑤ 因不可抗力引起或将引起工期延误，发包人要求赶工的，由此增加的赶工费用由发包人承担；

⑥ 承包人在停工期间按照发包人要求照管、清理和修复工程的费用由发包人承担。

不可抗力发生后，合同当事人均应采取措施尽量避免和减少损失的扩大，任何一方当事人没有采取有效措施导致损失扩大的，应对扩大的损失承担责任。

因合同一方迟延履行合同义务，在迟延履行期间遭遇不可抗力的，不免除其违约责任。

4. 因不可抗力解除合同

因不可抗力导致合同无法履行连续超过 84 天或累计超过 140 天的，发包人和承包人均有权解除合同。合同解除后，由双方当事人按照"商定或确定"商定或确定发包人应支付的款项，该款项包括：

(1) 合同解除前承包人已完成工作的价款；

(2) 承包人为工程订购的并已交付给承包人，或承包人有责任接受交付的材料、工程设备和其他物品的价款；

(3) 发包人要求承包人退货或解除订货合同而产生的费用，或因不能退货或解除合同而产生的损失；

(4) 承包人撤离施工现场以及遣散承包人人员的费用；

(5) 按照合同约定在合同解除前应支付给承包人的其他款项；

(6) 扣减承包人按照合同约定应向发包人支付的款项；

(7) 双方商定或确定的其他款项。

除专用合同条款另有约定外，合同解除后，发包人应在商定或确定上述款项后 28 天内完成上述款项的支付。

7.6.2 保险

1. 工程保险

除专用合同条款另有约定外，发包人应投保建筑工程一切险或安装工程一切险；发包人委托承包人投保的，因投保产生的保险费和其他相关费用由发包人承担。

2. 工伤保险

(1) 发包人应依照法律规定参加工伤保险，并为在施工现场的全部员工办理工伤保险，缴纳工伤保险费，并要求监理人及由发包人为履行合同聘请的第三方依法参加工伤保险。

(2) 承包人应依照法律规定参加工伤保险，并为其履行合同的全部员工办理工伤保险，缴纳工伤保险费，并要求分包人及由承包人为履行合同聘请的第三方依法参加工伤保险。

3. 其他保险

发包人和承包人可以为其施工现场的全部人员办理意外伤害保险并支付保险费，包括其员工及为履行合同聘请的第三方的人员，具体事项由合同当事人在专用合同条款约定。

除专用合同条款另有约定外，承包人应为其施工设备等办理财产保险。

4．持续保险

合同当事人应与保险人保持联系，使保险人能够随时了解工程实施中的变动，并确保按保险合同条款要求持续保险。

5．保险凭证

合同当事人应及时向另一方当事人提交其已投保的各项保险的凭证和保险单复印件。

6．未按约定投保的补救

(1) 发包人未按合同约定办理保险，或未能使保险持续有效的，则承包人可代为办理，所需费用由发包人承担。发包人未按合同约定办理保险，导致未能得到足额赔偿的，由发包人负责补足。

(2) 承包人未按合同约定办理保险，或未能使保险持续有效的，则发包人可代为办理，所需费用由承包人承担。承包人未按合同约定办理保险，导致未能得到足额赔偿的，由承包人负责补足。

7．通知义务

除专用合同条款另有约定外，发包人变更除工伤保险之外的保险合同时，应事先征得承包人同意，并通知监理人；承包人变更除工伤保险之外的保险合同时，应事先征得发包人同意，并通知监理人。

保险事故发生时，投保人应按照保险合同规定的条件和期限及时向保险人报告。发包人和承包人应当在知道保险事故发生后及时通知对方。

7.7　施工合同的违约索赔和争端解决条款

7.7.1　违约

1．发包人违约

1) 发包人违约的情形

在合同履行过程中发生的下列情形，属于发包人违约：

(1) 因发包人原因未能在计划开工日期前 7 天内下达开工通知的；

(2) 因发包人原因未能按合同约定支付合同价款的；

(3) 发包人违反"变更的范围"约定，自行实施被取消的工作或转由他人实施的；

(4) 发包人提供的材料、工程设备的规格、数量或质量不符合合同约定，或因发包人原因导致交货日期延误或交货地点变更等情况的；

(5) 因发包人违反合同约定造成暂停施工的；

(6) 发包人无正当理由没有在约定期限内发出复工指示，导致承包人无法复工的；

(7) 发包人明确表示或者以其行为表明不履行合同主要义务的；

(8) 发包人未能按照合同约定履行其他义务的。

发包人发生除本项第(7)项以外的违约情况时，承包人可向发包人发出通知，要求发包人采取有效措施纠正违约行为。发包人收到承包人通知后 28 天内仍不纠正违约行为的，承包人有权暂停相应部位工程施工，并通知监理人。

2) 发包人违约的责任

发包人应承担因其违约给承包人增加的费用和(或)延误的工期，并支付承包人合理的利润。此外，合同当事人可在专用合同条款中另行约定发包人违约责任的承担方式和计算方法。

3) 因发包人违约解除合同

除专用合同条款另有约定外，承包人按"发包人违约的情形"约定暂停施工满 28 天后，发包人仍不纠正其违约行为并致使合同目的不能实现的，或出现"发包人违约的情形"第(7)项约定的违约情况，承包人有权解除合同，发包人应承担由此增加的费用，并支付承包人合理的利润。

4) 因发包人违约解除合同后的付款

承包人按照本款约定解除合同的，发包人应在解除合同后 28 天内支付下列款项，并解除履约担保：

(1) 合同解除前所完成工作的价款；

(2) 承包人为工程施工订购并已付款的材料、工程设备和其他物品的价款；

(3) 承包人撤离施工现场以及遣散承包人人员的款项；

(4) 按照合同约定在合同解除前应支付的违约金；

(5) 按照合同约定应当支付给承包人的其他款项；

(6) 按照合同约定应退还的质量保证金；

(7) 因解除合同给承包人造成的损失。

合同当事人未能就解除合同后的结清达成一致的，按照"争议解决"的约定处理。

承包人应妥善做好已完工程和与工程有关的已购材料、工程设备的保护和移交工作，并将施工设备和人员撤出施工现场，发包人应为承包人撤出提供必要条件。

2. 承包人违约

1) 承包人违约的情形

在合同履行过程中发生的下列情形，属于承包人违约：

(1) 承包人违反合同约定进行转包或违法分包的；

(2) 承包人违反合同约定采购和使用不合格的材料和工程设备的；

(3) 因承包人原因导致工程质量不符合合同要求的；

(4) 承包人违反"材料与设备专用要求"的约定，未经批准，私自将已按照合同约定进入施工现场的材料或设备撤离施工现场的；

(5) 承包人未能按施工进度计划及时完成合同约定的工作，造成工期延误的；

(6) 承包人在缺陷责任期及保修期内，未能在合理期限对工程缺陷进行修复，或拒绝按发包人要求进行修复的；

(7) 承包人明确表示或者以其行为表明不履行合同主要义务的；

(8) 承包人未能按照合同约定履行其他义务的。

承包人发生除本项第(7)项约定以外的其他违约情况时，监理人可向承包人发出整改通知，要求其在指定的期限内改正。

2) 承包人违约的责任

承包人应承担因其违约行为而增加的费用和(或)延误的工期。此外，合同当事人可在专用合同条款中另行约定承包人违约责任的承担方式和计算方法。

3) 因承包人违约解除合同

除专用合同条款另有约定外，出现"承包人违约的情形"第(7)项约定的违约情况时，或监理人发出整改通知后，承包人在指定的合理期限内仍不纠正违约行为并致使合同目的不能实现的，发包人有权解除合同。合同解除后，因继续完成工程的需要，发包人有权使用承包人在施工现场的材料、设备、临时工程、承包人文件和由承包人或以其名义编制的其他文件，合同当事人应在专用合同条款约定相应费用的承担方式。发包人继续使用的行为不免除或减轻承包人应承担的违约责任。

4) 因承包人违约解除合同后的处理

因承包人原因导致合同解除的，则合同当事人应在合同解除后 28 天内完成估价、付款和清算，并按以下约定执行：

(1) 合同解除后，按"商定或确定"商定或确定承包人实际完成工作对应的合同价款，以及承包人已提供的材料、工程设备、施工设备和临时工程等的价值；

(2) 合同解除后，承包人应支付的违约金；

(3) 合同解除后，因解除合同给发包人造成的损失；

(4) 合同解除后，承包人应按照发包人要求和监理人的指示完成现场的清理和撤离；

(5) 发包人和承包人应在合同解除后进行清算，出具最终结清付款证书，结清全部款项。

因承包人违约解除合同的，发包人有权暂停对承包人的付款，查清各项付款和已扣款项。发包人和承包人未能就合同解除后的清算和款项支付达成一致的，按照"争议解决"的约定处理。

5) 采购合同权益转让

因承包人违约解除合同的，发包人有权要求承包人将其为实施合同而签订的材料和设备的采购合同的权益转让给发包人，承包人应在收到解除合同通知后 14 天内，协助发包人与采购合同的供应商达成相关的转让协议。

3. 第三人造成的违约

在履行合同过程中，一方当事人因第三人的原因造成违约的，应当向对方当事人承担违约责任。一方当事人和第三人之间的纠纷，依照法律规定或者按照约定解决。

7.7.2　索赔

1. 承包人的索赔

根据合同约定，承包人认为有权得到追加付款和(或)延长工期的，应按以下程序向发包人提出索赔。

(1) 承包人应在知道或应当知道索赔事件发生后 28 天内，向监理人递交索赔意向通知书，并说明发生索赔事件的事由；承包人未在前述 28 天内发出索赔意向通知书的，丧失要求追加付款和(或)延长工期的权利。

(2) 承包人应在发出索赔意向通知书后 28 天内，向监理人正式递交索赔报告；索赔报告应详细说明索赔理由以及要求追加的付款金额和(或)延长的工期，并附必要的记录和证明材料。

(3) 索赔事件具有持续影响的，承包人应按合理时间间隔继续递交延续索赔通知，说明持续影响的实际情况和记录，列出累计的追加付款金额和(或)工期延长天数。

(4) 在索赔事件影响结束后 28 天内，承包人应向监理人递交最终索赔报告，说明最终要求索赔的追加付款金额和(或)延长的工期，并附必要的记录和证明材料。

2. 对承包人索赔的处理

对承包人索赔的处理如下。

(1) 监理人应在收到索赔报告后 14 天内完成审查并报送发包人。监理人对索赔报告存在异议的，有权要求承包人提交全部原始记录副本。

(2) 发包人应在监理人收到索赔报告或有关索赔的进一步证明材料后的 28 天内，由监理人向承包人出具经发包人签认的索赔处理结果。发包人逾期未答复的，则视为认可承包人的索赔要求。

(3) 承包人接受索赔处理结果的，索赔款项在当期进度款中进行支付；承包人不接受索赔处理结果的，按照"争议解决"约定处理。

3. 发包人的索赔

根据合同约定，发包人认为有权得到赔付金额和(或)延长缺陷责任期的，监理人应向承包人发出通知并附有详细的证明。

发包人应在知道或应当知道索赔事件发生后 28 天内通过监理人向承包人提出索赔意向通知书，发包人未在前述 28 天内发出索赔意向通知书的，丧失要求赔付金额和(或)延长缺陷责任期的权利。发包人应在发出索赔意向通知书后 28 天内，通过监理人向承包人正式递交索赔报告。

4. 对发包人索赔的处理

对发包人索赔的处理如下。

(1) 承包人收到发包人提交的索赔报告后，应及时审查索赔报告的内容、查验发包人证明材料。

(2) 承包人应在收到索赔报告或有关索赔的进一步证明材料后 28 天内，将索赔处理结果答复发包人。如果承包人未在上述期限内作出答复的，则视为对发包人索赔要求的认可。

(3) 承包人接受索赔处理结果的，发包人可从应支付给承包人的合同价款中扣除赔付的金额或延长缺陷责任期；发包人不接受索赔处理结果的，按"争议解决"约定处理。

5. 提出索赔的期限

(1) 承包人按"竣工结算审核"约定接收竣工付款证书后，应被视为已无权再提出在工程接收证书颁发前所发生的任何索赔。

(2) 承包人按"最终结清"提交的最终结清申请单中，只限于提出工程接收证书颁发后发生的索赔。提出索赔的期限自接受最终结清证书时终止。

7.7.3　争议解决

1. 和解

合同当事人可以就争议自行和解，自行和解达成协议的经双方签字并盖章后作为合同补充文件，双方均应遵照执行。

2. 调解

合同当事人可以就争议请求建设行政主管部门、行业协会或其他第三方进行调解，调解达成协议的，经双方签字并盖章后作为合同补充文件，双方均应遵照执行。

3. 争议评审

合同当事人在专用合同条款中约定采取争议评审方式解决争议以及评审规则，并按下列约定执行：

1) 评审小组的确定

合同当事人可以共同选择一名或三名争议评审员，组成争议评审小组。除专用合同条款另有约定外，合同当事人应当自合同签订后 28 天内，或者争议发生后 14 天内，选定争议评审员。

选择一名争议评审员的，由合同当事人共同确定；选择三名争议评审员的，各自选定一名，第三名成员为首席争议评审员，由合同当事人共同确定或由合同当事人委托已选定的争议评审员共同确定，或由专用合同条款约定的评审机构指定第三名首席争议评审员。

除专用合同条款另有约定外，评审员报酬由发包人和承包人各承担一半。

2) 评审小组的决定

合同当事人可在任何时间将与合同有关的任何争议共同提请争议评审小组进行评审。争议评审小组应秉持客观、公正原则，充分听取合同当事人的意见，依据相关法律、规范、标准、案例经验及商业惯例等，自收到争议评审申请报告后 14 天内作出书面决定，并说明理由。合同当事人可以在专用合同条款中对本项事项另行约定。

3) 评审小组决定的效力

争议评审小组作出的书面决定经合同当事人签字确认后，对双方具有约束力，双方应遵照执行。

任何一方当事人不接受争议评审小组决定或不履行争议评审小组决定的，双方可选择采用其他争议解决方式。解决争议事项的典型顺序见图7-4。

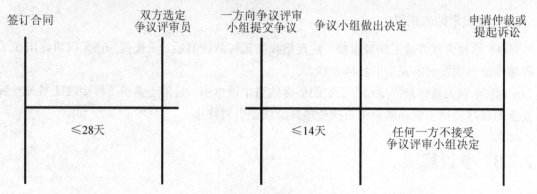

图 7-4 解决争议事项的典型顺序

4. 仲裁或诉讼

因合同及合同有关事项产生的争议，合同当事人可以在专用合同条款中约定以下一种方式解决争议。

(1) 向约定的仲裁委员会申请仲裁。

(2) 向有管辖权的人民法院起诉。

5. 解决条款效力

合同有关争议解决的条款独立存在，合同的变更、解除、终止、无效或者被撤销均不影响其效力。

案 例 分 析

【案例 7-1】

某工程项目，经有关部门批准采取公开招标的方式确定了中标单位并签订合同。该工程合同条款中部分规定如下：

(1) 由于设计未完成，承包范围内待实施的工程虽然性质明确，但工程量还难以确定，双方商定拟采用总价合同形式签订施工合同，以减少双方的风险。

(2) 施工单位按建设单位代表批准的施工组织设计(或施工方案)组织施工，施工单位不承担因此引起的工期延误和费用增加的责任。

(3) 甲方向施工单位提供场地的工程地质和地下主要管网线路资料，供施工单位参考使用。

(4) 施工单位不能将工程转包，但允许分包，也允许分包单位将分包的工程再次分包给其他施工单位。

在工程实际实施过程中，出现了下列情况：在工程进行到第六个月时，国务院有关部门发出通知，指令压缩国家基建投资，要求某些建设项目暂停施工。该工程项目属于指令停工下马项目，因此，业主向承包商提出暂时中止合同实施的通知。承包商按要求暂停施工。复工后，在工程后期，工地遭遇当地百年罕见的台风袭击，工程被迫暂停施工，部分已完工程受损，现场场地遭到破坏，最终使工期拖延了两个月。

问题：

(1) 该工程合同条款中，约定的总价合同形成是否恰当？并说明原因。

(2) 该工程合同条款中，除合同价形式的约定外，有哪些条款存在不妥之处，指出来并说明理由。

(3) 在工程实施过程中，出现的国务院通知和台风袭击引起的暂停施工问题，应如何处理？

【案例 7-2】

2009 年年底，吴江某建筑公司经过几轮议标，最终获得某台商电子厂房工程承建资格。双方签订了施工合同，约定工程造价为总价固定，除设计变更和增加工程量外，合同价款一律不调整。工程开工一个月后，由于工期非常紧，该公司在搭设了临时设施、施工完桩基工程后，将工程分给 4 家具有相应的资质的施工单位包干施工。建筑公司成立了由 20 余名管理人员组成的项目部负责现场管理、工程质量监督和安全检查。分包合同约定以该建筑公司的中标价为结算依据，设计变更、增加工程量引起的价款变化以业主签证为准，建筑公司收取分包工程总价 9%管理费(含税)。

2011 年 2 月。工程通过竣工验收。2011 年 12 月，建筑公司根据业主审定的工程总价与各施工单位分别进行了结算，4 家施工单位均签字盖章予以认可。2012 年 1 月，该建筑公司付清了全部分包工程价款。未料，其中 1 家分包单位竟会在一年半后的 2013 年 6 月将建筑公司告上法庭，称双方所签的合同属于转包合同，应为无效，要求判令建筑公司按江苏省定额结算的分包工程价款支付其 560 余万元工程款。

问题：

(1) 试分析建筑公司发包行为性质。

(2) 分包单位提起诉讼的目的是什么？

(3) 分包单位的请求应否得到保护？

本 章 小 结

本章是全书的核心部分，详细阐述了建设工程施工合同中双方的一般权利和义务、质量安全控制条款、工期控制条款、成本控制条款、风险管理条款、违约索赔和争端解决条款等内容。通过本章的学习。应重点掌握合同文件中一些词语的含义，例如，关于合同的合同协议书、中标通知书、图纸等，关于合同当事人及其他相关方的发包人、承包人、监理人，关于日期和期限中的缺陷责任期、保修期等。对于建设工程施工合同中的具体条款应全面了解，重点条款如预付款支付、竣工结算、工程试车等应着重记忆，以便在工程实践中能够很好地运用。

习　题

1. 简述 2013 年版《建设工程施工合同(示范文本)》的组成内容。
2. 发包人和承包人的工作有哪些？
3. 简述项目经理的产生及职权。
4. 在施工工期上，发包人和承包人的义务各是什么？
5. 简述施工进度计划的提交和确认。
6. 简述工期顺延的理由及确认程序。
7. 发包人供应的材料设备与约定不符时如何处理？
8. 工程验收有哪些内容？如何进行隐蔽工程的检查？
9. 简述施工合同中对于预付款支付的规定。
10. 描述工程竣工验收和竣工结算的流程和步骤。
11. 简述工程试车的组织和责任。
12. 因不可抗力导致的费用增加及延误的工期如何分担？
13. 施工合同双方在工程保险上有何义务？
14. 简述施工合同争议的解决方式。
15. 结合工程实际，试述如何控制施工合同中的工期、质量、投资以及环境和安全的目标。

第8章　国内其他标准工程合同文件

【学习要点及目标】

◆ 了解《标准施工招标文件》中的合同条件。

◆ 了解《建设项目工程总承包合同示范文本(试行)》的相关规定，掌握《示范文本》的组成内容，掌握承包人的义务及进度计划。

◆ 理解《示范文本》中的竣工试验的检验和验收，了解竣工后的试验程序，掌握工程价款变更的确定方法。

【核心概念】

合同条件、工程接收、竣工后试验、变更价款。

【引导案例】

某污水处理厂项目，采用工程总承包方式进行发包。双方按照住房和城乡建设部的《建设项目工程总承包合同(示范文本)》签订了合同。该项目中的关键设备系从国外引进，需要进行竣工后试验。问竣工后试验的组织程序如何安排？

8.1 政府投资项目标准合同文件

8.1.1 《标准施工招标文件》中的合同条件

《招标投标法实施条例》第十五条规定："编制依法必须进行招标的项目的资格预审文件和招标文件，应当使用国务院发展改革部门会同有关行政监督部门制定的标准文本。"

为了规范施工招标资格预审文件、招标文件编制活动，促进招标投标活动的公开、公平和公正，国家发展和改革委员会等九部委联合制定了《〈标准施工招标资格预审文件〉和〈标准施工招标文件〉试行规定》及相关附件，自 2008 年 5 月 1 日起施行。

《标准文件》在政府投资项目中试行。《标准施工招标文件》适用于一定规模以上，且设计和施工不是由同一承包商承担的工程施工招标。国务院有关行业主管部门可根据《标准施工招标文件》并结合本行业施工招标特点和管理需要，编制行业标准，编制行业标准施工招标文件。行业标准施工招标文件重点对"专用合同条款"、"工程量清单"、"图纸"、"技术标准和要求"作出具体规定。

招标人应根据《标准文件》和行业标准施工招标文件，结合招标项目具体特点和实际需要，按照公开、公平、公正和诚实信用原则编写施工招标资格预审文件或施工招标文件。

行业标准施工招标文件和招标人编制的施工招标文件，应不加修改地引用《标准施工招标文件》中的"通用合同条款"。"通用合同条款"全文共 24 条 130 款，分别是一般约定、发包人义务、监理人、承包人、材料和工程设备、施工设备和临时设施、交通运输、测量放线、施工安全、治安保卫和环境保护、进度计划、开工和竣工、暂停施工、工程质量、试验和检验、变更、价格调整、计量与支付、竣工验收、缺陷责任与保修责任、保险、不可抗力、违约、索赔、争议的解决。

行业标准施工招标文件中的"专用合同条款"可对《标准施工招标文件》中的"通用合同条款"进行补充、细化，除"通用合同条款"明确"专用合同条款"可作出不同约定外，补充和细化的内容不得与"通用合同条款"强制性规定相抵触，否则抵触内容无效。

招标人编制招标文件中的"专用合同条款"可根据招标项目的具体特点和实际需要，对《标准施工招标文件》中的"通用合同条款"进行补充、细化和修改，但不得违反法律、行政法规的强制性规定和平等、自愿、公平和诚实信用原则。

《标准施工招标文件》所附的"通用合同条款"和 2013 年版施工合同都是借鉴了国际通用的 1999 年版菲迪克合同文本所制定，在体例和主要条款设置上并无原则上的矛盾，两者并不冲突。2013 年版施工合同作为住建部推出的行业示范文本，适应于各类建设工程项目，同时也代表了行业的交易习惯。

由于九部委的 56 号文件所附的招标文件仅有通用合同条款，并没有协议书和专用合同条款，采用时需要当事人自己配套制定。在该文本的实际操作中，根据当事人意思自治的原则和选择权，只要当事人协商一致，借鉴 2013 年版施工合同文本的协议书和专用条款内容，移植到使用九部委标准招标文件的市场操作中，不失为一种便捷有效的方法。当然，在具体操作时，还是应考虑政府投资和国有投资项目的具体情况和地方政府的有关规定，有针对性地移植，并与九部委的通用合同条款不矛盾地配套使用。

8.1.2　《简明标准施工招标文件》和《标准设计施工总承包招标文件》中的合同条件

为落实中央关于建立工程建设领域突出问题专项治理长效机制的要求，进一步完善招标文件编制规则，提高招标文件编制质量，促进招标投标活动的公开、公平和公正，国家发展改革委会等九部委 2011 年 12 月发布了《简明标准施工招标文件》和《标准设计施工总承包招标文件》。

1. 适用范围

依法必须进行招标的工程建设项目，工期不超过 12 个月、技术相对简单、且设计和施工不是由同一承包人承担的小型项目，其施工招标文件应当根据《简明标准施工招标文件》编制；设计施工一体化的总承包项目，其招标文件应当根据《标准设计施工总承包招标文件》编制。

工程建设项目，是指工程以及与工程建设有关的货物和服务。工程，是指建设工程，包括建筑物和构筑物的新建、改建、扩建及其相关的装修、拆除、修缮等。与工程建设有关的货物，是指构成工程不可分割的组成部分，且为实现工程基本功能所必需的设备、材料等。与工程建设有关的服务，是指为完成工程所需的勘察、设计、监理等。

2. 应当不加修改地引用《标准文件》的内容

《标准文件》中的"投标人须知"(投标人须知前附表和其他附表除外)、"评标办法"(评标办法前附表除外)、"通用合同条款"，应当不加修改地引用。

3. 行业主管部门可以作出的补充规定

国务院有关行业主管部门可根据本行业招标特点和管理需要，对《简明标准施工招标文件》中的"专用合同条款"、"工程量清单"、"图纸"、"技术标准和要求"，《标准设计施工总承包招标文件》中的"专用合同条款"、"发包人要求"、"发包人提供的资料和条件"作出具体规定。其中，"专用合同条款"可对"通用合同条款"进行补充、细化，但除"通用合同条款"明确规定可以作出不同约定外，"专用合同条款"补充和细化的内容不得与"通用合同条款"相抵触，否则抵触内容无效。

4. 招标人可以补充、细化和修改的内容

"投标人须知前附表"用于进一步明确"投标人须知"正文中的未尽事宜，招标人或者招标代理机构应结合招标项目具体特点和实际需要编制和填写，但不得与"投标人须知"正文内容相抵触，否则抵触内容无效。

　　"评标办法前附表"用于明确评标的方法、因素、标准和程序。招标人应根据招标项目具体特点和实际需要，详细列明全部审查或评审因素、标准，没有列明的因素和标准不得作为资格审查或者评标的依据。

　　招标人或者招标代理机构可根据招标项目的具体特点和实际需要，在"专用合同条款"中对《标准文件》中的"通用合同条款"进行补充、细化和修改，但不得违反法律、行政法规的强制性规定，以及平等、自愿、公平和诚实信用原则，否则相关内容无效。

　　《简明标准施工招标文件》中的通用合同条款包括17条。分别为一般约定、发包人义务、监理人、承包人、施工控制网、工期、工程质量、试验和检验、变更、计量与支付、竣工验收、缺陷责任与保修责任、保险、违约、索赔、争议的解决。

　　《标准设计施工总承包招标文件》中的通用合同条款包括24条。分别为一般约定、发包人义务、监理人、承包人、设计、材料和工程设备、施工设备和临时设施、交通运输、测量放线、安全、治安保卫和环境保护、开始工作和竣工、暂停工作、工程质量、试验和检验、变更、价格调整、合同价格与支付、竣工试验和竣工验收、缺陷责任与保修责任、保险、不可抗力、违约、索赔、争议的解决。

　　《标准文件》自2012年5月1日起实施。

8.2　建设项目工程总承包合同条件

　　为促进建设项目工程总承包的健康发展，规范工程总承包合同当事人的市场行为，住房和城乡建设部、国家工商行政管理总局联合制定了《建设项目工程总承包合同示范文本(试行)》(GF—2011—0216，以下简称《示范文本》)，自2011年11月1日起施行。

1. 《示范文本》的组成

　　《示范文本》由合同协议书、通用条款和专用条款三部分组成。

1) 合同协议书

　　根据《合同法》的规定，合同协议书是双方当事人对合同基本权利、义务的集中表述，主要包括：建设项目的功能、规模、标准和工期的要求、合同价格及支付方式等内容。合同协议书的其他内容，一般包括合同当事人要求提供的主要技术条件的附件及合同协议书生效的条件等。

2) 通用条款

　　通用条款是合同双方当事人根据《建筑法》、《合同法》以及有关行政法规的规定，就工程建设的实施阶段及其相关事项，双方的权利、义务作出的原则性约定。通用条款共20条，其中包括：

　　① 核心条款。这部分条款是确保建设项目功能、规模、标准和工期等要求得以实现的实施阶段的条款，共8条：第一条(一般规定)、第四条(进度计划、延误和暂停)、第五条(技术与设计)、第六条(工程物资)、第七条(施工)、第八条(竣工试验)、第九条(工程接收)和第十条(竣工后试验)。

② 保障条款。这部分条款是保障核心条款顺利实施的条款，共 4 条：第十一条(质量保修责任)、第十三条(变更和合同价格调整)、第十四条(合同总价和付款)、第十五条(保险)。其中，在第十三条中，相关约定在合同谈判阶段仅指合同条件的约定，中标价格并未包括；在第十四条中，合同总价中包括中标价格，还包括执行合同过程中被发包人确认的变更、调整和索赔的款项。

③ 合同执行阶段的干系人条款。这部分条款是根据建设项目实施阶段的具体情况，依法约定了发包人、承包人的权利和义务，共 3 条：第二条(发包人)、第三条(承包人)和第十二条(工程竣工验收)。合同双方当事人在实施阶段已对工程设备材料、施工、竣工试验、竣工资料等进行了检查、检验、检测、试验及确认，并经接收后进行竣工后试验考核确认了设计质量；而工程竣工验收是发包人针对其上级主管部门或投资部门的验收，故将工程竣工验收列入干系人条款。

④ 违约、索赔和争议条款。这部分条款是约定若合同当事人发生违约行为，或合同履行过程中出现工程物资、施工、竣工试验等质量问题及出现工期延误、索赔等争议，如何通过友好协商、调解、仲裁或诉讼程序解决争议的条款。即第十六条(违约、索赔和争议)。

⑤ 不可抗力条款。第十七条(不可抗力)约定了不可抗力发生时的双方当事人的义务和不可抗力的后果。

⑥ 合同解除条款。第十八条(合同解除)分别对由发包人解除合同、由承包人解除合同的情形作出了约定。

⑦ 合同生效与合同终止条款。第十九条(合同生效与合同终止)对合同生效的日期、合同的份数以及合同义务完成后合同终止等内容作出了约定。

⑧ 补充条款。合同双方当事人对通用条款细化、完善、补充、修改或另行约定的，可将具体约定写在专用条款内，即第二十条(补充条款)。

3) 专用条款

专用条款是合同双方当事人根据不同建设项目合同执行过程中可能出现的具体情况，通过谈判、协商对相应通用条款的原则性约定细化、完善、补充、修改或另行约定的条款。在编写专用条款时，应注意以下事项：

① 专用条款的编号应与相应的通用条款的编号相一致；

② 在《示范文本》专用条款中有横道线的地方，合同双方当事人可针对相应的通用条款进行细化、完善、补充、修改或另行约定，如果不需进行细化、完善、补充、修改或另行约定，可画"/"或写"无"；

③ 对于在《示范文本》专用条款中未列出的通用条款，合同双方当事人根据建设项目的具体情况认为简要进行细化、完善、补充、修改或另行约定的，可增加相关专用条款，新增专用条款的编号须与相应的通用条款的编号相一致。

2. 《示范文本》的适用范围

《示范文本》适用于建设项目工程总承包承发包方式。"工程总承包"是指承包人受发包人委托，按照合同约定对工程建设项目的设计、采购、施工(含竣工试验)、试运行等实施阶段，实行全过程或若干阶段的工程承包。为此，在《示范文本》的条款设置中，将"技术与设计、工程物资、施工、竣工试验、工程接收、竣工后试验"等工程建设实施阶段相关工作内容皆分别作为一条独立条款，发包人可根据发包建设项目实施阶段的具体内容和要求，确定对相关建设实施阶段和工作内容的取舍。

3. 《示范文本》的性质

《示范文本》为非强制性使用文本。合同双方当事人可依照《示范文本》订立合同，并按法律规定和合同约定承担相应的法律责任。

为方便学习，由于本书已经详尽介绍了施工总承包模式的 2013 年版《建设工程施工合同(示范文本)》，本节在介绍《建设项目工程总承包合同示范文本(试行)》时着重突出与工程总承包模式相关的重要条款。

8.2.1　一般规定

1. 通用条款中的重要定义

(1) 工程总承包，指承包人受发包人委托，按照合同约定对工程建设项目的设计、采购、施工(含竣工试验)、试运行等阶段实行全过程或若干阶段的工程承包。

(2) 设计阶段，指规划设计、总体设计、初步设计、技术设计和施工图设计等阶段。设计阶段的组成，视项目情况而定。

(3) 竣工试验，指工程和(或)单项工程被发包人接收前，应由承包人负责进行的机械、设备、部件、线缆和管道能性能试验。

(4) 施工竣工，指工程已按合同约定和设计要求完成土建、安装，并通过竣工试验。

(5) 工程接收，指工程和(或)单项工程通过竣工试验后，为使发包人的操作人员、使用人员进入岗位进行竣工后试验、试运行准备，由承包人与发包人进行工程交接，并由发包人颁发接收证书的过程。

(6) 竣工后试验，指工程被发包人接收后，按合同约定由发包人自行或在发包人组织领导下由承包人指导进行的工程的生产和(或)使用功能试验。

(7) 试运行考核，指根据合同约定，在工程完成竣工试验后，由发包人自行或在发包人的组织领导下由承包人指导下进行的包括合同目标考核验收在内的全部试验。

(8) 考核验收证书，指试运行考核的全部试验完成并通过验收后，由发包人签发的验收证书。

(9) 工程竣工验收，指承包人接到考核验收证书、完成扫尾工程和缺陷修复，并按合同约定提交竣工验收报告、竣工资料、竣工结算资料，由发包人组织的工程结算与验收。

2. 合同文件

合同文件的组成。合同文件相互解释，互为说明。除专用条款另有约定外，组成本合同的文件及优先解释顺序如下。

(1) 本合同协议书。

(2) 本合同专用条款。

(3) 中标通知书。

(4) 招投标文件及其附件。

(5) 本合同通用条款。

(6) 合同附件。

(7) 标准、规范及有关技术文件。

(8) 设计文件、资料和图纸。

(9) 双方约定构成合同组成部分的其他文件。

双方在履行合同过程中形成的双方授权代表签署的会议纪要、备忘录、补充文件、变更和洽商等书面形式的文件构成本合同的组成部分。

当合同文件的条款内容含混不清或不相一致，并且不能依据合同约定的解释顺序阐述清楚时，在不影响工程正常进行的情况下，由当事人协商解决，当事人经协商未能达成一致，根据关于争议和裁决的约定解决。合同中的条款标题仅为阅读方便，不作为对合同条款进行解释的依据。

8.2.2 承包人的义务

(1) 承包人应按照合同约定的标准、规范、工程的功能、规模、考核目标和竣工日期，完成设计、采购、施工、竣工试验和(或)指导竣工后试验等工作，不得违反国家强制性标准、规范的规定。

(2) 承包人应按合同约定，自费修复因承包人原因引起的设计、文件、设备、材料、部件、施工中存在的缺陷、或在竣工试验和竣工后试验中发现的缺陷。

(3) 承包人应按合同约定的质量标准规范，确保设计、采购、加工制造、施工、竣工试验等各项工作的质量，建立有效的质量保证体系，并按照国家有关规定，通过质量保修责任书的形式约定保修范围、保修期限和保修责任。

(4) 承包人应按照合同约定和国家有关安全生产的法律规定，进行设计、采购、施工、竣工试验，保证工程的安全性能，承包人应遵守职业健康、安全和环境保护的约定。

(5) 承包人按约定的项目进度计划，合理有序地组织设计、采购、施工、竣工试验所需要的各类资源，以及派出有经验的竣工后试验的指导人员，采用有效的实施方法和组织措施，保证项目进度计划的实现。

8.2.3 进度计划

1. 项目进度计划

承包人负责编制项目进度计划，项目进度计划中的施工期限(含竣工试验)，应符合合同协议书的约定。关键路径及关键路径变化的确定原则、承包人提交项目进度计划的份数和

时间，在专用条款约定。

项目进度计划经发包人批准后实施，但发包人的批准并不能减轻或免除承包人的合同责任。

承包人原因使工程实际进度明显落后于项目进度计划时，承包人有义务、发包人也有权利要求承包人自费采取措施，赶上项目进度计划。

2. 设计进度计划

1) 设计进度计划

承包人根据批准的项目进度计划和约定的设计审查阶段及发包人组织的设计阶段审查会议的时间安排，编制设计进度计划。设计进度计划经发包人认可后执行。发包人的认可并不能解除承包人的合同责任。

2) 设计开工日期

承包人收到发包人提供的项目基础资料、现场障碍资料，及预付款收到后的第 5 日，作为设计开工日期。

3) 设计开工日期延误

因发包人未能按约定提供设计基础资料、现场障碍资料等相关资料或未按约定的预付款金额和支付时间支付预付款，造成设计开工日期延误的，设计开工日期和工程竣工日期相应顺延；因承包人原因造成设计开工日期延误的，按约定自费赶上。因发包人原因给承包人造成经济损失的，应支付相应费用。

4) 设计阶段审查日期的延误

(1) 因承包人原因，未能按照合同约定的设计审查阶段及其审查会议的时间安排提交相关阶段的设计文件、或提交的相关设计文件不符合相关审核阶段的设计深度要求时，造成设计审查会议延误的，由承包人依据约定自费采取措施赶上；造成关键路径延误，或给发包人造成损失(审核会议准备费用)的，由承包人承担。

(2) 因发包人原因，未能按照合同约定的设计阶段审查会议的时间安排，造成某个设计阶段审查会议延误的，竣工日期相应顺延。因此给承包人带来的窝工损失，由发包人承担。

(3) 政府相关设计审查部门批准时间较合同约定时间延长的，竣工日期相应顺延。因此给双方带来的费用增加，由双方各自承担。

3. 采购进度计划

承包人的采购进度计划符合项目进度计划的时间安排，并与设计、施工和(或)竣工试验及竣工后试验的进度计划相衔接。采购进度计划的提交份数和日期，在专用条款约定。

4. 施工进度计划

1) 提交施工进度计划

承包人应在现场施工开工15 日前向发包人提交1 份包括施工进度计划在内的总体施工组织设计。施工进度计划的开竣工时间，应符合合同协议书对施工开工和工程竣工日期的约定，并与项目进度计划的安排协调一致。若发包人需要承包人提交关键单项工程和(或)

关键分部分项工程施工进度计划的，应在专用条款中约定提交的份数和时间。

2) 竣工日期

(1) 承包项目的实施阶段含竣工试验阶段时，按以下方式确定计划竣工日期和实际竣工日期：

① 根据专用条款约定单项工程竣工日期，为单项工程的计划竣工日期；工程中最后一个单项工程的计划竣工日期，为工程的计划竣工日期；

② 单项工程中最后一项竣工试验通过的日期，为该单项工程的实际竣工日期；

③ 工程中最后一个单项工程通过竣工试验的日期，为工程的实际竣工日期。

(2) 承包项目的实施阶段不含竣工试验阶段时，按以下方式确定计划竣工日期和实际竣工日期：

① 根据专用条款中所约定的单项工程竣工日期，为单项工程的计划竣工日期；工程中最后一个单项工程的计划竣工日期，为工程的计划竣工日期；

② 承包人按合同约定，完成施工图纸规定的单项工程中的全部施工作业，并符合约定的质量标准的日期，为单项工程的实际竣工日期；

③ 承包人按合同约定，完成施工图纸规定的工程中最后一个单项工程的全部施工作业，且符合合同约定的质量标准的日期，为工程的实际竣工日期。

8.2.4　技术与设计

1. 生产工艺技术、建筑设计方案

1) 承包人提供的工艺技术和(或)建筑设计方案

承包人负责提供生产工艺技术(含专利技术、专有技术、工艺包)和(或)建筑设计方案(含总体布局、功能分区、建筑造型和主体结构等)时，应对所提供的工艺流程、工艺技术数据、工艺条件、软件、分析手册、操作指导书、设备制造指导书和其他资料要求，和(或)总体布局、功能分区、建筑造型及其结构设计等负责。

承包人应对专用条款约定的试运行考核保证值、和(或)使用功能保证的说明负责。该试运行考核保证值、和(或)使用功能保证的说明，作为发包人进行试运行考核的评价依据。

2) 发包人提供的工艺技术和(或)建筑设计方案

发包人负责提供的生产工艺技术(含专利技术、专有技术、工艺包)和(或)建筑设计方案(含总体布局、功能分区、建筑造型和主体结构，或发包人委托第三方设计单位提供的建筑设计方案)时，应对所提供的工艺流程、工艺技术数据、工艺条件、软件、分析手册、操作指导书、设备制造指导书和其他承包人的文件资料、发包人的要求，和(或)总体布局、功能分区、建筑造型和主体结构等，或第三方设计单位提供的建筑设计方案负责。

发包人有义务指导、审查由承包人根据发包人提供的上述资料所进行的生产工艺设计和(或)建筑设计，并予以确认。工程和(或)单项工程试运行考核的各项保证值或使用功能保证说明及双方各自应承担的考核责任，在专用条款中约定，并作为发包人进行试运行考核和考核责任的评价依据。

2. 设计

1) 发包人的义务

(1) 提供项目基础资料。发包人应按合同约定、法律或行业规定，向承包人提供设计需要的项目基础资料，并对其真实性、准确性、齐全性和及时性负责。上述项目基础资料不真实、不准确或不齐全时，发包人有义务按约定的时间向承包人提供进一步补充资料。提供项目基础资料的类别、内容、份数和时间在专用条款中约定。其中，工程场地的基准坐标资料(包括基准控制点、基准控制标高和基准坐标控制线)，发包人应按约定的时间，有义务配合承包人在现场的实测复验。承包人因纠正坐标资料中的错误，造成费用增加和(或)工期延误，由发包人负责其相关费用增加，竣工日期给予合理延长。

发包人提供的项目基础资料中有专利商提供的技术或工艺包，或是第三方设计单位提供的建筑造型等，发包人应组织专利商或第三方设计单位与承包人进行数据、条件和资料的交换、协调和交接。

发包人未能按约定时间提供项目基础资料及其补充资料或提供的资料不真实、不准确、不齐全，或发包人计划变更，造成承包人设计停工、返工或修改的，发包人应按承包人额外增加的设计工作量赔偿其损失。造成工程关键路径延误的，竣工日期相应顺延。

(2) 提供现场障碍资料。除专用条款另有约定外，发包人应按合同约定和适用法律规定，在设计开始前，提供与设计、施工有关的地上、地下已有的建筑物、构筑物等现场障碍资料，并对其真实性、准确性、齐全性和及时性负责。因提供的资料不真实、不准确、不齐全、不及时，造成承包人的设计停工、返工和修改的，发包人应按承包人额外增加的设计工作量赔偿其损失。造成工程关键路径延误的，竣工日期相应顺延。提供项目障碍资料的类别、内容、份数和时间安排，在专用条款中约定。

(3) 承包人无法核实发包人所提供的项目基础资料中的数据、条件和资料的，发包人有义务给予进一步确认。

2) 承包人的义务

(1) 承包人与发包人(及其专利商、第三方设计单位)应以书面形式交接发包人提供与设计有关的项目基础资料、与设计有关的现场障碍资料。对这些资料中的短缺、遗漏、错误、疑问，承包人应在收到发包人提供的上述资料后15日内向发包人提出进一步的要求。因承包人未能在上述时间内提出要求而发生的损失由承包人自行承担；由此造成工程关键路径延误的，竣工日期不予顺延。其中，对工程场地的基准坐标资料(包括基准控制点、基准控制标高和基准坐标控制线)，承包人有义务约定实测复验的时间并纠正其错误(如果有)，因承包人对此项工作的延误，导致的费用增加和关键路线延误，由承包人承担。

(2) 承包人有义务按照发包人提供的项目基础资料、现场障碍资料和国家有关部门、行业工程建设标准规范规定的设计深度开展工程设计，并对其设计的工艺技术和(或)建筑功能以及工程的安全、环境保护、职业健康的标准、设备材料的质量、工程质量和完成时间负责。因承包人设计的原因，造成的费用增加、竣工日期延误，由承包人承担。

3) 遵守标准、规范

合同约定的标准、规范，适用于发包人按单项工程接收和(或)整个工程接收。在合同实施过程中国家颁布了新的标准或规范时，承包人应向发包人提交有关新标准、新规范的建议书。承包人应严格遵守，其中的强制性标准、规范，发包人作为变更处理；对于非强制性的标准、规范，发包人可决定采用或不采用，决定采用时，作为变更处理。依据适用法律和合同约定的标准、规范所完成的设计图纸、设计文件中的技术数据和技术条件，这也是工程物资采购质量、施工质量及竣工试验质量的依据。

4) 操作维修手册

由承包人指导竣工后试验和试运行考核试验并编制操作维修手册的，发包人应约定，责令其专利商或发包人的其他承包人向承包人提供其操作指南及分析手册，并对其资料的真实性、准确性、齐全性和及时性负责，专用条款另有约定时除外。发包人提交操作指南、分析手册及承包人提交操作维修手册的份数、提交期限，在专用条款中约定。

3. 设计阶段审查

本工程的设计阶段、设计阶段审查会议的组织和时间安排，在专用条款约定。发包人负责组织设计阶段审查会议，并承担会议费用及发包人的上级单位、政府有关部门参加审查会议的费用。

承包人应根据约定，向发包人提交相关设计审查阶段的设计文件，设计文件应符合国家有关部门、行业工程建设标准规范对相关设计阶段的设计文件、图纸和资料的深度规定。承包人有义务自费参加发包人组织的设计审查会议，向审查者介绍、解答、解释其设计文件，并自费提供审查过程中需提供的补充资料。

发包人有义务向承包人提供设计审查会议的批准文件和纪要。承包人有义务按相关设计审查阶段批准的文件和纪要，并依据合同约定及相关设计规定，对相关设计进行修改、补充和完善。

因承包人原因，未能按约定的时间，向发包人提交相关设计审查阶段的完整设计文件、图纸和资料，致使相关设计审查阶段的会议无法进行或无法按期进行，造成的竣工日期延误、窝工损失及发包人增加的组织会议费用，由承包人承担。

发包人有权在约定的各设计审查阶段之前，对相关设计阶段的设计文件、图纸和资料提出建议、进行预审和确认，发包人的任何建议、预审和确认，并不能减轻或免除承包人的合同责任和义务。

4. 操作维修人员的培训

发包人委托承包人对发包人的操作维修人员进行培训的，另行签订培训委托合同，作为本合同的附件。

5. 知识产权

双方可就本合同涉及的合同一方、或合同双方(含一方或双方相关的专利商、第三方设计单位或设计人)的技术专利、建筑设计方案、专有技术、设计文件著作权等知识产权，签订知识产权及保密协议，作为本合同的组成部分。

8.2.5 工程物资

1. 工程物资的提供

1) 发包人提供的工程物资

发包人依据设计文件规定的技术参数、技术条件、性能要求、使用要求和数量，负责组织工程物资(包括其备品备件、专用工具及厂商提交的技术文件)的采购，负责运抵现场，并对其需用量、质量检查结果和性能负责。

由发包人负责提供的工程物资的类别、数量，在专用条款中列出。

因发包人采购提供的工程物资(包括建筑构件等)不符合国家强制性标准、规范的规定，存在质量缺陷、延误抵达现场，给承包人造成窝工、停工或导致关键路径延误的，按变更和合同价调整的约定执行。

在履行合同过程中，由于国家新颁布的强制性标准、规范，造成发包人负责提供的工程物资(包括建筑构件等)不符合新颁布的强制性标准时，由发包人负责修复或重新订货。如果委托承包人修复，作为变更处理。

发包人请承包人参加境外采购工作时，所发生的费用由发包人承担。

2) 承包人提供的工程物资

承包人应依据设计文件规定的技术参数、技术条件、性能要求、使用要求和数量，负责组织工程物资采购(包括备品备件、专用工具及厂商提供的技术文件)，负责运抵现场，并对其需用量、质量检查结果和性能负责。

由承包人负责提供的工程物资的类别、数量，在专用条款中列出。

因承包人提供的工程物资(包括建筑构件等)不符合国家强制性标准、规范的规定或合同约定的标准、规范，所造成的质量缺陷，由承包人自费修复，竣工日期不予延长。

在履行合同过程中，由于国家新颁布的强制性标准、规范，造成承包人负责提供的工程物资(包括建筑构件等)，虽符合合同约定的标准，但不符合新颁布的强制性标准时，由承包人负责修复或重新订货，并作为变更处理。

由承包人提供的竣工后试验的生产性材料，在专用条款中列出类别和(或)清单。

3) 承包人对供应商的选择

承包人应通过招标等竞争性方式选择相关工程物资的供货商或制造厂。对于依法必须进行招标的工程建设项目，应按国家相关规定进行招标。

承包人不得在设计文件中或以口头暗示方式指定供应商和制造厂，只有唯一厂家的除外。发包人不得以任何方式指定供应商和制造厂。

4) 工程物资所有权

承包人根据约定提供的工程物资，在运抵现场的交货地点并支付了采购进度款，其所有权转为发包人所有。在发包人接收工程前，承包人有义务对工程物资进行保管、维护和保养，未经发包人批准不得运出现场。

2. 检验

1) 工厂检验与报告

承包人遵守相关法律规定，负责约定的永久性工程设备、材料、部件和备品备件。承包人负责竣工后试验物资的强制性检查、检验、监测和试验，并向发包人提供相关报告。报告内容、报告期和提交份数，在专用条款中约定。

承包人邀请发包人参检时，在进行相关加工制造阶段的检查、检验、监测和试验之前，以书面形式通知发包人参检的内容、地点和时间。发包人在接到邀请后的 5 日内，以书面形式通知承包人参检或不参检。

发包人承担其参检人员在参检期间的工资、补贴、差旅费和住宿费等，承包人负责办理进入相关厂家的许可，并提供方便。

发包人委托有资格、有经验的第三方代表发包人自费参检的，应在接到承包人邀请函后 5 日内，以书面形式通知承包人，并写明受托单位及受托人员的名称、姓名及授予的职权。

发包人及其委托人的参检，并不能解除承包人对其采购的工程物资的质量责任。

2) 覆盖和包装的后果

发包人已在约定的日期内以书面形式通知承包人参检，并依据约定日期提前或按时到达指定地点，但加工制造的工程物资未经发包人现场检验已经被覆盖、包装或已运抵启运地点时，发包人有权责令承包人将其运回原地、拆除覆盖、包装，重新进行检查或检验或检测或试验及复原，承包人应承担因此发生的费用。造成工程关键路径延误的，竣工日期不予延长。

3) 未能按时参检

发包人未能按约定时间参检，承包人可自行组织检查、检验、检测和试验，质检结果视为是真实的。发包人有权在此后，以变更指令通知承包人重新检查、检验、检测和试验，或增加试验细节或改变试验地点。工程物资经质检合格的，所发生的费用由发包人承担，造成工程关键路径延误的，竣工日期相应顺延；工程物资经质检不合格时，所发生的费用由承包人承担，竣工日期不予延长。

4) 现场清点与检查

发包人应在其根据约定负责提供的工程物资运抵现场前 5 日通知承包人。发包人(或包括为发包人提供工程物资的供应商)与承包人(或包括其分包人)按每批货物的提货单据清点箱件数量及进行外观检查，并根据装箱单清点箱内数量、出厂合格证、图纸、文件资料等，并进行外观检查。经检查清点后双方人员签署交接清单。

经现场检查清点发现箱件短缺，箱件内的物资数量、图纸、资料短缺，或有外观缺陷的，发包人应负责补齐或自费修复，工程物资在缺陷未能修复之前不得用于工程。当发包人委托承包人修复缺陷时，另行签订追加合同。因上述情况造成工程关键路径延误的，竣工日期相应顺延。

承包人应在其根据约定负责提供的工程物资运抵现场前 5 日通知发包人。承包人(或包括为承包人提供工程物资的供应商、或分包人)与发包人(包括代表、或其监理人)按每批货物的提货单据清点箱件数量及进行外观检查，并根据装箱单清点箱内数量、出场合格证、图纸、文件资料等，并进行外观检查。经检查清点后，双方人员签署开箱检验证明。

经现场检查清点发现箱件短缺，箱件内的数量、图纸、资料短缺，或有外观缺陷的，承包人应负责补齐或自费修复，工程物资在缺陷未能修复之前不得用于工程。因此造成的费用增加、竣工日期延误，由承包人负责。

5) 质量监督部门及消防、环保等部门的参检

发包人、承包人随时接受质量监督部门、消防部门、环保部门、行业等专业检查人员对制造、安装及试验过程的现场检查，其费用由发包人承担。承包人为此提供方便。造成工程关键路径延误的，竣工日期相应顺延。

因上述部门在参检中提出的修改、更换等意见所增加的相关费用，应根据约定的提供工程物资的责任方来承担；因此造成工程关键路径延误的，责任方为承包人时，竣工日期不予延长；责任方为发包人时，竣工日期相应顺延。

3. 进口工程物资的采购、报关、清关和商检

工程物资的进口采购责任方及采购方式，在专用条款中约定。采购责任方负责报关、清关和商检，另一方有义务协助。

因工程物资报关、清关和商检的延误，造成工程关键路径延误时，承包人负责进口采购的，竣工日期不予延长，增加的费用由承包人承担；发包人负责进口采购的，竣工日期给予相应延长，承包人由此增加的费用由发包人承担。

4. 运输与超限物资运输

承包人负责采购的超限工程物资(超重、超长、超宽、超高)的运输，由承包人负责，该超限物资的运输费用及其运输途中的特殊措施、拆迁、赔偿等全部费用，包含在合同价格内。运输过程中的费用增加，由承包人承担。造成工程关键路径延误时，竣工日期不予延长。专用条款另有约定除外。

5. 重新订货及后果

依据约定，由发包人负责提供的工程物资存在缺陷时，经发包人组织修复仍不合格的，由发包人负责重新订货并运抵现场。因此造成承包人停工、窝工的，由发包人承担所发生的实际费用；导致关键路径延误时，竣工日期相应顺延。

依据约定，由承包人负责提供的永久性工程设备、材料和部件存在缺陷时，经承包人修复仍不合格的，由承包人负责重新订货并运抵现场。因此造成的费用增加、竣工日期延误，由承包人负责。

6. 工程物资保管与剩余

1) 工程物资保管

发包人负责提供的工程物资、由承包人负责提供的工程物资的约定并委托承包人保管的，工程物资的类别和数量在专用条款中约定。

承包人应按说明书的相关规定对工程物资进行保管、维护、保养，防止变形、变质、污染和对人身造成伤害。承包人提交保管维护方案的时间在专用条款中约定，保管维护方案应包括：工程物资分类和保管、保养、保安、领用制度，以及库房、特殊保管库房、堆场、道路、照明、消防、设施、器具等规划。保管所需的一切费用，包含在合同价格内。由发包人提供的库房、堆场、设施和设备，在专用条款中约定。

2) 剩余工程物资的移交

承包人保管的工程物资(含承包人负责采购提供的工程物资并受到了采购进度款，及发包人委托保管的工程物资)在竣工试验完成后，剩余部分由承包人无偿移交给发包人，专用条款另有约定时除外。

8.2.6　施工

1. 发包人的义务

1) 基准坐标资料

承包人因放线需请发包人与相关单位联系的事项，发包人有义务协助。

2) 审查总体施工组织设计

发包人有权对承包人根据约定提交的总体施工组织设计进行审查，并在接到总体施工组织设计后 20 日内提出建议和要求。发包人的建议和要求，并不能减轻或免除承包人的任何合同责任。发包人未能在 20 日内提出任何建议和要求的，承包人有权按提交的总体施工组织设计实施。

3) 进场条件和进场日期

除专用条款另有约定外，发包人应根据批准的初步设计和约定由承包人提交的临时占地资料，与承包人约定进场条件，确定进场日期。发包人应提供施工场地、完成进场道路、用地许可、拆迁及补偿等工作，保证承包人能够按时进入现场开始准备工作。进场条件和进场日期在专用条款约定。

因发包人原因造成承包人的进场时间延误，竣工日期相应顺延。发包人承担承包人因此发生的相关窝工费用。

4) 提供临时用水、用电等和节点铺设

除专用条款另有约定外，发包人应按约定，在承包人进场前将施工临时用水、用电等接至约定的节点位置，并保证其需要。上述临时使用的水、电等的类别、取费单价在专用条款中约定，发包人按实际计量结果收费。发包人无法提供的水、电等在专用条款中约定，相关费用由承包人纳入报价并承担相关责任。

发包人未能按约定的类别和时间完成节点铺设，使开工时间延误，竣工日期相应顺延。未能按约定的品质、数量和时间提供水、电等，给承包人造成的损失由发包人承担，导致工程关键路径延误的，竣工日期相应顺延。

5) 办理开工等批准手续

发包人在开工日期前，办妥须要由发包人办理的开工批准或施工许可证、工程质量监督手续及其他所需的许可、证件和批文等。

6) 施工过程中须由发包人办理的批准

承包人在施工过程中根据约定，通知须由发包人办理的各项批准手续，由发包人申请办理。

因发包人未能按时办妥上述批准手续，给承包人造成的窝工损失，由发包人承担。导致工程关键路径延误的，竣工日期相应顺延。

7) 提供施工障碍资料

发包人按合同约定的内容和时间提供与施工场地相关的地下和地上的建筑物、构筑物和其他设施的坐标位置。发包人根据约定，已经提供的可不再提供。承包人对发包人在合同约定时间之后提供的障碍资料，可依据施工变更的约定提交变更申请，对于承包人的合理请求发包人应予以批准。因发包人未能提供上述施工障碍资料或提供的资料不真实、不准确、不齐全，给承包人造成损失或损害的，由发包人承担赔偿责任。导致工程关键路径延误的，竣工日期相应顺延。

8) 承包人新发现的施工障碍

发包人根据承包人按照约定发出的通知，与有关单位进行联系、协调、处理施工场地周围及临近的影响工程实施的建筑物、构筑物、文物建筑、古树、名木、地下管线、线缆、设施以及地下文物、化石和坟墓等的保护工作，并承担相关费用。

对于新发现的施工障碍，承包人可依据施工变更范围的约定提交变更申请，对于承包人的合理请求发包人应予以批准。施工障碍导致工程关键路径延误的，竣工日期相应顺延。

9) 职业健康、安全、环境保护管理计划确认

发包人在收到承包人根据约定提交的"职业健康、安全、环境保护"管理计划后 20 日内对之进行确认。发包人有权检查其实施情况并对检查中发现的问题提出整改建议，承包人应按照发包人合理建议自费整改。

10) 其他义务

发包人应履行专用条款中约定的由发包人履行的其他义务。

2. 承包人的义务

1) 放线

承包人负责对工程、单项工程、施工部位放线，并对放线的准确性负责。

2) 施工组织设计

承包人应在施工开工 15 日前或双方约定的其他时间内，向发包人提交总体施工组织设计。随着施工进展向发包人提交主要单项工程和主要分部分项工程的施工组织设计。对发包人提出的合理建议和要求，承包人应自费修改完善。

总体施工组织设计提交的份数和时间，以及需提交施工组织设计的主要单项工程和主要分部分项工程的名称、份数和时间，在专用条款中约定。

3) 提交临时占地资料

承包人应按专用条款约定的时间向发包人提交临时占地资料。

4) 提交临时用水、用电等资料

承包人应在施工开工日期 30 日前或双方约定的其他时间，按专用条款中约定的发包人能够提供的临时用水、用电等类别，向发包人提交施工(含工程物资保管)所需的临时用水、用电等的品质、正常用量、高峰用量、使用时间和节点位置等资料。承包人自费负责计量仪器的购买、安装和维护，并依据专用条款中约定的单价向发包人交费，双方另有约定时除外。

因承包人未能按合同约定提交上述资料，造成发包人费用增加和竣工日期延误时，由承包人负责。

5) 协助发包人办理开工等批准手续

承包人应在工程开工 20 日前，通知发包人向有关部门办理须由发包人办理的开工批准或施工许可证、工程质量监督手续及其他许可、证件、批件等。发包人需要时，承包人有义务提供协助。发包人委托承包人代办并被承包人接受时，双方可另行签订协议，作为本合同的附件。

6) 施工过程中需通知办理的批准

承包人在施工过程中因增加场外临时用地，临时要求停水、停电、中断道路交通，爆破作业，或可能损坏道路、管线、电力、邮电、通信等公共设施的，应提前 10 日通知发包人办理相关申请批准手续。并按发包人的要求，提供需要承包人提供的相关文件、资料、证件等。

因承包人未能在 10 日前通知发包人或未能按时提供由发包人办理申请所需的承包人的相关文件、资料和证件等，造成承包人窝工、停工和竣工日期延误的，由承包人负责。

7) 提供施工障碍资料

承包人应按合同约定，在每项地下或地上施工部位开工 20 日前，向发包人提交施工场地的具体范围及其坐标位置，发包人须对上述范围内提供相关的地下和地下的建筑物、构筑物和其他设施的坐标位置。发包人在合同约定时间之后提出的现场障碍资料，按照施工变更的约定办理。

发包人已提供上述相关资料，因承包人未能履行保护义务，造成的损失、损害和责任，由承包人负责。因此造成工程关键路径延误的，承包人按约定自费赶上。

8) 新发现的施工障碍

承包人对在施工过程中新发现的场地周围及临近影响施工的建筑物、构筑物、文物建筑、古树、名木，以及地下管线、线缆、构筑物、文物、化石和坟墓等，立即采取保护措施，并及时通知发包人。新发现的施工障碍，按照施工变更约定办理。

9) 施工资源

承包人应保证其人力、机具、设备、设施、措施材料、消耗材料、周转材料及其他施工资源，满足实施工程的需求。

10) 设计文件的说明和解释

承包人应在施工开工前向施工分包人和监理人说明设计文件的意图，解释设计文件，及时解决施工过程中出现的有关问题。

11) 工程的保护与维护

承包人应在开工之日起至发包人接收工程或单项工程之日止，负责工程或单项工程的照管、保护、维护和保安责任，保证工程或单项工程除不可抗力外，不受到任何损失、损害。

12) 清理现场

承包人负责在施工过程中及完工后对现场进行清理、分类堆放，将残余物、废弃物、垃圾等运往发包人，或当地有关部门指定的地点。清理现场的费用在专用条款中写明。承包人应将不再使用的机具、设备、设施和临时工程等撤离现场，或运到发包人指定的场地。

13) 其他义务

承包人应履行专用条款中约定的应由承包人履行的其他相关义务。

8.2.7 竣工试验

1. 竣工试验的义务

1) 承包人的义务

(1) 承包人应在单项工程和(或)工程的竣工试验开始前，完成相应单项工程和(或)工程的施工作业(不包括：为竣工试验、竣工后试验必须预留的施工部位、不影响竣工试验的缺陷修复和零星扫尾工程)；并在竣工试验开始前，按合同约定需完成对施工作业部位的检查、检验、检测和试验。

(2) 承包人应在竣工试验开始前，根据隐蔽工程和中间验收部位的约定，向发包人提交相关的质检资料及其竣工资料。

(3) 根据竣工后试验的约定，由承包人指导发包人进行竣工后试验的，承包人须完成约定的操作维修人员培训，并在竣工试验前提交约定的操作维修手册。

(4) 承包人应在达到竣工试验条件 20 日前，将竣工试验方案提交给发包人。发包人应在 10 日内对方案提出建议和意见，承包人应根据发包人提出的合理建议和意见，自费对竣工试验方案进行修正。竣工试验方案经发包人确认后，作为合同附件，由承包人负责实施。发包人的确认并不能减轻或免除承包人的合同责任。竣工试验方案应包括以下内容：

① 竣工试验方案编制的依据和原则；

② 组织机构设置、责任分工；

③ 单项工程竣工试验的试验程序、试验条件；

④ 单件、单体、联动试验的试验程序、试验条件；

⑤ 竣工试验的设备、材料和部件的类别、性能标准、试验及验收格式；

⑥ 水、电、动力等条件的品质和用量要求；

⑦ 安全程序、安全措施及防护设施；

⑧ 竣工试验的进度计划、措施方案、人力及机具计划安排；

⑨ 其他。

竣工试验方案提交的份数和提交时间，在专用条款中约定。

(5) 承包人的竣工试验包括根据约定的由承包人提供的工程物资的竣工试验，以及根据发包人委托给承包人进行工程物资的竣工试验。

(6) 承包人按照试验条件、试验程序，以及 5.2.3 款第(3)项约定的标准、规范和数据，完成竣工试验。

2) 发包人的义务

(1) 发包人应按经发包人确认后的竣工试验方案，提供电力、水、动力及由发包人提供的消耗材料等。提供的电力、水、动力及相关消耗材料等须满足竣工试验对其品质、用量及时间的要求。

(2) 当合同约定应由承包人提供的竣工试验的消耗材料和备品备件用完或不足时，发包人有义务提供其库存的竣工试验所需的相关消耗材料和备品备件。其中：因承包人原因造成损坏的或承包人提供不足的，发包人有权从合同价格中扣除相应款项；因合理耗损或发包人原因造成的，发包人应免费提供。

(3) 发包人委托承包人对根据约定由发包人提供的工程物资进行竣工试验的服务费，已包含在合同价格中。发包人在合同实施过程中委托承包人进行竣工试验的，依据第十三条变更和合同价格调整的约定，作为变更处理。

(4) 承包人应按发包人提供的试验条件、试验程序对发包人根据本款第(3)项委托给承包人工程物资进行竣工试验，其试验结果须符合约定的标准、规范和数据，发包人对该部分的试验结果负责。

3) 竣工试验领导机构

竣工试验领导机构负责竣工试验的领导、组织和协调。承包人提供竣工试验所需的人力、机具并负责完成试验。发包人负责组织、协调、提供竣工试验方案中约定的相关条件及竣工试验的验收。

2. 竣工试验的检验和验收

(1) 承包人应根据约定的标准、规范、数据，以及竣工试验方案的约定进行检验和验收。

(2) 承包人应在竣工试验开始前，依据约定，对各方提供的试验条件进行检查落实，条件满足的，双方人员应签字确认。因发包人提供的竣工试验条件的延误，给承包人带来窝工损失，由发包人负责。导致竣工试验进度延误的，竣工日期相应顺延；因承包人原因未能按时落实竣工试验条件，使竣工试验进度延误时，承包人应按约定自费赶上。

(3) 承包人应在某项竣工试验开始 36 小时前，向发包人和(或)监理人发出通知，通知应包括试验的项目、内容、地点和验收时间。发包人和(或)监理人应在接到通知后的 24 小时内，以书面形式作出回复，试验合格后，双方应在试验记录及验收表格上签字。

发包人和(或)监理人在验收合格的 24 小时后，不在试验记录和验收表格上签字，视为发包人和(或)监理人已经认可此项验收，承包人可进行隐蔽和(或)紧后作业。

验收不合格的，承包人应在发包人和(或)监理人指定的时间内修正，并通知发包人和(或)监理人重新验收。

(4) 发包人和(或)监理人不能按时参加试验和验收时，应在接到通知后的 24 小时内以书面形式向承包人提出延期要求，延期不能超过 24 小时。未能按以上时间提出延期试验，又未能参加试验和验收的，承包人可按通知的试验项目内容自行组织试验，试验结果视为经发包人和(或)监理人认可。

(5) 不论发包人和(或)监理人是否参加竣工试验和验收，发包人均有权责令重新试验。如因承包人的原因重新试验不合格，承包人应承担由此所增加的费用，造成竣工试验进度延误时，竣工日期不予延长；如果重新试验合格，承包人增加的费用和(或)竣工日期的延长，按照第十三条变更和合同价格调整的约定，作为变更处理。

(6) 竣工试验验收日期的约定。

① 某项竣工试验的验收日期和时间，按该项竣工试验通过的日期和时间，作为该项竣工试验验收的日期和时间。

② 单项工程竣工试验的验收日期和时间，按其中最后一项竣工试验通过的日期和时间，作为该单项工程竣工试验验收的日期和时间。

③ 工程的竣工试验日期和时间，按最后一个单项工程通过竣工试验的日期和时间，作为整个工程竣工试验验收的日期和时间。

3. 竣工试验的安全和检查

(1) 承包人应按 7.8 款职业健康、安全和环境保护的约定，并结合竣工试验的通电、通水、通气、试压、试漏、吹扫、转动等特点，对触电危险、易燃易爆、高温高压、压力试验、机械设备运转等制定竣工试验的安全程序、安全制度、防火措施、事故报告制度及事故处理方案在内的安全操作方案，并将该方案提交给发包人确认，承包人应按照发包人提出的合理建议、意见和要求，自费对方案修正，并经发包人确认后实施。发包人的确认并不能减轻或免除承包人的合同责任。承包人为竣工试验提供安全防护措施和防护用品的费用已包含在合同价格中。

(2) 承包人应对其人员进行竣工试验的安全培训，并对竣工试验的安全操作程序、场地环境、操作制度、应急处理措施等进行交底。

(3) 发包人和(或)监理人有义务按照经确认的竣工试验安全方案中的安全规程、安全制度、安全措施等，对其管理人员和操作维修人员进行竣工试验的安全教育，自费提供参加监督、检查人员的防护设施。

(4) 发包人和(或)监理人有权监督、检查承包人在竣工试验安全方案中列出的工作及落实情况，有权提出安全整改及发出整顿指令。承包人有义务按照指令进行整改、整顿，所增加的费用由承包人承担。因此造成工程竣工试验进度计划延误时，承包人应遵照 4.1.2 款的约定自费赶上。

(5) 按 8.1.3 款竣工试验领导机构的决定，双方密切配合开展竣工试验的组织、协调和实施工作，防止人身伤害和事故发生。

因发包人的原因造成的事故，由发包人承担相应责任、费用和赔偿。造成工程竣工试验进度计划延误时，竣工日期相应顺延。

因承包人的原因造成的事故，由承包人承担相应责任、费用和赔偿。造成工程竣工试验进度计划延误时，承包人应按 4.1.2 款的约定自费赶上。

4. 延误的竣工试验

(1) 因承包人的原因使某项、某单项工程落后于竣工试验进度计划时，承包人按 4.1.2 款的约定自费采取措施，赶上竣工试验进度计划。

(2) 因承包人的原因造成竣工试验延误，致使合同约定的工程竣工日期延误时，承包人应根据误期损害赔偿的约定，承包误期赔偿责任。

(3) 承包人无正当理由，未能按竣工试验领导机构决定的竣工试验进度计划进行某项竣工试验，且在收到试验领导机构发出的通知后的 10 日内仍未进行该项竣工试验时，造成竣工日期延误时，由承包人承担误期赔偿责任。且发包人有权自行组织该项竣工试验，由此产生的费用由承包人承担。

(4) 发包人未能根据的约定履行其义务，导致承包人竣工试验延误，发包人应承担承包人因此发生的合理费用，竣工试验进度计划延误时，竣工日期相应顺延。

5. 重新试验和验收

(1) 承包人未能通过相关的竣工试验，可依据约定重新进行此项试验，并按 8.2 款的约定进行检验和验收。

(2) 不论发包人和(或)监理人是否参加竣工试验和验收，承包人未能通过的竣工试验，发包人均有权通知承包人再次按约定进行此项竣工试验，并按约定进行检验和验收。

6. 未能通过竣工试验

(1) 因发包人的下述原因导致竣工试验未能通过时，承包人进行竣工试验的费用由发包人承担，使竣工试验进度计划延误时，竣工日期相应延长：

① 发包人未能按确认的竣工试验方案中的技术参数、时间及数量提供电力、动力、水等试验条件，导致竣工试验未能通过；

② 发包人指令承包人按发包人的竣工试验条件、试验程序和试验方法进行试验和竣工试验，导致该项竣工试验未能通过；

③ 发包人对承包人竣工试验的干扰，导致竣工试验未能通过；

④ 因发包人的其他原因，导致竣工试验未能通过。

(2) 因承包人原因未能通过竣工试验，该项竣工试验允许再进行，但再进行最多为两次，两次试验后仍不符合验收条件的，相关费用、竣工日期及相关事项按下述约定处理：

① 该项竣工试验未能通过，对该项操作或使用不存在实质影响，承包人自费修复。无法修复时，发包人有权扣减该部分的相应付款，视为通过；

② 该项竣工试验未能通过，对该单项工程未产生实质性操作和使用影响，发包人可相应扣减该单项工程的合同价款，可视为通过；若使竣工日期延误的，承包人承担误期损害赔偿责任；

③ 该项竣工试验未能通过，对操作或使用有实质性影响，发包人有权指令承包人更换相关部分，并进行竣工试验。发包人因此增加的费用，由承包人承担。使竣工日期延误时，

承包人承担误期损害赔偿责任；

④ 未能通过竣工试验，使单项工程的任何主要部分丧失了生产、使用功能时，发包人有权指令承包人更换相关部分，承包人自行承担因此增加的费用；竣工日期延误，并应承担误期损害赔偿责任。发包人因此增加的费用，由承包人负责赔偿；

⑤ 未能通过的竣工试验，使整个工程丧失了生产和(或)使用功能时，发包人有权指令承包人重新设计、重置相关部分，承包人承担因此增加的费用(包括发包人的费用)；竣工日期延误应承担误期损害赔偿责任。发包人有权根据发包人的索赔约定，向承包人提出索赔或根据约定解除合同。

7. 竣工试验结果的争议

(1) 协商解决。双方对竣工试验结果有争议时，应首先通过协商解决。

(2) 委托鉴定机构。双方经协商对竣工试验结果仍有争议时，共同委托一个具有相应资格的检测机构进行鉴定。经检测鉴定后，按下述约定处理：

① 责任方为承包人时，所需的鉴定费用及因此造成发包人增加的合理费用由承包人承担，竣工日期不予延长；

② 责任方为发包人时，所需的鉴定费用及因此造成承包人增加的合理费用由发包人承担，竣工日期相应顺延；

③ 双方均有责任时，根据责任大小协商分担费用，并按竣工试验计划的延误情况协商竣工日期延长。

(3) 若双方对检测机构的鉴定结果有争议，依据争议和裁决的约定解决。

8.2.8 工程接收

1. 工程接收

(1) 按单项工程和(或)按工程接收。根据工程项目的具体情况和特点，在专用条款中约定按单项工程和(或)按工程进行接收。

① 根据竣工后试验的约定，由承包人负责指导发包人进行单项工程和(或)工程竣工后试验，并承担试运行考核责任的，在专用条款中约定接收单项工程的先后顺序及时间安排，或接收工程的时间安排。

由发包人负责单项工程和(或)工程竣工后试验及其试运行考核责任的，在专用条款中约定接收工程的日期或接收单项工程的先后顺序及时间安排。

② 对不存在竣工试验或竣工后试验的单项工程和(或)工程，承包人完成扫尾工程和缺陷修复，并符合合同约定的验收标准，按合同约定办理工程接收和竣工验收。

(2) 接收工程时承包人提交的资料。除按约定已经提交的资料外，需提交竣工试验完成的验收资料的类别、内容、份数和提交时间，在专用条款中约定。

2. 接收证书

(1) 承包人应在工程和(或)单项工程具备接收条件后的 10 日内，向发包人提交接收证书申请，发包人应在接到申请后的 10 日内组织接收，并签发工程和(或)单项工程接收证书。

单项工程的接收以约定的日期，作为接收日期。

工程的接收以约定的日期，作为接收日期。

(2) 扫尾工程和缺陷修复。对工程或(和)单项工程的操作、使用没有实质影响的扫尾工程和缺陷修复，不能作为发包人不接收工程的理由。经发包人与承包人协商确定的承包人完成该扫尾工程和缺陷修复的合理时间，作为接收证书的附件。

3. 接收工程的责任

(1) 保安责任。自单项工程和(或)工程接收之日起，发包人承担其保安责任。

(2) 照管责任。自单项工程和(或)工程接收之日起，发包人承担其照管责任。发包人负责单项工程和(或)工程的维护、保养、维修，但不包括需由承包人完成的缺陷修复和零星扫尾的工程部位及其区域。

(3) 投保责任。如合同约定施工期间工程的应投保方是承包人时，承包人应负责对工程进行投保并将保险期限保持到约定的发包人接收工程的日期。该日期之后由发包人负责对工程投保。

4. 未能接收工程

(1) 不接收工程。如果发包人收到承包人送交的单项工程和(或)工程接收证书申请后的 15 日内不组织接收，视为单项工程和(或)工程的接收证书申请已被发包人认可。从第 16 日起，发包人应根据约定承担相关责任。

(2) 未按约定接收工程。承包人未按约定提交单项工程和(或)工程接收证书申请的，或未符合单项工程或工程接收条件的，发包人有权拒绝接收单项工程和(或)工程。

发包人未能遵守本款约定，使用或强令接收不符合接受条件的单项工程和(或)工程的，将承担 9.3 款接收工程约定的相关责任，以及已被使用或强令接收的单项工程和(或)工程后进行操作、使用等所造成的损失、损坏、损害和(或)赔偿责任。

8.2.9　竣工后试验

本合同工程包含竣工后试验的，遵守本条约定。

1. 权利与义务

(1) 发包人的权利与义务。

① 发包人有权对第10.1.2款第(2)项约定的由承包人协助发包人编制的竣工后试验方案进行审查并批准，发包人的批准并不能减轻或免除承包人的合同责任。

② 竣工后试验联合协调领导机构由发包人组建，在发包人的组织领导下，由承包人知道，依据批准的竣工后试验方案进行分工、组织完成竣工后试验的各项准备工作、进行竣工后试验和试运行考核。联合协调领导机构的设置方案及其分工职责等作为本合同的组成部分。

③ 发包人对承包人根据提出的建议，有权向承包人发出不接受或接受的通知。

发包人未能接受承包人的上述建议，承包人有义务仍按本款第(2)项的组织安排执行。承包人因执行发包人的此项安排而发生事故、人身伤害和工程损害时，由发包人承担其责任。

④ 发包人在竣工后试验阶段向承包人发出的组织安排、指令和通知，应以书面形式送达承包人的项目经理，由项目经理在回执上签署收到日期、时间和签名。

⑤ 发包人有权在紧急情况下，以口头、或书面形式向承包人发出紧急指令，承包人应立即执行。如承包人未能按发包人的指令执行，因此造成的事故责任、人身伤害和工程损害，由承包人承担。发包人应在发出口头指令后 12 小时内，将该口头指令再以书面送达承包人的项目经理。

⑥ 发包人在竣工后试验阶段的其他义务和工作，在专用条款中约定。

(2) 承包人的责任和义务。

① 承包人在发包人组建的竣工后试验联合协调领导机构的统一安排下，派出具有相应资格和经验的人员指导竣工后试验。承包人派出的开车经理或指导人员在竣工后试验期间离开现场，必须事先得到发包人批准。

② 承包人应根据合同约定和工程竣工后试验的特点，协助发包人编制竣工后试验方案，并在竣工试验开始前编制完成。竣工后试验方案应包括：工程、单项工程及其相关部位的操作试验程序、资源条件、试验条件、操作规程、安全规程、事故处理程序及进度计划等。竣工后试验方案经发包人审查批准后实施。竣工后试验方案的份数和时间在专用条款约定。

③ 因承包人未能执行发包人的安排、指令和通知，而发生的事故、人身伤害和工程损害，由发包人承担其责任。

④ 承包人有义务对发包人的组织安排、指令和通知提出建议，并说明因由。

⑤ 在紧急情况下，发包人以口头指令承包人进行的操作、工作及作业，承包人应立即执行。承包人应对此项指令做好记录，并做好实施的记录。发包人应在 12 小时内，将上述口头指令再以书面形式送达承包人。

发包人未能在 12 小时内将此项口头指令以书面形式送达承包人时，承包人及其项目经理有权在接到口头指令后的 24 小时内，以书面形式将该口头指令交发包人，发包人须在回执上签字确认，并签署接到的日期和时间。当发包人未能在 24 小时内在回执上签字确认，视为已被发包人确认。

承包人因执行发包人的口头指令而发生事故责任、人身伤害、工程损害和费用增加时，由发包人承担。但承包人错误执行上述口头指令而发生事故责任、人身伤害、工程损害和费用增加时，由承包人负责。

⑥ 操作维修手册的缺陷责任。因承包人负责编制的操作维修手册存在缺陷所造成的事故责任、人身伤害和工程损害，由承包人承担；因发包人(包括其专利商)提供的操作指南存在缺陷，造成承包人操作手册的缺陷，因此发生事故责任、人身伤害、工程损害和承包人的费用增加时，由发包人负责。

⑦ 承包人根据合同约定和(或)行业规定，在竣工后试验阶段的其他义务和工作，在专用条款中约定。

2. 竣工后试验程序

(1) 发包人应根据联合协调领导机构批准的竣工后试验方案，提供全部电力、水、燃料、动力、原材料、辅助材料、消耗材料以及其他试验条件，并组织安排其管理人员、操作维修人员和其他各项准备工作。

(2) 承包人应根据经批准的竣工后试验方案，提供竣工后试验所需要的其他临时辅助设备、设施、工具和器具，及应由承包人完成的其他准备工作。

(3) 发包人应根据批准的竣工后试验方案，按照单项工程内的任何部分、单项工程、单项工程之间或(和)工程的竣工后试验程序和试验条件，组织竣工后试验。

(4) 联合协调领导机构组织全面检查并落实工程、单项工程及工程的任何部分竣工后试验所需要的资源条件、试验条件、安全设施条件、消防设施条件、紧急事故处理设施条件和(或)相关措施，保证记录仪器、专用记录表格的齐全和数量的充分。

(5) 竣工后试验日期的通知。发包人应在接收单项工程或(和)接收工程日期后的 15 日内通知承包人开始竣工后试验的日期。专用条款另有约定时除外。

因发包人原因未能在接收单项工程和(或)工程的 20 日内，或在专用条款中约定的日期内进行竣工后试验，发包人应自第 21 日开始或自专用条款中约定的开始日期后的第 2 日开始，承担承包人由此发生的相关窝工费用，包括人工费、临时辅助设备、设施的闲置费、管理费及其合理利润。

3. 竣工后试验及试运行考核

(1) 按照批准的竣工后试验方案的试验程序、试验条件、操作程序进行试验，达到合同约定的工程和(或)单项工程的生产功能和(或)使用功能。

(2) 发包人的操作人员和承包人的指导人员，在竣工后试验过程中的同一个岗位上的试验条件记录、试验记录及表格上，应如实填写数据、条件、情况、时间、姓名及约定的其他内容。

(3) 试运行考核。

① 根据约定，由承包人提供生产工艺技术和(或)建筑设计方案时，承包人应保证工程在试运行考核周期内，达到专用条款中约定的考核保证值和(或)使用功能。

② 根据约定，由发包人提供生产工艺技术和(或)建筑设计方案时，承包人应保证在试运行考核周期内达到专用条款中约定的，应由承包人承担的工程相关部分的考核保证值和(或)使用功能。

③ 试运行考核的时间周期由双方根据相关行业对试运行考核周期的规定，在专用条款中约定。

④ 试运行考核通过后或使用功能通过后，双方应共同整理竣工后试验及其试运行考核结果，并编写评价报告。报告一式两份，经合同双方签字或盖章后各持一份，作为本合同组成部分。发包人并应根据约定颁发考核验收证书。

(4) 产品和(或)服务收益的所有权。单项工程和(或)工程竣工后试验及试运行考核期间的任何产品收益和(或)服务收益，均属发包人所有。

4. 竣工后试验的延误

(1) 根据竣工后试验日期通知的约定，非因承包人原因，发包人未能在发出竣工后试验通知后的 90 日内开始竣工后试验，工程和(或)单项工程视为通过了竣工后试验和试运行考核。除非专用条款另有规定。

(2) 因承包人的原因造成竣工后试验延误时，承包人应采取措施，尽快组织配合发包人开始并通过竣工后试验。当延误造成发包人的费用增加时，发包人有权根据约定向承包人提出索赔。

(3) 按试运行考核时间周期的约定，在试运行考核期间，因发包人原因导致考核中断或停止，且中断或停止的累计天数超过专用条款中约定的试运行考核周期时，试运行考核应在中断或停止后的 60 日内重新开始，超过此期限视为单项工程和(或)工程已通过了试运行考核。

5. 重新进行竣工后试验

(1) 根据约定，因承包人原因导致工程、单项工程或工程的任何部分未能通过竣工后试验，承包人应自费修补其缺陷，由发包人依据约定的试验程序、试验条件，重新组织进行此项试验。

(2) 承包人重新进行试验，仍未能通过该项试验时，承包人应自费继续修补缺陷，并在发包人的组织领导下，按约定的试验程序、试验条件，再次进行此项试验。

(3) 因承包人原因，重新进行竣工后试验，给发包人增加了额外费用时，发包人有权根据约定向承包人提出索赔。

6. 未能通过考核

因承包人原因使工程和(或)单项工程未能通过考核，但尚具有生产功能、使用功能时，按以下约定处理：

(1) 未能通过试运行考核的赔偿。

① 承包人提供的生产工艺技术或建筑设计方案未能通过试运行考核。

承包人提供的生产工艺技术和(或)建筑设计方案未能通过试运行考核时，承包人在根据第 5.1.1 款专用条款约定的工程和(或)单项工程试运行考核保证值和(或)使用功能保证的说明书，并按照在本项专用条款中约定的未能通过试运行考核的赔偿金额，或赔偿计算公式计算的金额，向发包人支付相应赔偿金额后，视为承包人通过了试运行考核。

② 发包人提供的生产工艺技术或建筑设计方案未能通过试运行考核。

发包人提供的生产工艺技术和(或)建筑设计方案未能通过试运行考核时，承包人根据第 5.1.2 款专用条款约定的工程和(或)单项工程试运行考核中应由承包人承担的相关责任，并按照在本项专用条款对相关责任约定的赔偿金额、或赔偿公式计算的金额，向发包人支付相应赔偿金额后，视为承包人通过了试运行考核。

(2) 承包人对未能通过试运行考核的工程和(或)单项工程，若提出自费调查、调整和修正并被发包人接受时，双方商定相应的调查、修正和试验期限，发包人应为此提供方便。在通过该项考核之前，发包人可暂不按 10.6 款第(1)项约定提出赔偿。

(3) 发包人接受了本款第(2)项约定，但在商定的期限内发包人未能给承包人提供方便，致使承包人无法在约定期限内进行调查、调整和修正时，视为该项试运行考核已被通过。

7. 竣工后试验及考核验收证书

(1) 在专用条款中约定按工程和(或)按单项工程颁发竣工后试验及考核验收证书。

(2) 发包人根据第 10.3 款、第 10.4 款、第 10.5.1 款、第 10.5.2 款及 10.6 款的约定对通过或视为通过竣工后试验和(或)试运行考核的，应按 10.7.1 款颁发竣工后试验及考核验收证书。该证书中写明的试运行考核通过的日期和时间，为实际完成考核或视为通过试运行考核的日期和时间。

8. 丧失了生产价值和使用价值

因承包人的原因，工程和(或)单项工程未能通过竣工后试验，并使整个工程丧失了生产价值或使用价值时，发包人有权提出未能履约的索赔，并扣罚已提交的履约保函。但发包人不得将本合同以外的连带合同损失包括在未履约索赔之中。

连带合同损失指市场销售合同损失、市场预计盈利、生产流动资金贷款利息、竣工后试验及试运行考核周期以外所签订的原材料、辅助材料、电力、水、燃料等供应合同损失，以及运输合同等损失，适用法律另有规定除外。

8.2.10　工程竣工验收

1. 竣工验收报告及完整的竣工资料

(1) 工程符合第 9.1 款工程接收的相关约定和(或)发包人已按第 10.7 款的约定颁发了竣工后试验及考核验收证书，且承包人完成了第 9.2.2 款约定的扫尾工程和缺陷修复，经发包人或监理人验收后，承包人应依据第 8.1.1 款第(1)、(2)、(3)项、第 8.2 款竣工试验的检验与验收、第 10.3.3 款第(4)项竣工后试验及其试运行考核结果等资料，向发包人提交竣工验收报告和完整的工程竣工资料。竣工验收报告和完整的竣工资料的格式、内容和份数在专用条款中约定。

(2) 发包人应在接到竣工验收报告和完整的竣工资料后 25 日内提出修改意见或予以确认，承包人应按照发包人的意见自费对竣工验收报告和竣工资料进行修改。25 日内发包人未提出修改意见，视为竣工资料和竣工验收报告已被确认。

(3) 分期建设、分期投产或分期使用的工程，按第 12.1.1 款及第 12.1.2 款的约定办理。

2. 竣工验收

1) 组织竣工验收

发包人应在接到竣工验收报告和完整的竣工资料，并根据第 12.1.2 款的约定在确认后的 30 日内，组织竣工验收。

2）延后组织的竣工验收

发包人未能根据第 12.2.1 款的约定，在 30 日内组织竣工验收时，按照第 14.12.1～14.12.3 款的约定，结清竣工结算的款项。

在第 12.2.1 款约定的时间之后，发包人进行竣工验收时，承包人有义务参加。发包人在验收后的 25 日内，对承包人的竣工验收报告或竣工资料提出的进一步修改意见，承包人应按照发包人的意见自费修改。

3）期竣工验收

分期建设、分期投产或分期使用的合同工程的竣工验收，按第 12.1.3 款、第 12.2.1 款的约定，分期组织竣工验收。

8.2.11　变更和合同价格调整

1. 变更权

1）变更权

发包人拥有批准变更的权限。自合同生效后至工程竣工验收前的任何时间内，发包人有权依据监理人的建议、承包人的建议，以及第 13.2 款约定的变更范围，下达变更指令。变更指令以书面形式发出。

2）变更

由发包人批准并发出的书面变更指令属于变更，包括发包人直接下达的变更指令或经发包人批准的由监理人下达的变更指令。

承包人对自身的设计、采购、施工、竣工试验、竣工后试验存在的缺陷，应自费修正、调整和完善，不属于变更。

3）变更建议权

承包人有义务随时向发包人提交书面变更建议，包括缩短工期，降低发包人的工程、施工、维护、营运的费用，提高竣工工程的效率或价值，给发包人带来的长远利益和其他利益。发包人接到此类建议后，应发出不采纳、采纳或补充进一步资料的书面通知。

2. 变更范围

(1) 设计变更范围。

① 对生产工艺流程的调整，但未扩大或缩小初步设计批准的生产路线和规模或未扩大或缩小合同约定的生产路线和规模；

② 对平面布置、竖面布置、局部使用功能的调整，但未扩大初步设计批准的建筑规模，未改变初步设计批准的使用功能；或未扩大合同约定的建筑规模，未改变合同约定的使用功能；

③ 对配套工程系统的工艺调整、使用功能调整；

④ 对区域内基准控制点、基准标高和基准线的调整；

⑤ 对设备、材料、部件的性能、规格和数量的调整；

⑥ 因执行基准日期之后新颁布的法律、标准、规范引起的变更；

⑦ 其他超出合同约定的设计事项；

⑧ 上述变更所需的附加工作。

(2) 采购变更范围。

① 承包人已按发包人批准的名单，与相关供货商签订采购合同或已开始加工制造、供货、运输等，发包人通知承包人选择该名单中的另一家供货商；

② 因执行基准日期之后新颁布的法律、标准、规范引起的变更；

③ 发包人要求改变检查、检验、检测、试验的地点和增加的附加试验；

④ 发包人要求增减合同中约定的备品备件、专用工具、竣工后试验物资的采购数量；

⑤ 上述变更所需的附加工作。

(3) 施工变更范围。

① 根据设计变更，造成施工方法改变、设备、材料、部件、人工和工程量的增减；

② 发包人要求增加的附加试验、改变试验地点；

③ 新增加的施工障碍处理；

④ 发包人对竣工试验经验收或视为验收合格的项目，通知重新进行竣工试验；

⑤ 因执行基准日期之后新颁布的法律、标准、规范引起的变更。

⑥ 现场其他签证；

⑦ 上述变更所需的附加工作。

(4) 发包人的赶工指令。承包人接受了发包人的书面指示，以发包人认为必要的方式加快设计、施工或其他任何部分的进度时，承包人为实施该赶工指令需对项目进度计划进行调整，并对所增加的措施和资源提出估算，经发包人批准后，作为变更处理。当发包人未能批准此项变更，承包人有权按合同约定的相关阶段的进度计划执行。

因承包人原因，实际进度明显落后于上述批准的项目进度计划时，承包人应按约定，自费赶上；竣工日期延误时，按约定承担误期赔偿责任。

(5) 调减部分工程。发包人的暂停超过 45 日，承包人请求复工时仍不能复工，或因不可抗力持续而无法继续施工时，双方可按合同约定以变更方式调减受暂停影响的部分工程。

(6) 其他变更。根据工程的具体特点，在专用条款中约定。

3. 变更程序

(1) 变更通知。发包人的变更应事先以书面形式通知承包人。

(2) 变更通知的建议报告。承包人接到发包人的变更通知后，有义务在 10 日内向发包人提交书面建议报告。

① 如果承包人接受发包人变更通知中的变更时，建议报告中应包括：支持此项变更的理由、实施此项变更的工作内容、设备、材料、人力、机具、周转材料、消耗材料等资源消耗，以及相关管理费用和合理利润的估算。相关管理费用和合理利润的百分比，应在专用条款约定。此项变更引起竣工日期延长时，应在报告中说明理由，并提交与此变更相关的进度计划。

承包人未提交增加费用的估算及竣工日期延长，视为该项变更不涉及合同价格调整和竣工日期延长，发包人不再承担此项变更的任何费用及竣工日期延长的责任。

② 如果承包人不接受发包人变更通知中的变更时，建议报告中应包括不支持此项变更的理由，理由包括：

◆ 此变更不符合法律、法规等有关规定；

◆ 承包人难以取得变更所需的特殊设备、材料、部件；

◆ 承包人难以取得变更所需的工艺、技术；

◆ 变更将降低工程的安全性、稳定性、适用性；

◆ 对生产性能保证值、使用功能保证的实现产生不利影响等。

(3) 发包人的审查和批准。发包人应在接到承包人根据约定提交的书面建议报告后 10 日内对此项建议给予审查，并发出批准、撤销、改变、提出进一步要求的书面通知。承包人在等待发包人回复的时间内，不能停止或延误任何工作。

① 发包人接到承包人根据依约定提交的建议报告，对其理由、估算和(或)竣工日期延长经审查批准后，应以书面形式下达变更指令。

发包人在下达的变更指令中，未能确认承包人对此项变更提出的估算和(或)竣工日期延长亦未提出异议，自发包人接到此项书面建议报告后的第 11 日开始，视为承包人提交的变更估算和(或)竣工日期延长，已被发包人批准。

② 发包人对承包人根据提交的不接受此项变更的理由进行审查后，发出继续执行、改变、提出进一步补充资料的书面通知，承包人应予以执行。

(4) 承包人根据约定提交变更建议书时，其变更程序按照本变更程序的约定办理。

4. 紧急性变更程序

(1) 发包人有权以书面形式或口头形式发出紧急性变更指令，责令承包人立即执行此项变更。承包人接到此类指令后，应立即执行。发包人以口头形式发出紧急性变更指令后，须在 48 小时内以书面方式确认此项变更，并送交承包人项目经理。

(2) 承包人应在紧急性变更指令执行完成后的 10 日内，向发包人提交实施此项变更的工作内容，资源消耗和估算。因执行此项变更造成工程关键路径延误时，可提出竣工日期延长要求，但应说明理由，并提交与此项变更相关的进度计划。

承包人未能在此项变更完成后的 10 日内提交实际消耗的估算和(或)延长竣工日期的书面资料，视为该项变更不涉及合同价格调整和竣工日期延长，发包人不再承担此项变更的任何责任。

(3) 发包人应在接到承包人根据提交的书面资料后 10 日内，以书面形式通知承包人被批准的合理估算，和(或)给予竣工日期的合理延长。

发包人在接到承包人的此项书面报告后 10 日内，未能批准承包人的估算和(或)竣工日期延长亦未说明理由的，自接到该报告的第 11 日后，视为承包人提交的估算和(或)竣工日期延长已被发包人批准。

承包人对发包人批准的变更费用、竣工日期的延长存有争议时，双方应友好协商解决，

5. 变更价款确定

变更价款按以下方法确定。

(1) 合同中已有相应人工、机具、工程量等单价(含取费)的，按合同中已有的相应人工、机具、工程量等单价(含取费)确定变更价款。

(2) 合同中无相应人工、机具、工程量等单价(含取费)的，按类似于变更工程的价格确定变更价款。

(3) 合同中无相应人工、机具、工程量等单价(含取费)，亦无类似于变更工程的价格的，双方通过协商确定变更价款。

(4) 专用条款中约定的其他方法。

6. 建议变更的利益分享

因发包人批准采用承包人根据提出的变更建议，使工程的投资减少、工期缩短、发包人获得长期运营效益或其他利益时，双方可按专用条款的约定进行利益分享，必要时双方可另行签订利益分享补充协议，作为合同附件。

7. 合同价格调整

在下述情况发生后 30 日内，合同双方均有权将调整合同价格的原因及调整金额，以书面形式通知对方或监理人。经发包人确认的合理金额，作为合同价格的调整金额，并在支付当期工程进度款时支付或扣减调整的金额。一方收到另一方通知后 15 日内不予确认，也未能提出修改意见，视为已经同意该项价格的调整。合同价格调整包括以下情况。

(1) 合同签订后，因法律、国家政策和需遵守的行业规定发生变化，影响到合同价格增减。

(2) 合同执行过程中，工程造价管理部门公布的价格调整，涉及承包人投入成本增减。

(3) 一周内非承包人原因的停水、停电、停气、道路中断等，造成工程现场停工累计超过 8 小时(承包人须提交报告并提供可证实的证明和估算)。

(4) 发包人根据变更程序中批准的变更估算的增减。

(5) 本合同约定的其他增减的款项调整。

对于合同中未约定的增减款项，发包人不承担调整合同价格的责任。除非法律另有规定时除外。合同价格的调整不包括合同变更。

8. 合同价格调整的争议

经协商双方未能对工程变更的费用、合同价格的调整或竣工日期的延长达成一致，根据 16.3 款关于争议和裁决的约定解决。

8.2.12　合同总价和付款

本合同为总价合同，除根据变更和合同价格的调整，以及合同中其他相关增减金额的

约定进行调整外，合同价格不做调整。

案 例 分 析

【案例 8-1】

某实施监理的工程项目分为 A、B、C 三个单项工程，经有关部门批准采取公开招标的形式分别确定了三个中标人并签订了合同。A、B、C 三个单项工程合同条款中有如下规定：

(1) A 工程在施工图设计没有完成前，业主通过招标选择了一家总承包单位承包该工程的施工任务。由于设计工作尚未完成，承包范围内待实施的工程虽性质明确，但工程量还难以确定，双方商定拟采用总价合同形式签订施工合同，以减少双方的风险。合同条款中规定：

① 乙方按业主代表批准的施工组织设计(或施工方案)组织施工，甲方不应承担因此引起的工期延误和费用增加的责任。

② 甲方向乙方提供施工场地的工程地质和地下主要管网线路资料，供乙方参考使用。

③ 乙方不能将工程转包，但允许分包，也允许分包单位将分包的工程再次分包给其他施工单位。

(2) B 工程合同额为 9000 万元，总工期为 30 个月，工程分两期进行验收，第一期为 18 个月，第二期为 12 个月。在工程实施过程中，出现了下列情况：

① 工程开工后，从第三个月开始连续四个月业主未支付承包商应得的工程进度款。为此，承包商向业主发出要求付款通知，并提出对拖延支付的工程进度款应计息的要求，其数额从监理工程师计量签字后第 11 天起计息。业主方以该四个月未支付工程款作为偿还预付款而予以抵销为由，拒绝支付。为此，承包商以业主违反合同中关于预付款扣还的规定，以及拖欠工程款导致无法继续施工为由而停止施工，并要求业主承担违约责任。

② 工程进行到第 10 个月时，国务院有关部门发出通知，指令压缩国家基建投资，要求某些建设项目暂停施工，该项目属于指令停工项目。因此，业主向承包商提出暂时中止执行合同实施的通知。为此，承包商要求业主承担单方面中止合同给承包方造成的经济损失赔偿责任。

③ 复工后在工程后期，工地遭遇当地百年以来最大的台风，工程被迫暂停施工，部分已完工程受损，现场场地遭到破坏，最终使工期拖延了两个月。为此，业主要求承包商承担工期拖延所造成的经济损失责任和赶工的责任。

(3) C 工程在施工招标文件中规定工期按工期定额计算，工期为 550 天。但在施工合同中，开工日期为 2005 年 12 月 15 日，竣工日期为 2007 年 7 月 20 日，日历天数为 581 天。

问题：

(1) A 单项工程合同中业主与施工单位选择总价合同形式是否妥当？合同条款中有哪些不妥之处？

(2) B 单项工程合同执行过程中出现的问题应如何处理？

(3) C 单项工程合同的合同工期应为多少天？

(4) 合同变更价款的原则与程序包括哪些内容？合同争议如何解决？

本 章 小 结

本章主要介绍了对国内其他标准工程合同文件，包括《标准施工招标文件》中的合同条件、《简明标准施工招标文件》和《标准设计施工总承包招标文件》中的合同条件。通过本章的学习，应掌握《建设项目工程总承包合同示范文本(试行)》的相关合同条件，对一些词语的定义、承包人的义务、进度计划及工程物资等内容应重点把握，理解竣工后试验和工程接受的合同规定。

习 　 题

1. 《建设项目工程总承包合同示范文本(试行)》中协议书的主要内容有哪些？

2. 《示范文本》中承包项目的实施阶段含竣工试验阶段时，确定计划竣工日期和实际竣工日期的方法是什么？

3. 试述《示范文本》中竣工后试验的程序。

4. 《示范文本》中工程价款变更的方法是什么？

5. 《示范文本》中合同价格调整的情况有哪些？

第 9 章　国际工程合同管理惯例

【学习要点及目标】

◆ 了解美国 AIA 系列合同条件、JCT 合同系列、ICE 合同系列、NEC 合同系列。

◆ 掌握 FIDIC 合同条件中施工合同中的部分重要定义、进度管理条款、质量管理条款、费用管理的条款、范围管理条款、风险管理条款、索赔和争端解决条款。

◆ 了解《EPC/交钥匙项目合同条件》、FIDIC《工程设备和设计—建造合同条件》、FIDIC《合同简短格式》。

◆ 理解 FIDIC《多边发展银行施工合同条款协调版》中的一般性修改、银行的修改等相关规定。

【核心概念】

FIDIC 合同条件、EPC 合同条件、中标函、指定分包商、基准日期、缺陷通知期。

【引导案例】

在某国际工程的施工中，业主通过工程师向承包商颁发了一份有工程师签字的图纸，在实施中工程师发现与本工程的技术规范要求不一致，要求承包商按照技术规范返工实施。在其他工程的实施中，承包商提出了很多合理化建议，经工程师研究采用后给业主节约了一大笔钱，但是承包商的工作内容相应减少了。对此，承包商提出索赔。国际工程施工采用什么样的合同条件？主要内容有哪些？在国际工程合同管理中，出现索赔和争端怎么解决？

9.1　国际工程合同条件概述

　　在业主编制的招标文件以及随后和承包商签订的合同中，合同条件都是最核心、最重要的内容。合同条件既是投标者投标报价的基础，更是在签订合同之后，合同双方履行合同最重要的依据。市场经济发达国家和地区使用的建设工程合同一般都有标准格式，即适用于本国本地区的合同文本，如美国建筑师学会制定发布的"AIA 系列合同条件"，英国土木工程师学会编制的"ICE 合同条件"和国际咨询工程师联合会编写的"FIDIC 土木工程施工合同条件"等。

9.1.1　美国 AIA 系列合同条件

　　美国建筑师学会(The American Institute of Architects，AIA)成立于 1857 年，致力于提高建筑师的专业水平，促进其事业的成功以达到改善大众的居住环境和生活水准的目的。作为建筑师的专业社团，其制定的 AIA 系列合同条件在美国建筑业界及美洲地区工程界具有很高的权威性，影响大、使用范围广。AIA 系列合同条件经历了 15 次修改，其最后一次修改在 1997 年，可见美国建筑师学会对于合同文本的实用性非常重视。

1. 美国 AIA 系列合同条件的特点

1) AIA 系列合同条件

　　美国建筑师学会成立 150 多年来，AIA 一直在出版标准的项目设计和施工方面的合约文件，用于机关业务和项目管理。

　　AIA 文件分为 A、B、C、D、F、G 系列。A 系列是用于业主与承包商的标准合同文件，不仅包括合同条件，还包括承包商资格申报表，保证标准格式；B 系列主要用于业主与建筑师之间的标准合同文件，其中包括专门用于建筑设计、室内装修工程等特定情况的标准合同文件；C 系列主要用于建筑师与专业咨询机构之间的标准合同文件；D 系列是建筑师行业内部使用的文件；F 系列是财务管理表格；G 系列是建筑师企业及项目管理中使用的文件。

　　A 系列文件包括：发包人—承包人合约、该合约的通用条款和附加条款、发包人—设计—建筑商合约、总承包人—分包商合约、投标程序说明、其他文件(如投标和洽商文件、承包人资格预审文件等)。其中，工程承包合同通用条款(A201)包括 14 章的内容，分别是一般条款、发包人、承包人、合同的管理、分包商、发包人或独立承包人负责的施工、工程变更、期限、付款与完工、人员与财产的保护、保险与保函、剥露工程及其返修、混合条款、合同终止或停止。

2) AIA 系列合同的特点

　　(1) AIA 合同条件主要用于私营的房屋建筑工程,并专门编制用于小型项目的合同条件。

　　(2) 美国建筑师学会作为建筑师的专业社团已经有 140 多年的历史，成员总数达 56 000 个，遍布美国及全世界。AIA 出版的系列合同文件在美国建筑业界及国际工程承包界，特别在美洲地区具有较高的权威性，被应用广泛。

（3）AIA 系列合同条件的核心是"通用条件"。采用不同的工程项目管理，不同的计价方式时，只需选用不同的"协议书格式"与"通用条件"结合。AIA 合同文件的计价方式主要有总价、成本补偿合同及最高限定价格法。

9.1.2　JCT 合同系列

1．JCT 合同简介

JCT 合同条件是英国 Joint Contracts Tribunal 出版的房屋建筑合同系列的标准文本，是英国最权威的合同条件之一，在欧洲被广泛采用，也是中国香港标准合同文本的原型。

英国的土木工程师学会(ICE)创立于 1818 年，至今已有将近 200 年的历史。ICE 在 1945 年出版了《土木工程合同文件》(*ICE Conditions of Contract*)，在欧洲具有权威的学术地位。

英国的共同合同评议委员会(JCT)是一个关于审议合同的组织，成立于 1931 年，它于 1963 年在 *ICE Conditions of Contract* 基础上制定了建筑工程合同的标准格式。1977 年进行修订 JCT 的《建筑工程合同条件》(即 JCT80)用于业主与承包商之间的施工总承包合同，其主要适用于传统的施工总承包。JCT80 属于总价合同，这是和 ICE 传统合同条件不同的地方。JCT 还分别在 1981 年和 1987 年制定了适用于 DB 模式的 JCT81，在 1987 年制定了适用于 MC 模式的 JCT87。目前在中国香港较多采用的主要是 JCT 1998 年版本。

Joint Contracts Tribunal 成立于 1870 年，是英国建设工程行业的一些知名组织的联合机构，出版了房屋建筑合同系列的标准文本。目前其成员包括：英国工程顾问联合、大不列颠地产联盟、建设联合会、当地政府协会、国际承包商委员会、英国皇家建筑学院、苏格兰房屋建筑合同委员会等。

2．JCT 主要合同文本及适用条件

1) JCT98 (Joint Contracts Tribunal Standard Form of Building Contract 1998 Edi-tion)

JCT98 是 JCT 的标准合同，在 JCT98 的基础上发展形成了 JCT 合同系列。JCT98 主要用于传统采购模式，也可以用于 CM 采购模式，共有 6 种不同版本，分别为私营项目和政府项目的带工程量清单、带工程量清单项目表和不带工程量清单形式。JCT98 还有一些修订和补充条款，包括私营项目和政府项目的通货膨胀补充，计算规则，带工程量清单、带工程量清单项目表的分段竣工，不带工程量清单的分段竣工，带工程量清单的承包商完成部分设计工作补充条款，以及不带工程量清单的承包商完成部分设计工作补充条款。另外，还有和 JCT98 配套使用的分包合同条款。JCT98 的适用条件如下。

- 传统的房屋建筑工程，发包前的准备工作完善。
- 项目复杂程度由低到高都可以适用，尤其适用项目比较复杂，有较复杂的设备安装或专业工作。
- 设计与项目管理之间的配合紧密程度高，业主主导项目管理的全过程，对业主项目管理人员的经验要求高。

◆ 大型项目，总金额高，工期较长，至少一年以上。

◆ 从设计到施工的执行速度较慢。

◆ 对变更的控制能力强，成本确定性较高。

◆ 索赔条件较清晰。

◆ 违约和质量缺陷的风险主要由承包商承担，但工期延误风险由业主和承包商共同承担。

2) MW98(Agreement for Minor Work)

MW98 包括一份简单的协议书和关于税收的补充条款，主要用于小型的简单工程。

合同条件仅给出了双方责任和义务的简要概括，它可以用于一些小型的直接分包工程，但通常合同金额较低，以不超过 50 万元为宜。它的主要优点就是简单，但对于大型工程项目来说就是最大的缺点。

MW98 的适用条件如下。

◆ 工程规模较小，工期较短，采用固定总价包干形式。

◆ 设计与项目管理之间的配合紧密程度高，建筑师和项目经理常常是同一个人，业主参与项目管理的程度低。

◆ 总价包干的范围包括图纸、技术规范、施工组织等，没有详细工程量。

◆ 合同总金额较小。

◆ 对变更的控制能力不强，成本的确定性不高。

◆ 项目简单，不需要控制专业分包的选择，如果有专业分包，则可以以暂定金额的形式或在招标文件中指定分包商，但最好是直接总包或平行发包。

◆ 从设计到施工的执行速度中等或较快。

◆ 索赔条件不清晰。

◆ 违约、工期延误和质量缺陷的风险主要由承包商承担。

3) IFC98(Intermediate Form of Building Contract)

IFC98 是一种介于 JCT98 和 MW98 之间的合同条件形式。IFC98 比 JCT98 要短但仍然也比较复杂，它主要用于一些没有复杂安装工程的项目，适用于传统采购模式或 CM 采购模式。IFC98 同样也分为私营项目和政府项目的带工程量清单或不带工程量清单的形式。虽然它没有指定分包选项，但也有一种不同的做法可以实现类似的结果，它主要通过在招标文件中列出分包商的名称或列出暂定金额来控制。IFC98 的适用条件如下。

◆ 传统的房屋建筑工程，发包前的准备工作完善。

◆ 项目复杂程度中等或较低，施工工艺简单，没有复杂的专业分包工作。

◆ 设计与项目管理之间的配合紧密程度高，建筑师和项目经理常常是同一个人，业主参与项目管理的程度低，项目由建筑师主导。

◆ 项目工期较长，分期开发。

◆ 从设计到施工的执行速度中等。

◆ 对变更的控制能力强，成本的确定性较高。

◆ 索赔条件的清晰程度一般。

◆　违约、工期延误和质量缺陷的风险主要由承包商承担。

4) CD98 (JCT Standard form Contract with Contractor's Design 1998 Edition)

CD98 主要用于承包商承担房屋的设计和施工的情况，设计和施工的责任全部由承包商承担。与 JCT98 不同的是，CD98 中业主没有委派建筑师和测量师。CD98 的适用条件如下。

◆　传统的房屋建筑工程，发包前的准备工作不完善。

◆　业主熟悉施工项目管理，参与项目管理的程度较高。

◆　业主对项目的工期、成本、功能、质量等目标的重要度明确。

◆　设计与项目管理之间的配合紧密程度低，业主不聘请建筑师，设计和施工全部由承包商承担，建筑师不参与项目管理。

◆　项目的工期较长，采用边设计边施工，从设计到施工的执行速度快。

◆　对变更的控制能力弱，成本的确定性很高。

◆　索赔条件的清晰程度高。

◆　违约风险全部由承包商承担，但工期和质量风险由业主和承包商共同承担。

5) CDPS98 (Contractor's Designed Portion Supplement)

CDPS98 主要用于承包商承担房屋的部分设计和全部施工的情况，设计和施工的责任仍然全部由承包商承担。CDPS98 中业主聘请建筑师完成方案设计，承包商根据业主的要求继续深化设计，再完成施工。CDPS98 的适用条件如下。

◆　传统的房屋建筑工程，发包前的准备工作不完善。

◆　业主熟悉施工项目管理，参与项目管理的程度较高。

◆　业主对项目的工期、成本、功能、质量等目标的重要度明确清晰。

◆　设计与项目管理之间的配合紧密程度较低，业主仅聘请建筑师做方案设计，深化设计和施工全部由承包商承担，建筑师基本上不参与项目管理。

◆　项目的工期较长，采用边设计边施工，从设计到施工的执行速度快。

◆　对变更的控制能力弱，成本的确定性很高。

◆　索赔条件的清晰程度高。

◆　违约风险全部由承包商承担，但工期和质量风险由业主和承包商共同承担。

6) JCT Construction Management Contract

CT Construction Management Contract 主要用于 CM 采购模式，业主必须是项目管理的专家，所有承包商由业主直接发包确定，所有的顾问服务也同样由业主直接发包。JCT Construction Management Contract 没有固定的标准格式，可以根据业主的要求而变化，最大限度地满足了灵活性要求，其适用条件如下。

◆　业主精通工程项目管理，同时对一些或所有的专业顾问及承包商比较熟悉，全程参与项目管理。

◆　项目的主要风险是工期和成本，业主是私营企业，对房屋建筑的成本经济性要求较高。

◆　项目的设计与管理之间配合紧密程度低，设计协调工作少。

◆　对变更的控制能力比较弱，但调整设计的灵活度高。

◆ 违约、质量风险和 JCT98 一样，大部分由承包商承担，但工期、成本的风险由业主和承包商共同承担。

7) JCT Building Contract for a Home Owner/Occupier

仅适用于家庭或个体业主的房屋建筑工程。

9.1.3　ICE 合同系列

1. ICE 合同特点

1) ICE 简介

ICE 是英国土木工程师学会(The Institution of Civil Engineers)的英文缩写。该组织创立于 1818 年，它是根据英国法律具有注册资格的有关教育、学术研究和资质评定的团体，现已成为世界公认的资质评定组织及专业代表机构。FIDIC"红皮书"的最早版本就源于 ICE 合同条件。 ICE 合同属于普通法(Common Law)体系，即判例法，英文为 Case Law。判例法属于由案例汇成的不成文法，英、美及英联邦国家现行的都是判例法，因此这些国家对生效的典型判例非常重视。

ICE 的标准合同条件具有很长的历史，它的《土木工程施工合同条件》在 1991 年已经出版到第六版。ICE 标准合同格式采用单价合同，即承包商在招标文件中的工程量清单中(Bill of Quantities)填入综合单价，以实际的工程量而非工程量清单中的工程量进行结算。此标准合同格式主要适用于施工总承包的传统采购模式。随着工程界和法律界对传统采购模式以及标准合同格式批评的增加，ICE 决定制定新的标准合同格式。1991 年 ICE 的"新工程合同"(New Engineering Contract，NEC)征求意见版出版，1993 年《新工程合同》第一版出版，1995 年《新工程合同》又出版了第二版，第二版中《新工程合同》成了一系列标准合同格式的总称，用于主承包合同的合同标准条件被称为"工程和施工合同"(Engineering and Construction Contract，ECC)。制定 NEC 的目的是增进合同各方的合作、建立团队精神，明确合同各方的风险分担，减少工程建设中的不确定性，减少索赔以及仲裁、诉讼的可能性。ECC 一个显著的特点是它的选项表，选项表里列出了六种合同形式，使 ECC 能够适用于不同合同形式的工程。

2) ICE 合同条件的特点

ICE 合同条件没有独立的第二部分(即专用条件)，而是将第七十一条作为其专用条款，在第七十一条中专门列举工程项目的特殊要求及相关数据。

◆ ICE 合同条件对土木工程合同中经常遇到的问题,在条款中都有较全面和严格的规定，如第六十九条、第七十条就专门对税收问题作了严密的规定。

◆ 有关工程师的职责和权限的规定，ICE 合同条件明确指出，工程师在向承包商发布是否属于不利的自然条件、延长工期、加速施工、工程变更指令以及竣工证书等指示之前，必须事先得到业主的批准。

◆ ICE 合同条件主要在英国及英联邦国家中使用，一些历史上与英国关系密切的国家，也有的使用 ICE 合同条件。

◆ FIDIC 合同 1999 年版明显与 ICE 合同框架相异。FIDIC 合同是亲承包商的，英文称之为 Pro-Contractor，它维护承包商的利益更多些。ICE 合同是倾向于业主的，英文称之为 Pro-Employer，它侧重于维护业主的利益。作为承包商，要善于维护自己的利益，对业主争取使用 FIDIC 合同，而对分包商却要尽量采用 ICE 合同或 ICE 的分包合同，并不主动推荐 FIDIC 版本的分包合同。

2. ICE 合同条件

ICE 由英国土木工程师学会、咨询工程师协会、土木工程承包商联合会共同设立的合同条件常设联合委员会制定，适用于英国本土的土木工程施工。现用版本为 1991 年第六版的 1993 年 8 月校订本，全文包括合同条件 1991 年第六版原文，1993 年 8 月发行的勘误表，合同条件索引，招(投)标书格式及附件，协议书格式和保证书格式。合同条件共 23 章 71 条。

3. ICE 与 FIDIC 合同条件的比较

ICE 合同条件(土木工程施工)自 1945 年出台进行了 6 次修改，最新版本为 1991 年 1 月的第六版，其内容基本上与 FIDIC 合同条件相同，所不同的主要有以下方面：

◆ 关于工程师。合同中规定的工程师应是英国皇家注册工程师，否则该工程师应授权某皇家注册工程师代替其承担合同规定的全部责任。

◆ 关于转让。雇主和承包商均可将合同或合同的某一部分或权益转让出去，但这部分转让必须得到另一方的书面同意。

◆ 关于进度计划。在授权后 21 天内，承包商应编制一份进度计划并提交工程师批准，如果工程师不批准，则承包商应在 21 天内提交经修订后的进度计划。如果在 21 天内工程师未表态，则可认为工程师已经接受了所提交的进度计划。

◆ 关于噪声干扰及污染。如果在工程实施过程中产生了不必要的噪声干扰和其他污染，承包商应承担由此产生的一切责任，包括一切有关的索赔和各种费用。但是，如果工程施工过程中不可避免地要产生噪声干扰和其他污染，业主应承担由此产生的一切责任，包括一切有关的索赔和各种费用。

◆ 关于保险。工程保险是合同条件中规定的承包商的重要义务之一。承包商应以承包商和业主的联合名义，以全部重置成本加 10%的附加金额对工程、材料和工程设备进行保险，以弥补各种损失所产生的费用。

◆ 关于暂时停工。在停工持续了三个月后承包商可要求复工。如不能复工可采取将工程删减或认为业主违约等行动。

◆ 关于业主未能支付。如果工程师未能及时对月支付、最终支付或保留金的支付出具证明或业主未能及时支付，业主应当按照月复利向承包商支付每日的利息。

◆ 关于争端的解决。一般情况下，如果承包商和业主之间发生争端，包括与工程师的决定、建议、指令、命令、证明和评估的争端，则首先提交工程师来调解。双方在收到调解人建议一个日历月内如果没有提出仲裁要求，则认为采纳了调解人的建议。

◆ 关于安全管理中的职责。ICE 合同条件规定(1991 年第六版，1993 年修正版)："承包商应为一切现场操作和施工方法的足够稳定性和安全性负责"(第 8 条)："承包商在工程实施全过程中，应全面关心留在现场上的任何人员的安全，并保持现场(在承包商控制范围内)和工程(尚未竣工或尚未为雇主占用)处于秩序良好状态，以避免对上述人员造成危险"(第 19 (1)款)，还要求提供各种防护装置和安全标志。ICE合同条件中规定，"如业主方使用自己的工人在现场工作，则业主应全面关心现场所有人员的安全……如业主在现场雇用其他承包商，则应要求他们同样关心安全，避免危险"(第 19 (2)款)。

9.1.4 NEC 合同系列

1. NEC 合同简介

英国土木工程师学会(ICE)于 1995 年出版的第二版"新工程合同" (New Engineering Contract，NEC 合同)是对传统合同的一次挑战，它具有明确的指导思想，即力图促使合同参与方按照现代项目管理的原理和实践，管理好其自身的工作，并鼓励良好的工程管理，以实现项目质量、成本、工期等目标。这一指导思想在 NEC 系列合同中的工程施工合同(Engineering and Construction Contract，ECC 合同)核心条款第 1 条第 1 款作了明确规定："雇主、承包商、项目经理和监理工程师应按本合同的规定，在工作中相互信任、相互合作，裁决人应按本合同的规定独立工作"。而且，这一指导思想贯穿于所有合同条件中，特别反映在如"早期警告"机制、"裁决人"制度、"提前竣工奖金"、"补偿事件"等合同条件中，充分反映了 NEC 合同"新"的指导思想。

NEC 合同首先引入合同双方"合作合伙"(Partnering)的思路来管理工程项目，以减少或避免争端。合同双方虽有不同的商业目标，但可以通过共同预测及防范风险来实现项目目标，同时实现各自的商业目标。NEC 合同强调合同双方的合作，强调各自的管理工作，鼓励开展良好的管理实践以减少或避免争端，使合同参与各方均受益。业主从项目达到预期目标而受益；承包商可从施工中节省成本并充分地在工程实践中运用他们的施工技术而获利；项目经理和监理工程师可以从更有效的管理和更充分地在工程中运用他们的管理技能而获益。由于争端事件减少，项目目标就能顺利实现，最终业主受益。

2. NEC 合同中参与方之间的合同关系

NEC 合同明确项目经理(Project Manager)与监理工程师(Supervisor)是业主的代表他们不是独立的第三方，他们受雇于业主，从业主处获得服务费用，他们的职责是代表业主管理工程，维护业主的利益。但项目经理与监理工程师分别与业主签订"NEC 专业服务合同"，各自的工作范围及工作职责不相同。ECC 合同核心条款第 13.6 条、第 14 条对项目经理和监理工程师的工作范围、工作内容作出了明确规定。项目经理可向业主和承包商签发证书，而监理工程师只能向项目经理和承包商签发证书。

NEC 合同中的设计工作，既可由类似传统合同由业主聘用的工程咨询公司完成所有永久性工程的设计，也可由承包商来完成设计，或由业主负责部分设计(如机电设备、工艺流程), 承包商承担部分设计(如土建工程), 以满足业主对工艺或功能的要求。承包商承担设计的范围、内容应在合同文件中的工程信息中作出规定。承包商对其设计所承担的合同责任在第 21.5 条中有明确规定。因此, "设计师"在 NEC 合同中可以与业主或承包商签订专业服务合同。

项目经理是合同管理的关键人物, 应该认为项目经理作出的任何决定均已得到业主的认可, 他有权随时与业主就工程实施中涉及的工期、成本、质量等问题进行商量, 作出最适合业主要求的决定, 并将此决定通知承包商。

监理工程师由业主聘用, 其主要任务是进行质量控制, 检查工程是否按合同技术说明的要求来实施, 指出工程中存在的缺陷并检查承包商对缺陷的整改。监理工程师的行为可能产生工程成本方面的后果, 但监理工程师不直接介入项目成本问题。NEC 合同还规定, 项目经理与监理工程师的行为应相对独立, 当监理工程师的行为受到承包商质问时, 监理工程师不得求助于项目经理。当承包商对项目经理或监理工程师的行为不满意时, 应诉诸裁决人。

NEC 合同中的裁决人是独立于业主和承包商双方的人, 是由业主和承包商共同指定的, NEC 裁决人合同是由业主和承包商共同与裁决人签订。裁决人的作用类似于 FIDIC 合同中的"咨询工程师", 主要是处理争端和纠纷。不管裁决决定如何, 裁决人的费用由业主和承包商平均分摊。新工程合同中项目参与方之间的合同关系如图 9-1 所示。

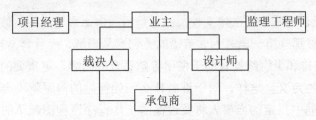

图 9-1　新工程合同中参与方之间的合同关系

3. NEC 合同系列的分类

为适用合同各方之间不同的关系, NEC 合同包括了以下不同系列的合同和文件。

- 工程施工合同(ECC), 用于业主和总承包商之间的主合同, 也被用于总包管理的一揽子合同。
- 工程施工分包合同(ECS), 用于总承包商与分包商之间的合同。
- 专业服务合同(PSC), 用于业主与项目经理、监理工程师、设计师、测量师、律师、社区关系咨询师等之间的合同。
- 工程施工简要合同(ECSC), 适用于工程结构简单, 风险较低, 对项目管理要求不太苛刻的项目。
- 裁决人合同, 用来作为雇主和承包商联合在一起与裁决人订立的合同, 也可以用在工程施工分包合同中和新工程合同中的专业服务合同中。
- 工程施工合同和工程施工分包合同于 1993 年 3 月出版, 1995 年 11 月再版; 专业服务合同和裁决人合同于 1994 年发行第一版。

4. NEC 施工合同的特点和主要内容

NEC 系列合同中的工程施工合同，类似于 FIDIC 的土木工程施工合同条件，是 NEC 系列合同中的核心文件，在许多国家得到广泛采用，并成为英国及英联邦国家建筑行业的标准合同。以下从几个方面来探讨分析 NEC 施工合同的内容和特点，并将其与 FIDIC 土木工程施工合同条件进行简单的比较。

1) NEC 施工合同的特点

(1) 灵活性。

NEC 施工合同可用于包括任一或所有的传统领域，诸如土木、电气、机械和房屋建筑工程的施工；可用于承包商承担部分、全部设计责任或无设计责任的承包模式。NEC 施工合同同时还提供了用于不同合同类型的常用选项，诸如目标合同、成本偿付合同等。NEC 施工合同除了适用于英国外，也适用于其他国家。这些特点通过以下几个方面来实现。

- 合同提供了 6 种主要计价方式的选择，可使业主选择最适合其具体合同的付款机制。
- 具体使用合同时，次要选项与主要选项可以任意组合。
- 承包商可能设计的范围从 0～100%，可能的分包程度从 0～100%。
- 可使用合同数据表，形成具体合同的特定数据。
- 针对特殊领域的特别条款从合同条件中删除，将它们放入工程信息中。

(2) 清晰和简洁。

尽管 NEC 施工合同是一份法律文件，但它是用通俗语言写成的。该文件尽可能地使用那些常用词以便能被那些第一语言为非英语的人们容易理解，而且容易被翻译成其他语言。NEC 施工合同的编排和组织结构有助于使用者熟悉合同内容，更重要的是让使用合同的当事人的行为被精确地定义，这样，对于谁做什么和如何做的问题就不会有太多争议。NEC 施工合同是根据合同中指定的当事人将要遵循的工作程序流程图起草的，有利于简化合同结构。有利于使用者阅读的很重要的一点是合同所使用的条款数量和正文篇幅比许多标准合同要少得多，且不需要、也没包含条款之间的互见条目。

(3) 促进良好的管理。

这是 NEC 施工合同最重要的特征。NEC 施工合同基于这样一种认识：各参与方有远见、相互合作的管理能在工程内部减少风险，其每道程序都专门设计，有助于工程的有效管理。主要体现在以下几方面。

- 允许业主确定最佳的计价方式。
- 明确分摊风险。
- 早期警告程序，承包商和项目经理有责任互相警告和合作。
- 补偿事件的评估程序是基于对实际成本和工期的预测结果，从而选择最有效的解决途径。

总之，工程施工合同旨在为雇主、设计师、承包商和项目经理提供一种现代化手段以求合作完成工程。该合同还可以使他们更加协调地实现各自的目的。使用工程施工合同可以使雇主大大减少工程成本和工期延误以及竣工项目运行不良的风险。同时，使用工程施工合同还增加了承包商、分包商和供应商获得利润的可能性。

2) NEC 施工合同的内容及结构

(1) 核心条款。

核心条款是所有合同共有的条款，共分为 9 个部分：总则、承包商的主要责任、工期、测试和缺陷、付款、补偿事件、所有权、风险和保险、争端和合同终止。无论选择何种计价方式，NEC 施工合同的核心条款均是通用的。

(2) 主要选项条款。

针对 6 种不同的计价方式设置，任一特定的合同应该而且只能选择 1 个主要选项，这种选择的范围涵盖了各种类型的工程和建筑施工中的大多数情况。每个选项的风险在业主和承包商之间的分摊不一样，向承包商付款的方式也就不一样。对一个特定的合同，必须选用一个主要选项条款和核心条款合在一起构成一个完整的合同。

5. NEC 与 FIDIC 的比较

1) 合同的原则

NEC 是对 ICE 合同条件的发展，NEC 施工合同在订立时坚持灵活性、清晰简洁性和促进良好管理的原则，但纵观合同全文的条款以及运用中的一些实际情况，NEC 合同侧重于维护业主的利益。

FIDIC 的最大特点是程序公开、公平竞争、机会均等，对任何一方都没有偏见。从理论上讲，FIDIC 对承包商、业主、咨询工程师都是平等的，谁也不能凌驾于他人之上。相对 NEC 合同，FIDIC 合同条件更倾向于承包商，它维护承包商的利益更多。因此，作为承包商应尽量选用 FIDIC，这样才能更好地保护自己的经济利益及合法权利；而作为业主或向外分包，则希望采用 NEC 合同。

2) 合同的结构

NEC 旨在用于那些包括所有的传统领域诸如土木、电气、机械和房屋建筑工程的施工，为了在合同使用时具有灵活性，其在核心条款后规定了主要选项条款和次要选项条款，首先从主要选项条款中决定合同形式的选择，然后再从次要选项的 15 项中选出合适合同的选项。

FIDIC 土木工程施工合同条件分为通用条件和专用条件两个部分。把土木工程普遍适用的条款逐条以固定性文字形成合同通用条款，条款中详细规定了在合同执行过程中出现开工、停工、变更、风险、延误、索赔、支付、争议、违约等问题时，工程师处理问题的责任和权限，同时也规定了业主和承包商的权利、义务。而把结合具体工程情况需要双方协商而约定的条款作为合同专用条款，在签订合同时，合同双方根据工程项目的性质、特性将通用条件具体化。

3) 项目的组织模式

NEC 工程施工合同假定的项目组织包括以下参与者：雇主、项目经理、监理工程师、承包商、分包商和裁决人。两个合同条件对于雇主、承包商和分包商在合同中的地位、项目管理中的角色等方面的主要规定是基本相同的；不同之处在于，对项目管理的执行人和准仲裁者的规定上。FIDIC 施工合同条件项目管理的执行人是工程师，而 NEC 施工合同规定项目管理由项目经理和监理工程师共同承担，其中监理工程师负责现场管理及检查工程的施工是否符合合同的要求，其余的由项目经理负责；FIDIC 施工合同条件中准仲裁的执行人是工程师，由于依附于雇主而很难独立，而 NEC 施工合同的准仲裁人是独立于当事人之外的第三方，由雇主和承包商共同聘任，更具独立性和公正性。

4) 承包商的义务

在承包商的设计、施工方面，两个条件的规定是很类似的，只是侧重点不同。FIDIC 注重工作范畴的界定，而 NEC 却对实施的细节步骤加以明述。但在遵守法律、现场环境和物品、设备运输等方面，FIDIC 做出了细节性的阐述，而 NEC 对这些方面没有涉及。同时，在 FIDIC 中出现了为其他承包商提供机会和方便的规定，而在 NEC 中提到的却是承包商与其他方的合作，以及分包时承包商责任的规定。

5) 索赔问题

FIDIC 有一个专门的"索赔程序"条目，把索赔过程写得一清二楚，进行索赔时可依据这个程序进行工作；而 NEC 对此没有相应条款。主要原因是 FIDIC 属于普通法(Common Law)体系，是判例法，属于案例汇成的不成文法；而 NEC 是在成文性的法律体系基础上编制的，并且 NEC 施工合同强调的是合同条件的简明和促进良好的管理，在成文法律的规定下，雇主和承包商以一种合作式的管理模式来完成项目。所以，为了促进这种关系，NEC 没有涉及法律中有规定的而又是表现雇主和承包商之间矛盾的索赔问题。

9.1.5　FIDIC 合同条件

1. FIDIC 组织

FIDIC 是国际咨询工程师联合会的法文缩写，于 1913 年在英国成立。FIDIC 是国际上权威的被世界银行认可的咨询工程师组织，目前已有 60 多个成员组织，分属于 2 个地区性组织，即 ASPAC——亚洲及太平洋地区成员协会，LAMA——非洲成员协会集团。中国工程咨询协会于 1996 年 10 月代表中国加入了 FIDIC 组织，并首次代表中国参加了在南非开普敦召开的 1996 年年会。FIDIC 总部设在瑞士洛桑，主要职能机构有：执行委员会(TEC)、土木工程合同委员会(CECC)、业主与咨询工程师关系委员会(CCRC)、职业责任委员会(PLC)和秘书处等。

2. FIDIC 合同条件的形成和发展

FIDIC 已出版了多种模式的国际合同条件或协议书，典型的有：《土木工程施工合同条件》和《土木工程施工分包合同条件》(简称红皮书)、《业主/咨询工程师标准服务协议书》(简称白皮书)、《设计—建造和交钥匙工程合同条件》(简称橘皮书)。红皮书用于雇主方(或雇主委托方)与承包商所订立的合同或合同专用条件，其估价依据是基于测定的工程量和合同单价。《电气与机械工程合同条件》(简称黄皮书)用于设备的提供和安装，一般适用于大型项目中的部分工程。橘皮书用于以承包商提供设计为基础进行的工程施工。其中《土木工程施工合同条件》的适用范围广泛，权威性远超过黄皮书和橘皮书的影响。一般来讲，如果没有专指，提到"FIDIC 合同条件"，就是指 FIDIC《土木工程施工合同条件》。FIDIC《土木工程施工合同条件》是以英国土木工程师学会 ICE 合同条件为蓝本，由 FIDIC 和 FIEC(欧洲建筑业国际联合会)负责编订，由美国承包商协会(AG-GA)、泛美建筑业联合会(FIIC)和美洲及西太平洋承包商协会国际联合会(IFA WP-CA)等核准并推行，世界银行和亚洲开发银行推荐用于土建工程国际和国内的竞争性招标。

1957 年，FIDIC 首次出版了标准的《土木工程施工合同条件》，在此之前没有专门编制用于国际工程的合同条件。第二版于 1963 年发行，只是在第一版的基础上增加了用于疏浚和填筑工程的第三部分，并没有改变第一版中所包含的条件。第三版于 1977 年出版，对第二版作了全面修改，得到欧洲建筑业国际联合会、亚洲及西太平洋承包商协会国际联合会、美洲国际建筑联合会、美国承包商联合会、国际疏浚公司的共同认可。经世界银行推荐将 FIDIC 合同条件第三版纳入了世界银行与美洲开发银行共同编制的《工程采购招标文件样本》。第三版具有里程碑意义，已臻于成熟，获得国际上的广泛认可和推荐。第四版于 1987 年出版，之后，1988 年出版了第四版订正版并体现于 1989 年出版的《土木工程施工合同应用指南》之中。1992 年对第四版个别条款又进行了修订。1999 年 9 月，FIDIC 出版了《施工合同条件》(称为"新红皮书")，共 20 条 163 款。从其文本构成、适用范围和条款内容来看，是不同于红皮书的另一种文本，而不是红皮书的新版，该书也注明为 1999 年第一版。

3. FIDIC 合同条件编制原则

◆ 标准化原则。它采用了标准的合同样式、详尽的合同条款、规范的工作关系和程序。

◆ 竞争择优原则。合同条件仅适用于采用竞争性招标方式选择承包商。合同条件还规定了招标的程序和办法，以确保竞争的可靠性，确保承包商的技术和质量，又能控制造价和工期。

◆ 他人监督原则。FIDIC 合同条件是针对独立的工程师进行项目管理而编制的，适用的前提是委托工程师进行项目管理。

◆ 依法管理原则。FIDIC 合同条件明确了它据以解释的有关法律和适用的后继法律，以法律为应用保障。

◆ 平等交换原则。工程建设实质上是实物工程量和货币金额之间的等价交换，该合同条件以固定单价方式编制招标文件为前提，工程价格随工程量的变化而变化，体现了承包商和业主之间的平等交换。

4. FIDIC 合同条件的特点

1) 国际性、通用性和权威性

FIDIC 编制的各种合同条件是在总结各方面的经验、教训的基础上制定，并且不断地吸取各方意见加以修改完善。例如，F1DIC《土木工程施工合同条件》第一版制定于 1957 年，随后于 1963 年、1977 年、1987 年分别出了第二、三、四版。对 1987 年第四版在 1988 年和 1992 年又作了两次修订，1996 年又作了增补。在起草第 3 版时，吸收了各大洲承包商协会的代表参加起草工作；在第四版的编写工作中，欧洲国际承包商会(EIC)受国际承包商联盟(CICA)委托，并得到美国承包商总会(ACC)的帮助，提出了不少意见和建议。1999 年以"红皮书"为基础的《施工合同条件》更是在广泛采纳众多专家意见的基础上，全面修改了合同条件的结构和内容。由此可见，FIDIC 的合同条件是在总结各个国家和地区的业主、咨询工程师和承包商各方的经验的基础上编制出来的，是国际上一个高水平的通用性文件。我国有关部门编制的合同条件或协议书范本也都把相应的 FIDIC 合同条件作为重要的参考文本。一些国际金融组织的贷款项目，也在项目采购和实施过程中采用 FIDIC 合同条件。

2) 公正合理、职责分明

FIDIC 合同条件的各项规定具体体现了业主、承包商的义务、职责和权利以及咨询工程师的职责和权限。由于 FIDIC 大量地听取了各方的意见和建议，因而其在条件中的各项规定也体现了在业主和承包商之间风险合理分担的精神，并且在合同条件中倡导合同双方以一种坦诚合作的精神去完成项目。合同条件中对有关各方的职责既有明确的规定和要求，也有必要的限制，这一切对项目的实施都是非常有利和重要的。

3) 程序严谨、易于操作

FIDIC 合同条件中对处理各种问题的程序都有严谨的规定，特别强调要及时处理和解决问题，以避免由于任何一方拖延而产生新问题。另外，还特别强调各种书面文件及证据的重要性。这些规定使各方均有规可循，并使条款中的规定易于操作和实施。

4) 通用合同条件和专用合同条件的有机结合

FIDIC 合同条件一般都分为两个部分。第一部分是"通用合同条件"；第二部分是"特殊应用条件"，也可称为"专用合同条件"。

通用合同条件是指对某一类工程项目都通用，如 1999 年 FIDIC 的"施工合同条件"对于各种由承包商按照业主提供的设计进行工程施工的项目均适用。

专用合同条件则是针对一个具体的项目，考虑到国家和地区的法律、法规的不同，项目特点和不同业主对项目实施的不同要求，而对通用合同条件进行的具体化、修改和补充。FIDIC 编制的各类合同条件的专用合同条件中，有许多建议性的措辞范例，业主与他聘用的咨询工程师有权决定采用这些措辞范例或另行编制自己认为合理的措辞来对通用合同条件进行修改和补充。凡专用合同条件和通用合同条件不同之处，均以专用合同条件为准。专用条件的合同条款号与通用合同条件一般相同，如果通用条件中没能包括的内容，还可以在专用合同条件中另行增加。这样，通用合同条件和专用合同条件共同构成一个完整的合同条件，形成全部合同文件的核心内容。

5. 如何运用 FIDIC 编制的合同条件

1) 国际金融组织贷款和一些国际项目直接采用

在世界各地，凡是世界银行、亚洲开发银行、非洲开发银行贷款的工程项目以及一些国家的工程项目招标文件中，都全文采用 FIDIC 合同条件。因而参与项目实施的各方都必须了解和熟悉 FIDIC 合同条件，才能保证项目的执行并根据合同条件行使自己的职权和保护自己的权利。在我国，凡亚洲开发银行贷款施工类型的项目，全文采用 FIDIC《土木工程施工合同条件》，一些世界银行贷款项目也采用 FIDIC 合同条件，例如我国的小浪底水利枢纽工程。

2) 对比分析采用

许多国家都有自己编制的合同条件，但这些合同条件的条目、内容和 FIDIC 编的合同条件大同小异，只是在处理问题的程序规定以及风险分担等方面有所不同。FIDIC 合同条件在处理业主和承包商的风险分担和权利义务时比较公正，各项程序比较严谨完善，因而在掌握了 FIDIC 合同条件之后，可以作为一把尺子用来与项目管理中遇到的其他合同条件逐条对比，分析和研究，由此可以发现风险因素，以便制定防范或利用风险的措施，也可以发现索赔的机会。

3) 合同谈判时采用

因为 FIDIC 合同条件是国际上权威性的文件，在招标过程中，如果承包商感到招标文件有规定明显不合理或不完善，可以用 FIDIC 合同条件作为"国际惯例"，在合同谈判时要求对方修改或补充某些条款。但这种情况一般仅限于议标时使用。

4) 局部选择采用

当咨询工程师协助业主编制招标文件时，或是总承包商编制分包项目招标文件时，可以局部选择 FIDIC 合同条件中的某些部分、条款、思路、程序或某些规定，也可以在项目实施过程中借助于某些思路或程序去处理遇到的实际问题。

FIDIC 还对《土木工程施工合同条件》、《电气和机械工程合同条件》、《业主/咨询工程师标准服务协议书》和《设计—建造与交钥匙工程合同条件》分别编制了"应用指南"。在"应用指南"中除介绍了招标程序、合同双方及咨询工程师的职责外，还对每一条款进行了详细的解释和讨论，这对使用者深入理解合同条款很有帮助。

9.2　菲迪克施工合同管理

9.2.1　施工合同中的部分重要定义

1. 合同文件

通用条件的条款规定，构成对业主和承包商有约束力的合同文件包括以下几方面的内容：

(1) 合同协议书。

业主发出中标函的 28 天内，接到承包商提交的有效履约保证后，双方签署的法律性标准化格式文件。为了避免履行合同过程中产生争议，专用条件指南中应注明接受的中标金额、基准日期和开工日期。

(2) 中标函。

业主签署的对投标书的正式接受函，可能包含作为备忘录记载的合同签订前谈判时可能达成一致并共同签署的补遗文件。

(3) 投标函。

承包商填写并签字的法律性投标函和投标函附录，包括报价和对招标文件及合同条款的确认文件。

(4) 合同专用条件。

(5) 合同通用条件。

(6) 规范。

规范是合同中一个重要的组成部分。它的功能是对业主招标的项目从技术方面进行详细的描述，提出执行过程中的技术标准、程序等。

(7) 图纸。

(8) 资料表以及其他构成合同一部分的文件。

① 资料表：由承包商填写并随投标函一起提交的文件，包括工程量表、数据、列表及费率/单价表等。

② 构成合同一部分的其他文件：在合同协议书或中标函中列明范围的文件(包括合同履行过程中构成对双方有约束力的文件)。

应当注意的是，组成合同的各个文件之间可以相互解释，在解释合同时即按照上面的顺序确定合同文件的优先次序。同时，若在文件之间出现模糊不清或发现不一致的情况，工程师应该给予必要的澄清或指示。

2. 合同双方和人员

1) 业主

业主(Employer)指在投标函附录中指定为业主的当事人或此当事人的合法继承人。合同中明确规定属于业主方的人员包括：

① 工程师；

② 工程师的助理人员；

③ 工程师和业主的雇员，包括职员和工人；

④ 工程师和业主通知承包商的为业主方工作的那些人员。

从此定义来看，FIDIC 首次明确将工程师列为业主人员，从而改变了工程师这一角色的"独立性"和淡化了"公正无偏"的性质。

2) 承包商

承包商(Contractor)指在业主收到的投标函中指明为承包商的当事人(一个或多个)及其合法继承人。承包商的人员包括承包商的代表以及为承包商在现场工作的一切人员。

3) 工程师

工程师(Engineer)指业主为合同之目的指定作为工程师工作并在投标函附录中指明的人员，或由业主按合同规定随时指定并通知承包商的其他人员。工程师由业主任命，与业主签订咨询服务协议。但如果业主要撤换工程师，必须提前 42 天发出通知以征得承包商的同意，同时承包商对业主拟聘用的工程师人选有反对权。

工程师应履行合同中规定的职责，行使在合同中明文规定或必然隐含的权力。比如要求工程师在行使某种权力之前需获得业主的批准，必须在合同专用条件中规定。如果没有承包商的同意，业主对工程师的权力不能进一步加以限制。应注意：

① 工程师无权修改合同；

② 工程师无权解除任何一方依照合同具有的任何职责、义务或责任；

以上两条限制了工程师行事的随意性，明确了合同是判断处理一切与合同相关事务的依据。

③ 工程进行过程中，承包商的图纸、施工完毕的工程、付款的要求等诸多事宜都需经工程师的审查和批准，但经工程师批准、审查、同意、检查、指示、建议、检验的任何事项如果出现了问题，承包商仍需依照合同负完全的责任。

工程师的授权。工程师职责中大量的常规性工作(不包括对合同事宜作出商定或决定)都是由工程师授权其助理完成的。工程师的助理包括一位驻地工程师(Resident Engineer)和若干名独立检验员(Independent Inspectors)。在被授权的范围内，他们可向承包商发出指示，且其批准、审查、开具证书等行为具有和工程师等同的效力。但对于任何工作、工程设备和材料，如果工程师助理未提出否定意见并不能构成批准，工程师仍可拒收；承包商对工程师助理作出的决定若有质疑，也可提交工程师，由工程师确认、否定或更改。

工程师的指示：

① 工程师可按照合同的规定，随时向承包商发布指示或图纸；

② 承包商仅接受工程师和其授权的助理的指示，并且必须严格按其指示办事；

③ 指示均应为书面形式。如果工程师或工程师助理发出口头指示，而在口头指示发出之后两个工作日内从承包商处收到对该指示的书面确认，如果在接到此确认后两个工作日内未颁发书面的拒绝以及(或)指示，则此确认构成工程师或他授权的助理的书面指示。

4) 分包商(Subcontractor)

分包商指合同中指明为分包商的所有人员，或为部分工程指定为分包商的人员及这些人员的合法继承人。

5) 指定分包商

指定分包商是由业主(或工程师)指定、选定，完成某项特定工作内容并与承包商签订分包合同的特殊分包商。合同条款规定，业主有权将部分工程项目的施工任务或涉及提供材料、设备、服务等工作内容发包给指定分包商实施。

合同内规定有承担施工任务的指定分包商，大多因业主在招标阶段划分合同包时，考虑到某部分施工的工作内容有较强的专业技术要求，一般承包单位不具备相应的能力，但如果以一个单独的合同对待又限于现场的施工条件或合同管理的复杂性，工程师无法合理地进行协调管理，为避免各独立合同之间的干扰，则只能将这部分工作发包给指定分包商实施。由于指定分包商是与承包商签订分包合同，因而在合同关系和管理关系方面与一般分包商处于同等地位，对其施工过程中的监督、协调工作纳入承包商的管理之中。指定分包工作内容可能包括部分工程的施工；供应工程所需的货物、材料、设备、设计、提供技术服务等。

指定分包商有自己的特点。虽然指定分包商与一般分包商处于相同的合同地位，但二者并不完全一致，主要差异体现在以下几个方面：

① 选择分包单位的权利不同。承担指定分包工作任务的单位由业主或工程师选定，而一般分包商则由承包商选择。

② 分包合同的工作内容不同。指定分包工作属于承包商无力完成，不属于合同约定应由承包商必须完成范围之内的工作，即承包商投标报价时，没有摊入间接费、管理费、利润、税金的工作，因此不损害承包商的合法权益。而一般分包商的工作则为承包商承包工作范围的一部分。

③ 工程款的支付开支项目不同。为了不损害承包商的利益，给指定分包商的付款应从暂列金额内开支。而对一般分包商的付款，则从工程量清单中相应工作内容项内支付。由于业主选定的指定分包商要与承包商签订分包合同，并需指派专职人员负责施工过程中的监督、协调、管理工作，因此也应在分包合同内具体约定双方的权利和义务，明确收取分包管理费的标准和方法。如果施工中需要指定分包商，在招标文件中应给予较详细说明，承包商在投标书中填写收取分包合同价的某一百分比作为协调管理费。该费用包括现场管理费、公司管理费和利润。

④ 业主对分包商利益的保护不同。尽管指定分包商与承包商签订分包合同后，按照权利义务关系他直接对承包商负责，但由于指定分包商终究是业主选定的，而且其工程款的支付从暂列金额内开支，因此，在合同条件内列有保护指定分包商的条款。通用条件规定，承包商在每个月末报送工程进度款支付报表时，工程师有权要求他出示以前已按指定分包合同给指定分包商付款的证明。如果承包商没有合法理由而扣押了指定分包商上个月应得工程款的话，业主有权按工程师出具的证明从本月应得款内扣除这笔金额直接付给指定分包商。对于一般分包商则无此类规定，业主和工程师不介入一般分包合同履行的监督。

⑤ 承包商对分包商违约行为承担责任的范围不同。除非由于承包商向指定分包商发布了错误的指示要承担责任外，对指定分包商的任何违约行为给业主或第三者造成损害而导致索赔或诉讼，承包商不承担责任。如果一般分包商有违约行为，业主将其视为承包商的违约行为，按照主合同的规定追究承包商的责任。

3. 期间和日期

1) 基准日期

基准日期指递交投标书截止日期前 28 天的日期。这是 FIDIC 文件中出现的一个新定义。规定这个定义的意义主要有：

① 据以确定投标报价所使用的货币与结算使用货币之间的汇率；

② 确定因工程所在国法律法规变化带来风险的分担界限，基准日期之后因工程所在国法律发生变化给承包商带来损失，承包商可主张索赔。

2) 开工日期

除非专用条件另有约定，开工日期应该在承包商收到中标函后 42 天内，具体日期由工程师至少提前 7 天发出开工通知确定。

3) 竣工时间

竣工时间在此是指从开工日期开始到完成工程的一个时间段，不是指一个时间点。在我国工程界习惯将之称为"合同工期"。

4) 缺陷通知期

缺陷通知期即国内施工文本所指的工程质量保修期。但是如前所述，缺陷通知期和质量保修期又有所不同，主要体现在期间长短有很大差异以及在保修期内业主对于工程缺陷向承包商主张权利的途径不同。缺陷通知期自工程接收证书中写明的竣工日开始，至工程师颁发履约证书为止的日历天数。尽管工程移交前进行了竣工检验，但只是证明承包商的施工工艺达到了合同规定的标准，设置缺陷通知期的目的是为了考验工程在动态运行条件下是否达到了合同中技术规范的要求。因此，从开工之日起至颁发履约证书日止，承包商要对工程的施工质量负责。合同工程的缺陷通知期及分阶段移交工程的缺陷通知期，应在专用条件内具体约定。次要部位工程通常为半年；主要工程及设备大多为一年；个别重要设备也可以约定为一年半。当承包商在缺陷通知期内未能按照业主的要求修补工程缺陷时，业主有权延长该通知期，但延长的期限不得超过两年。

5) 合同有效期

自合同签字日起至承包商提交给业主的"结清单"生效日止，施工承包合同对业主和承包商均具有法律约束力。颁发履约证书只是表示承包商的施工义务终止，合同约定的权利义务并未完全结束，还剩有管理和结算等手续。结清单生效指业主已按工程师签发的最终支付证书中的金额付款，并退还承包商的履约保函。结清单一经生效，承包商在合同内享有的索赔权利也自行终止。

4. 款项与付款

1) 接受的合同款额

接受的合同款额指业主在"中标函"中对实施、完成和修复工程缺陷所接受的金额，来源于承包商的投标报价并对其确认。这实际上就是中标的投标人的投标价格或经双方确认修改的价格。这一金额实际上只是一个名义合同价格，而实际的合同价格只能在工程结束时才能确定。

2) 合同价格

合同价格指按照合同各条款的约定，承包商完成建造和保修任务后，对所有合格工程有权获得的全部工程款。这是一个"动态"价格，是工程结束时发生的实际价格，即工程全部完成后的竣工结算价，而这一价格的确定是经过工程实施过程中的累计计价而得到的。

3) 费用

费用指承包商在现场内或现场外正当发生(或将要发生)的所有开支，包括管理费和类似支出，但不包括利润。

4) 暂定金额

暂定金额是在招标文件中规定的作为业主的备用金的一笔固定金额。每个投标人必须在自己的投标报价中加上此笔金额。中标的合同金额包含暂定金额。暂定金额只有在工程师的指示下才能动用。工程师可要求：

① 承包商自行实施工作，按变更进行估价和支付；

② 承包商从指定分包商或他人处购买工程设备、材料或服务，这时要支付给承包商其实际支出的款额加上管理费和利润。

虽然此类费用常出现在合同中，但根据实际情况，合同中也可以没有此类费用。业主在合同中包含的暂定金额是为以下情形准备的：

① 工程实施过程中可能发生业主负责的应急费用或不可预见费用，如计日工费用；

② 在招标阶段，业主方还不能决定某项工作是否包含在合同中；

③ 在招标阶段，对工程的某些部分，业主方还不可能确定到使投标者能够报出固定单价的深度；

④ 对于某些工作，业主希望以指定分包商的方式来实施。

暂定金额的额度一般用固定数来表示，有时也用投标价格的百分数来表示，一般由业主方在招标文件中确定，并常在工程量表中体现出来。

9.2.2 施工合同中的进度管理条款

1. 工程开工

开工是合同履行过程中的重要里程碑事件。工程的开工日期由工程师签发开工通知确定，一般在承包商收到中标函后 42 天内，具体日期工程师应至少提前 7 天通知。也就是说，工程师最迟必须在承包商收到中标函后的第 35 天签发开工令。承包商在开工日期后应尽可能合理快地开始实施工程，之后以恰当的速度施工、不得拖延。无论业主还是承包商，都需要一定的时间准备开工，因此工程师在确定开工时应考虑双方的准备情况。

2. 竣工时间

竣工时间指业主在合同中要求整个工程或某个区段完工的时间。竣工时间从开工日期算起。承包商应在此期间内通过竣工检验并完成合同中规定的所有工作。完成所有工作的含义是：

① 通过竣工试验；

② 完成工程接收时要求的全部工作。

3. 进度计划

接到开工通知后的 28 天内，承包商应向工程师提交详细的进度计划，并应按照此进度计划开展工作。当进度计划与实际进度或承包商履行的义务不符时，或工程师根据合同发出通知时，承包商要修改原进度计划并提交工程师。

进度计划的内容包括：

① 承包商计划实施工作的次序和各项工作的预期时间；

② 每个指定分包商工作的各个阶段；

③ 合同中规定的检查和检验的次序和时间；

④ 承包商拟采用的方法和各主要阶段的概括性描述，以及对各个主要阶段现场所需的

承包商人员和承包商设备的数量的合理估算和说明。

另外，当承包商预料到工程将受某事件或情况的不利影响时，应及时通知工程师，并按要求说明估计的合同价格的增加额及工程延误天数，并提交变更建议书。

本款出现了两个关于时间方面的限制：一是对承包商第一次提交详细的进度计划的时间限制，即承包商收到开工通知后 28 天内提交；另一个是对工程师认可承包商提交的进度计划的限制，即：如果工程师对承包商的进度计划有意见，他必须在收到后 21 天内通知承包商，否则承包商就可认为工程师认可了该进度计划，并可依据该进度计划进行工作。

承包商编制进度计划时，应基于本款规定的原则，并在具体操作中关注以下几个因素：

(1) 业主向承包商移交现场可能规定的时间限制；

(2) 业主方是否规定了编制进度计划的使用软件；

(3) 进度计划编制的方式和详细程度(如：网络图、横道图等；要达到哪一级或层次)；

(4) 在编制进度计划时，承包商最好采用"两头松，中间紧"的原则。

4. 竣工时间的延误和赶工

1) 可以索赔工期的原因

如果因下述原因致使承包商不能按期竣工，承包商可索赔工期：

① 变更或合同范围内某些工程的工作量的实质性的变化(工程师已因变更对竣工时间做了调整的情况除外)；

② 承包商遵守了合同某条款的规定，且根据该条款他有权获得延长工期(包括因无法预见的公共当局的干扰引起了延误)；

③ 异常不利的气候条件；

④ 传染病、法律变更或其他政府行为导致承包商不能获得充足的人员或货物，而且这种短缺是不可预见的；

⑤ 业主、业主人员或业主的其他承包商延误、干扰或阻碍了工程的正常进行。

2) 施工进度

如果并非由于上述原因而出现了进度过于缓慢，以致不可能按时竣工或实际进度落后于计划进度的情况，工程师可以要求承包商修改进度计划、加快施工并在竣工时间内完工。

由此引起的风险和开支，包括由此导致业主产生的附加费用(如监理工程师的报酬等)，均由承包商承担。

3) 误期损害赔偿费

如果承包商未能在竣工时间(包括经批准的延长)内完成合同规定的义务，则工程师可要求承包商在规定时间内完工；业主可向承包商收取误期损害赔偿费，且有权终止合同。

$$误期损害赔偿费 = S \times D$$

式中：S——投标函附录中注明的每天的误期损害赔偿费金额

　　　D——合同中原定的竣工时间到接收证书中注明的实际竣工日期之间的天数误期损害赔偿费最多不得超过规定的限额。

应该注意的是，误期损害赔偿费是除了业主根据合同提出终止履行以外，承包商对其拖延完工所应支付的唯一款项，因此与一般意义上的"罚款"是完全不同的。业主的预期损失不能够被计算到误期损害赔偿费用当中。

5. 工作暂停

承包商应根据工程师的指示，暂停部分或全部工程，并负责保护这部分工程。

1) 承包商的权利

如果工程师认为暂停并非由承包商的责任所致，则：

① 承包商有权索赔因暂停和/或复工造成的工期和费用损失；

② 在工程设备的有关工作或工程设备及材料的运输已被暂停 28 天的情况下，如果承包商已经将这些工程设备或材料标记为业主的财产，那么他有权按停工开始日时的价值获得对还未运至现场的工程设备以及/或材料的支付。

2) 持续的暂停

如果"暂停"已延续了 84 天，且承包商向工程师发函提出在 28 天内复工的要求也未被许可，那么承包商可以：

如果工程师认为"暂停"并非由承包商的责任所致，则按照如下情况处理。

① 当暂停工程仅影响到工程的局部时，通知工程师把这部分工程视为删减的工程；

② 当暂停的工程影响到整个工程的进度时，承包商可要求按业主违约处理；

③ 不采取上述措施，继续等待工程师的复工指示。

3) 复工

在接到继续工作的许可或指示后，承包商应和工程师一起检查受到暂停影响的工程、工程设备和材料。承包商应对上述工程、工程设备和材料在暂停期间发生的损蚀、缺陷和损失进行修复。

6. 业主的接收

1) 对工程和区段的接收

承包商可在他认为工程(或区段)将完工并准备移交前 14 天内，向工程师申请颁发接收证书。工程师在收到上述申请后，如果对检验结果满意，则应发给承包商接收证书，在其中说明工程(或区段)的竣工日期以及承包商仍需完成的扫尾工作。但也可驳回申请，要求承包商完成一些补充和完善的工作后再行申请。如果在 28 天期限内，工程师既未颁发接收证书，也未驳回承包商申请，而工程或区段基本符合合同要求时，应视为在 28 天期限的最后一天已颁发了接收证书。

如果竣工证书已经颁发且根据合同工程已经竣工，则业主应接收工程，并对工程负全部保管责任。承包商应在收到接收证书之前或之后将地表恢复原状。

2) 对部分工程的接收

这里所说的"部分"(Part)指合同中已规定的区段中的一个部分。只要业主同意，工程师就可对永久工程的任何部分颁发接收证书。

除非合同中另有规定或合同双方有协议，在工程师颁发包括某部分工程的接收证书之前，业主不得使用该部分。否则，一经使用将产生如下结果：

① 可认为业主接收了该部分工程，对该部分要承担照管责任；

② 如果承包商要求，工程师应为此部分颁发接收证书；

③ 如果因此给承包商招致了费用，承包商有权索赔这笔费用及合理的利润。

若对工程或某区段中的一部分颁发了接收证书，则该工程或该区段剩余部分的误期损害赔偿费的日费率将按相应比例减小，但最大限额不变。

3) 对竣工检验的干扰

若因为业主的原因妨碍竣工检验已达 14 天以上，则认为在原定竣工检验之日业主已接收了工程或区段，工程师应颁发接收证书。工程师应在 14 天前发出通知，要求承包商在缺陷通知期满前进行竣工检验。若因延误竣工检验导致承包商的损失，则承包商可据此索赔损失的工期、费用和利润。

7. 缺陷通知期

1) 缺陷通知期的起止时间

从接收证书中注明的工程(或区段)的竣工日期开始，工程(或区段)进入缺陷通知期。投标函附录中规定了缺陷通知期的时间。

2) 承包商在缺陷通知期内的义务

在此期间内，承包商要完成接收证书中指明的扫尾工作，并按业主的指示对工程中出现的各种缺陷进行修正、重建或补救。

3) 修补缺陷的费用

如果这些缺陷的产生是由于承包商负责的设计有问题，或由于工程设备、材料或工艺不符合合同要求，或由于承包商未能完全履行合同义务，则由承包商自担风险和费用。否则按变更处理，由工程师考虑向承包商追加支付。承包商在工程师要求下进行缺陷调查的费用亦按此原则处理。

4) 缺陷通知期的延长

如果在业主接收后，整个工程或工程的主要部分由于缺陷或损坏不能达到原定的使用目的，业主有权通过索赔要求延长工程或区段的缺陷通知期，但延长最多不得超过两年。

5) 未能补救缺陷

如果承包商未能在业主规定的期限内完成他应自费修补的缺陷，业主可行使以下权力：

① 自行或雇用他人修复并由承包商支付费用；

② 要求适当减少支付给承包商的合同价格；

③ 如果该缺陷使得全部工程或部分工程基本损失了盈利功能，则业主可对此不能按期投入使用的部分工程终止合同，向承包商收回为此工程已支付的全部费用及融资费，以及拆除工程、清理现场等费用。

6) 进一步的检验

如果工程师认为承包商对缺陷或损坏的修补可能影响工程运行时，可要求按原检验条件重新进行检验。由责任方承担检验的风险和费用及修补工作的费用。

9.2.3　合同当中的质量管理条款

1. 实施方式

承包商应以合同中规定的方法，按照公认的良好惯例，以恰当、熟练和谨慎的方式，使用适当装备的设施以及安全的材料来制造工程设备、生产和制造材料及实施工程。

2. 样本

在使用以下材料之前，承包商要事先向工程师提交该材料的样本和有关资料(标明原产地、在工程中使用的部位)，以获得同意。

(1) 制造商的材料标准样本和合同中规定的样本，由承包商自费提供。

(2) 工程师指示作为变更而增加的样本。

3. 检查和检验

1) 检查

① 业主的人员在一切合理时间内，有权进入所有现场和获得天然材料的场所及在生产、制造和施工期间，对材料、工艺进行检查，对工程设备及材料的生产制造进度进行检查；

② 承包商应向业主人员提供进行上述工作的一切方便；

③ 未经工程师的检查和批准，工程的任何部分不得覆盖、掩蔽或包装。否则，工程师有权要求承包商打开这部分工程供检验并自费恢复原状。

2) 检验

① 对于合同中有规定的检验(竣工后的检验除外)，由承包商提供所需的一切用品和人员。检验的时间和地点由承包商和工程师商定；

② 工程师可以通过变更改变规定的检验的位置和详细内容，或指示承包商进行附加检验；

③ 工程师应提前 24 小时通知承包商将参加检验，如果工程师未能如期前往(工程师另有指示除外)，承包商可以自己进行检验，工程师应确认此检验结果；

④ 承包商要及时向工程师提交具有证明的检验报告，规定的检验通过后，工程师应向承包商颁发检验证书；

⑤ 如果按照工程师的指示对某项工作进行检验或由于工程师的延误导致承包商遭受工期、费用及合理的利润损失，承包商可以提出索赔。

如果工程师经检查或检验发现任何工程设备、材料或工艺有缺陷或不符合合同的其他规定，可以拒收。承包商应立即进行修复。工程师可要求对修复后的工程设备、材料和工艺按相同条款和条件再次进行检验直到合格为止。

4. 补救工作

如果工程师认为设备或材料有不符合合同规定之处，可随时指示承包商将其移走、替换或重建，而无论其是否已通过了检验或获得了检验证书。工程师还可随时指示承包商实施为保护工程安全而急需的任何工作。若承包商未及时遵守上述指示，业主可雇用他人完成此工作并进行支付，有关金额要由承包商补偿给业主。

5. 竣工验收

1999 年第一版《FIDIC 施工合同条件》虽然将"竣工试验"这一条款列在了工程进度控制的范畴内，但是从条款规定的具体内容上看，更应该划入质量控制的范畴。

1) 承包商的义务

承包商将竣工文件及操作和维修手册提交工程师以后，应提前 21 天将他准备接受竣工检验的日期通知工程师。一般应在该日期后 14 天内工程师指定的日期进行竣工检验。若检验通过，则承包商应向工程师提交一份有关此检验结果的证明报告；若检验未能通过，工程师可拒收工程或该区段，并责令承包商修复缺陷，修复缺陷的费用和风险由承包商自负。工程师或承包商可要求进行重新检验。

2) 延误的检验

如果业主无故延误竣工检验，则承包商可根据合同中有关条款进行索赔。

如果承包商无故延误竣工检验，工程师可要求承包商在收到通知后 21 天内进行竣工检验。若承包商未能在 21 天内进行，则业主可自行进行竣工检验，其风险和费用均由承包商承担，而此竣工检验应被视为是在承包商在场的情况下进行的且其结果应被认为是准确的。

3) 未能通过竣工检验

如果按相同条款或条件进行重新检验仍未通过，则工程师有如下权限：

① 指示再一次进行重新检验；

② 如果不合格的工程(或区段)基本无法达到原使用或营利的目的，业主可拒收此工程(或区段)并从承包商处得到相应的补偿；

③ 若业主提出要求，也可在减扣一定的合同价格之后颁发接收证书。

9.2.4　合同中关于费用管理的条款

1. 业主的资金安排

按合同向承包商支付工程款是业主最主要的义务。业主应在收到承包商的请求后的 28 天内提出合理的证据，表明业主已做好了资金安排，有能力按合同要求支付合同价格的款额。如果业主打算对其资金安排作实质性变动，则要向承包商发出详细通知。本条款的设定，在一定程度上制约了业主任意拖欠工程款的情况，增强了承包商履行合同的信心，这对于解决我国当前建设工程领域大量拖欠农民工工资和工程款问题，无疑是具有借鉴意义的条款。

2. 估价

(1) 对于每一项工作，用上述通过测量得到的工程量乘以相应的费率或价格，即得到该项工作的估价。工程师根据所有各项工作的总和来决定合同价格。对于每项工作所适用的费率或价格，应该取合同中对该项工作所规定的值或对类似工作规定的值。

(2) 在以下两种情况时，应对费率或价格作出合理调整，若无可参照的费率或价格，则应在考虑有关事项的基础上，将实施工作的合理费用和合理利润相加以规定新的费率或价格：

① 对于不是合同中的"固定费率"项目，且满足下列全部三个条件的工作：

◆ 其实际测量得到的工程量比工程量表或其他报表中规定的工程量增多或减少了10%以上；

◆ 该项工作工作量的变化与相应费率的乘积超过了中标的合同金额的 0.01%；

◆ 此工程量的变化直接造成该项工作每单位工程量成本(cost)的变动超过 1%。

② 此项工作是根据变更指示进行，合同中对此项工作未规定费率或价格，也没有适用的可参照的费率或价格，或者由于该项工作的性质不同、实施条件不同，合同中没有适合的费率。

由此可知，对于工作的估价主要分为三个层次：第一，正常情况下，估价依据测得的工程量和工程量表中的单价或价格得出；第二，如果某项工作的数量与工程量表中的数量出入太大，其单价或价格应予以调整；第三，如果是按变更命令实施的工作，在满足规定的条件下也应采用新单价或价格。

3. 预付款

预付款是由业主在项目启动阶段支付给承包商用于工程启动和动员的无息贷款。预付款金额在投标书附录中规定，一般为合同额的(10~15)%，特殊情况(如工程设备订货采购数量大时)可为 20%甚至更高，取决于业主的资金情况。

(1) 预付款的支付。

工程师为第一笔预付款签发支付证书的条件是：

① 他收到承包商提交的其中支付申请；

② 已提交了履约保证；

③ 已由业主同意的银行按指定格式开出了无条件预付款保函。此保函一直有效，但其中担保金额随承包商的逐步偿还而持续递减。

(2) 预付款的返还。

预付款回收的原则是从开工后一定期限后开始到工程竣工期前的一定期限，从每月向承包商的支付款中扣回，不计利息。具体的回收方式有以下四种。

① 由开工后的某个月份(如第 4 个月)到竣工前的某个月份(如竣工前 3 个月)，以其间月数除以预付款总额求出每月平均回收金额。一般工程合同额不大、工期不长的项目可采用此法。

② 由开工后累计支付额达到合同总价的某一百分数的下一个月份开始扣还，到竣工期前的某个月份扣完。这种方式不知道开始扣还日期，只能在工程实施过程中，当承包商的支付达到合同价的某一百分数时，计算由下一个月到规定的扣完月份之间的月数，每月平

均扣还。

③ 由开工后累计支付款达到合同总价的某一百分数的下一个月开始扣还，扣还额为每月期中支付证书总额(不包括预付款及保留金的扣还)的 25%，直到将预付款扣完为止。

④ 由开工后累计支付额达到合同总价的某一百分数的月份开始扣还，一直扣到累计支付额达到合同总价的另一百分数(如 80%)扣完。用这种方法在开工时无法知道开始扣还和扣完的日期。

FIDIC99 版《施工合同条件》采用第三种做法，即当期中支付证书的累计款额(不包括预付款和保留金的扣减与退还)超过中标合同款额与暂定金额差的 10%时，开始从期中支付证书中扣还预付款，每次扣还数额为该次证书的 25%，扣还货币比例与支付预付款的货币比例相同，直到全部归还为止。

4. 期中支付

(1) 期中支付证书的申请。

① 承包商在每个月末之后要向工程师提交一式六份报表，详细地说明他认为自己到该月末有权得到的款额(以应付合同价格的各类货币表示)，同时提交证明文件(包括月进度报表)，作为对期中支付证书的申请。此报表中应包括：截至该月末已实施的工程及完成的承包商的文件的估算合同价值(包括变更)；

② 由于法规变化和费用涨落应增加和减扣的款额；

③ 作为保留金减扣的款额；

④ 作为预支款的支付和偿还应增加和减扣的款额；

⑤ 根据合同规定，作为永久工程的设备和材料的预支款应增加和减扣的款额；

⑥ 根据合同或其他规定(包括对索赔的规定)，应增加和减扣的款额；

⑦ 对以前所有的支付证书中已经证明的款额的扣除。

(2) 用于工程的工程设备与材料的预支款。

当为永久工程配套的工程设备和材料已运至现场且符合合同具体规定时，当月的期中支付证书中应加入一笔预支款；当此类工程设备和材料已构成永久工程时，则应在期中支付证书中将此预支款扣除。预支款为该工程设备和材料的费用(包括将其运至现场的费用)的 80%。

(3) 期中支付证书的颁发。

① 只有在业主收到并批准了承包商提交的履约保证之后，工程师才能为任何付款开具支付证书，付款才能得到支付；

② 在收到承包商的报表和证明文件后的 28 天内，工程师应向业主签发期中支付证书，列出他认为应支付给承包商的金额，并提交详细证明材料。

③ 在颁发工程的接收证书之前，若该月应付的净金额(扣除保留金和其他应扣款额之后)少于投标函附录中对支付证书的最低限额的规定，工程师可暂不开具支付证书，而将此金额累计至下月应付金额中。

④ 若工程师认为承包商的工作或提供的货物不完全符合合同要求，可以从应付款项中

扣留用于修理或替换的费用，直至修理或替换完毕。但不得因此而扣发期中支付证书；

⑤ 工程师可在任何支付证书中对以前的证书作出修改。支付证书不代表工程师对工程的接受、批准、同意或满意。

(4) 支付期限。

① 对于首次分期预付款：中标函颁发之日起 42 天之内，或业主收到履约保证及预付款保函之日起的 21 天之内，取二者中较晚者；

② 对期中支付证书中开具的款额：工程师收到报表及证明文件之日起 56 天之内；

③ 对最终支付证书中开具的款额：业主收到最终支付证书之日起的 56 天之内。

(5) 延误的付款。

如果承包商未能在合同规定的期限内收到首期预付款、期中支付证书或最终支付证书中开具的款额，则承包商有权对业主拖欠的款额每月按复利收取延误期的融资费。无论期中支付证书何时颁发，延误期都从合同中规定的支付日期算起。除非在专用条件中另有规定，此融资费应以年利率为支付货币所在国中央银行的贴现率加上 3%以复利方式计算。

5. 保留金的扣留和支付

1) 保留金的扣留

保留金一般按投标函附录中规定的百分比从每月支付证书中扣除，一直扣到规定的保留金限额为止，一般为中标的合同金额的 5%。

2) 保留金退还程序

如果工程没有进行区段划分，则所有保留金分两次退还，签发接收证书后先退还一半，另一半在缺陷通知期结束后退还。如果涉及的工程区段或部分，则分三次退还：区段接收证书签发之后返还 40%，该区段缺陷通知期到期之后返还 40%，剩余 20%待最后的缺陷通知期结束后退还。但如果某区段的缺陷通知期是最迟的一个，那么该区段保留金归还应为接收证书签发后返还 40%，缺陷通知期结束之后返还剩余的 60%。

6. 最终支付和结清单

在颁发履约证书后 56 天内，承包商应向工程师提交一式六份按其批准的格式编制的最终报表草案及证明文件，以详细说明：

① 根据合同所完成的所有工作的价值；

② 承包商认为根据合同或其他规定还应支付给他的其他款项(如索赔款等)。

如果承包商和工程师之间达成了一致，则承包商可向工程师提交正式的最终报表。 提交最终报表时，承包商应提交一份书面结清单，以进一步证实最终报表的总额是根据合同应支付给他的全部款额和最终的结算额，并说明，只有当承包商收到履约担保合同款余额时，结清单才生效。在收到最终报表和书面结清单之后的 28 天之内，工程师应向业主签发最终支付证书，以说明如下内容：

① 业主最终应支付给承包商的款额；

② 业主和承包商之间所有应支付的和应得到的款额的差额(如有时)。

9.2.5　合同中范围管理条款

1. 变更

颁发工程接收证书前，工程师可通过发布变更指示或以要求承包商递交建议书的方式提出变更。除非承包商马上通知工程师，说明他无法获得变更所需的货物并附上具体的证明材料，否则承包商应执行变更并受此变更的约束。收到上述通知后，工程师应取消、确认或修改指示。

(1) 变更内容。

① 改变合同中所包括的任何工作的数量(但实际工程量与工程量表中估计工程量的差异并不一定构成变更)；

② 改变任何工作的质量和性质；

③ 改变工程任何部分的标高、基线、位置和尺寸；

④ 删减任何工作；

⑤ 任何永久工程需要的附加工作、工程设备、材料或服务；

⑥ 改动工程的施工顺序或时间安排。

注意：只有工程师有权提出变更。没有工程师的指示或同意，承包商必须完全按合同规定施工，不得擅自进行任何改动。

(2) 变更程序。

如果工程师在发布变更指示之前要求承包商提交建议书，则承包商应尽快做如下事宜：

① 提交将要进行的工作的说明书及进度计划、对总体工程的进度计划和竣工时间作出必要修改的建议书、对变更估价的建议书；

② 说明理由为何不能遵守该指示。

工程师收到上述建议后，应尽快予以答复，说明批准与否或提出意见。在等待答复期间，承包商不应延误任何工作。工程师应向承包商颁发每一项实施变更的指示，并要求其记录费用。每项变更都应按合同中有关测量和估价的规定进行估价。

2. 价值工程

"价值工程"是工程经济学中的一个概念，研究的是如何使功能费用比最优化，以便使投入的资金产生最大的价值。可以具体表述为：

$$V=F/C$$

式中：V——代表价值；

F——代表项目的功能；

C——代表项目花费的费用。

由于工程项目设计的资金额度比较大，优化设计和施工方案可能会给项目带来巨大的效益。如果承包商认为采用某建议可加速完工，对业主而言能降低实施、维护或运行工程的费用，提高竣工工程的效率或价值，或带来其他利益，则承包商可随时向工程师提交书面建议书。此建议书由承包商自费支付，并应包括在承包商对变更的建议书的条目中。

如果工程师批准的建议书导致部分永久工程设计的改变，一般均由承包商进行此设计，具体要求参照承包商一般义务中有关规定执行。如果承包商的建议节省了工程费用，承包商应得到一定的报酬，其额度为节省费用的一半。

3. 计日工

对于数量少的零散工作，工程师可以变更的形式指示承包商实施，并按合同中包括的计日工表进行估价和支付。承包商应每日向工程师提交报表，表中包括前一天工作中使用的承包商的人员、设备、材料及临时工程的详细情况，以得到工程师的同意和签字。在承包商向工程师提交以上各资源的价格报表后，此日报表可作为申请期中付款的依据。

9.2.6 合同中的风险管理条款

1. 业主的风险及后果

(1) 业主风险的范围。

① 战争、敌对行动、入侵、外敌行动；

② 工程所在国内部的叛乱、革命、暴动、军事政变或篡夺政权或内战；

③ 暴乱、骚乱或混乱，但完全局限于承包商的人员以及承包商和分包商的其他雇员中的事件除外；

④ 军火、炸药、离子辐射或放射性污染，由于承包商使用此类辐射或放射性物质的情况除外；

⑤ 以音速或超音速飞行的飞机或其他飞行装置产生的压力波；

⑥ 业主使用或占用永久工程的任何部分，合同中另有规定的除外；

⑦ 因工程任何部分设计不当而造成的，而此类设计是由业主的人员提供的，或由业主所负责的其他人员提供的；

⑧ 一个有经验的承包商不可预见且无法合理防范的自然力的作用。

(2) 如果因业主的风险导致了工程、货物或承包商文件的损失或损害，则承包商应做如下事宜：

① 尽快通知工程师，并按工程师的要求弥补此类损失或修复损害；

② 进一步通知工程师，索赔延误的工期和(或)花费的费用和利润。

2. 保险

(1) 有关保险的总体要求。

① "投保方"指根据合同的相关条款投保各类保险并保持其有效的一方。中标函颁发前达成的条件中规定了承包商应投保的险种、承保人和保险条件。专用条件后所附的说明中则规定了如果业主作为投保方时的承保人和保险条件；

② 如果要求某一保险单对联合的被保险人进行保险，则该保险应适用于每一个单独的保险人，其效用同向每一个保险人颁发了一张单独的保险单一样；

③ 办理的每份保险单都应规定，进行补偿的货币种类应与修复损失或损害所需的货币种类一致；

④ 投保方应按投标函附录中规定的期限向另一方提交保险生效的证明及"工程和承包商的设备的保险"和"人员伤亡和财产损害的保险"的保险单的副本。投保方在支付每一笔保险费后，应将支付证明提交给另一方，并通知工程师；

⑤ 若投保方未能按合同要求办理保险或未能提供生效证明和保险单的副本，则另一方可办理相应保险并缴保险费，合同价格将由此作相应调整；

⑥ 合同双方都应遵守每份保险单规定的条件。投保方应将工程实施过程中发生的任何有关的变动都通知给承保人，并确保承包条件与本条的规定一致；

⑦ 没有对方的事先批准，另一方不得对保险条款作实质性的变动；

⑧ 任何未保险或未能从承保人处收回的款额，应由承包商和(或)业主按照其各自根据合同应负的义务、职责和责任分别承担。若投保方未能按合同要求办理保险并使之保持有效(且该保险是可以办理的)，而另一方没有批准删减此项保险，也没有自行办理该保险，则任何通过此类保险本可收回的款项由投保方支付给另一方；

⑨ 一方向另一方的支付要受合同中有关索赔的条款的约束。

(2) 几项保险。

合同中一般要求进行投保的险别有：工程和承包商的设备的保险、人员伤亡和财产损害的保险及工人的保险。这些保险均由承包商作为应投保人，并以业主的联合名义进行投保。

(3) 不可抗力。

① 不可抗力的定义：一个事件或情况只有在同时满足下列四个条件时，才能称为不可抗力：

◆ 一方无法控制；

◆ 在签订合同前该方无法合理防范；

◆ 情况发生时，该方无法合理回避或克服；

◆ 主要不是由另一方造成。

② 不可抗力一般包括(但不限于)：

◆ 战争、敌对行动、入侵、外敌行动；

◆ 叛乱、恐怖活动、革命、暴动、军事政变、篡夺政权或政变，或内战；

◆ 暴乱、骚乱、混乱、罢工或停业，但不包括完全发生在承包商和分包商的人员内部的此类行为；

◆ 军火、炸药、离子辐射或放射性污染，但不包括因承包商的使用造成的此类事件；

◆ 自然灾害，如地震、飓风、台风或火山爆发。

③ 不可抗力的通知。如果由于不可抗力，一方已经或将要无法履行其合同义务，那么在该方注意到此事件后的 14 天内，应通知另一方有关情况，并详细说明他已经或将要无法履行的义务和工作。此后。该方可在此不可抗力持续期间，免去履行此类义务(支付义务除外)。当不可抗力的影响终止时，该方也应通知另一方。任何情况下，合同双方都应在合理

范围内作出一切努力，以减少不可抗力引起的延误。如果由于不可抗力，承包商无法履行其合同义务，并且已经按照前述要求通知了业主，则承包商有权索赔由不可抗力遭受的工期和费用损失。如果由于不可抗力，导致整个工程已经持续 84 天无法施工，或停工时间累计已经超过了 140 天，则任一方可向对方发出终止合同的通知，通知发出 7 天后终止即生效。承包商按照对合同终止时的规定撤离现场。

(4) 根据法律解除履约

如果出现了合同双方无法控制的事件或情况(包括，但不限于不可抗力)使得一方或双方履行合同义务成为不可能或非法；或根据本合同的适用法律，双方均被解除了进一步的履约，那么在任一方发出通知的情况下：

① 合同双方应被解除进一步的履约，但是在涉及任何以前的违约时，不影响任一方享有的权利；

② 业主支付给承包商的金额与在不可抗力影响下终止合同时包括的项目相同。

9.2.7 合同中索赔和争端解决条款

1. 业主对于承包商的索赔

当业主认为根据合同，自己有权获得缺陷通知期的延长或任何付款时，可向承包商要求索赔。索赔时，业主或工程师应向承包商发出通知并说明具体情况。但因向承包商提供水、电、气、设备、材料或其他服务而提出的支付要求无须发出通知。索赔通知要及时，要求延长缺陷通知期的通知应在相关缺陷通知期期满之前发出。如果业主索赔的证据充足，工程师应在协商后作出延长缺陷通知期和(或)由承包商向业主支付一笔款项的决定。这笔款额将从合同价格及付款证书中扣除。

2. 承包商对于业主的索赔程序

1) 索赔通知

如果承包商根据本合同条件或其他规定企图对某一事件进行索赔，他必须在注意到(或应注意到)此事件后的 28 天内通知工程师，并提交合同要求的其他通知和详细证明报告，如果没有此类通知，则视为此事件没有涉及索赔。

2) 保持同期记录

承包商应随时记录并保持有关索赔事件的同期记录。工程师在收到索赔通知后可监督并指示承包商保持进一步的记录及审查承包商所作的记录，并可指示承包商提供复印件。

3) 索赔证明

在承包商注意到(或应注意到)引起索赔的事件之日起的 42 天内(或由承包商提议经工程师批准的其他时间段内)，承包商应向工程师提交详细的索赔报告，说明承包商索赔的依据和要求索赔的工期和金额，并附以完整的证明报告。

如果引起索赔的事件有连续影响，承包商应在提交第一份索赔报告之后按月陆续提交进一步的期中索赔报告，说明他索赔的累计工期和累计金额；在索赔事件产生的影响结束后 28 天(或在由承包商建议并经工程师批准的时间段)内，提交一份最终索赔报告。

4) 工程师的批准

收到承包商的索赔报告及其证明报告后的 42 天(或在由工程师建议且经承包商批准的时间段)内，工程师应作出批准或不批准的决定，也可要求承包商提交进一步的详细报告，但一定要在这段时间内就处理索赔的原则作出反应。

5) 索赔的支付

在工程师核实了承包商的索赔报告、同期记录和其他有关资料之后，应根据合同规定决定承包商有权获得的延期和附加金额。经证实的索赔款额应在该月的期中支付证书中给予支付。如果承包商提供的报告不足以证实全部索赔，则已经证实的部分应被支付，不应将索赔款额全部拖到工程结束后再支付。

3. 争端解决的程序

1) 争端裁决委员会(DAB)的委任和终止

合同双方应在投标函附录规定的日期内任命一名或三名 DAB 成员，如果某一成员拒绝履行职责或由于死亡、伤残、辞职或其委任终止而不能尽其职责，合同双方即可任命合格的人选替代 DAB 的任何成员。任何成员的委任只有在合同双方都同意的情况下才能终止。除非双方另有协议，在结清单即将生效时，DAB 成员的任期即告期满。

2) 获得 DAB 的决定

(1) 如果合同双方由于合同、工程的实施或与之相关的任何事宜产生了争端，包括对工程师的任何证书的签发、决定、指示、意见或估价产生了争端，任一方可以书面形式将争端提交 DAB 裁定，同时将副本送交另一方和工程师。

(2) DAB 应在收到书面报告后 84 天内对争端作出决定，并说明理由。

(3) 如果合同双方中任一方对 DAB 作出的决定不满，应在收到该决定的通知后的 28 天内向对方发出表示不满的通知，并说明理由，表明他准备提请仲裁；如果 DAB 未能在 84 天内对争端作出决定，则合同双方中任一方都可在上述 84 天期满后的 28 天内向对方发出要求仲裁的通知。如果 DAB 将其决定通知了合同双方，而合同双方在收到此通知后 28 天内都未就此决定向对方提出上述表示不满的通知，则该决定成为对双方都有约束力的最终决定。只要合同尚未终止，承包商就有义务按照合同继续实施工程。未通过友好解决或仲裁改变 DAB 作出的决定之前，合同双方应执行 DAB 作出的决定。

3) 友好解决

在一方发出表示不满的通知后，必须经过 56 天之后才能开始仲裁。这段时间是留给合同双方友好解决争端的。

4) 仲裁

如果一方发出表示不满的通知 56 天后，争端未能通过友好方式解决，那么此类争端应提交国际仲裁机构作最终裁决。除非合同双方另有协议，仲裁应按照国际商会的仲裁规则进行。

9.3 菲迪克其他标准合同条件

除《施工合同条件》外，1999年菲迪克还编写出版了另外三本标准合同条件，并于2005年发布了《多边发展银行施工合同条款协调版》。

9.3.1 FIDIC《EPC/交钥匙项目合同条件》(1999年版)简介

EPC/交钥匙项目合同条件(Conditions of Contract for EPC/Turnkey projects)，适用于在交钥匙基础上进行的工程项目的设计和施工，这类项目对最终价格和施工时间的确定性要求较高，承包商完全负责项目的设计和施工，业主基本不参与工作。

《EPC/交钥匙工程项目合同条件》有下列特点。

1. 工作范围

承包商要负责实施所有的设计、采购和建造工作。即在"交钥匙"时，要提供一个设施配备完整、可以投产运行的项目。

2. 价格方式

EPC采取总价合同方式。只有在某些特定风险出现时，业主才会花费超过合同价格的款额，如果业主认为实际支付的最终合同价格的确定性(有时还包括工程竣工日期的确定性)十分重要，可以采取这种合同，不过其合同价格往往要高于采用传统的单价与子项包干混合式合同。

3. 管理方式

在EPC合同形式下，没有独立的"工程师"这一角色，由业主的代表管理合同。他代表着业主的利益。与《施工合同条件》模式下的"工程师"相比，其权力较小，有关延期和追加费用方面的问题一般由业主来决定。也不像要求"工程师"那样，在合同中明文规定要"公正无偏"地作出决定。

4. 风险管理

和《施工合同条件》相比，承包商要承担较大的风险，例如，不利或不可预见的地质条件的风险以及业主在"业主的要求"中说明的风险。因此在签订合同前，承包商一定要充分考虑相关情况，并将风险费计入合同价格中。不过仍有一部分特定的风险由业主承担，例如战争、不可抗力等。至于还有哪些其他的风险应由业主承担，合同双方最好在签订合同前作出协议。

5. 质量管理

这种合同对工程质量的控制是通过对工程的检验来进行的，包括施工期间的检验、竣工检验和竣工后的检验。其中竣工后的检验是 EPC 合同中的一种特殊要求。为了证实承包商提供的工程设备和仪器的性能及其可靠性，"竣工检验"通常会持续相当长的一段时间，只有当竣工检验都顺利完成时业主才会接收工程。

如果业主采用这种合同形式，则仅需在"业主的要求"中原则性地提出对项目的基本要求。由投标人对一切有关情况和数据进行证实并进行必要的调查后，再结合其自身的经验提出最合适的详细设计方案。因此，投标人和业主必须在投标过程中就一些技术和商务方面的问题进行谈判，谈判达成的协议构成签订的合同的一部分。

签订合同后，只要其最终结果达到了业主制定的标准，承包商就可自主地以自己选择的方式实施工程。而业主对承包商的控制是有限的，一般情况下，不应干涉承包商的工作。当然，业主应有权对工程进度、工程质量等进行检查监督，以保证工程满足"业主的要求"。

合同条件也分通用条件和专用条件两部分。通用条件包括 20 条，分别讨论了一般规定、业主、业主的管理、承包商、设计、职员和劳工、设备、材料和工艺、开工、延误和暂停、竣工检验、业主的接收、缺陷责任、竣工后的检验、变更和调整、合同价格和支付、业主提出终止、承包商提出暂停和终止、风险和责任、保险、不可抗力、索赔、争端和仲裁。其中业主的管理、设计、职员和劳工、竣工检验、竣工后的检验各条与《施工合同条件》中的规定差异较大。

9.3.2　FIDIC《工程设备和设计—建造合同条件》(1999 年版)简介

《工程设备和设计—建造合同条件》(*Conditions of Contract for Plant and Design-Build*)，适用于由承包商做绝大部分设计的工程项目，特别是电力和/或机械工程项目。

1. 工作范围

承包商要按照业主的要求进行设计、提供设备以及建造其他工程(可能包括由土木、机械、电力、工程的组合)。

2. 价格方式

同 EPC 合同，这种合同也是一种总价合同方式。如果工程的任何部分要根据提供的工程量或实际完成的工作来进行支付，其测量和估价的方法应在专用条件中规定。但如果法规或费用发生变化，合同价格将随之作出调整。

3. 管理方式

其合同管理模式与《施工合同条件》下由独立的"工程师"管理合同的模式基本相同，而与 EPC 合同形式完全不同。

4. 风险管理

合同双方间风险的分摊也与《施工合同条件》中的规定基本类似，而与 EPC 合同形式有很大不同。

5. 质量管理

与 EPC 合同形式相似，这种合同对工程质量的控制也是通过施工期间的检验、竣工检验和竣工后的检验进行的。在进行竣工检验时，承包商要先依次进行试车前的测试、试车测试、试运行，而后才能通知工程师进行性能测试以确认工程是否符合"业主的要求"及"保证书"的规定。

如果采用这种合同方式，业主要在"业主的要求"(Employer's Requirement)中说明工程的目的、范围和设计以及其他技术标准。开工后一定期限内，承包商要对"业主的要求"进行审查，若发现错误或不妥之处要通知工程师，如果工程师决定修改"业主的要求"，则按变更处理，竣工时间和合同价格都将随之调整。否则，承包商应按"业主的要求"进行设计。此后如果出现设计错误，承包商必须自费改正其设计文件和工程，而无论此设计是否已经过工程师的批准或同意。

该合同条件也分通用条件和专用条件两部分。通用条件包括 20 条，分别讨论了一般规定、业主、工程师、承包商、设计、职员和劳工、设备、材料和工艺、开工、延误和暂停、竣工检验、业主的接收、缺陷责任、竣工后的检验、变更和调整、合同价格和支付、业主提出终止、承包商提出暂停和终止、风险和责任、保险、不可抗力、索赔、争端和仲裁。其中设计和竣工后的检验两条是与《施工合同条件》差异最大之处。

9.3.3　FIDIC《合同简短格式》(1999 年版)简介

合同的简短格式(Short Form of Contract)适用于投资相对较低的、一般不需要分包的建筑或工程设施，但是对于投资较高的工程，如果其工作内容简单、重复，或建设周期较短，此格式也同样适用。

1. 工作范围

既可由业主或其代表——工程师提供设计，也可由承包商提供部分或全部设计。

2. 价格方式

此合同条件没有规定计价的方式，到底采用总价方式、单价方式还是其他方式应在附录中列明。

3. 管理方式

其合同管理模式与 EPC 形式下由业主的代表管理合同的模式基本相同。

4. 风险管理

在这种合同形式下，业主承担了较大的风险。除《施工合同条件》第 17.3 款"业主的风险"中规定的风险外，如果采用这种合同格式，业主承担的风险还包括：不可抗力、工程暂停(除非由承包商的行为失误引起)、业主的任何行为失误、除气候条件外的不利地质条件(有经验的承包商无法合理预见，且在施工现场遇到后，承包商立即通知了业主)、由变更引起的一切延误和干扰、协议中规定的合同适用法律在承包商报价日期后的改变。

在这种合同方式中，业主必须在规范和图纸中清楚地表示出工程的哪些部分将由承包商设计以及对工程的整体要求。

此合同条件的通用条件包括 15 条，分别讨论了：一般规定、业主、业主的代表、承包商、承包商进行的设计、业主的责任、竣工时间、接收、修补缺陷、竣工后的检验、变更和索赔、合同价格和支付、违约、风险和责任、保险、争端的解决。

此合同条件没有专用条件部分，只是在备注中提供了一些在特殊情况下可选用的范例措辞。所有必要的附加规定、要求和资料都应在附录中给出。当然，考虑到项目的实际情况，如果要修改或增加某些条款，用户可自行编制"专用条件"部分。

9.3.4　FIDIC《多边发展银行施工合同条款协调版》

1999 年第 1 版多边发展银行(The Multilateral Development Banks，MDB)《多边发展银行施工合同条款协调版》(多边发展银行被译为 The Multilateral Development Banks，故将该版以下简称 MDB 版)是在多边发展银行协商同意的基础上对红皮书进行的标准化修订，并于 2005 年首次出版的合同版本。FIDIC 规定该合同条款仅适用于由某个参与银行融资的项目。在 MDB 版中，参与银行的名单是：

- ◆ 非洲发展银行
- ◆ 亚洲发展银行
- ◆ 黑海贸易和发展银行
- ◆ 加勒比海发展银行
- ◆ 欧洲复兴开发银行
- ◆ 美洲发展银行
- ◆ 国际复兴开发银行(世界银行)
- ◆ 伊斯兰发展银行
- ◆ 北欧发展银行

MDB 版沿用了与红皮书同样的体例，并且许多条款都是一样的。应多边发展银行的要求，对许多条款进行了修改，并获得了 FIDIC 的同意。根据 1999 年版红皮书的使用经验以及多边发展银行的特殊要求，多边发展银行对有些条款进行了修改。如果适当，可以将有些修改编入其他 FIDIC 合同的专用条款中。

应与出版的 MDB 版合同(可在 FIDIC 网址得到)和本书第 1 部分和第 3 部分的 1999 年版红皮书的评述一起理解下列评述。条款编号和参考文字可参见 MDB 版合同或 1999 年版红皮书。本章中将对下述部分的修改进行评述。

- ◆ 一般性修改——贯穿整个 MDB 版的术语修改。
- ◆ 对银行的修改——与银行作用有关的修改和补充条款。
- ◆ 其他修改——与 MDB 版的作用无关的修改和补充条款，包括对附录的修改，对附件：程序规则以及标准格式的修改。

1. 一般性修改

下述条款包括了贯穿整个MDB版的术语修改。这些修改是有益的,也是对传统的FIDIC术语的改进。

1.1 定义

1.1.1.4 "投标函"可能称作为投标函(Letter of Bid)。

1.1.1.9 是第1.1.1.10款,并且按照第14.15款的要求,可称为付款计划。

1.1.1.10 是第1.1.1.9款。投标附录现称为合同数据。它是专用条款的第A部分,并构成业主提供信息。

1.1.2.9 从争议裁决委员会中删除裁决一词,因此争议裁决委员会(DAB)变为争议委员会(DB)。

由于合同中的信息由业主决定,因此,将"投标附录"修改为"合同信息"是符合逻辑的。但是,将DAB修改为DB则令人遗憾。争议委员会(DB)仍然是裁决员,其作出的决定必须得到执行。

1.2 解释

MDB版中引入了投标(Bid)一词,它是投标(Tender)一词的同义词。红皮书在有关索赔条款中规定了"成本加合理利润"。MDB版规定利润是成本的5%,除非合同数据中另有规定。这意味着无论合同中什么地方提及"成本加合理利润","合理"一词已被删除。选择5%看来是一项合理的妥协,明确该数字将会避免现场上的可能的争议。

1.5 文件的优先次序

将投标附录修改为专用条款——第A部分意味着文件优先次序的变化。专用条款——第A部分现在是优先次序的第(d)项,而FIDIC专用条款是B部分,其优先次序是第(e)项。以前的第(e)至(f)项变成了第(f)至(i)项。

2. 银行的修改

虽然银行并不是合同一方当事人,但MDB版中的这些修改将融资银行的名称列入了合同。借款人,这个与银行签订贷款协议的或许可能或不能成为业主的组织,其名称也被列入了合同。

1.1 定义

增加了如下新的定义:

1.1.2.11 "银行"是指合同数据中指明的融资机构(如有)。

1.1.2.13 "借款人"是指合同数据中指明作为借款人的人(如有)。

1.15 银行的检查和审计

MDB版规定了新的第1.15款:

承包商应准许银行和/或银行指定的人员检查现场和/或承包商的账目以及与履行合同有关的记录,如银行要求,应准许银行任命的审计人员对此类账目和记录进行审计。

融资机构通常对融资控制感兴趣,并且经常会任命他们自己的咨询人员作为业主团队的一个部分进行工作。本款增加了银行调查和检查承包商使用银行提供资金的权力。本款

可能会引起争议，但一般而言，它反映了银行与借款人协议书中达成的条件。

2.4 　业主的融资安排

在第 2.4 款第 2 段中，MDB 版规定了新的内容：

此外，如果银行通知借款人银行已经暂停其全部或部分实施工程贷款项下的提款，业主应在自借款人收到银行的暂停通知之日起的 7 天内通知承包商有关暂停的具体细节，包括有关通知的日期，并抄送给工程师。在银行发出暂停通知之日起的 60 天后，如果业主有适宜货币的替代资金用以继续支付承包商，业主应在已有资金的通知中提供合理的证据。

如果银行暂停贷款项下的提款，本款则赋予了业主一项通知承包商的义务。对第 16.1 款和第 16.2 款也相应进行了修改，以便使承包商在这种情况发生时能够暂停施工或终止合同。

4.1 　承包商的一般义务

在 MDB 版新修改后的第 4.1 款第 3 段中，规定了对工程使用的设备、 材料和服务的限制性措施。虽然 MDB 版没有规定一份清单或与其他 MDB 版合同不同的国别定义，但显然，合同必须规定提供设备、材料和服务的国别。

所有构成工程一部分或工程所需的所有设备、材料和服务，其产地应来自银行定义的任何有资格的国家。

14.1 　合同价格

增加了第(e)项：

(e)尽管第(b)项已有规定，为实施合同的单一目的而由承包商进口的承包商设备，包括必要的零配件，应予免除有关进口的进口关税和赋税。

这些免除进口关税和税务的规定，必须获得项目所在国政府的同意，一般而言，可作为从多边发展银行贷款的一个条件。

14.7 　支付

本条第(b)项和第(c)项已作了有关修改，以便其能适用于银行暂停贷款和信贷的情形。在这种情况下，业主必须在递交报表的 14 天内，向承包商全额支付其报表金额。

(b)各临时付款证书确认的金额，支付时间在工程师收到报表和证明文件后 56 天内，或者在每次银行的贷款或信贷(正在支付承包商部分付款)暂停后，在承包商递交报表后的 14 天内，向其支付报表中注明的金额。付款中的任何差异可在支付给承包商的下一期付款中予以调整。

(c)最终付款证书确认的金额，应在业主收到该付款证书后 56 天内支付，或者在每次银行的贷款或信贷(正在支付承包商部分付款)暂停后,在根据第 16.2 款发出暂停通知之日后的 56 天内，向承包商支付最终付款证书中没有争议的金额。

15.6 　贪污和欺诈行为

为了使业主能够在决定承包商在竞标和施工中有贪污(或类似)行为后可以终止合同，MDB 版增加了一款新的条款。在业主单方面认为承包商有这些行为后，业主可以决定终止合同。对承包商而言，这是一项非常严重的指控，业主必须拥有强有力的证据支持其决定，最好是法院的判决或其他第三方决定。如果承包商否认了这种指控，那么可将争议提交给争议委员会，或者最终交给法院裁决，一项不公正的指控将可能带来非常严重的后果。

如果业主决定承包商在竞标和实施合同中有贪污、欺诈、共谋或强迫行为，业主可以在向承包商发出通知的 14 天后，终止合同项下对承包商的雇用，并将他驱逐出现场，如果按照第 15.2 款的规定将承包商予以驱除，则适用第 15 条的有关规定。

为本款之目的：

(a) "贪污行为"是指提供、给予和收受有价值的物品以影响在公共采购过程或执行合同过程中官员的行为。

(b) "欺诈行为"是指错误提供事实，以便影响采购过程或合同的履行，并对银行造成损害，包括投标人之间设计的，为使投标价格处于人为的没有竞争水平并剥夺借款人享有的自由和公开竞争的利益的共谋行为(在递交标书之前或其后)。

(c) "共谋行为"是指在借款人不知情的情况下，两个或两个以上的投标人设计的一项计划或安排，以便使投标价格处于人为的没有竞争水平的行为。

(d) "强迫行为"是指直接或间接地伤害或威胁伤害人身或其财产，影响采购过程中参与或影响履行合同的行为。

16.1　承包商暂停工程的权利

如果银行暂停贷款项下的付款，为确认承包商暂停工程的权利，增加了新的段落。

尽管存在上述规定，如果银行已经暂停其贷款项下施工的全部或部分付款，并且没有第 2.4 款"业主的融资安排"规定的替代资金，承包商可以通知的方式在任何时候暂停工程或减缓施工进度，但不能少于借款人收到银行暂停通知后的 7 天。

16.2　承包商的终止

MDB 版对第(d)项进行了修改，以保证在业主违约时承包商可以采取必要的行动。

(d)业主实质性地不能履行合同项下的义务，以至重大地和不利地影响了承包商履行合同的能力。

为确认在银行暂停其贷款或信贷时承包商的权力，增加了新的(h)项：

(h)如果银行暂停正在向承包商支付的部分贷款或信贷，如果承包商在第 14.7 款规定的临时付款证书付款期满日期 14 天到期后仍未收到该款项，在不违背第 14.8 款项下的承包商有权索偿融资费用的情况下，承包商可以采取一种或两种行动，即(i)暂停工程或减缓施工进度，和(ii)通知业主，终止合同项下对承包商的雇用，并抄送给工程师，在发出通知后的 14 天后，此项终止生效。

18.1　保险的一般要求

在本款中 MDB 版增加了最后一段内容。但可从有资格的国家获得保险是否意味着可能禁止任何其他国家获得保险，这一点不是很清晰。有资格的来源国名单将根据特定的多边发展银行的决定，并应予公布。

承包商有权从有资格的来源国获得与合同(包括，但并不限于第 18 条规定的保险)有关的所有保险。

3. 其他修改

许多条款，包括一些有用的条款已在 FIDIC 专用条款中作了介绍。

1.1　定义

1.1.3.6　"专用条款的规定"为"规范"所替代。

1.1.6.8　文本中在"合理的"之后增加了"并且可能不能合理地采取足够的预防性的防范措施"。这项修改的精确含义并不是很清楚，可能会导致争论和争议。

1.4　法律和语言

MDB 版中简化了本款的有关文字，规定为合同数据中规定的主导语言。交流语言也是合同数据中规定的语言，或者如果没有规定，主导语言将是交流语言。

1.8　文件的照管和提供

本款第 4 段中删除了"技术性质的"用词。承包商必须报告无论何种类型的所有错误或缺陷。这项规定可以避免承包商不理会文件之间的省略或冲突问题，但是，可能无法知道看来是合理的而实际上没有反映业主意图的有关错误。

1.12　保密事项

为澄清有关要求，增加了新的段落：

除为履行合同项下承包商义务所必需或者为遵守适用法律外，承包商应视合同细节为私人的和保密事项。未经业主事先同意，承包商不得发布或透露工程的任何情况。但是，应允许承包商透露任何公开可获得的信息，或者为争取其他项目的资格所需的信息。

2.5　业主的索赔

增加了"或者应当知道"短语。这项规定将使得业主索赔的程序与承包商索赔的程序只有一步之遥。但是，这里并没有将通知和提供细节分开，并且也没有限制业主索赔应在 28 天内提出。

3.1　工程师的责任和权力

将第 3 项最后一段修改为：业主应及时通知承包商工程师权限的变更。业主在施工过程中对工程师权限的变更，可能的情况是缩小工程师的权限，将可能会对合同的管理产生严重的冲击，并可能导致承包商的抱怨和索赔。另一方面，如果业主打算根据第 3.4 款变更工程师的权限，现在业主有机会在通知期限内变更其权限。对承包商而言，上述任何此类变更将成为变更，或者是对合同条款的单边变更。

应适用下述规定：

(在按照下述条款采取行动前，工程师应获得业主的特别批准。)

(a)第 4.12 款：同意或决定工程延期和/或额外费用。

(b)第 13.1 款：变更的指示，除下述以外：

　　(i)工程师认为情况紧急；

　　(ii)如果变更可能增加的中标合同金额少于合同数据中规定的百分比。

(c)第 13.3 款：批准承包商根据第 13.1 款或第 13.2 款递交的变更建议书。

(d)第 13.4 款：确定每一种货币的应付金额。

(e)尽管上述条款规定了获得批准的义务，但如果工程师认为将发生影响人身或工程或相邻财产安全的紧急情况，在不解除承包商合同项下任何责任或义务的前提下，工程师可以指示承包商实施所有此类工作，或所有工程师认为的可以减轻或减少风险的所有此类工作。尽管缺少业主的批准，但承包商应立即遵守工程师的此类指示。工程师应按照第13条决定有关此类指示对合同价格的增加额，并相应通知承包商，抄送给业主。

在未获得事先批准时，这些规定限制了工程师代表业主承诺额外付款或工期延长的权利，但紧急情况除外。在承包商享有合同上的权利要求额外付款或金钱时，希望工程师能够说服业主予以批准。上述条款也显示了多边发展银行认为必要的限制范围。希望上述条款不会允许业主引入更多的限制性条款。

3.4 工程师的更换

如何表达一项合理的程序是一项困难的要求。MDB版缩短了通知期限，并修改了相关措辞。

尽管存在第 3.1 款的规定，但如果业主打算更换工程师，业主应在替换日期前不少于21 天内通知承包商意欲替代工程师的姓名、地址和有关资料。如果承包商认为意欲替代工程师不适合，他有权通知业主对替代工程师提出合理拒绝，但应提出支持细节，业主应全面和公正地考虑这项拒绝。

4.2 履约担保

MDB版删除了业主可以索偿承包商履约担保情况的明细表，为此，应删除本书第二部分讨论的有关不规则问题。但是，如果业主对其无权索赔的事项进行了索赔，本款仍保留了业主应予保障的义务。如果在某种情况下合同价格的增减超过了 25%，MDB版也要求承包商可以相应增减履约保函金额。新条款规定如下：

承包商应按照合同数据规定的格式、金额和币种为其严格履约取得(自负费用)履约担保。如果合同数据中没有规定金额，本款将不予适用。

承包商应在收到中标通知书后的 28 天内向业主递交履约担保，并应向工程师提交一份副本。履约担保应由业主批准的国家(或其他司法管辖区)内的实体提供，并应采用专用条款所附格式或业主批准的其他格式。

承包商应确保履约担保直到其完成工程的施工、竣工并修补完任何缺陷前持续有效和可执行。如果履约担保的条款中规定了期满日期，而承包商在该期满日期前 28 天尚无权拿到履约证书，承包商应将履约担保的有效期延长至工程竣工并修补无任何缺陷时为止。

除业主根据合同有权获得款额外，业主不应根据履约担保提出索赔。业主应保障并保持使承包商免受因业主根据履约担保提出其本无权索赔范围的索赔引起的所有损害赔偿费、损失和开支(包括法律费用和开支)的损害。业主应在收到履约证书副本后 21 天内，将履约担保退还给承包商。

不限于本款其他有关规定，当由于成本的变更和/或法律变更或者由于变更超过应付某种货币金额的 25%，工程师对合同价格作出增减决定时，承包商可根据具体情况，按照工程师的要求，应立即增加或可以减少某种货币等百分比的履约担保金额。

4.3 承包商代表

对第 4.3 款的最后一段进行了修改，即如果承包商的职员不能流利使用交流语言，他可以提供翻译人员。

承包商代表和所有这些人员应能流利地使用第 1.4 款"法律和语言"中规定的交流语

言。如果承包商代表不能流利地使用上述语言，承包商应在工作时间内提供工程师认为足够数量的合格翻译人员。

4.4 分包商

在第(a)项"供应商"后增加了"单独地"一词，并增加了新的规定。

如果可行，承包商应给予来自工程所在国的分包商以公平和合理的机会。

本款试图鼓励使用当地公司作为分包商。但是，由于承包商仍然对分包商负责，为了获得合同，承包商希望能够向业主提交便宜的报价，因此，本款的实际效用存在不确定性。

4.18 环境保护

MDB 版已对该款的措辞进行了修订。

6.1 职员和劳务的雇用

MDB 版增加了新的段落。但是，多边发展银行只是鼓励，而不是要求使用当地职员和劳务。

在可行和合理的情况下，应鼓励承包商雇用来源于国内具有适当资格和经验的职员和劳务。

6.2 工资标准和劳动条件

增加了一项要求承包商通知其人员并履行当地税务义务的新规定。

承包商应通知承包商的人员按照所在国当时有效的法律规定缴纳其薪水、工资和补贴应予支付的个人所得税，并且承包商应履行法律赋予的扣缴义务。

6.7 健康和安全

MDB 版规定了防止艾滋病的详细程序。承包商负有义务执行这些程序，可能通过专业的分包商执行，一般而言，应在工程量表中作为单独一项予以规定。

艾滋病的预防。承包商应通过一批准的服务提供机构引导一项艾滋病知识普及计划，并应合同规定的有关其他措施降低 HIV 病毒在其人员和当地社会中传播的风险，进行早期诊断和帮助受感染者。

承包商应在整个合同期间(包括缺陷通知期限)：

(i) 至少应每隔一个月，向其所有的现场职员和劳务(包括所有承包商的雇员、所有分包商和咨询公司的雇员，以及为施工而运输的所有卡车司机和人员)，以及与当地社会直接相关的一般的性传播疾病(STD)，或者性传播感染 STI，特别是 HIV/AIDS 的风险、危险和影响通知有关信息，进行教育和咨询；

(ii) 为现场所有男性和女性提供适宜的安全套；

(iii) 为所有现场职员和劳务(除非另有约定)提供 STI 和 HIV/AIDS 的扫描、诊断、咨询以及使用有关国别 STI 和 HIV/AIDS 计划。

承包商应按照第 8.3 款的规定在计划中提交一项与现场职员、劳务及其家属有关的性传播感染(STI)和性传播疾病(STD)，包括 HIV/AIDS 的缓和计划。STI、STD 和 HIV/AIDS 缓和计划中应规定承包商何时、如何以及花费多少钱以满足本款的要求，以及相关规范。计划应详细规定每一个部分将提供的有关资源和有关的分包商的建议。计划还应规定详细的成本估算，并附随支持文件。承包商为准备和执行该计划而应得的付款不应超出为此目的

而规定的暂定金额。

6.12~6.22　职员和劳务的补充条款

MDB 版规定了与雇用职员和劳务相关的当地法律和福利要求的补充条款。本款必须与合同准据法和规定一起考虑，可能包括了一些相同的要求。本条款中的一些条款已在其他多边发展银行合同中使用，在 1999 年红皮书《专用条款编制指南》中进行了规定。

6.12　外国员工

承包商可以引进合同准据法所允许的为实施工程所需的任何外国人员。承包商应保证此类人员所需的居住签证和工作许可，应承包商的要求，业主将尽其最大努力协助承包商按时和尽快地获得引进承包商人员所需的任何当地、州、国家或政府的许可。

承包商应负责这些人员返回其招聘来源地或其居住地。在任何此类人员或他们的家属在工程所在国死亡的情况下，承包商同样负责对他们的送回或安葬作出适当的安排。

6.13　食品的提供

为合同之目的或与合同履行有关，承包商应以合理的价格为其人员提供规范可能规定的充足的、适合的食品。

6.14　供水

承包商应根据当地情况，在现场为其人员提供充足的饮用水和其他用水。

6.15　防止昆虫侵扰的措施

无论何时，承包商都应采取必要的措施，保护现场雇用的所有员工免于昆虫的侵扰，减少它们对健康的危害。承包商应为承包商人员提供适当的预防药品，遵守当地卫生当局的所有规定，包括使用适当的杀虫剂。

6.16　酒精饮料或毒品

除遵照工程所在国的法律外，承包商不得进口、销售、给予、易货交换或以其他方式处理任何酒精饮料或毒品，或容许承包商的人员进口、销售、馈赠、易货交换或处理上述物品。

6.17　武器和弹药

承包商不得向任何人给予、易货交换或以其他方式处理任何种类的武器和弹药，或容许承包商的人员从事这种行为。

6.18　节日和宗教习惯

承包商应尊重工程所在国公认的节日、休息日，以及宗教或其他习惯。

6.19　殡葬安排

承包商应按照当地规定的要求，为在工程实施中死亡的当地雇员安排殡葬。

6.20　禁止强迫或义务劳务

承包商不应以任何形式雇用"强迫或义务劳务"。"强迫或义务劳务是指出自非自愿的，以强迫或罚款为威胁手段而从事的所有工程或服务。

6.21　禁止雇用童工

承包商不应雇用儿童从事任何具有剥削性质的工程，或者冒险，或者介入，或者进行有害儿童健康或对身体、精神、心灵、道德或社交发展的儿童教育。

6.22 工人的雇用记录

承包商应在现场保存雇用的所有劳务完整的和准确的记录。记录应包括所有工人的姓名、年龄、性别、工作时数和支付工资。应按月总结这些记录，并在正常工作时间内供工程师随时检查。这些记录应包括第 6.10 款"承包商人员和设备的记录"规定的应由承包商递交的所有细节。

8.4 竣工时间的延长

在第(e)项中删除了"在现场"一词。业主应为其他承包商造成的延误承担责任，无论他们是否在同一现场。

12.3 估价

新增加了一项确认许多工程师对此采取认可态度的条款：

应与工程量表中规定的不能单独支付的其他费率和价格一起考虑工程量表中未规定费率和价格的工程项目。

在第(a)的(i)和(ii)项中，25%和0.25%代替了 10%和0.10%。这样的规定承认了在考虑新的费率和价格时，以前的红皮书中的数字是不现实的。

13.7 因法律改变的调整

为避免本款和其他条款的重复，增加了一项新的条款。

尽管存在上述规定，如果工期延长在决定延期时已经予以考虑，承包商无权提出工期延长；如果根据第 13.8 款的规定在调整数据表的指数中已经考虑了有关成本，则不能单独向承包商支付此项成本。

13.8 因成本改变的调整

"Pn"定义中提及的投标附录更改为清单中的当地和外国货币。

14.2 预付款

修订了预付款偿还程序的措辞，并在合同数据中规定了分期偿还的比例。

除非合同数据另有规定，预付款应按照工程师根据第 14.6 款"临时付款证书的签发"的决定，从临时付款中扣减比例的方式偿还，如下：

(a)扣减应从确认的下一个临时付款(不包括预付款、扣减额和保留金的付还)累计额超过中标合同金额减去暂定金额后余额的 30%时的付款证书开始。

(b)扣减应按合同数据中规定的分期摊还比率偿还，并按预付款的货币和比例计算，直到预付款付清为止；预付款应在中标合同金额减去暂定金额的 80%已被签认付款时全部付还完毕。

14.5 拟用于工程的生产设备和材料

在第(b)(i)和(c)(i)项中的"投标附录"已被修改为"清单"。

14.9 保留金的支付

除非专用条款中另有规定，为使得承包商有权用担保代替保留金的释放，本款增加了两项新的规定。

除非专用条款另有规定，在已经签发工程接收证书并且工程师已经签认将保留金的前一半支付给承包商时，承包商有权为后一半保留金提交一份按照专用条款所附的格式，或者业主批准的其他格式并由业主批准的实体提供的担保。承包商应保证担保是按保留金后一半的金额和货币开出的，并保证直到承包商按照第 4.2 款履约担保规定的完成工程的施工、竣工并修补完其中任何缺陷前持续有效和可执行。在业主收到所需担保时，工程师应签认，业主应支付保留金的后一半金额。凭担保退还后一半保留金随后将替代本款第二项中有关退还的规定。业主应在收到履约证书副本后的 21 天内将保留金担保退还给承包商。

如果第 4.2 款规定的履约担保是见索即付担保，并且在签发接收证书时其担保金额多于保留金的一半，则不需要承包商出具保留金担保。如果在签发接收证书时履约担保金额少于保留金一半的金额，可要求承包商就保留金一半金额与履约担保金额之差提供保留金担保。

14.13 最终付款证书的签发

将第(a)项被修改为"他公平地决定应到期的款额"。

14.15 支付货币

将"投标附录"修改为"支付货币计划"。

15.5 业主为方便而终止合同的权利

为反映本款的内容，对本款标题进行了更改，并且在第 1 项中增加了下述措辞，即"或者为避免承包商根据第 16.2 款[承包商的终止]终止合同"。这两项更改均是对以前措辞的修正。

16.4 终止时的付款

在第(c)项中删除了对利润损失的规定，这是因为，由业主违约而致使合同终止的这项规定，似乎对承包商不太公平。

17.1 保障

第(b)项修改如下：

(b)除非是由于业主、业主人员、他们各自的代理人或他们中任何人直接或间接雇用的任何人员的过失、故意行为或违反合同造成的，如由于工程设计(如有)、施工、竣工以及修补任何缺陷引起的对任何财产、不动产或动产(工程除外)的损害或损失。

这项修改可能比原始合同规定更具逻辑性，在原始合同文本中，承包商的保障并不要求承包商的过失、故意行为或者违约，但将业主的过失、故意行为或违约排除在外。

17.3 业主的风险

为使风险仅适用于在所在国发生的对施工产生直接影响的范围，MDB 版修改了本款规定。这看来是一项符合逻辑的澄清规定。

为排除承包商人员的破坏行动，MDB 版对第(b)和(c)项进行了符合逻辑的修改。因为第 1.1.2.7 款中定义的承包商人员包括了承包商的雇员和分包商，因此在第(c)项仅删除了重复的内容。

17.6 责任限制

本款修改如下：

除根据第 8.7 款"误期损害赔偿费"规定的承包商影响业主支付误期损害赔偿费的义务外，任何一方不应对另一方使用任何工程中的损失、利润损失、任何合同的损失，或对另

一方可能遭受的与合同有关的任何间接或引发的损失或损害负责。

除根据第 4.19 款"电、水和燃气"、第 4.20 款"业主设备和免费提供的材料"、第 17.1 款"保障"以及第 17.5 款"知识产权和工业产权"的规定外，承包商根据或与有关合同对业主的全部责任不应超过合同数据中规定的与中标合同金额的乘数(小于或大于)所得金额，或(如果没有此项乘数或其他金额)不应超过中标合同金额。

本条款不应限制违约方的欺骗、故意违约或轻率的不当行为等任何情况的责任。

本款的规定仍然存在争议，建议进行法律咨询。

19.1　不可抗力的定义

第(u)项中包括承包商人员以外的人员破坏。第(iii)项中仅删除了已经包括在承包商人员中的承包商或分包商的其他雇员的提法。

19.2　不可抗力的通知

MDB 版第一段对一方当事人在不可抗力发生时履行"实质义务"，而不是履行"任何义务"的不可抗力事件进行了限制性规定。在第二段中，"此类义务"被修改为"其义务"。这些修改将不可抗力的适用限制在真正严重的事件。

"实质的"一词可能带来争议，但是在一方不能履行义务时，也没有其他选择，只有终止履行义务。终止履行的确切含义和范围将可能成为争议的主题，并可能形成争议。

19.4　不可抗力的后果

与第 19.2 款一样，本款第一段增加了"实质的"一词。

19.6　自主选择终止、付款和解除

在第(c)项中，成本和责任必须是"必要的"以及合理发生的。这是一项严格的规定，可能会将承包商索赔的某些成本排除在外。

20.2　争议委员会的任命

MDB 版第 20.2 款至第 20.4 款将争议裁决委员会修改为争议委员会，但第 20.2 款包括了几项重大修改。一般而言，这些修改是基于多边发展银行使用争议委员会的经验。这些大多数的修改，如选择程序的变化，对原规定有所改进。将当事人提交争议到争议委员会的权利删除似乎令人惊讶，但在附录程序规则第二段有关避免问题或索赔成为争议的内容中对此进行了替换并得到了相应的改进。主要修改内容总结如下：

◆　本款重复了附录中规定的争议委员会成员的资格。
◆　当事人首先必须一起考虑由谁作为争议委员会成员，只有在合同数据规定的 21 天内当事人之间未能任命争议委员会，每一方当事人才可以各自推荐一名成员组成三人争议委员会。这项规定使得当事人能够就任命争议委员会成员获得平衡。
◆　前两名争议委员会的成员有义务推荐其他人作为第三名成员，并作为当事人达成协议中的争议委员会主席。
◆　删除了合同中规定的三人委员会的潜在成员名单。合同数据规定了独立成员的建议，但在第 20.2 款中并未清楚地予以规定。
◆　澄清了当事人必须就任命争议委员会咨询的专家及其薪酬达成一致的规定。
◆　删除了当事人提交争议委员会裁决的事项规定，但在附件 2 中增加了一条新的要

求，即在视察现场时，争议委员会应尽最大的努力避免潜在的问题或索赔变成争议。

案 例 分 析

【案例 9-1】

某大桥工程所在地区，因连降暴雨成灾，发生严重的山洪暴发，使正在施工的桥梁工程遭受如下损失：

(1) 大部分施工临时栈桥和脚手架被冲毁，估计损失为 300 万元；

(2) 一座临时仓库被狂风吹倒，使库存水泥等材料被暴雨淋坏和冲走，估计损失为 80 万元；

(3) 由于洪水原因冲走和损坏了一部分施工机械设备，其损失为 50 万元；

(4) 临时房屋工程设施倒塌，造成人员伤亡损失为 15 万元；

(5) 工程被迫停工 20 天，造成人员和机械设备闲置损失达 60 万元。

依据 FIDIC 合同条款，该工程分别办理了工程全保险，承包商机械装备保险及人身安全保险。

问题：

(1) 业主应承担的风险责任有哪些？

(2) 承包商应承担的风险责任有哪些？

【案例 9-2】

某国际工程项目，按照国际惯例采用 FIDIC 合同条件签订合同。在项目施工建设中，承包商发现工程错误后通知工程师，工程师发出工程暂停指令。事件发生 15 天后，承包商根据重新放线复查的结果，用正式函件通知工程师，声明对此事实要求索赔，并在事件发生后的第 35 天再次提交了索赔的论证资料和索赔款数。雇主认为是承包商的施工责任，并且认为承包商第二次提交的索赔报告超过了 28 天的时效，不给予索赔。

问题：

(1) 承包商的索赔是否正当？

(2) FIDIC 合同中对于争端解决程序是如何规定的？

本 章 小 结

本章主要介绍国际咨询工程师联合会(FIDIC)，并分析讨论了 FIDIC《土木工程施工条件》及其他 FIDIC 的合同条件，通过本章的学习，应掌握 FIDIC 合同中的精华部分并与国内的工程合同条件对比学习，对于基准日期、指定分包商、缺陷通知期等概念应该重点把握,领会国际工程合同惯例的实质精神,以便在实践中能够合理地运用。

习 题

1. 什么是国际咨询工程师联合会(FIDIC)? 有何特点? 其作用是什么?

2. 试分析 FIDIC 条件下合同履行的担保方式、内容及特点。

3. 试分析 FIDIC《土木工程施工合同条件》中业主和承包商承担的风险。

4. FIDIC《土木工程施工条件》对质量控制做了哪些规定?

5. FIDIC《多边发展银行施工合同条款协调版》中关于预付款是如何规定的?

第 10 章　工程合同索赔与争议管理

【学习要点及目标】

◆ 理解索赔的概念及特征，掌握索赔的分类及索赔工作的程序。

◆ 熟悉工程延误的分类、识别与处理原则，掌握工期索赔的分析方法。

◆ 了解费用索赔的费用构成，懂得索赔费用的计算方法。

◆ 熟知工程合同争议的解决方式，区分仲裁与诉讼的特点及程序。

【核心概念】

索赔、工期索赔、费用索赔、工程争议、仲裁、诉讼。

【引导案例】

　　中国铁建与沙特城乡事务部于 2009 年签署沙特麦加轻轨项目合同，该项目自 2009 年 2 月开工建设，2010 年 10 月 25 日，中铁建突然发了一则公告，公告显示它在沙特进行的一个轻轨项目很可能有高达 41.53 亿元的巨额亏损。请认真分析这一案例，说明如何提高我国建筑企业参与国际工程项目的索赔能力。

10.1 建设工程施工合同索赔

10.1.1 索赔的基本概念

1. 索赔概念

索赔(Claim) 一词具有较为广泛的含义,其一般含义是指对某事、某物权利的一种主张、要求、坚持等。工程索赔通常是指在工程合同履行过程中,合同当事人一方因非自身责任或对方不履行或未能正确履行合同而受到经济损失或权利损害时,通过一定的合法程序向对方提出经济或时间补偿的要求。索赔是一种正当的权利要求,它是业主、工程师和承包商之间一项正常的、大量发生而且普遍存在的合同管理业务,是一种以法律和合同为依据的、合情合理的行为。

2. 索赔的特征

(1) 索赔是双向的,不仅承包商可以向业主索赔,业主同样也可以向承包商索赔。由于实践中业主向承包商索赔发生的频率相对较低,而且在索赔处理中,业主始终处于主动和有利的地位,他可以直接从应付工程款中扣抵或没收履约保函、扣留保留金甚至留置承包商的材料设备作为抵押等来实现自己的索赔要求。因此在工程实践中,大量发生的、处理比较困难的是承包商向业主的索赔,也是索赔管理的主要对象和重点内容。承包商的索赔范围非常广泛,一般认为只要因非承包商自身责任造成工程工期延长或成本增加,都有可能向业主提出索赔。

(2) 只有实际发生了经济损失或权利损害,一方才能向对方索赔。经济损失是指发生了合同外的额外支出,如人工费、材料费、机械费、管理费等额外开支;权利损害是指虽然没有经济上的损失,但造成了一方权利上的损害,如由于恶劣气候条件对工程进度的不利影响,承包商有权要求工期延长等。因此发生了实际的经济损失或权利损害,应是一方提出索赔的一个基本前提条件。

(3) 索赔是一种未经对方确认的单方行为。它与工程签证不同,在施工过程中签证是承发包双方就额外费用补偿或工期延长等达成一致的书面证明材料和补充协议,它可以直接作为工程款结算或最终增减工程造价的依据,而索赔则是单方面行为,对对方尚未形成约束力,这种索赔要求能否得到最终实现,必须通过确认(如双方协商、谈判、调解或仲裁、诉讼)后才能实现。

3. 索赔的起因

引起工程索赔的原因非常多和复杂,主要有以下几个方面。

(1) 工程项目的特殊性。现代工程规模大、技术性强、投资额大、工期长、材料设备价格变化快。工程项目的差异性大、综合性强、风险大,使得工程项目在实施过程中存在许

多不确定变化因素，而合同则必须在工程开工前签订，它不可能对工程项目所有的问题都能作出合理的预见和规定，而且业主在工程实施过程中还会有许多新的决策，这一切使得合同变更比较频繁，而合同变更必然会导致项目工期和成本的变化。

(2) 工程项目内外部环境的复杂性和多变性。工程项目的技术环境、经济环境、社会环境、法律环境的变化，诸如地质条件变化、材料价格上涨、货币贬值、国家政策和法规的变化等，会在工程实施过程中经常发生，使得工程的实际情况与计划实施过程不一致，这些因素同样会导致工程工期和费用的变化。

(3) 参与工程建设主体的多元性。由于工程参与单位多，一个工程项目往往会有业主、总承包商、工程师、分包人、指定分包人、材料设备供应人等众多参加单位，各方面的技术、经济关系错综复杂，相互联系又相互影响，只要一方失误，不仅会造成自己的损失，而且会影响其他合作者，造成他人损失，从而导致索赔和争执。

(4) 工程合同的复杂性及易出错性。工程合同文件多且复杂，经常会出现措辞不当、缺陷、图纸错误，以及合同文件前后自相矛盾或者可作不同解释等问题，容易造成合同双方对合同文件理解不一致，从而出现索赔。

以上这些问题会随着工程的逐步开展而不断暴露出来，使工程项目必然受到影响，导致工程项目成本和工期的变化，这就是索赔形成的根源。因此，索赔的发生，不仅是一个索赔意识或合同观念的问题，从本质上讲，索赔也是一种客观存在。

4．索赔管理的特点

要健康地开展索赔工作，必须全面认识索赔，完整理解索赔，端正索赔动机，才能正确对待索赔，规范索赔行为，合理地处理索赔事件。因此业主、工程师和承包商应对索赔工作的特点有个全面认识和理解。

(1) 索赔工作贯穿工程项目始终。

合同当事人要做好索赔工作，必须从签订合同起，直至履行合同的全过程，要认真注意采取预防保护措施，建立健全索赔业务的各项管理制度。在工程项目的招标、投标和合同签订阶段，作为承包商应仔细研究工程所在国的法律、法规及合同条件，特别是关于合同范围、义务、付款、工程变更、违约及罚款、特殊风险、索赔时限和争议解决等条款，必须在合同中明确规定当事人各方的权利和义务，以便为将来可能的索赔提供合法的依据和基础。在合同执行阶段，合同当事人应密切注视对方的合同履行情况，不断地寻求索赔机会；同时自身应严格履行合同义务，防止被对方索赔。

(2) 索赔是融合工程技术和法律的综合学问和艺术。

索赔问题涉及的层面相当广泛，既要求索赔人员具备丰富的工程技术知识与实际施工经验，使得索赔问题的提出具有科学性和合理性，符合工程实际情况；又要求索赔人员通晓法律与合同知识，使得提出的索赔具有法律依据和事实证据，并且还要求在索赔文件的准备、编制和谈判等方面具有一定的艺术性，使索赔的最终解决表现出一定程度的伸缩性和灵活性。这就对索赔人员的素质提出了很高的要求，他们的个人品格和才能对索赔成功的影响很大。索赔人员应当是头脑冷静、思维敏捷、处事公正、性格刚毅且有耐心，并具有以上多种才能的综合人才。

(3) 影响索赔成功的相关因素多。索赔能否获得成功，除了上述方面的条件以外，还与企业的项目管理基础工作密切相关，主要有以下四个方面。

① 合同管理：合同管理与索赔工作密不可分，有的学者认为索赔就是合同管理的一部分。从索赔角度看，合同管理可分为合同分析和合同日常管理两部分。合同分析的主要目的是为索赔提供法律依据。合同日常管理则是收集、整理施工中发生事件的一切记录，包括图纸、订货单、会谈纪要、来往信件、变更指令、气象图表、工程照片等，并加以科学归档和管理，形成一个能清晰描述和反映整个工程全过程的数据库，其目的是为索赔及时提供全面、正确、合法有效的各种证据。

② 进度管理：工程进度管理不仅可以指导整个施工的进程和次序，而且可以通过计划工期与实际进度的比较、研究和分析，找出影响工期的各种因素，分清各方责任，及时地向对方提出延长工期及相关费用的索赔，并为工期索赔值的计算提供依据和各种基础数据。

③ 成本管理：成本管理的主要内容有编制成本计划，控制和审核成本支出，进行计划成本与实际成本的动态比较分析等，它可以为费用索赔提供各种费用的计算数据和其他信息。

④ 信息管理：索赔文件的提出、准备和编制需要大量工程施工中的各种信息，这些信息要在索赔时限内高质量地准备好，离开了当事人平时的信息管理是不行的。应该采用计算机进行信息管理。

10.1.2　索赔的分类

由于索赔贯穿于工程项目全过程，可能发生的范围比较广泛，其分类随标准、方法不同而不同，主要有以下几种分类方法。

1. 按索赔有关当事人分类

(1) 承包商与业主间的索赔。这类索赔大都是有关工程量计算、变更、工期、质量和价格方面的争议，也有中断或终止合同等其他违约行为的索赔。

(2) 总承包商与分包人间的索赔。其内容与承包商和业主间的索赔大致相似，但大多数是分包人向总包人索要付款和赔偿及承包商向分包人罚款或扣留支付款等。

(3) 业主或承包商与供货人、运输人间的索赔。其内容多系商贸方面的争议，如货品质量不符合技术要求、数量短缺、交货拖延、运输损坏等。

(4) 业主或承包商与保险人间的索赔。此类索赔多系被保险人受到灾害、事故或其他损害或损失，按保险单向其投保的保险人索赔。

2. 按索赔的依据分类

(1) 合同内索赔(Contractual Claim)。合同内索赔是指索赔所涉及的内容可以在合同文件中找到依据，并可根据合同规定明确划分责任。一般情况下，合同内索赔的处理和解决要顺利一些。

(2) 合同外索赔(Non-Contractual Claim)。合同外索赔是指索赔所涉及的内容和权利难以在合同文件中找到依据，但可从合同条文引申含义和合同适用法律或政府颁发的有关法规中找到索赔的依据。

(3) 道义索赔(Ex-Gratia Payment)。道义索赔是指承包商在合同内或合同外都找不到可以索赔的依据，因而没有提出索赔的条件和理由，但承包商认为自己有要求补偿的道义 基础，而对其遭受的损失提出具有优惠性质的补偿要求，即道义索赔。道义索赔的主动权在业主手中，业主一般在下面四种情况下，可能会同意并接受这种索赔：第一，若另找其他承包商，费用会更大；第二，为了树立自己的形象；第三，出于对承包商的同情和信任；第四，谋求与承包商更理解或更长久的合作。

3．按索赔目的分类

(1) 工期索赔(Claim for Extension of Time)。即由于非承包商自身原因造成拖期的，承包商要求业主延长工期，推迟原规定的竣工日期，避免违约误期罚款等。

(2) 费用索赔(Cost Claim)。即要求业主补偿费用损失，调整合同价格，弥补经济损失。

4．按索赔事件的性质分类

(1) 工程延期索赔。因业主未按合同要求提供施工条件，例如，未及时交付设计图纸、施工现场、道路等，或因业主指令工程暂停或不可抗力事件等原因造成的工期拖延，承包商对此提出索赔。

(2) 工程变更索赔。由于业主或工程师指令增加或减少工程量或增加附加工程、修改设计、变更施工顺序等，造成工期延长和费用增加，承包商对此提出索赔。

(3) 工程终止索赔。由于业主违约或发生了不可抗力事件等造成工程非正常终止，承包商因蒙受经济损失而提出索赔。

(4) 工程加速索赔。由于业主或工程师指令承包商加快施工速度，缩短工期，引起承包商的人、财、物的额外开支而提出的索赔。

(5) 意外风险和不可预见因素索赔。在工程实施过程中，因人力不可抗拒的自然灾害、特殊风险以及一个有经验的承包商通常不能合理预见的不利施工条件或客观障碍，例如，地下水、地质断层、溶洞、地下障碍物等引起的索赔。

(6) 其他索赔。例如，因货币贬值、汇率变化、物价、工资上涨、政策法令变化等原因引起的索赔。

(7) 这种分类能明确指出每一项索赔的根源所在，使业主和工程师便于审核分析。

5．按索赔处理方式分类

(1) 单项索赔。单项索赔就是采取一事一索赔的方式，即在每一件索赔事项发生后，报送索赔通知书，编报索赔报告，要求单项解决支付，不与其他的索赔事项混在一起。单项索赔是针对某一干扰事件提出的，在影响原合同正常运行的干扰事件发生时或发生后，由合同管理人员立即处理，并在合同规定的索赔有效期内向业主或工程师提交索赔要求和报告。单项索赔通常原因单一，责任单一，分析起来相对容易，由于涉及的金额一般较小，双方容易达成协议，处理起来也比较简单。因此合同双方应尽可能地用此种方式来处理索赔。

(2) 综合索赔。综合索赔又称一揽子索赔，即对整个工程(或某项工程)中所发生的数起索赔事项综合在一起进行索赔。一般在工程竣工前和工程移交前，承包商将工程实施过程中因各种原因未能及时解决的单项索赔集中起来进行综合考虑，提出一份综合索赔报告，由合同双方在工程交付前后进行最终谈判，以一揽子方案解决索赔问题。在合同实施过程中，有些单项索赔问题比较复杂，不能立即解决，为不影响工程进度，经双方协商同意留待以后解决。有的是业主或工程师对索赔采用拖延办法，迟迟不作答复，使索赔谈判旷日持久。还有的是承包商因自身原因，未能及时采用单项索赔方式等，都有可能出现一揽子索赔。由于在一揽子索赔中许多干扰事件交织在一起，影响因素比较复杂而且相互交叉，责任分析和索赔值计算都很困难，索赔涉及的金额往往又很大，双方都不愿或不容易作出让步，使索赔的谈判和处理都很困难。因此综合索赔的成功率比单项索赔要低得多。

10.1.3 索赔事件

索赔事件又称干扰事件，是指那些使实际情况与合同规定不符合，最终引起工期和费用变化的那类事件。不断地追踪、监督索赔事件就是不断地发现索赔机会。在工程实施中，承包商可以提出的索赔事件通常有：

1．业主违约(风险)或指令

(1) 业主未按合同约定完成基本工作。例如，业主未按时交付合格的施工现场及行驶道路、接通水电等；未按合同规定的时间和数量交付设计图纸和资料；提供的资料不符合合同标准或有错误(如工程实际地质条件与合同提供资料不一致)等。

(2) 业主未按合同规定支付预付款及工程款等。一般合同中都有支付预付款和工程款的时间限制及延期付款计息的利率要求。如果业主不按时支付，承包商可据此规定向业主索要拖欠的款项并索赔利息，敦促业主迅速偿付。对于严重拖欠工程款，导致承包商资金周转困难，影响工程进度，甚至引起中止合同的严重后果，承包商则必须严肃地提出索赔，甚至诉讼。

(3) 业主应该承担的风险发生。由于业主承担的风险发生而导致承包商的费用损失曾大时，承包商可据此提出索赔。许多合同规定，承包商不仅对由此而造成工程、业主或第三人的财产的破坏和损失及人身伤亡不承担责任，而且业主应保护和保障承包商不受上述特殊风险后果的损害，并免于承担由此而引起的与之有关的一切索赔、诉讼及其费用。相反，承包商还可以得到由此损害引起的任何永久性工程及其材料的付款及合理的利润，以及一切修复费用、重建费用及上述特殊风险而导致的费用增加。如果由于特殊风险而导致合同终止，承包商除可以获得应付的一切工程款和损失费用外，还可以获得施工机械设备的撤离费用和人员遣返费用等。

(4) 业主或工程师要求工程加速。当工程项目的施工计划进度受到干扰，导致项目不能按时竣工，业主的经济效益受到影响时，有时业主或工程师会要求承包商加班赶工来完成工程项目，承包商不得不在单位时间内投入比原计划更多的人力、物力与财力进行施工，以加快施工进度。

(5) 设计错误、业主或工程师错误的指令或提供错误的数据等造成工程修改、停工、返工、窝工，业主或工程师变更原合同规定的施工顺序，打乱了工程施工计划等。由业主和工程师原因造成的临时停工或施工中断，特别是根据业主和工程师不合理指令造成了工效的大幅度降低，从而导致费用支出增加，承包商可提出索赔。

(6) 业主不正当地终止工程。由于业主不正当地终止工程，承包商有权要求补偿损失，其数额是承包商在被终止工程上的人工、材料、机械设备的全部支出，以及各项管理费用、保险费、贷款利息、保函费用的支出(减去已结算的工程款)，并有权要求赔偿其盈利损失。

2．不利的自然条件与客观障碍

不利的自然条件和客观障碍是指有经验的承包商无法合理预料到的不利的自然条件和客观障碍。"不利的自然条件"中不包括气候条件，而是指投标时经过现场调查及根据业主所提供的资料都无法预料到的其他不利自然条件，如地下水、地质断层、溶洞、沉陷等。"客观障碍"是指经现场调查无法发现、业主提供的资料中也未提到的地下(上)人工建筑物及其他客观存在的障碍物，如下水道、公共设施、坑、井、隧道、废弃的旧建筑物、其他水泥砖砌物以及埋在地下的树木等。由于不利的自然条件及客观障碍，常常导致涉及变更、工期延长或成本大幅度增加，承包商可以据此提出索赔要求。

3．工程变更

由于业主或工程师指令增加或减少工程量、增加附加工程、修改设计、变更施工顺序、提高质量标准等，造成工期延长和费用增加，承包商可对此提出索赔。注意由于工程变更减少了工作量，也要进行索赔。比如在住房施工过程中，业主提出将原来的 100 栋减为 70 栋，承包商可以对管理费、保险费、设备费、材料费(如已订货)、人工费(多余人员已到)等进行索赔。工程变更索赔通常是索赔的重点，但应注意，其变更绝不能由承包商主动提出建议，而必须由业主提出，否则不能进行索赔。

4．工期延长和延误

工期延长和延误的索赔通常包括两方面：一是承包商要求延长工期；二是承包商要求偿付由于非承包商原因导致工程延误而造成的损失。一般这两方面的索赔报告要求分别编制，因为工期和费用索赔并不一定同时成立。如果工期拖延的责任在承包商方面，则承包商无权提出索赔。

5．工程师指令和行为

如果工程师在工作中出现问题、失误或行使合同赋予的权力造成承包商的损失，业主必须承担相应合同规定的赔偿责任。工程师指令和行为通常表现为：工程师指令承包商加速施工、进行某项工作、更换某些材料、采取某种措施或停工，工程师未能在规定的时间内发出有关图纸、指示、指令或批复(如发出材料订货及进口许可过晚),工程师拖延发布各种证书(如进度付款签证、移交证书、缺陷责任合格证书等),工程师的不适当决定和苛刻检查等。因为这些指令(包括指令错误)和行为而造成的成本增加和(或)工期延误,承包商可以索赔。

6. 合同缺陷

合同缺陷常常表现为合同文件规定不严谨甚至前后矛盾、合同规定过于笼统、合同中的遗漏或错误。这不仅包括商务条款中的缺陷,也包括技术规范和图纸中的缺陷。在这种情况下,一般工程师有权作出解释,但如果承包商执行工程师的解释后引起成本增加或工期延长,则承包商可以索赔,工程师应给予证明,业主应给予补偿。一般情况下,业主作为合同起草人,他要对合同中的缺陷负责,除非其中有非常明显的含糊或其他缺陷,根据法律可以推定承包商有义务在投标前发现并及时向业主指出。

7. 物价上涨

由于物价上涨的因素,带来了人工费、材料费甚至施工机械费的不断增长,导致工程成本大幅度上升,承包商的利润受到严重影响,也会引起承包商提出索赔要求。

8. 国家政策及法律、法规变更

国家政策及法律法规变更,通常是指直接影响到工程造价的某些政策及法律法规的变更,比如限制进口、外汇管制或税收及其他收费标准的提高。就国际工程而言,合同通常都规定:如果在投标截止日期前的第 28 天以后,由于工程所在国家或地方的任何政策和法规、法令或其他法律、规章发生了变更,导致了承包商成本增加,对承包商由此增加的开支,业主应予补偿;相反,如果导致费用减少,则也应由业主收益。就国内工程而言,因国务院各有关部、各级建设行政主管部门或其授权的工程造价管理部门公布的价格调整,比如定额、取费标准、税收、上缴的各种费用等,可以调整合同价款,如未予调整,承包商可以要求索赔。

9. 货币及汇率变化

就国际工程而言,合同一般规定:如果在投标截止日期前的第 28 天以后,工程所在国政府或其授权机构对支付合同价格的一种或几种货币实行货币限制或货币汇兑限制,业主应补偿承包商因此而受到的损失。如果合同规定将全部或部分款额以一种或几种外币支付给承包商,则这项支付不应受上述指定的一种或几种外币与工程所在国货币之间的汇率变化的影响。

10. 其他承包商干扰

其他承包商干扰是指其他承包商未能按时、按序进行并完成某项工作、各承包商之间配合协调不好等而给本承包商的工作带来干扰。大中型土木工程,往往会有几个独立承包商在现场施工,由于各承包商之间没有合同关系,工程师有责任组织协调好各个承包商之间的工作,否则将会给整个工程和各承包商的工作带来严重影响,引起承包商的索赔。比如，某承包商不能按期完成他那部分工作，其他承包商的相应工作也会因此而拖延，此时，被迫延迟的承包商就有权向业主提出索赔。在其他方面，如场地使用、现场交通等，各承包商之间也都有可能发生相互干扰的问题。

11．其他第三人原因等

其他第三人的原因通常表现为因与工程有关的其他第三人的问题而引起的对本工程的不利影响，如：银行付款延误、邮路延误、港口压港等。如业主在规定时间内依规定方式向银行寄出了要求向承包商支付款项的付款申请，但由于邮路延误，银行迟迟没有收到该付款申请，因而造成承包商没有在合同规定的期限内收到工程款。在这种情况下，由于最终表现出来的结果是承包商没有在规定时间内收到款项，所以承包商往往向业主索赔。对于第三人原因造成的索赔，业主给予补偿后，应该根据其与第三人签订的合同规定或有关法律规定再向第三人追偿。

10.1.4　索赔的依据与证据

1．索赔的依据

索赔的依据主要是法律、法规及工程建设惯例，尤其是双方签订的工程合同文件。由于不同的具体工程有不同的合同文件，索赔的依据也就不完全相同，合同当事人的索赔权利也不同。

2．索赔证据

索赔证据是当事人用来支持其索赔成立或和索赔有关的证明文件和资料。索赔证据作为索赔文件的组成部分，在很大程度上关系到索赔的成功与否。证据不全、不足或没有证据，索赔很难获得成功。

在工程项目的实施过程中，会产生大量的工程信息和资料，这些信息和资料是开展索赔的重要依据。如果项目资料不完整，索赔就难以顺利进行。因此，在施工过程中应始终做好资料积累工作，建立完善的资料记录和科学管理制度，认真系统地积累和管理合同文件、质量、进度及财务收支等方面的资料。对于可能会发生索赔的工程项目，从开始施工时就要有目的地收集证据资料，系统地拍摄现场，妥善保管开支收据，有意识地为索赔文件积累所必要的证据材料。常见的索赔证据主要有：

(1) 各种合同文件，包括工程合同及附件、中标通知书、投标书、标准和技术规范、图纸、工程量清单、工程报价单或预算书、有关技术资料和要求等。具体有业主提供的水文地质、地下管网资料，施工所需的证件、批件、临时用地占地证明手续、坐标控制点资料等。

(2) 经工程师批准的承包商施工进度计划、施工方案、施工组织设计和具体的现场实施情况记录。各种施工报表有：

① 驻地工程师填制的工程施工记录表，这种记录能提供关于气候、施工人数、设备使用情况和部分工程局部竣工等情况；

② 施工进度表；

③ 施工人员计划表和人工日报表；

④ 施工用材料和设备报表。

(3) 施工日志及工长工作日志、备忘录等。施工中发生的影响工期或工程资金的所有重大事情均应写入备忘录存档，备忘录应按年、月、日顺序编号，以便查阅。

(4) 工程有关施工部位的照片及录像等。保存完整的工程照片和录像能有效地显示工程进度。因而除了标书上规定需要定期拍摄的工程照片和录像外，承包商自己应经常注意拍摄工程照片和录像，注明日期，作为自己查阅的资料。

(5) 工程各项往来信件、电话记录、指令、信函、通知、答复等。有关工程的来往信件内容常常包括某一时期工程进展情况的总结以及与工程有关的当事人，尤其是这些信件的签发日期对计算工程延误时间具有很大参考价值。因而来往信件应妥善保存，直到合同全部履行完毕，所有索赔均获解决时为止。

(6) 工程各项会议纪要、协议及其他各种签约、定期与业主雇员的谈话资料等。业主雇员对合同和工程实际情况掌握第一手资料，与他们交谈的目的是摸清施工中可能发生的意外情况，会碰到哪些难以处理的问题，以便做到事前心中有数，一旦发生进度延误，承包商即可提出延误原因，说明延误原因是业主造成的，为索赔埋下伏笔。在施工合同的履行过程中，业主、工程师和承包商定期或不定期的会谈所作出的决定或决议，都是施工合同的补充，应作为施工合同的组成部分，但会谈纪要只有经过各方签署后方可作为索赔的依据。业主与承包商、承包商与分包人之间定期或临时召开的现场会议讨论工程情况的会议记录，能被用来追溯项目的执行情况，查阅业主签发工程内容变动通知的背景和签发通知的日期，也能查阅在施工中最早发现某一重大情况的确切时间。另外，这些记录也能反映承包商对有关情况采取的行动。

(7) 业主或工程师发布的各种书面指令书和确认书以及承包商要求、请求、通知书。气象报告和资料。比如，有关天气的温度、风力、雨雪的资料等。

(8) 投标前业主提供的参考资料和现场资料。

(9) 施工现场记录。工程各项有关设计交底记录、变更图纸、变更施工指令等，工程图纸、图纸变更、交底记录的送达份数及日期记录，工程材料和机械设备的采购、订货、运输、进场、验收、使用等方面的凭据及材料供应清单、合格证书，工程送电、送水、道路开通、封闭的日期及数量记录，工程停电、停水和干扰事件影响的日期及恢复施工的日期等。

(10) 工程各项经业主或工程师签认的签证。例如，承包商要求预付通知，工程量核实确认单。

(11) 工程结算资料和有关财务报告。例如，工程预付款、进度款拨付的数额及日期记录，工程结算书、保修单等。

(12) 各种检查验收报告和技术鉴定报告。由工程师签字的工程检查和验收报告反映出某一单项工程在某一特定阶段竣工的程度，并记录了该单项工程竣工的时间和验收的日期，应该妥为保管。如：质量验收单、隐蔽工程验收单、验收记录；竣工验收资料、竣工图。

(13) 各类财务凭证。需要收集和保存的工程基本会计资料包括工卡、人工分配表、注销薪水支票、工人福利协议、经会计师核算的薪水报告单、购料订单收讫发票、收款票据、设备使用单据、注销账应付支票、账目图表、总分类账、财务信件、经会计师核证的财务决算表、工程预算、工程成本报告书、工程内容变更单等。工人或雇请人员的薪水单据应按日期编存归档，薪水单上费用的增减能揭示工程内容增减的情况和开始的时间。承包商应注意保管和分析工程项目的会计核算资料，以便及时发现索赔机会，准确地计算索赔的款额，争取合理的资金回收。

(14) 其他包括分包合同、官方的物价指数、汇率变化表，以及国家、省、市有关影响工程造价、工期的文件、规定等。

3．索赔证据的基本要求

(1) 真实性。索赔证据必须是在实施合同过程中确实存在和实际发生的，是施工过程中产生的真实资料，能经得住推敲。

(2) 及时性。索赔证据的取得及提出应当及时。这种及时性反映了承包商的态度和管理水平。

(3) 全面性。所提供的证据应能说明事件的全部内容。索赔报告中涉及的索赔理由、事件过程、影响、索赔值等都应有相应证据，不能零乱和支离破碎。

(4) 关联性。索赔的证据应当与索赔事件有必然联系，并能够互相说明、符合逻辑，不能互相矛盾。

(5) 有效性。索赔证据必须具有法律效力。一般要求证据必须是书面文件，有关记录、协议、纪要必须是双方签署的；工程中重大事件、特殊情况的记录、统计必须由工程师签证认可。

10.1.5　索赔文件

1．索赔文件的一般内容

索赔文件也称索赔报告，它是合同一方向对方提出索赔的书面文件，它全面反映了一方当事人对一个或若干个索赔事件的所有要求和主张，对方当事人也是通过对索赔文件的审核、分析和评价来作出认可、要求修改、反驳甚至拒绝的回答，索赔文件也是双方进行索赔谈判或调解、仲裁、诉讼的依据，因此索赔文件的表达与内容对索赔的解决有重大影响，索赔方必须认真编写索赔文件。

在合同履行过程中，一旦出现索赔事件，承包商应该按照索赔文件的构成内容，及时地向业主提交索赔文件。单项索赔文件的一般格式如下。

(1) 题目。索赔报告的标题应该能够简要准确地概括索赔的中心内容。例如：关于……事件的索赔。

(2) 事件。详细描述事件过程，主要包括：事件发生的工程部位、发生的时间、原因和经过、影响的范围以及承包商当时采取的防止事件扩大的措施、事件持续时间、承包商已经向业主或工程师报告的次数及日期、最终结束影响的时间、事件处置过程中的有关主要人员办理的有关事项等。还包括双方信件交往、会谈，并指出对方如何违约，证据的编号等。

(3) 理由。指索赔的依据，主要是法律依据和合同条款的规定。合理引用法律和合同的有关规定，建立事实与损失之间的因果关系，说明索赔的合理合法性。

(4) 结论。指出事件造成的损失或损害及其大小，主要包括要求补偿的金额及工期，这部分只需列举各项明细数字及汇总数据即可。

(5) 损失估价和延期计算。为了证实索赔金额和工期的真实性，必须指明计算依据及计算资料的合理性，包括损失费用、工期延长的计算基础、计算方法、计算公式及详细的计算过程及计算结果。

(6) 附件。包括索赔报告中所列举事实、理由、影响等各种经过编号的证明文件和证据、图表。

2. 索赔文件编写要求

编写索赔文件需要实际工作经验，索赔文件如果起草不当，会失去索赔方的有利地位和条件，使正当的索赔要求得不到合理解决。对于重大索赔或一揽子索赔，最好能在律师或索赔专家的指导下进行。编写索赔文件的基本要求如下。

(1) 符合实际。

索赔事件要真实、证据确凿。索赔的根据和款额应符合实际情况，不能虚构和扩大更不能无中生有，这是索赔的基本要求。这既关系到索赔的成败，也关系到承包商的信誉。一个符合实际的索赔文件，可使审阅者看后的第一印象是合情合理，不会立即予以拒绝。相反如果索赔要求缺乏根据，不切实际地漫天要价，使对方一看就极为反感，甚至连其中有道理的索赔部分也被置之不理，不利于索赔问题的最终解决。

(2) 说服力强。

① 符合实际的索赔要求，本身就具有说服力，但除此之外索赔文件中责任分析应清楚、准确。一般索赔所针对的事件都是由于非承包商责任而引起的，因此，在索赔报告中要善于引用法律和合同中的有关条款，详细、准确地分析并明确指出对方应负的全部责任，并附上有关证据材料，不可在责任分析上模棱两可、含混不清。对事件叙述要清楚明确，不应包含任何估计或猜测。

② 强调事件的不可预见性和突发性。说明即使一个有经验的承包商对它不可能有预见或有准备，也无法制止，并且承包商为了避免和减轻该事件的影响和损失已尽了最大的努力，采取了能够采取的措施，从而使索赔理由更加充分，更易于对方接受。

③ 论述要有逻辑。明确阐述由于索赔事件的发生和影响，使承包商的工程施工受到严重干扰，并为此增加了支出，拖延了工期。应强调索赔事件、对方责任、工程受到的影响和索赔之间有直接的因果关系。

(3) 计算准确。

索赔文件中应完整列入索赔值的详细计算资料，指明计算依据、计算原则、计算方法、计算过程及计算结果的合理性，必要的地方应作详细说明。计算结果要反复校核，做到准确无误，要避免高估冒算。计算上的错误，尤其是扩大索赔款的计算错误，会给对方留下恶劣的印象，他会认为提出的索赔要求太不严肃，其中必有多处弄虚作假，会直接影响索赔的成功。

(4) 简明扼要。

索赔文件在内容上应组织合理、条理清楚，各种定义、论述、结论正确，逻辑性强，既能完整地反映索赔要求，又要简明扼要，使对方很快地理解索赔的本质。索赔文件最好采用活页装订，印刷清晰。同时，用语应尽量婉转，避免使用强硬、不客气的语言。

10.1.6　索赔工作程序

索赔工作程序是指从索赔事件产生到最终处理全过程所包括的工作内容和工作步骤。由于索赔工作实质上是承包商和业主在分担工程风险方面的重新分配过程，涉及双方的众多经济利益，因而是一项烦琐、细致、耗费精力和时间的过程。因此，合同双方必须严格按照合同规定办事，按合同规定的索赔程序工作，才能获得成功的索赔。具体工程的索赔工作程序，应根据双方签订的施工合同产生。在工程实践中，比较详细的索赔工作程序一般可分为如图 10-1 所示的主要步骤。

1. 索赔意向通知

索赔意向通知是一种维护自身索赔权利的文件。在工程实施过程中，承包商发现索赔或意识到存在潜在的索赔机会后，要做的第一件事是要在合同规定的时间内将自己的索赔意向，用书面形式及时通知业主或工程师，亦即向业主或工程师就某一个或若干个索赔事件表示索赔愿望、要求或声明保留索赔的权利。索赔意向的提出是索赔工作程序中的第一步，其关键是抓住索赔机会，及时提出索赔意向。索赔意向通知，一般仅仅是向业主或工程师表明索赔意向，所以应当简明扼要。通常只要说明以下几点内容：索赔事由发生的时间、地点、简要事实情况和发展动态；索赔所依据的合同条款和主要理由；索赔事件对工程成本和工期产生的不利影响。

FIDIC 合同条件及我国建设工程施工合同条件都规定：承包商应在索赔事件发生后的 28 天内，将其索赔意向以正式函件通知工程师。反之如果承包商没有在合同规定的期限内提出索赔意向或通知，承包商则会丧失在索赔中的主动和有利地位，业主和工程师也有权拒绝承包商的索赔要求，这是索赔成立的有效和必备条件之一。因此在实际工作中，承包商应避免合理的索赔要求由于未能遵守索赔时限的规定而导致无效。在实际的工程承包合同中，对索赔意向提出的时间限制不尽相同，只要双方经过协商达成一致并写入合同条款即可。

施工合同要求承包商在规定期限内首先提出索赔意向，是基于以下考虑。

(1) 提醒业主或工程师及时关注索赔事件的发生、发展等全过程。

(2) 为业主或工程师的索赔管理作准备，比如可进行合同分析、收集证据等。

(3) 如属业主责任引起索赔，业主有机会采取必要的改进措施，防止损失的进一步扩大。

(4) 对于承包商来讲，意向通知可以对其合法权益起到保护作用，使承包商避免"因被称为'志愿者'而无权取得补偿"的风险。

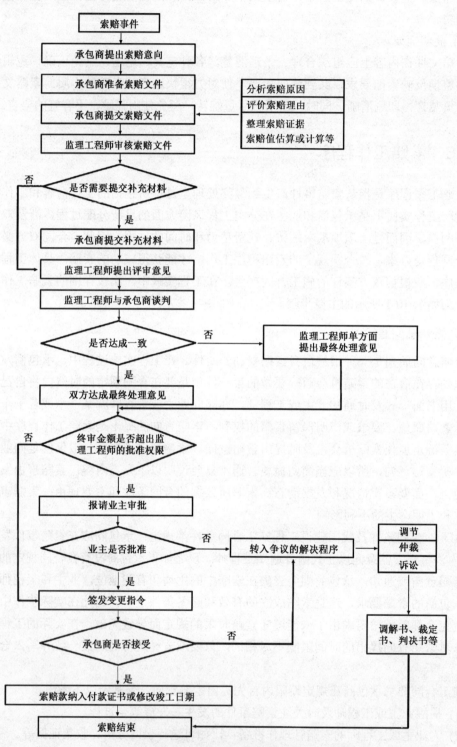

图 10-1　某工程项目索赔工作程序

2．索赔资料的准备

从提出索赔意向到提交索赔文件，是属于承包商索赔的内部处理阶段和索赔资料准备阶段。此阶段的主要工作有如下几方面。

(1) 跟踪和调查干扰事件，掌握事件产生的详细经过和前因后果。

(2) 分析干扰事件产生原因，划清各方责任，确定由谁承担，并分析这些干扰事件是否违反了合同规定，是否在合同规定的赔偿或补偿范围内，即确定索赔根据。

(3) 损失或损害调查或计算。通过对比实际和计划的施工进度和工程成本，分析经济损失或权利损害的范围和大小，并由此计算出工期索赔和费用索赔值。

(4) 收集证据。从干扰事件产生、持续直至结束的全过程，都必须保留完整的当时记录，这是索赔能否成功的重要条件。在实际工作中，许多承包商的索赔要求都因没有或缺少书面证据而得不到合理解决，这个问题应引起承包商的高度重视。

(5) 起草索赔文件。按照索赔文件的格式和要求，将上述各项内容系统反映在索赔文件中。

索赔的成功很大程度上取决于承包商对索赔作出的解释和真实可信的证明材料。即使抓住合同履行中的索赔机会，如果拿不出索赔证据或证据不充分，其索赔要求往往难以成功或被大打折扣。因此，承包商在正式提出索赔报告前的资料准备工作极为重要。这就要求承包商注意记录和积累保存工程施工过程中的各种资料，并可随时从中提取与索赔事件有关的证明资料。

3．索赔文件的提交

承包商必须在合同规定的索赔时限内向业主或工程师提交正式的书面索赔文件。FIDIC合同条件和我国建设工程施工合同条件都规定，承包商必须在发出索赔意向通知后的 28 天内或经工程师同意的其他合理时间内，向工程师提交一份详细的索赔文件和有关资料，如果干扰事件对工程的影响持续时间长，承包商则应按工程师要求的合理间隔(一般 28 天)，提交中间索赔报告，并在干扰事件影响结束后的 28 天内提交一份最终索赔报告。如果承包商未能按时间规定提交索赔报告，则他就失去了该项事件请求补偿的索赔权利，此时他所受到损害的补偿，将不超过工程师认为应主动给予的补偿额，或把该事件损害提交仲裁解决时，仲裁机构依据合同和同期记录可以证明的损害补偿额。

4．工程师对索赔文件的审核

工程师受业主的委托和聘请，对工程项目的实施进行组织、监督和控制工作。在业主与承包商之间的索赔事件发生、处理和解决过程中，工程师是个核心人物。工程师在接到承包商的索赔文件后，必须以完全独立的身份，站在客观公正的立场上审查索赔要求的正当性，必须对合同条件、协议条款等有详细的了解，以合同为依据来公平处理合同双方的利益纠纷。工程师应该建立自己的索赔档案，密切关注事件的影响和发展，有权检查承包商的有关同期记录材料，随时就记录内容提出他的不同意见或他认为应予以增加的记录项目。

工程师根据业主的委托或授权，对承包商索赔的审核工作主要分为判定索赔事件是否成立和核查承包商的索赔计算是否正确、合理两个方面，并可在业主授权的范围内作出自己独立的判断。

承包商索赔要求的成立必须同时具备如下四个条件。

(1) 与合同相比较，事件已经造成了承包商实际的额外费用增加或工期损失。

(2) 造成费用增加或工期损失的原因不是由于承包商自身的责任所造成。

(3) 这种经济损失或权利损害也不是由承包商应承担的风险所造成。

(4) 承包商在合同规定的期限内提交了书面的索赔意向通知和索赔文件。

上述四个条件没有先后主次之分，并且必须同时具备，承包商的索赔才能成立。其后工程师对索赔文件的审查重点主要有两步：第一步，重点审查承包商的申请是否有理有据，即承包商的索赔要求是否有合同依据，所受损失确属不应由承包商负责的原因造成，提供的证据是否足以证明索赔要求成立，是否需要提交其他补充材料等。第二步，工程师应以公正的立场、科学的态度，重点审查并核算索赔值的计算是否正确、合理，分清责任，对不合理的索赔要求或不明确的地方提出反驳和质疑，或要求承包商作出进一步的解释和补充，并拟定自己计算的合理索赔款项和工期延展天数。

5. 工程师索赔处理

工程师核查后初步确定应予补偿的额度，往往与承包商的索赔报告中要求的额度不一致，甚至差额较大，主要原因大多为对承担事件损害责任的界限划分不一致、索赔证据不充分、索赔计算的依据和方法分歧较大等，因此双方应就索赔的处理进行协商。通过协商达不成共识时，工程师有权单方面作出处理决定，承包商仅有权得到所提供的证据满足工程师认为索赔成立那部分的付款和工期延展。不论工程师通过协商与承包商达成一致，还是他单方面作出的处理决定，批准给予补偿的款额和延展工期的天数如果在授权范围之内，则可将此结果通知承包商，并抄送业主。补偿款将计入下月支付工程进度款的支付证书内，业主应在合同规定的期限内支付，延展的工期加到原合同工期中去。如果批准的额度超过工程师的权限，则应报请业主批准。

对于持续影响时间超过 28 天以上的工期延误事件，当工期索赔条件成立时，对承包商每隔 28 天报送的阶段索赔临时报告审查后，每次均应作出批准临时延长工期的决定，并于事件影响结束后 28 天内承包商提出最终的索赔报告后，批准延展工期总天数。应当注意的是：最终批准的总延展天数，不应少于以前各阶段已同意延展天数之和。规定承包商在事件影响期间每隔 28 天提出一次阶段报告，可以使工程师能及时根据同期记录批准该阶段应予延展工期的天数，避免事件影响时间太长而不能准确确定索赔值。

工程师经过对索赔文件的认真评审，并与业主、承包商进行了较充分的讨论后，应提出自己的索赔处理决定。通常，工程师的处理决定不是终局性的，对业主和承包商都不具有强制性的约束力。

我国建设工程施工合同条件规定，工程师收到承包商送交的索赔报告和有关资料后应在 28 天内给予答复，或要求承包商进一步补充索赔理由和证据。如果在 28 天内既未予答复，也未对承包商作进一步要求，则视为承包商提出的该项索赔要求已经认可。

6. 业主审查索赔处理

当索赔数额超过工程师权限范围时，由业主直接审查索赔报告，并与承包商谈判解决，工程师应参加业主与承包商之间的谈判，工程师也可以作为索赔争议的调解人。业主首先根据事件发生的原因、责任范围、合同条款审核承包商的索赔文件和工程师的处理报告，再依据工程建设的目的、投资控制、竣工投产日期要求以及针对承包商在施工中的缺陷或违反合同规定等的有关情况，决定是否批准工程师的处理决定。例如，承包商某项索赔理由成立，工程师根据相应条款的规定，既同意给予一定的费用补偿，也批准延展相应的工期，但业主权衡了施工的实际情况和外部条件的要求后，可能不同意延展工期，而宁愿给承包商增加费用补偿额，要求他采取赶工措施，按期或提前完工，这样的决定只有业主才有权作出。索赔报告经业主批准后，工程师即可签发有关证书。对于数额比较大的索赔，一般需要业主、承包商和工程师三方反复协商才能作出最终处理决定。

7. 最终索赔处理

如果承包商同意接受最终的处理决定，索赔事件的处理即告结束。如果承包商不同意，则可根据合同约定，将索赔争议提交仲裁或诉讼，使索赔问题得到最终解决。在仲裁或诉讼过程中，工程师作为工程全过程的参与者和管理者，可以作为见证人提供证据、做答辩。

工程项目实施中会发生各种各样、大大小小的索赔、争议等问题，应该强调合同各方应该争取尽量在最早的时间、最低的层次，尽最大可能以友好协商的方式解决索赔问题，不要轻易提交仲裁或诉讼。因为对工程争议的仲裁或诉讼往往是非常复杂的，要花费大量的人力、物力、财力和精力，对工程建设也会带来不利，有时甚至是严重的影响。

10.2　工期索赔争议的解决

10.2.1　工程延误的合同规定及要求

工程延误是指工程实施过程中任何一项或多项工作实际完成日期迟于计划规定的完成日期，从而可能导致整个合同工期的延长。工程工期是施工合同中的重要条款之一，涉及业主和承包商多方面的权利和义务关系。工程延误对合同双方一般都会造成损失。业主因工程不能及时交付使用、投入生产，就不能按计划实现投资效果，失去盈利机会，损失市场利润；承包商因工期延误而会增加工程成本，比如现场工人工资开支、机械停滞费用、现场和企业管理费等，生产效率降低，企业信誉受到影响，最终还可能导致合同规定的误期损害赔偿费处罚。因此，工程延误的后果是形式上的时间损失，实质上的经济损失，无论是业主还是承包商，都不愿意无缘无故地承担由工程延误给自己造成的经济损失。工程工期是业主和承包商经常发生争议的问题之一，工期索赔在整个索赔中占据了很高的比例，也是承包商索赔的重要内容之一。

1. 关于工期延误的合同一般规定

如果由于非承包商自身原因造成工程延期，在土木工程合同和房屋建造合同中，通常都规定承包商有权向业主提出工期延长的索赔要求，如果能证实因此造成了额外的损失或开支，承包商还可以要求经济赔偿，这是施工合同赋予承包商要求延长工期的正当权利。

2．关于误期损害赔偿费的合同一般规定

如果由于承包商自身原因未能在原定的或工程师同意延长的合同工期内竣工时，承包商则应承担误期损害赔偿费，这是施工合同赋予业主的正当权利。具体内容主要有两点：

(1) 如果承包商没有在合同规定的工期内或按合同有关条款重新确定的延长期限内完成工程时，工程师将签署一个承包商延期的证明文件。

(2) 根据此证明文件，承包商应承担违约责任，并向业主赔偿合同规定的延期损失。业主可从他自己掌握的已属于或应属于承包商的款项中扣除该项赔偿费，且这种扣款或支付，不应解除承包商对完成此项工程的责任或合同规定的承包商的其他责任与义务。

3．承包商要求延长工期的目的

根据合同条款的规定，免去或推卸自己承担误期损害赔偿费的责任。

(1) 确定新的工程竣工日期及其相应的保修期。

(2) 确定与工期延长有关的赔偿费用，例如，由于工期延长而产生的人工费、材料费、机械费、分包费、现场管理费、总部管理费、利息、利润等额外费用。

10.2.2　工程延误的分类、识别与处理原则

整个工程延误分类如图 10-2 所示。

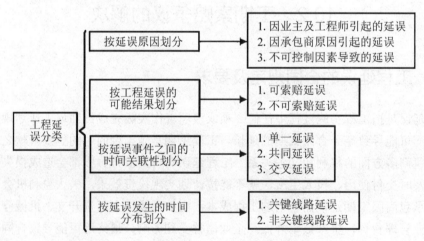

图 10-2　工程延误分类图

1．按延误原因划分

(1) 因业主及工程师自身原因或合同变更原因引起的延误。

包括业主拖延交付合格的施工现场、拖延交付图纸、业主或工程师拖延审批图纸、施工方案、计划、拖延支付预付款或工程款、业主提供的设计数据或工程数据延误、业主指定的分包商违约或延误、业主未能及时提供合同规定的材料或设备、业主拖延关键线路上工序的验收时间，造成承包商下道工序施工延误、业主或工程师发布指令延误，或发布的

指令打乱了承包商的施工计划、业主或工程师原因暂停施工导致的延误、业主对工程质量的要求超出原合同的约定、业主设计变更或要求修改图纸，要求增加额外工程，导致工程量增加，工程变更或工程量增加引起施工程序的变动等。

(2) 因承包商原因引起的延误。

由承包商原因引起的延误一般是其内部计划不周、组织协调不力、指挥管理不当等原因引起的。

① 施工组织不当，如出现窝工或停工待料现象。

② 质量不符合合同要求而造成的返工。

③ 资源配置不足，如劳动力不足，机械设备不足或不配套，技术力量薄弱，管理水平低，缺乏流动资金等造成的延误。

④ 开工延误。

⑤ 劳动生产率低。

⑥ 承包商雇用的分包商或供应商引起的延误等。显然上述延误难以得到业主的谅解，也不可能得到业主或工程师给予延长工期的补偿。

(3) 不可控制因素导致的延误。

包括人力不可抗拒的自然灾害导致的延误、特殊风险如战争、叛乱、革命、核装置污染等造成的延误、不利的自然条件或客观障碍引起的延误、施工现场中其他承包商的干扰、合同文件中某些内容的错误或互相矛盾、罢工及其他经济风险引起延误，例如政府抵制或禁运而造成工程延误等。

2. 按工程延误的可能结果划分

1) 可索赔延误

可索赔延误指非承包商原因引起的工程延误，包括业主或工程师的原因和双方不可控制的因素引起的延误，并且该延误工序或作业一般应在关键线路上，此时承包商可提出补偿要求，业主应给予相应的合理补偿。根据补偿内容的不同，可索赔延误可进一步分为以下三种情况：

第一，只可索赔工期的延误。这类延误是由业主、承包商双方都不可预料、无法控制的原因造成的延误，如上文所述的不可抗力、异常恶劣气候条件、特殊社会事件、其他第三方等原因引起的延误。对于这类延误，一般合同规定：业主只给予承包商延长工期，不给予费用损失的补偿。但有些合同条件(如 FIDIC)中对一些不可控制因素引起的延误，如"特殊风险"和"业主风险"引起的延误，业主还应给予承包商费用损失的补偿；

第二，只可索赔费用的延误。这类延误是指由于业主或工程师的原因引起的延误，但发生延误的活动对总工期没有影响，而承包商却由于该项延误负担了额外的费用损失。在这种情况下，承包商不能要求延长工期，但可要求业主补偿费用损失，前提是承包商必须能证明其受到了损失或发生了额外费用，如因延误造成的人工费增加、材料费增加、劳动生产率降低等；

第三，可索赔工期和费用的延误。这类延误主要是由于业主或工程师的原因而直接造成工期延误并导致经济损失,如业主未及时交付合格的施工现场,既造成承包商的经济损失,又侵犯了承包商的工期权利。在这种情况下,承包商不仅有权向业主索赔工期,而且还有权要求业主补偿因延误而发生的、与延误时间相关的费用损失。在正常情况下,对于此类延误,承包商首先应得到工期延长的补偿。但在工程实践中,由于业主对工期要求的特殊性,对于即使因业主原因造成的延误,业主也不批准任何工期的延长,即业主愿意承担工期延误的责任,却不希望延长总工期。业主这种做法实质上是要求承包商加速施工。由于加速施工所采取的各种措施而多支出的费用,就是承包商提出费用补偿的依据。

2) 不可索赔延误

不可索赔延误指因可预见的条件或在承包商控制之内的情况,或由于承包商自己的问题与过错而引起的延误。如果没有业主或工程师的不合适行为,没有上面所讨论的其他可索赔情况,则承包商必须无条件地按合同规定的时间实施和完成施工任务,而没有资格获准延长工期,承包商不应向业主提出任何索赔,业主也不会给予工期或费用的补偿。相反,如果承包商未能按期竣工,还应支付误期损害赔偿费。

3. 按延误事件之间的时间关联性划分

1) 单一延误

单一延误指在某一延误事件从发生到终止的时间间隔内,没有其他延误事件的发生,该延误事件引起的延误称为单一延误或非共同延误。

2) 共同延误

当两个或两个以上的单个延误事件从发生到终止的时间完全相同时,这些事件引起的延误称为共同延误。共同延误的补偿分析比单一延误要复杂。如图 10-3 所示列出了共同延误发生的部分可能性组合及其索赔补偿分析结果。

3) 交叉延误

当两个或两个以上的延误事件从发生到终止只有部分时间重合时,称为交叉延误。由于工程项目是一个复杂的系统工程,影响因素众多,常常会出现多种原因引起的延误交织在一起,这种交叉延误的补偿分析比较复杂。实际上,共同延误是交叉延误的一种特殊情况。如图 10-3 所示。

4. 按延误发生的时间分布划分

1) 关键线路延误

关键线路延误指发生在工程网络计划关键线路上活动的延误。由于在关键线路上全部工序的总持续时间即为总工期,因而任何工序的延误都会造成总工期的推迟,因此,非承包商原因引起的关键线路延误,必定是可索赔延误。

2) 非关键线路延误

非关键线路延误指在工程网络计划非关键线路上活动的延误。由于非关键线路上的工序可能存在机动时间,因而当非承包商原因发生非关键线路延误时,会出现两种可能性:

第一,延误时间少于该工序的机动时间。在此种情况下,所发生的延误不会导致整个工程的工期延误,因而业主一般不会给予工期补偿。但若因延误发生额外开支时,承包商可以提出费用补偿要求。

第二，延误时间多于该工序的机动时间。此时，非关键线路上的延误会全部或部分转化为关键线路延误，从而成为可索赔延误。

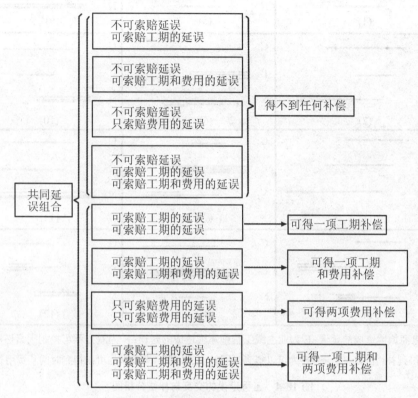

图 10-3　共同延误组合及其补偿分析

如图 10-4 中的(1)～(4)所示。

◆ 如果在承包商的初始延误已解除后，业主原因的延误或双方不可控制因素造成的延误依然在起作用，那么承包商可以对超出部分的时间进行索赔。在图 10-4 中(2)和(3)的情况下，承包商可以获得所示时段的工期延长，并且在图中(4)等情况下还能得到费用补偿。

◆ 反之，如果初始延误是由于业主或工程师原因引起的，那么其后由承包商造成的延误将不会使业主摆脱(尽管有时或许可以减轻)其责任。此时承包商将有权获得从业主的延误开始到延误结束期间的工期延长及相应的合理费用补偿，如图 10-4 中(5)～(8)所示。

◆ 如果初始延误是由双方不可控制因素引起的，那么在该延误时间内，承包商只可索赔工期，而不能索赔费用，如图 10-4 中的(9)～(12)所示。只有在该延误结束后，承包商才能对由业主或工程师原因造成的延误进行工期和费用索赔，如图 10-4 中(12)所示。

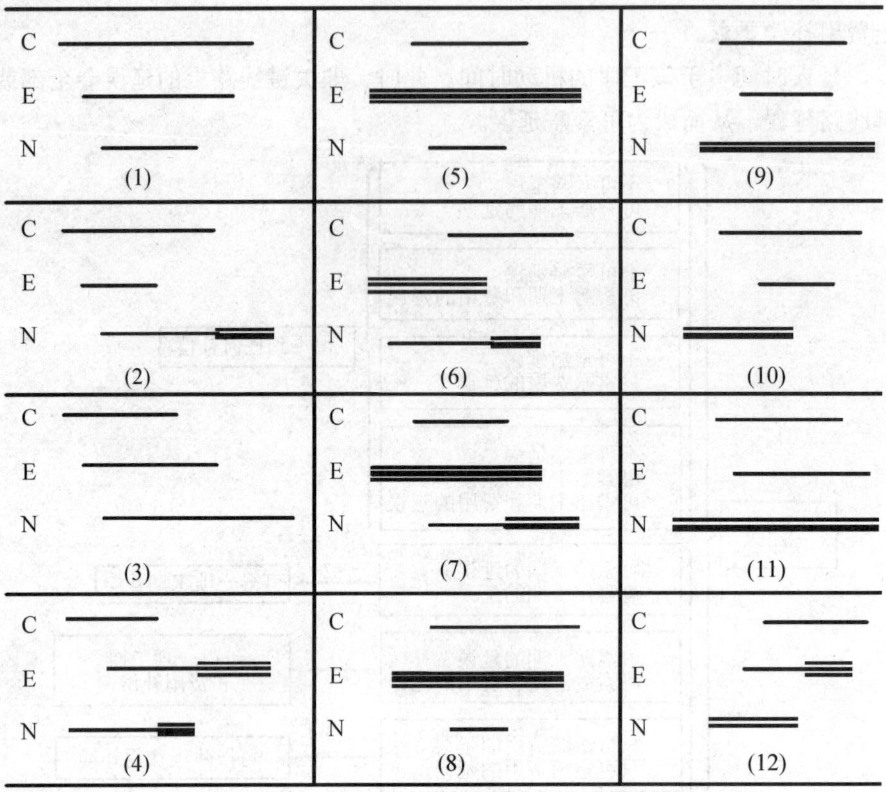

(注：C 为承包商原因造成的延误；E 为业主或工程师原因造成的延误；N 为双方不可控制因素造成的延误；)
━━━ 为不可得到补偿的延期；▬▬▬ 为可以得到时间补偿的延期；▬▬▬ 为可以得到时间和费用补偿的延期

图 10-4　工程延误的交叉与补偿分析图

10.2.3　工期索赔分析方法

1. 工期索赔的依据与合同规定

表 10-1 列出了 FIDIC 合同条件和我国建设工程施工合同条件中有关工期延误与索赔的规定，工期索赔的依据主要有：合同约定的工程总进度计划；合同双方共同认可的详细进度计划，比如网络图、横道图等；合同双方共同认可的月、季、周进度实施计划；合同双方共同认可的对工期的修改文件，比如会谈纪要、来往信件、确认信等；施工日志、气象资料；业主或工程师的变更指令；影响工期的干扰事件；受干扰后的实际工程进度；其他有关工期的资料等。此外，在合同双方签订的工程施工合同中有许多关于工期索赔的规定，它们可以作为工期索赔的法律依据，在实际工作中可供参考。

表 10-1　工程索赔的依据和合同规定

序号	干扰事件	FIDIC 合同条件(1999 年第一版)	建设工程施工合同示范文本(GF—2013—0201)
一	由于业主或工程师失误造成的延误		
1	业主拖延交付合格的施工现场	2.1	2.4.4
2	业主拖延交付图纸	1.9	1.6.1
3	业主拖延支付工程款或预付款	14.8	12.2.1,16.1
4	业主指定分包商违约或延误	5.2	
5	业主未能及时提供合同规定的材料或设备	4.20	8.3.1
6	业主拖延验收时间	9.2	13.2.2
二	因业主或工程师的额外要求导致延误		
1	业主要求修改图纸	3.3	1.6.3
2	业主对质量要求提高	13.1	10.1
3	业主指令打乱了施工计划	8.4	7.5.1
4	业主要求增加额外工程	13.1	10.1
三	双方不可控制因素导致的延误		
1	人力不可抗拒的自然灾害	19.4	17.3
2	异常不利的气候条件	8.4	7.7
3	不利的施工条件或外界障碍	4.12	7.6

2. 工期索赔的分析流程

工期索赔的分析流程包括延误原因分析、网络计划(CPM)分析、业主责任分析和索赔结果分析等步骤，具体内容如图 10-5 所示。

- 原因分析。分析引起工期延误是哪一方的原因，如果由于承包商自身原因造成的，则不能索赔，反之则可索赔。
- 网络计划分析。运用网络计划(CPM)方法分析延误事件是否发生在关键线路上，以决定延误是否可索赔。注意：关键线路并不是固定的，随着工程进展，关键线路也在变化，而且是动态变化。关键线路的确定，必须是依据最新批准的工程进度计划。在工程索赔中，一般只限于考虑关键线路上的延误，或者一条非关键线路因延误已变成关键线路。
- 业主责任分析。结合 CPM 分析结果，进行业主责任分析，主要是为了确定延误是否能索赔费用。若发生在关键线路上的延误是由于业主原因造成的，则这种延误不仅可索赔工期，而且还可索赔因延误而发生的额外费用，否则，只能索赔工期。若由于业主原因造成的延误发生在非关键线路上，则只可能索赔费用。
- 索赔结果分析。在承包商索赔已经成立的情况下，根据业主是否对工期有特殊要求，分析工期索赔的可能结果。如果由于某种特殊原因，工程竣工日期客观上不能改变，即对索赔工期的延误，业主也可以不给予工期延长。这时，业主的行为已实质上构成隐含指令加速施工。因而，业主应当支付承包商采取加速施工措施而额外增加的费用，即加速费用补偿。此处费用补偿是指因业主原因引起的延误时间因素造成承包商负担了额外的费用而得到的合理补偿。

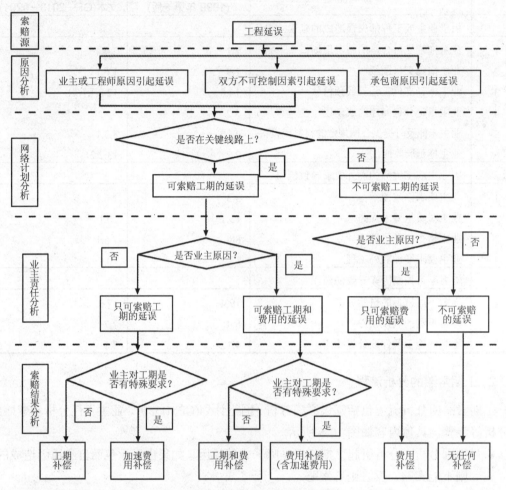

图 10-5 工期索赔的分析流程图

受干扰后的新的持续时间代入网络中，重新进行网络分析和计算，即会得到一个新工期。新工期与原工期之差即为干扰事件对总工期的影响，即为承包商的工期索赔值。网络分析是一种科学、合理的计算方法，它是通过分析干扰事件发生前、后网络计划之差异而计算工期索赔值的，通常可适用于各种干扰事件引起的工期索赔。但对于大型、复杂的工程，手工计算比较困难，需借助计算机系统来完成。

(1) 比例类推法。

在实际工程中，若干扰事件仅影响某些单项工程、单位工程或分部分项工程的工期，要分析它们对总工期的影响，可采用较简单的比例类推法。

比例类推法可分为两种情况：

① 按工程量进行比例类推。当计算出某一分部分项工程的工期延长后，还要把局部工期转变为整体工期，这可以用局部工程的工作量占整个工程工作量的比例来折算。

工期索赔值=原工期×(额外或新增工程量/原工程量)

② 按造价进行比例类推。如果施工中出现了许多大小不等的工期索赔事由，较难准确地单独计算且又麻烦时，可经双方协商，采用造价比较法确定工期补偿天数。

工期索赔值=原合同工期×(附加或新增工程量价格/原合同总价)

比例类推法简单、方便，易于被人们理解和接受，但不尽科学、合理，有时不符合工程实际情况，且对有些情况(如业主变更施工次序等)不适用，甚至会得出错误的结果，在实际工作中应予以注意，正确掌握其适用范围。

(2) 直接法。

有时干扰事件直接发生在关键线路上或一次性地发生在一个项目上，造成总工期的延误。这时可通过查看施工日志、变更指令等资料，直接将这些资料中记载的延误时间作为工期索赔值。比如承包商按工程师的书面工程变更指令，完成变更工程所用的实际工时即为工期索赔值。

10.3　费 用 索 赔

10.3.1　费用索赔的原因及分类

1. 费用索赔的含义及特点

费用索赔是指承包商在非自身因素影响下而遭受经济损失时向业主提出补偿其额外费用损失的要求。因此，费用索赔应是承包商根据合同条款的有关规定，向业主索取的合同价款以外的费用。索赔费用不应被视为承包商的意外收入，也不应被视为业主的不必要开支。实际上，索赔费用的存在是由于建立合同时还无法确定的某些应由业主承担的风险因素导致的结果。承包商的投标报价中一般不考虑应由业主承担的风险对报价的影响，因此一旦这类风险发生并影响承包商的工程成本时，承包商提出费用索赔是一种正常现象和合情合理的行为。

费用索赔是工程索赔的重要组成部分，是承包商进行索赔的主要目标。与工期索赔相比，费用索赔有以下一些特点：

(1) 费用索赔的成功与否及其大小关系到承包商的盈亏，也影响业主工程项目的建设成本，因而费用索赔常常是最困难、也是双方分歧最大的索赔。特别是对于发生亏损或接近亏损的承包商和财务状况不佳的业主，情况更是如此。

(2) 索赔费用的计算比索赔资格或权利的确认更为复杂。索赔费用的计算不仅要依据合同条款与合同规定的计算原则和方法，而且还可能要依据承包商投标时采用的计算基础和方法以及承包商的历史资料等。索赔费用的计算没有统一的合同双方共同认可的计算方法，因此索赔费用的确定及认可是费用索赔中一项困难的工作。

(3) 在工程实践中，常常是许多干扰事件交织在一起，承包商成本的增加或工期延长的发生时间及其原因也常常相互交织在一起，很难清楚准确地划分开，尤其是对于一揽子综合索赔。对于像生产率降低损失及工程延误引起的承包商利润和总部管理费损失等费用的确定，很难准确计算出来，双方往往有很大的分歧。

2. 费用索赔的原因

引起费用索赔的原因是由于合同环境发生变化使承包商遭受了额外的经济损失。归纳起来，费用索赔产生的常见原因主要有：业主违约、工程变更、业主拖延支付工程款或预付款、工程加速、业主或工程师责任造成的可索赔费用的延误、非承包商原因的工程中断或终止、工程量增加、其他如业主指定分包商违约、合同缺陷、国家政策及法律、法令变更等。

10.3.2 费用索赔的费用构成

1. 可索赔费用的分类

1) 按可索赔费用的性质划分

在工程实践中，承包商的费用索赔包括额外工作索赔和损失索赔。额外工作索赔费用包括额外工作实际成本及其相应利润。对于额外工作索赔，业主一般以原合同中的适用价格为基础，或者以双方商定的价格或工程师确定的合理价格为基础给予补偿。实际上，进行合同变更、追加额外工作，可索赔费用的计算相当于一项工作的重新报价。损失索赔包括实际损失索赔和可得利益索赔。实际损失是指承包商多支出的额外成本；可得利益是指如果业主不违反合同，承包商本应取得的、但因业主违约而丧失了的利益。计算额外工作索赔和损失索赔的主要区别是：前者的计算基础是价格，而后者的计算基础是成本。

2) 按可索赔费用的构成划分

可索赔费用按项目构成可分为直接费和间接费。其中，直接费包括人工费、材料费、机械设备费、分包费，间接费包括现场和公司总部管理费、保险费、利息及保函手续费等项目。可索赔费用计算的基本方法是按上述费用构成项目分别分析、计算，最后汇总求出总的索赔费用。

按照工程惯例，承包商对索赔事项的发生原因负有责任的有关费用；承包商对索赔事项未采取减轻措施，因而扩大的损失费用；承包商进行索赔工作的准备费用；索赔金额在索赔处理期间的利息、仲裁费用、诉讼费用等不能索赔，因而不应将这些费用包含在索赔费用中。

2. 常见索赔事件的费用构成

索赔费用的主要组成部分，同建设工程施工合同价的组成部分相似。由于我国关于施工合同价的构成规定与国际惯例不尽一致，所以在索赔费用的组成内容上也有所差异。按照我国现行规定，建筑安装工程合同价一般包括直接费、间接费、计划利润和税金。而国际惯例是将工程合同价分为直接费、间接费、利润三部分。

从原则上说，凡是承包商有索赔权的工程成本的增加，都可以列入索赔的费用。但是，对于不同原因引起的索赔，可索赔费用的具体内容则有所不同。索赔方应根据索赔事件的性质，分析其具体的费用构成内容。表 10-2 分别列出了工期延误、工程加速、工程中断和工程量增加等索赔事件可能的费用项目。

表 10-2　索赔事件的费用项目构成示例表

索赔事件	可能的费用项目	说　明
工程延误	(1)人工费增加	包括工资上涨、现场停工、窝工、生产效率降低。不合理使用劳动力等损失
	(2)材料费增加	因工期延长引起的材料价格上涨
	(3)机械设备费	设备因延期引起的折旧费、保养费、进出场费或租赁费等
	(4)现场管理费增加	包括现场管理人员的工资、津贴等，现场办公设施，现场日常管理费支出，交通费等
	(5)因长期延长的通货膨胀使工程成本增加	
	(6)相应保险费，保函费增加	
	(7)分包商索赔	分包商因延期向承包商提出的费用索赔
	(8)总部管理费分摊	因延期造成公司总部管理费增加
	(9)推迟支付引起的兑换率损失	工程延期引起支付延迟
工程加速	(1)人工费增加	因业主指令工程加速造成增加劳动力投入，不经济地使用劳动力，生产效率降低等
	(2)材料费增加	不经济地使用材料，材料提前交货的费用补偿，材料运输费增加
	(3)机械费增加	增加机械投入，不经济地使用机械
	(4)因加速增加现场管理费	也应扣除因工期缩短减少的现场管理费
	(5)资金成本增加	费用增加和支出提前引起负现金流量所支付的利息
工程中断	(1)人工费增加	如留守人员工资，人员的遣返和重新招雇费，对工人的赔偿等
	(2)机械使用费	设备停置费，额外的进出场费，租赁机械的费用等
	(3)保函、保险费、银行手续费	
	(4)贷款利息	
工程中断	(5)总部管理费	
	(6)其他额外费用	如停工、复工所产生的额外费用，工地重新整理等费用
工程量增加	费用构成与合同报价相同	合同规定承包商应承担一定比例(如 5%，10%)的工程量增加风险，超出部分才予以补偿合同规定工程量增加超出一定比例时(如15%～20%)可调整单价，否则合同单价不变

此外，索赔费用项目的构成会随工程所在国家或地区的不同而不同，即使在同一国家或地区，随着合同条件具体规定的不同，索赔费用的项目构成也会不同。美国工程索赔专家 J.J.Adrian 在其 *Construction* 一书中总结了索赔类型与索赔费用构成的关系表(见表 10-3)，可供参考。

表 10-3 索赔类型与索赔费用构成的关系表

序 号	索赔费用项目	索赔种类			
		延误索赔	工程范围变更索赔	加速施工索赔	现场条件变更索赔
1	人工工时增加费	×	√	×	√
2	生产率降低引起人工损失	√	○	√	○
3	人工单价上涨费	√	○	√	○
4	材料增加费	×	√	○	○
5	材料单价上涨费	√	√	○	○
6	新增的分包工程量	×	√	×	○
7	新增的分包工程单价上涨费用	√	○	○	√
8	租赁设备费	○	√	√	√
9	自有机械设备使用费	√	√	○	○
10	自有机械台班费率上涨费	○	×	○	○
11	现场管理费(可变)	○	○	○	○
12	现场管理费(固定)	√	×	×	○
13	总部管理费(可变)	○	○	○	○
14	总部管理费(固定)	√	×	○	○
15	融资成本(利息)	√	○	○	○
16	利润	○	√	○	√
17	机会利润损失	○	○	○	○

注：√表示包括；×表示不包含；○ 表示可含可不含，示具体情况而定。

索赔费用主要包括的项目如下。

1) 人工费

人工费主要包括生产工人的工资、津贴、加班费、奖金等。对于索赔费用中的人工费部分来说，主要是指完成合同之外的额外工作所花费的人工费用；由于非承包商责任的工效降低所增加的人工费用；超过法定工作时间的加班费用；法定的人工费增长以及非承包商责任造成的工程延误导致的人员窝工费；相应增加的人身保险和各种社会保险支出等。

在以下几种情况下，承包商可以提出人工费的索赔：

◆ 因业主增加额外工程，或因业主或工程师原因造成工程延误，导致承包商人工单价的上涨和工作时间的延长；

◆ 工程所在国法律、法规、政策等变化而导致承包商人工费用方面的额外增加，比如提高当地雇用工人的工资标准、福利待遇或增加保险费用等；

◆ 若由于业主或工程师原因造成的延误或对工程的不合理干扰打乱了承包商的施工计划，致使承包商劳动生产率降低，导致人工工时增加的损失，承包商有权向业主提出生产率降低损失的索赔。

2) 材料费

可索赔的材料费主要包括：

◆ 由于索赔事项导致材料实际用量超过计划用量而增加的材料费；

◆ 由于客观原因导致材料价格大幅度上涨；

◆ 由于非承包商责任工程延误导致的材料价格上涨；

◆ 由于非承包商原因致使材料运杂费、采购与保管费用的上涨；

◆ 由于非承包商原因致使额外低值易耗品使用等。

在以下两种情况下，承包商可提出材料费的索赔：

◆ 由于业主或工程师要求追加额外工作、变更工作性质、改变施工方法等，造成承包商的材料耗用量增加，包括使用数量的增加和材料品种或种类的改变；

◆ 在工程变更或业主延误时，可能会造成承包商材料库存时间延长、材料采购滞后或采用代用材料等，从而引起材料单位成本的增加。

3) 机械设备使用费

可索赔的机械设备费主要包括：

◆ 由于完成额外工作增加的机械设备使用费；

◆ 非承包商责任致使的工效降低而增加的机械设备闲置、折旧和修理费分摊、租赁费用；

◆ 由于业主或工程师原因造成的机械设备停工的窝工费。机械设备台班窝工费的计算，如系租赁设备，一般按实际台班租金加上每台班分摊的机械调进调出费计算；如系承包商自有设备，一般按台班折旧费计算，而不能按全部台班费计算，因台班费中包括了设备使用费；

◆ 非承包商原因增加的设备保险费、运费及进口关税等。

4) 现场管理费

现场管理费是某单个合同发生的、用于现场管理的总费用，一般包括现场管理人员的费用、办公费、通信费、差旅费、固定资产使用费、工具用具使用费、保险费、工程排污费、供热、水及照明费等。它一般约占工程总成本的 5%～10%。索赔费用中的现场管理费是指承包商完成额外工程、索赔事项工作以及工期延长、延误期间的工地管理费。在确定分析索赔费用时，有时把现场管理费具体又分为可变部分和固定部分。所谓可变部分是指在延期过程中可以调到其他工程部位(或其他工程项目)上去的那部分人员和设施；所谓固定部分是指施工期间不易调动的那部分人员或设施。

5) 总部(企业)管理费

总部管理费是承包商企业总部发生的、为整个企业的经营运作提供支持和服务所发生的管理费用，一般包括总部管理人员费用、企业经营活动费用、差旅交通费、办公费、通信费、固定资产折旧、修理费、职工教育培训费用、保险费、税金等。它一般约占企业总营业额的 10%。索赔费用中的总部管理费主要指的是工程延误期间所增加的管理费。

6) 利息

利息，又称融资成本或资金成本，是企业取得和使用资金所付出的代价。融资成本主要有两种：额外贷款的利息支出和使用自有资金引起的机会损失。只要因业主违约(如业主拖延或拒绝支付各种工程款、预付款或拖延退还扣留的保留金)或其他合法索赔事项直接引起了额外贷款，承包商有权向业主就相关的利息支出提出索赔。利息的索赔通常发生于下列情况：

- 业主拖延支付预付款、工程进度款或索赔款等，给承包商造成较严重的经济损失，承包商因而提出拖付款的利息索赔；
- 由于工程变更和工期延误增加投资的利息；
- 施工过程中业主错误扣款的利息。

7) 分包商费用

索赔费用中的分包费用是指分包商的索赔款项，一般也包括人工费、材料费、施工机械设备使用费等。因业主或工程师原因造成分包商的额外损失，分包商首先应向承包商提出索赔要求和索赔报告，然后以承包商的名义向业主提出分包工程增加费及相应管理费用索赔。

8) 利润

对于不同性质的索赔，取得利润索赔的成功率是不同的。在以下几种情况下，承包商一般可以提出利润索赔：

- 因设计变更等变更引起的工程量增加；
- 施工条件变化导致的索赔；
- 施工范围变更导致的索赔；
- 合同延期导致机会利润损失；
- 由于业主的原因终止或放弃合同带来预期利润损失等。

9) 其他费用

其他费用包括相应保函费、保险费、银行手续费及其他额外费用的增加等。

10.3.3　索赔费用的计算方法

索赔值的计算没有统一、共同认可的标准方法，但计算方法的选择却对最终索赔金额影响很大，估算方法选用不合理容易被对方驳回，这就要求索赔人员具备丰富的工程估价经验和索赔经验。对于索赔事件的费用计算，一般是先计算与索赔事件有关的直接费，比如人工费、材料费、机械费、分包费等，然后计算应分摊在此事件上的管理费、利润等间接费。每一项费用的具体计算方法基本上与工程项目报价计算相似。

1．基本索赔费用的计算方法

1) 人工费

人工费是可索赔费用中的重要组成部分，其计算方法为

$$C(L)=CL_1+CL_2+CL_3$$

式中，$C(L)$——索赔的人工费；

　　　CL_1——人工单价上涨引起的增加费用；

　　　CL_2——人工工时增加引起的费用；

　　　CL_3——劳动生产率降低引起的人工损失费用。

2) 材料费

材料费在工程造价中占据较大比重，也是重要的可索赔费用。材料费索赔包括材料耗用量增加和材料单位成本上涨两个方面，其计算方法为

$$C(M)=CM_1+CM_2$$

式中，$C(M)$——可索赔的材料费；

　　　CM_1——材料用量增加费；

　　　CM_2——材料单价上涨导致的材料费增加。

3) 施工机械设备费

施工机械设备费包括承包商在施工过程中使用自有施工机械所发生的机械使用费，使用外单位施工机械的租赁费以及按照规定支付的施工机械进出场费用等。索赔机械设备费的计算方法为

$$C(E)=C*E_1+CE_2+CE_3+CE_4$$

式中，$C(E)$——可索赔的机械设备费；

　　　CE_1——承包商自有施工机械工作时间额外增加费用；

　　　CE_2——自有机械台班费率上涨费；

　　　CE_3——外来机械租赁费(包括必要的机械进出场费)；

　　　CE_4——机械设备闲置损失费用。

4) 分包费

分包费索赔的计算方法为

$$C(SC)=CS_1+CS_2$$

式中，$C(SC)$——索赔的分包费；

　　　CS_1——分包工程增加费用；

　　　CS_2——分包工程增加费用的相应管理费(有时可包含相应利润)。

5) 利息

利息索赔额的计算方法可按复利计算法计算。至于利息的具体利率应是多少，可采用不同标准，主要有以下三种情况：按承包商在正常情况下的当时银行贷款利率；按当时的银行透支利率或按合同双方协议的利率。

6) 利润

索赔利润的款额计算通常与原报价单中的利润百分率保持一致。即在索赔款直接费的基础上，乘以原报价单中的利润率，即作为该项索赔款中的利润额。

2. 管理费索赔的计算方法

在确定索赔事件的直接费用以后，还应提出应分摊的管理费。由于管理费金额较大，其确认和计算都比较困难和复杂，常常会引起双方争议。管理费属于工程成本的组成部分，包括企业总部管理费和现场管理费。我国现行建筑工程造价构成中，将现场管理费纳入到直接工程费中，企业总部管理费纳入到间接费中。一般的费用索赔中都可以包括现场管理费和总部管理费。

1) 现场管理费

现场管理费的索赔计算方法一般有两种情况：

① 直接成本的现场管理费索赔。对于发生直接成本的索赔事件，其现场管理费索赔额一般可按该索赔事件直接费乘以现场管理费费率，而现场管理费费率等于合同工程的现场管理费总额除以该合同直接成本总额；

② 工程延期的现场管理费索赔。如果某项工程延误索赔不涉及直接费的增加，或由于工期延误时间较长，按直接成本的现场管理费索赔方法计算的金额不足以补偿工期延误所造成的实际现场管理费支出，则可按如下方法计算：用实际(或合同)现场管理费总额除以实际(或合同)工期，得到单位时间现场管理费费率，然后用单位时间现场管理费费率乘以可索赔的延期时间，可得到现场管理费索赔额。

2) 总部管理费

目前常用的总部管理费的计算方法有以下几种：

① 按照投标书中总部管理费的比例(3%～8%)计算；

② 按照公司总部统一规定的管理费比率计算；

③ 以工程延期的总天数为基础，计算总部管理费的索赔额。

对于索赔事件来讲，总部管理费金额较大，常常会引起双方的争议，常常采用总部管理费分摊的方法，因此分摊方法的选择甚为重要。主要有两种：

(1) 总直接费分摊法。总部管理费一般首先在承包商的所有合同工程之间分摊，然后再在每一个合同工程的各个具体项目之间分摊。其分摊系数的确定与现场管理费类似，即可以将总部管理费总额除以承包商企业全部工程的直接成本(或合同价)之和，据此比例即可确定每项直接费索赔中应包括的总部管理费。总直接费分摊法是将工程直接费作为比较基础来分摊总部管理费。它简单易行，说服力强，运用面较宽。其计算公式为

单位直接费的总部管理费率=总部管理费总额/合同期内承包商完成的总直接费×100%

总部管理费索赔额-单位直接费的总部管理费率×争议合同直接费

总直接费分摊法的局限之处是：如果承包商所承包的各工程的主要费用比例变化太大，误差就会很大。如有的工程材料费、机械费比重大，直接费高，分摊到的管理费就多，反之亦然。此外如果合同发生延期且无替补工程，则延误期内工程直接费较小，分摊的总部

管理费和索赔额都较小，承包商会因此而蒙受经济损失。

(2) 日费率分摊法。日费率分摊法又称 Eichleay，得名于 Eichleay 公司一桩成功的索赔案例。其基本思路是按合同额分配总部管理费，再用日费率法计算应分摊的总部管理费索赔值。其计算公式为

争议合同应分摊的总部管理费=(争议合同额/合同期承包商完成的合同总额)×同期总部管理费总额

日总部管理费率=争议合同应分摊的总部管理费/合同履行天数

总部管理费索赔额=日总部管理费率×合同延误天数

该方法的优点是简单、实用，易于被人理解，在实际运用中也得到一定程度的认可。存在的主要问题有：一是总部管理费按合同额分摊与按工程成本分摊结果不同，而后者在通常会计核算和实际工作中更容易被人理解；二是"合同履行天数"中包括了"合同延误天数"，降低了日总部管理费率及承包商的总部管理费索赔值。

从以上可知，总部管理费的分摊标准是灵活的，分摊方法的选用要能反映实际情况，既要合理，又要有利。

3. 综合费用索赔的计算方法

对于有许多单项索赔事件组成的综合费用索赔，可索赔的费用构成往往很多，可能包括直接费用和间接费用，一些基本费用的计算前文已叙述。从总体思路上讲，综合费用索赔主要有以下计算方法。

1) 总费用法

总费用法的基本思路是将固定总价合同转化为成本加酬金合同，或索赔值按成本加酬金的方法来计算，它是以承包商的额外增加成本为基础，再加上管理费、利息甚至利润的计算方法。表 10-4 为总费用法的计算示例，供参考。

表 10-4　总费用法计算示例

序　号	费用项目	金额/元
1	合同实际成本	
	直接费	
	人工费	200 000
	材料费	100 000
	设备	200 000
	分包商	900 000
	其他	100 000
	合计	1 500 000
	间接费	160 000
	总成本[(1)+(2)]	1 660 000

续表

序　号	费用项目	金额/元
2	合同总收入(合同价+变更令)	1 440 000
3	成本超支(1-2)	220 000
	加：(1)未补偿的办公费和行政费(按总成本的 10%)	166 000
	(2)利润(总成本的 15%+管理费)	273 000
	(3)利息	40 000
4	索赔总额	699 000

总费用法在工程实践中用得不多，往往不容易被业主、仲裁员或律师等所认可，该方法应用时应该注意以下几点。

◆ 工程项目实际发生的总费用应计算准确，合同生成的成本应符合普遍接受的会计原则，若需要分配成本，则分摊方法和基础选择要合理。

◆ 承包商的报价合理，符合实际情况，不能是采取低价中标策略后过低的标价。

◆ 合同总成本超支全系其他当事人行为所致，承包商在合同实施过程中没有任何失误，但这一般在工程实践中是不太可能的。

◆ 因为实际发生的总费用中可能包括了承包商的原因(如施工组织不善、浪费材料等)而增加了的费用，同时投标报价估算的总费用由于想中标而过低。所以这种方法只有在难以按其他方法计算索赔费用时才使用。

◆ 采用这个方法，往往是由于施工过程上受到严重干扰，造成多个索赔事件混杂在一起，导致难以准确地进行分项记录和收集资料、证据，也不容易分项计算出具体的损失费用，只得采用总费用法进行索赔。

◆ 该方法要求必须出具足够的证据，证明其全部费用的合理性，否则其索赔款额将不容易被接受。

2) 修正的总费用法

修正的总费用法是对总费用法的改进，即在总费用计算的原则上，去掉一些不合理的因素，使其更合理。修正的内容如下。

◆ 将计算索赔款的时段局限于受到外界影响的时间，而不是整个施工期。

◆ 只计算受影响时段内的某项工作所受影响的损失，而不是计算该时段内所有施工工作所受的损失。

◆ 与该项工作无关的费用不列入总费用中。

◆ 对承包商投标报价费用重新进行核算：按受影响时段内该项工作的实际单价进行核算，乘以实际完成的该项工作的工作量，得出调整后的报价费用。

按修正后的总费用计算索赔金额的公式如下：

索赔金额=某项工作调整后的实际总费用-该项工作的报价费用(含变更款)

修正的总费用法与总费用法相比，有了实质性的改进，已相当准确地反映出实际增加的费用。

3) 分项法

分项法是在明确责任的前提下，对每个引起损失的干扰事件和各费用项目单独分析计算索赔值，并提供相应的工程记录、收据、发票等证据资料，最终求和。这样可以在较短时间内给以分析、核实，确定索赔费用，顺利解决索赔事宜。该方法虽比总费用法复杂、困难，但比较合理、清晰，能反映实际情况，且可为索赔文件的分析、评价及其最终索赔谈判和解决提供方便，是承包商广泛采用的方法。表 10-5 给出了分项法的典型示例，可供参考。分项法计算通常分三步。

◆ 分析每个或每类索赔事件所影响的费用项目，不得有遗漏。这些费用项目通常应与合同报价中的费用项目一致。

◆ 计算每个费用项目受索赔事件影响后的数值，通过与合同价中的费用值进行比较即可得到该项费用的索赔值。

◆ 将各费用项目的索赔值汇总，得到总费用索赔值。分项法中索赔费用主要包括该项工程施工过程中所发生的额外人工费、材料费、施工机械使用费、相应的管理费以及应得的间接费和利润等。由于分项法所依据的是实际发生的成本记录或单据，所以在施工过程中，对第一手资料的收集整理就显得非常重要。

表 10-5　分项法计算示例

序　号	索赔项目	金额/元	序　号	索赔项目	金额/元
1	工程延期	256 000	5	利息支出	8 000
2	工程中断	166 000	6	利润(1+2+3+4)	69 600
3	工程加速	16 000	7	索赔总额	541 600
4	附加工程	26 000			

表 10-5 中每一项费用又有详细的计算方法、计算基础和证据等，如因工程延误引起的费用损失计算参见表 10-6。

表 10-6　工程延误的索赔额计算示例

序　号	索赔项目	金额/元	序　号	索赔项目	金额/元
1	机械设备停滞费	95 000	4	总部管理分摊	16 000
2	现场管理费	84 000	5	保函手续费、保险费增加	6 000
3	分包商索赔	55 000	6	合　计	2 560

10.4　工程争议处理

工程合同争议，是指工程合同订立至完全履行前，合同当事人因对合同的条款理解产生歧义或因当事人违反合同的约定，不履行合同中应承担的义务等原因而产生的纠纷。在工程实践中，常见的工程合同争议主要包括工程价款支付主体、工程进度款支付、竣工结算及审价、工程工期拖延、安全损害赔偿、工程质量及保修、合同中止及终止等争议。工程合同争议经常发生，合同双方当事人都应该高度重视、密切关注并研究解决争议的对策，从而促使合同争议尽快合理地解决。

10.4.1 工程合同争议的解决方式

在国际工程合同中，争议解决的方式通常有：协商(Negotiation)、斡旋(Mediation)、调解(Conciliation)、小型审理(Mini-Trials)、工程师决定(Engineer's Deci-sion)、DRB (Dispute Review Board)、裁决(Adjudication)、仲裁(Arbitration)、诉讼(Litigation)，除仲裁、诉讼以外的其他七种方式又称为"替代争议解决方法"(Alternative Dispute Resolution，ADR)。

在我国，合同争议解决的方式主要有和解、调解、仲裁和诉讼四种。《合同法》第一百二十八条规定：当事人可以通过和解或者调解解决合同争议。当事人不愿和解、调解或者和解、调解不成的，可以根据仲裁协议向仲裁机构申请仲裁。涉外合同的当事人可以根据仲裁协议向中国仲裁机构或者其他仲裁机构申请仲裁。当事人没有订立仲裁协议或者仲裁协议无效的，可以向人民法院起诉。当事人应当履行发生法律效力的判决、仲裁裁决、调解书；拒不履行的，对方可以请求人民法院执行。

1. 和解

和解是指当事人在自愿互谅的基础上，就已经发生的争议进行协商并达成协议，自行解决争议的一种方式。和解达成的协议不具有强制执行的效力。但是可以成为原合同的补充部分。当事人不按照和解达成的协议执行，另一方当事人不可以申请强制执行，但是却可以追究其违约责任。

2. 调解

调解是指第三人(即调解人)应纠纷当事人的请求，依法或依合同约定，对双方当事人进行说服教育，居中调停，使其在互相谅解、互相让步的基础上解决其纠纷的一种途径。

1) 民间调解

民间调解即在当事人以外的第三人或组织的主持下，通过相互谅解，使纠纷得到解决的方式。民间调解达成的协议不具有强制约束力。

2) 行政调解

行政调解指在有关行政机关的主持下，依据相关法律、行政法规、规章及政策，处理纠纷的方式。行政调解达成的协议也不具有强制约束力。

3) 法院调解

法院调解是指在人民法院的主持下，在双方当事人自愿的基础上，以制作调解书的形式，从而解决纠纷的方式。调解书经双方当事人签收后，即具有法律效力。

4) 仲裁调解

仲裁庭在作出裁决前进行调解的解决纠纷的方式。当事人自愿调解的，仲裁庭应当调解。仲裁的调解达成协议，仲裁庭应当制作调解书或者根据协议的结果制作裁决书。调解书与裁决书具有同等法律效力，调解书经当事人签收后即发生法律效力。

3. 仲裁

仲裁指发生争议的当事人(申请人与被申请人)，根据其达成的仲裁协议，自愿将该争议提交中立的第三者(仲裁机构)进行裁判的争议解决的方式。

在我国，《中华人民共和国仲裁法》(以下简称《仲裁法》)是调整和规范仲裁制度的基本法律，但《仲裁法》的调整范围仅限于民商事仲裁，即"平等主体的公民、法人和其他组织之间发生的合同纠纷和其他财产权纠纷"仲裁，劳动争议仲裁和农业承包合同纠纷仲裁不受《仲裁法》的调整。此外，根据《仲裁法》第三条的规定，下列纠纷不能仲裁：

(1) 婚姻、收养、监护、扶养、继承纠纷；

(2) 依法应当由行政机关处理的行政争议。

作为一种解决财产权益纠纷的民间性裁判制度，仲裁既不同于解决同类争议的司法、行政途径，也不同于人民调解委员会的调解和当事人的自行和解。其具有以下特点：

(1) 自愿性。

当事人的自愿性是仲裁最突出的特点。仲裁以双方当事人的自愿为前提，即当事人之间的纠纷是否提交仲裁，交与谁仲裁，仲裁庭如何组成，由谁组成，以及仲裁的审理方式、开庭形式等都是在当事人自愿的基础上，由双方当事人协商确定的。因此，仲裁是最能充分体现当事人意思自治原则的争议解决方式。

(2) 专业性。

民商事纠纷往往涉及特殊的知识领域，会遇到许多复杂的法律、经济贸易和有关的技术性问题，故专家裁判更能体现专业权威性。因此，具有一定专业水平和能力的专家担任仲裁员，对当事人之间的纠纷进行裁决是仲裁公正性的重要保障。专家仲裁是民商事仲裁的重要特点之一。

(3) 灵活性。

由于仲裁充分体现当事人的意思自治，仲裁中的许多具体程序都是由当事人协商确定和选择的，因此，与诉讼相比，仲裁程序更加灵活，更具弹性。

(4) 保密性。

仲裁以不公开审理为原则。有关的仲裁法律和仲裁规则也同时规定了仲裁员及仲裁秘书人员的保密义务。仲裁的保密性较强。

(5) 快捷性。

仲裁实行一裁终局制，仲裁裁决一经仲裁庭作出即发生法律效力。这使当事人之间的纠纷能够迅速得以解决。

(6) 经济性。

仲裁的经济性主要表现在：时间上的快捷性使得仲裁所需费用相对减少；仲裁无须多审级收费，使得仲裁费往往低于诉讼费；仲裁的自愿性、保密性使当事人之间通常没有激烈的对抗，且商业秘密不必公之于世，对当事人之间今后的商业机会影响较小。

(7) 独立性。

仲裁机构独立于行政机构，仲裁机构之间也无隶属关系，仲裁庭独立进行仲裁，不受任何机关、社会团体和个人的干涉，不受仲裁机构的干涉，显示出最大的独立性。

4. 诉讼

民事诉讼是指人民法院在当事人和其他诉讼参与人的参加下，以审理、裁判、执行等方式解决民事纠纷的活动。在我国，《中华人民共和国民事诉讼法》是调整和规范法院和诉讼参与人的各种民事诉讼活动的基本法律。诉讼参与人包括原告、被告、第三人、证人、鉴定人、勘验人等。与调解、仲裁这些非诉讼解决纠纷的方式相比，民事诉讼有如下特征。

(1) 公权性。

民事诉讼是由法院代表国家行使审判权解决民事争议。它既不同于群众自治组织性质的人民调解委员会以调解方式解决纠纷，也不同于由民间性质的仲裁委员会以仲裁方式解决纠纷。

(2) 强制性。

民事诉讼的强制性既表现在案件的受理上，又反映在裁判的执行上。调解、仲裁均建立在当事人自愿的基础上，只要有一方不愿意选择上述方式解决争议，调解、仲裁就无从进行。民事诉讼则不同，只要原告起诉符合民事诉讼法规定的条件，无论被告是否愿意，诉讼均会发生。同时，若当事人不自动履行生效裁判所确定的义务，法院可以依法强制执行。

(3) 程序性。

民事诉讼是依照法定程序进行的诉讼活动，无论是法院还是当事人或者其他诉讼参与人，都应按照《民事诉讼法》设定的程序实施诉讼行为，违反诉讼程序常常会引起一定的法律后果。而人民调解没有严格的程序规则，仲裁虽然也需要按预先设定的程序进行，但其程序相当灵活，当事人对程序的选择权也较大。

10.4.2　民事诉讼程序

民事诉讼是以司法方式解决平等主体之间的纠纷，是由法院代表国家行使审判权解决民事争议的方式。民事诉讼是解决民事纠纷的最终方式，只要没有仲裁协议的民事纠纷最终都是可以通过民事诉讼解决的。

1. 诉讼管辖与回避制度

(1) 级别管辖。

级别管辖是指按照一定的标准，划分上下级法院之间受理第一审民事案件的分工和权限。我国《民事诉讼法》主要根据案件的性质、复杂程度和案件影响来确定级别管辖。各级人民法院都管辖第一审民事案件。

(2) 地域管辖。

地域管辖是指按照各法院的辖区和民事案件的隶属关系，划分同级法院受理第一审民事案件的分工和权限。地域管辖实际上是着重于法院与当事人、诉讼标的以及法律事实之

间的隶属关系和关联关系来确定的，主要包括如下几种情况：

① 一般地域管辖。

一般地域管辖，通常实行"原告就被告"原则，即以被告住所地作为确定管辖的标准。

② 特殊地域管辖。

特殊地域管辖，是指以被告住所地、诉讼标的所在地或法律事实所在地为标准确定的管辖。我国《民事诉讼法》规定了九种特殊地域管辖的诉讼，其中与建设工程关系最为密切的是因合同纠纷提起的诉讼。

《民事诉讼法》规定："因合同纠纷提起的诉讼，由被告住所地或者合同履行地人民法院管辖。"《民事诉讼法》规定："同或者其他财产权益纠纷的当事人在书面合同中协议选择被告住所地、合同履行地、合同签订地、原告住所地、标的物所在地人民法院管辖，但不得违反本法对级别管辖和专属管辖的规定。"

(3) 回避制度。

审判人员、书记员、翻译人员、鉴定人、勘验人有下列情形之一的必须回避，当事人有权用口头或者书面方式申请回避：

① 是本案当事人或者当事人、诉讼代理人的近亲属；

② 与本案有利害关系；

③ 与本案当事人有其他关系，可能影响对案件公正审理。

2. 诉讼参加人

诉讼参加人既包括当事人，还包括诉讼代理人，他们是民事诉讼活动中重要的主体。

(1) 当事人。

民事诉讼中的当事人，是指因民事权利和义务发生争议，以自己的名义进行诉讼，请求人民法院进行裁判的公民、法人或其他组织。民事诉讼当事人主要包括原告和被告。

(2) 诉讼代理人。

诉讼代理人，是指根据法律规定或当事人的委托，在民事诉讼活动中为维护当事人的合法权益而代为进行诉讼活动的人。民事诉讼代理人可分为法定诉讼代理人与委托诉讼代理人。

《民事诉讼法》规定："当事人、法定代理人可以委托一至二人作为诉讼代理人。"

委托他人代为诉讼的，必须向人民法院提交由委托人签名或盖章的授权委托书，授权委托书必须记明委托事项和权限。

委托权限分为一般授权与特别授权。一般授权，委托代理人仅有程序性的诉讼权利。特别授权可以行使实体性的诉讼权利，即代为承认、放弃、变更诉讼请求，进行和解，提起反诉或者上诉。若授权委托书仅写"全权代理"而无具体授权的情形，视为诉讼代理人没有获得特别授权，无权行使实体性诉讼权利。

3. 保全

保全是指遇到有关财产可能被转移、隐匿、毁灭等情形从而将会造成对利害关系人权益的损害或可能使人民法院的判决难以执行或不能执行时，根据利害关系人或当事人的申请或人民法院的决定，对有关财产采取保护措施的制度。财产保全有两种，即诉前财产保全和诉讼财产保全。

4. 审判程序

审判程序是民事诉讼法规定的最为重要的内容，它是人民法院审理案件适用的程序，可以分为一审程序、二审程序和审判监督程序。

1) 起诉

起诉是指公民、法人和其他组织在其民事权益受到侵害或者发生争议时，请求人民法院通过审判给予司法保护的诉讼行为。起诉是当事人获得司法保护的手段，也是人民法院对民事案件行使审判权的前提。起诉的方式分书面形式和口头形式两种。

起诉的条件如下：

① 原告是与本案有直接利害关系的公民、法人和其他组织。

② 有明确的被告。

③ 有具体的诉讼请求、事实和理由。

④ 属于人民法院受理民事诉讼的范围和受诉人民法院管辖的范围。

2) 审查与受理

人民法院对原告的起诉情况进行审查后，认为符合起诉条件的，即应在 7 日内立案，并通知当事人。认为不符合起诉条件的，应当在 7 日内裁定不予受理，原告对不予受理裁定不服的，可以提起上诉。如果人民法院在立案后发现起诉不符合法定条件的，裁定驳回起诉，当事人对驳回起诉不服的，可以上诉。

3) 审理前的准备

审理前的准备是指人民法院接受原告起诉并决定立案受理后，在开庭审理之前，由承办案件的审判员依法所做的各种准备工作。

经当事人申请，人民法院可以组织当事人在开庭审理前交换证据。经当事人申请，人民法院可以调查收集证据，或者在法定情况下，依职权调查收集证据或也委托外地人民法院调查。

4) 开庭审理

开庭审理是指人民法院在当事人和其他诉讼参与人参加下，对案件进行实体审理的诉讼活动。主要有以下几个步骤。

① 准备开庭。

准备开庭即由书记员查明当事人和其他诉讼参与人是否到庭，宣布法庭纪律，由审判长核对当事人，宣布开庭并公布法庭组成人员。

② 法庭调查阶段。

法庭调查就是一个证明的过程，由举证、质证、认证组成。经过庭审质证的证据，能够当即认定的应当当庭认定。未经庭审质证的证据资料不能作为定案的依据。

审判员如果认为案情已经查清，即可宣布终结法庭调查，转入法庭辩论阶段。

③ 法庭辩论。

其顺序为：原告及其诉讼代理人发言；被告及其诉讼代理人答辩；第三人及其诉讼代

理人发言或答辩；相互辩论。法庭辩论终结后，由审判长按原告、被告、第三人的先后顺序征得各方面最后意见。

法庭辩论结束后，法院作出判决前，对于能够调解的，可以在事实清楚的基础上进行调解，调解不成的，应当及时判决。

④ 合议庭评议和宣判。

法庭辩论结束后，调解又没达成协议的，合议庭成员退庭进行评议。评议是秘密进行的。合议庭评议完毕后应制作判决书，宣告判决公开进行。宣告判决时，须告知当事人上诉的权利、上诉期限和上诉法院。

人民法院适用普通程序审理的案件，应在立案之日起 6 个月内审结，有特殊情况需延长的，由本院院长批准，可延长 6 个月；还需要延长的，报请上级人民法院批准。

5) 第二审程序

第二审程序又叫终审程序，是指民事诉讼当事人不服地方各级人民法院未生效的第一审裁判，在法定期限内向上级人民法院提起上诉，上一级人民法院对案件进行审理所适用的程序。第二审程序并不是每一个民事案件的必经程序，如果当事人在案件一审过程中达成调解协议或者在上诉期内未提起上诉，一审法院的裁判就发生法律效力，第二审程序也因无当事人的上诉而无从发生，当事人的上诉是第二审程序发生的前提。

对判决不服，提起上诉的时间为 15 天；对裁定不服，提起上诉的期限为 10 天。只有当双方的上诉期都届满，均未提起上诉的，裁判才发生法律效力。

第二审人民法院对上诉案件可以根据案件的具体情况分别采取以下两种方式进行审理：

一是开庭审理。二是径行裁判。二审法院经过审理后根据案件的情况分别作出以下处理：

① 维持原判，即原判认定事实清楚，适用法律正确的，判决驳回上诉，维持原判；

② 依法改判，如原判决适用法律错误的，依法改判；

③ 发回重审，即原判决违反法定程序，可能影响案件正确判决的，裁定撤销原判决，发回原审人民法院重审；

④ 发回重审或查清事实后改判，原判决认定事实错误或原判决认定事实不清，证据不足，裁定撤销原判，发回原审人民法院重审，或查清事实后改判。

6) 审判监督程序

审判监督程序即再审程序，是指由有审判监督权的法定机关和人员提起，或由当事人申请，由人民法院对发生法律效力的判决、裁定、调解书再次审理的程序。提起审判监督程序包括人民法院提起再审、当事人申请再审和人民检察院抗诉三种途径。

7) 执行程序

执行程序是指人民法院的执行组织依照法定的程序，对发生法律效力的法律文书确定的给付内容，以国家强制力为后盾，依法采取强制措施，迫使义务人履行义务的行为。

人民法院制作的具有财产给付内容的生效民事判决书、裁定书、调解书和刑事判决书、裁定书中的财产部分，由第一审人民法院执行；法律规定由人民法院执行的其他法律文书，由被执行人住所地或被执行财产所在地人民法院执行；法律规定两个以上人民法院都有执行管辖权的，由最先接受申请的人民法院执行。

申请强制执行，还须遵守《民事诉讼法》规定的申请执行期限。申请执行的期间为二年。

10.4.3　仲裁程序

1. 仲裁协议

在民商事仲裁中，仲裁协议是仲裁的前提，没有仲裁协议，就不存在有效的仲裁。仲裁协议是指当事人自愿将他们之间已经发生或者可能发生的争议提交仲裁解决的协议。

仲裁协议法律效力表现如下。

(1) 对双方当事人的法律效力。

仲裁协议是双方当事人就纠纷解决方式达成的一致意思表示。发生纠纷后，当事人只能通过向仲裁协议中所确定的仲裁机构申请仲裁的方式解决纠纷，而丧失了就该纠纷提起诉讼的权利。如果一方当事人违背仲裁协议就该争议起诉的，另一方当事人有权要求法院停止诉讼，法院也应当驳回当事人的起诉。

(2) 对法院的法律效力。

有效的仲裁协议可以排除法院对订立于仲裁协议中的争议事项的司法管辖权。这是仲裁协议法律效力的重要体现。

(3) 对仲裁机构的效力。

仲裁协议是仲裁委员会受理仲裁案件的依据。没有仲裁协议就没有仲裁机构对案件的管辖权。同时，仲裁机构的管辖权又受到仲裁协议的严格限制。仲裁庭只能对当事人在仲裁协议中约定的争议事项进行仲裁，而对仲裁协议约定范围之外的其他争议无权仲裁。

2. 仲裁程序

仲裁程序即仲裁委员会对当事人提请仲裁的争议案件进行审理并作出仲裁裁决，以及当事人为解决争议案件进行仲裁活动所遵守的程序规定。

(1) 申请仲裁。

当事人申请仲裁必须符合下列条件：

① 存在有效的仲裁协议；

② 有具体的仲裁请求、事实和理由；

③ 属于仲裁委员会的受理范围。

(2) 审查与受理。

仲裁委员会收到仲裁申请书之日起 5 日内经审查认为符合受理条件的，应当受理，并通知当事人；认为不符合受理条件的，应当书面通知当事人不予受理，并说明理由。

(3) 组成仲裁庭。

仲裁庭是行使仲裁权的主体。在我国仲裁庭的组成形式有两种，即合议仲裁庭和独任仲裁庭。仲裁庭的组成必须按照法定程序进行。

根据《仲裁法》，当事人约定由 3 名仲裁员组成仲裁庭的，应当各自选定或者各自委托仲裁委员会主任指定 1 名仲裁员，第三名仲裁员由当事人共同选定或者共同委托仲裁委

员会主任指定。第三名仲裁员是首席仲裁员。

(4) 仲裁审理。

仲裁审理的方式可分为开庭审理和书面审理两种。开庭审理程序如下。

① 开庭仲裁。

由首席仲裁员或者独任仲裁员宣布开庭。随后，首席仲裁员或者独任仲裁员核对当事人，宣布案由，宣布仲裁庭组成人员和记录人员名单，告知当事人有关权利义务，询问是否提出回避申请。

② 开庭调查。

仲裁庭通常按照下列顺序进行开庭调查：当事人陈述；证人作证；出示书证、物证和视听资料；宣读勘验笔录、现场笔录；宣读鉴定结论。

③ 当事人辩论。

当事人在仲裁过程中有权辩论。辩论终结时，首席仲裁员或者独任仲裁员应当征询当事人的最后意见。当事人辩论是开庭审理的重要程序。辩论通常按照下列顺序进行：申请人及其代理人发言；被申请人及其代理人发言；双方相互辩论。

在仲裁程序中，仲裁申请人和被申请人都应当按时出庭，未经仲裁庭许可不得中途退庭。否则，对申请人经书面通知，无正当理由不到庭或者未经仲裁庭许可中途退庭的，视为撤回仲裁申请；对被申请人经书面通知，无正当理由不到庭或者未经仲裁庭许可中途退庭的，则按缺席裁决。

④ 仲裁和解、调解。

仲裁和解是指仲裁当事人通过协商，自行解决已提交仲裁的争议事项的行为。《仲裁法》规定，当事人申请仲裁后，可以自行和解。当事人达成和解协议的，可以请求仲裁庭根据和解协议作出裁决书，也可以撤回仲裁申请。如果当事人撤回仲裁申请后反悔的，则可以仍根据原仲裁协议申请仲裁。

仲裁调解是指在仲裁庭的主持下，仲裁当事人在自愿协商、互谅互让基础上达成协议的从而解决纠纷的一种制度。《仲裁法》规定，在作出裁决前可以先行调解。当事人自愿调解的，仲裁庭应当调解。调解不成的，应当及时作出裁决。

经仲裁庭调解，双方当事人达成协议的，仲裁庭应当制作调解书，经双方当事人签收后即发生法律效力。如果在调解书签收前当事人反悔的，仲裁庭应当及时作出裁决。仲裁庭除了可以制作仲裁调解书之外，也可以根据协议的结果制作裁决书。调解书与裁决书具有同等的法律效力。

⑤ 仲裁裁决。

仲裁裁决是指仲裁庭对当事人之间所争议的事项进行审理后所作出的终局的权威性判定。仲裁裁决的作出，标志着当事人之间的纠纷的最终解决。

仲裁裁决是由仲裁庭作出的。独任仲裁庭审理的案件由独任仲裁员作出仲裁裁决。合议仲裁庭审理的案件由 3 名仲裁员集体作出仲裁裁决。当仲裁庭成员不能形成一致意见时，按多数仲裁员的意见作出仲裁裁决；在仲裁庭无法形成多数意见时，按首席仲裁员的意见作出裁决。

(5) 仲裁裁决的撤销。

仲裁裁决撤销是指对符合法定应予撤销情形的仲裁裁决，当事人申请，人民法院裁定撤销仲裁裁决的行为。根据规定，当事人申请撤销仲裁裁决，必须向仲裁委员会所在地的中级人民法院提出。当事人申请撤销仲裁裁决的，应当自收到裁决书之日起 6 个月内提出。

(6) 仲裁裁决的执行。

仲裁裁决的执行是指人民法院经当事人申请，采取强制措施将仲裁裁决书中的内容付诸实现的行为和程序。

义务方在规定的期限内不履行仲裁裁决时，权利方在符合前述条件的情况下，有权请求人民法院强制执行。当事人申请执行时应当向人民法院递交申请书，在申请书中应说明对方当事人的基本情况以及申请执行的事项和理由，并向法院提交作为执行依据的生效仲裁裁决书或仲裁调解书。受申请的人民法院应当根据民事诉讼法规定的执行程序予以执行。有关执行程序，参见民事诉讼部分。

案 例 分 析

【案例 10-1】

建筑公司(乙方)于 2012 年 4 月 20 日与某厂(甲方)签订了修建建筑面积为 3000m^2 工业厂房(带地下室)的施工合同。乙方编制的施工方案和进度计划已获监理工程师批准。该工程的基坑开挖土方量为 4500m^3，假设直接费单价为 4.2 元/m^3，综合费率为直接费的 20%。该基坑施工方案规定：土方工程采用租赁一台斗容量为 1m^3 的反铲挖掘机施工(租赁费 450 元/台班)。甲、乙双方合同约定 5 月 11 日开工，5 月 20 日完工。在实际施工中发生了如下几项事件。

事件 1：因租赁的挖掘机大修，晚开工 2 天，造成人工窝工 10 个工日。

事件 2：施工过程中，因遇软土层，接到监理工程师 5 月 15 日停工的指令，进行地质复查，配合用工 15 个工日。

事件 3：5 月 19 日接到监理工程师于 5 月 20 日的复工令，同时提出基坑开挖深度加深 2m 的设计变更通知单，由此增加土方开挖量 900m^3。

事件 4：5 月 20～22 日，因 30 年一遇的大雨迫使基坑开挖暂停，造成人工窝工 10 个工日。

事件 5：5 月 23 日用 30 个工日修复冲坏的永久道路。5 月 24 日恢复挖掘工作，最终基坑于 5 月 30 日挖坑完毕。

问题：

建筑公司对上述哪些事件可以向厂方要求索赔，哪些事件不可以要求索赔，并说明原因。

【案例 10-2】

某汽车制造厂建设施工土方工程中，承包商在合同标明有松软石的地方没有遇到松软石，因此工期提前 1 个月。但在合同中另一未标明有坚硬岩石的地方遇到更多的坚硬岩石，开挖工作变得更加困难，由此造成了实际生产率比原计划低得多，经测算影响工期 3 个月。由于施工速度减慢，使得部分施工任务拖到雨季进行，按一般公认标准推算，又影响工期 2 个月。为此承包商准备提出索赔。

问题：

(1) 该项施工索赔能否成立？为什么？

(2) 在该索赔事件中，应提出的索赔内容包括哪两方面？

(3) 在工程施工中，通常可以提供的索赔证据有哪些？

(4) 承包商应提供的索赔文件有哪些？请协助承包商拟定一份索赔通知。

本 章 小 结

本章介绍了工程合同索赔的概念、特点、种类、程序及索赔文件构成等基本内容，并重点分析工期索赔和费用索赔的基本方法；此外，还介绍了工程争议的解决方式以及工程合同的争议管理。

习　题

1. 什么是索赔？索赔有哪些特征？

2. 常见的索赔事件有哪些？

3. 索赔的分类有哪些？

4. 结合具体工程项目，分析索赔工作的基本程序。

5. 试举例说明工期索赔的分析流程。

6. 工程合同争议有哪几种常见类型？

7. 和解的概念和原则是什么？

8. 调解的概念和原则是什么？

9. 简述仲裁和诉讼的区别。

10. 结合建筑业和企业实际，谈谈如何防止工程争议的发生。

参 考 文 献

1　何伯森. 工程项目管理的国际惯例. 北京：中国建筑工业出版社，2007

2　何佰洲. 工程建设法规. 北京：中国建筑工业出版社，2011

3　李启明. 工程项目采购与合同管理. 北京：中国建筑工业出版社，2009

4　张水波，何伯森. FIDIC 新版合同条件导读与解析. 北京：中国建筑工业出版社，2003

5　何佰洲，宿辉. 2013 版施工合同示范文本条文注释与使用指南. 北京：中国建筑工业出版社，2013

6　卢谦. 建设工程招标投标与合同管理(第二版). 北京：中国水利水电出版社，2005

7　梁鉴. 国际工程施工索赔. 北京：中国建筑工业出版社，2002

8　何伯森. 国际工程招标与投标. 北京：中国水利水电出版社，1994

9　田威. FIDIC 合同条件实用技巧. 北京：中国建筑工业出版社，1996

10　刘尔烈. 国际工程管理概论. 天津：天津大学出版社，2003

11　成虎等. 建筑工程合同管理与索赔. 南京：东南大学出版社，2000

12　汤礼智. 国际工程承包实务. 北京：对外经济贸易出版社，1990

13　徐崇禄，任燕增，刘新锋. 《建设工程施工合同(示范文本)》应用指南. 北京：中国物价出版社，2000

14　国际咨询工程师联合会与中国工程咨询协会编译. 施工合同条件. 北京：中国机械工业出版社，2002

15　国际咨询工程师联合会与中国工程咨询协会编译. 设计采购施工(EPC)/交钥匙工程合同条件. 北京：中国机械工业出版社，2002

16　成虎. 工程全寿命期管理. 北京：中国建筑工业出版社，2011

17　[美]约瑟夫·T.博克拉夫著. 工程合同与法律环境. 汪宵等译. 北京：中国水利水电出版社，2006

18　[美]科利尔著. 建筑工程合同(第 3 版). 北京：清华大学出版社，2004

19　崔建远. 合同法. 北京：中国法制出版社，1999

20　张水波，陈勇强. 国际工程总承包 EPC 交钥匙合同与管理. 北京：中国电力出版社，2009